BERICHTE 1/96

UMWELTFORSCHUNGSPLAN DES
BUNDESMINISTERIUMS FÜR UMWELT,
NATURSCHUTZ UND REAKTORSICHERHEIT
- Bodenschutz -

Forschungsbericht 107 02 004/14
UBA-FB 95-073 - im Auftrag des Umweltbundesamtes

Ausmaß und ökologische Gefahren der Versauerung von Böden unter Wald

von

Dr. Michael Veerhoff
Dipl.-Geogr. Sabine Roscher
Prof. Dr. Gerhard W. Brümmer

Institut für Bodenkunde der Rheinischen
Friedrich-Wilhelms-Universität Bonn

ERICH SCHMIDT VERLAG BERLIN

Herausgeber: Umweltbundesamt
Postfach 33 00 22
14191 Berlin

Tel.: 030/89 03-0
Telex: 183 756
Telefax: 030/89 03 22 85

Redaktion: Fachbereich II 3.3
Dr. Frank Glante

Der Herausgeber übernimmt keine Gewähr für die
Richtigkeit, die Genauigkeit und Vollständigkeit
der Angaben sowie für die Beachtung privater Rechte Dritter.
Die in der Studie geäußerten Ansichten und Meinungen
müssen nicht mit denen des Herausgebers übereinstimmen.

Die Deutsche Bibliothek - CIP-Einheitsaufnahme

Veerhoff, Michael:
Ausmass und ökologische Gefahren der Versauerung von Böden
unter Wald : Forschungsbericht 107 02 004/14 / von Michael
Veerhoff ; Sabine Roscher ; Gerhard W. Brümmer. [Hrsg.:
Umweltbundesamt. Red.: Fachgebiet II 3.3. Durchführende
Inst. Institut für Bodenkunde der Rheinischen Friedrich-
Wilhelms-Universität Bonn]. - Berlin : Erich Schmidt, 1996
  (Berichte / Umweltbundesamt ; 96,1) (Umweltforschungsplan des
  Bundesministeriums für Umwelt, Naturschutz und Reaktorsicherheit :
  Bodenschutz)
  ISBN 3-503-04043-9 kart.
NE: Roscher, Sabine:; Brümmer, Gerhard W.:; Deutschland /
  Umweltbundesamt: Berichte

ISBN 3-503-04043-9

Alle Rechte vorbehalten
© Erich Schmidt Verlag GmbH & Co., Berlin 1996
Druck: Mercedes-Druck GmbH, Berlin

BERICHTS-KENNBLATT

1. Berichtsnummer UBA-FB 95-073	2.	3.

4. Titel des Berichts

Ausmaß und ökologische Gefahren der Versauerung von Böden unter Wald

5. Autor(en), Name(n), Vorname(n) Veerhoff, Michael; Roscher, Sabine; Brümmer, Gerhard	8. Abschlußdatum 31.07.1994
	9. Veröffentlichungsdatum Mai 1995
6. Durchführende Institution (Name, Anschrift) Institut für Bodenkunde der Rheinischen Friedrich-Wilhelms-Universität Bonn Nußallee 13 53115 Bonn	10. UFOPLAN - Nr. 107 02 004/14
	11. Seitenzahl 364
7. Fördernde Institution (Name, Anschrift) Umweltbundesamt Bismarckplatz 1 Postfach 33 00 22 14191 Berlin	12. Literaturangaben 750
	13. Tabellen und Diagramme 56
	14. Abbildungen 123

15. Zusätzliche Angaben

16. Kurzfassung

Auf der Basis umfangreicher Literatur-Studien wurden die Problematik zur Auswirkung der Bodenversauerung auf Stoffbestand und Stoffkreisläufe in Waldböden eingehend diskutiert und bewertet sowie Vorschläge für weiteren Forschungsbedarf formuliert. Im einzelnen wurden alle wichtigen Versauerungspfade in Waldökosystemen dargestellt und die dabei ablaufenden Prozesse beschrieben. Im Mittelpunkt stand die Frage nach dem Ausmaß der irreversiblen Degradierung von Waldböden als Folge der intensiven Silicatverwitterung und -zerstörung unter stark bis extrem sauren Bedingungen. Im Zusammenhang mit der Beschreibung der Pufferreaktionen wurde auch auf die Ursache-Wirkungsbeziehung zwischen anthropogener Luftverunreinigung, fortschreitender Tiefen- und Grundwasserversauerung in Abhängigkeit vom jeweiligen Bodensubstrat und Ausgangsgestein eingegangen. Desweiteren wurden anhand von Fallbeispielen ausgewählter Waldgebiete, in denen eine hohe Informationsdichte bezüglich bodenchemischer und -mineralogischer Kennwerte vorliegt, die im Rahmen des Critical Loads/Critical Levels-Projektes erstellten Karten verifiziert. Zusammenfassend ist festzustellen, daß die heute zu beobachtenden "neuartigen Waldschäden" nicht nur die Schäden an den Waldbäumen betreffen, sondern ganzheitliche Schädigungen von Waldökosystemen darstellen, die neben der beschleunigten Silicatzerstörung und Nährstoffverarmung der Böden auch die Bodenflora und -fauna sowie die höheren Pflanzen und Tiere betreffen. Ebenso haben die gesamten Stoffkreisläufe zwischen Böden und Organismen sowie Böden und Grund-/Oberflächengewässern gravierende Veränderungen erfahren. Nur eine weitere Reduktion der Emission säurebildender Stoffe kann helfen, im Verbund mit Waldkalkung und eventuell Düngung sowie weiteren forstbaulichen Maßnahmen der derzeitigen Degradierung entgegenzuwirken.

17. Schlagwörter

Luftverunreinigungen, Bodenversauerung, Gewässerversauerung, Pufferreaktionen, Silicatverwitterung, Waldschäden, Critical Loads

18. Preis	19.	20.

REPORT COVER SHEET

1. Report No. UBA-FB 95-073	**2.**	**3.**

4. Report Title

Extent and Ecological Threats of Forest Soil Acidification

5. Author(s), Family Name(s), First Name(s) Veerhoff, Michael; Roscher, Sabine; Brümmer, Gerhard	**8. Report Date** 31.07.1994
	9. Publication Date May 1995
6. Performing Organisation (Name, Address) Institut für Bodenkunde der Rheinischen Friedrich-Wilhelms-Universität Bonn Nußallee 13 53115 Bonn	**10. UFOPLAN - Ref. No.** 107 02 004/14
	11. No. of Pages 364
7. Sponsoring Agency (Name, Address) Umweltbundesamt Bismarckplatz 1 14193 Berlin GERMANY	**12. No. of Reference** 750
	13. No. of Tables, Diagrams 56
	14. No. of Figures 123

15. Supplementary Notes

16. Abstract

Based on an extensive literature study the problems concerning the effects of soil acidification on the chemical composition and element cycling in forest soils were thoroughly discussed and valued in order to reveal further needs for research. The important pathways of acidification in forest ecosystems and the corresponding processes were described. Discussion focuses on the extent of irreversible degradation of forest soils as a result of intensive weathering and destruction of silicates under strongly to extremely acid conditions. Special emphasis is put on the cause-effect relationships between anthropogenic air pollution and progressive acidification of the subsoil and groundwater as a function of soil parent material and bedrock mineralogy. Furthermore, the critical loads maps for forest soils in Germany (Mapping Critical Loads/Critical levels for Europe Project, UN ECE) were verified on the basis of different case studies. Summarizing the results of this study it can be concluded that soil acidification not only affects tree damage but forest ecosystems as a whole. Widespread extreme acidification has lead to an acceleration of silicate weathering and nutrient deficiencies in soils. In addition soil fauna and flora as well as higher plants and animals are negatively affected. Severe changes also occur in hydrological and biochemical cycling processes in forest soils. Only further reduction of air pollutants and deposition of noxious compounds in combination with liming, eventual fertilization and long-term forest management (site-adapted tree species, restricted export of forest biomass) can help to improve the status of forest ecosystems.

17. Keywords

Air pollutants, soil acidification, water acidification, buffer reactions, silicate weathering, forest damage, critical loads

18. Price	**19.**	**20.**

Inhaltsverzeichnis

		Seite
1	**Einleitung**	1
2	**Emissionen und Ausbreitung von Luftverunreinigungen**	3
2.1	Nah- und Fernemission von Luftverunreinigungen	3
2.2	Säuren und Säurebildner	5
2.2.1	Schwefelverbindungen	5
2.2.2	Stickstoffverbindungen	6
2.2.3	Anteil der einzelnen Emittenten an der Gesamtemission (Emissionssituation, räumlich und zeitlich)	7
2.2.4	Luftchemische Prozesse und Transport atmosphärischer Schwefel- und Stickstoffverbindungen	15
2.3	Staub und Schwermetalle	17
2.4	Organische Luftverunreinigungen	22
2.4.1	Kohlenwasserstoffe (KW)	24
2.4.2	Halogenkohlenwasserstoffe (HKW)	24
2.4.3	Polycyclische aromatische Kohlenwasserstoffe (PAK)	24
2.5.	Ozon und andere Photooxidantien	25
2.5.1	Entstehung von Ozon	25
2.5.2	Weitere Photooxidantien	28
3	**Deposition von Luftverunreinigungen**	29
3.1	Formen der atmosphärischen Deposition	29
3.2	Quantifizierung von Stoffeinträgen	30
3.3	Depositionsraten und Belastungssituation	35
4	**Auswirkung säurehaltiger Niederschläge auf oberirdische Pflanzenteile**	41
4.1	Aufnahme von Luftverunreinigungen durch Pflanzen	41
4.2	Pufferungsprozesse in Laub- und Nadelwaldbeständen	41
4.3	"Leaching"	42
4.4	Veränderungen im pflanzlichen Stoffwechsel	44
4.5	Schädigungssymptome an oberirdischen Pflanzenteilen	53
4.6	Luftschadstoff-Modell	54
5	**Prozesse und Ursachen der Bodenversauerung**	57
5.1	Bodeninterne Prozesse der Säureproduktion	57

		Seite
5.2	Anthropogen bedingte Säureeinträge	62
5.3	Bodenversauerung durch räumliche und zeitliche Entkopplung von Teilprozessen im Stoffkreislauf von Waldökosystemen	63
5.4	Raten der bodeninternen und -externen Nettoprotonenproduktion	66
5.5	Protonenpufferung in Böden	70
6	**Veränderungen der Bodeneigenschaften durch Säurebelastung**	**83**
6.1	Versauerungsstatus der Waldböden	83
6.2	Veränderungen des bodenchemischen Zustandes als Folge ökosysteminterner und -externer Säurebelastung	116
6.2.1	Tiefenversauerung von Waldböden	116
6.2.2	Auswirkung der Versauerung auf chemische Kennwerte der Bodenfestphase	119
6.2.3	Veränderung der Säureneutralisationskapazität (SNK)	135
6.2.4	Auswirkungen der Versauerung auf die chemische Zusammensetzung der Bodenlösung	138
7	**Irreversible Veränderungen des Mineralbestandes als Folge von Versauerungsprozessen**	**149**
7.1	Auswirkungen der Bodenversauerung auf den Stoffbestand	149
7.2	Tonmineralumwandlungen als Folge von Versauerungsprozessen	154
7.3	Rasterelektronenmikroskopische Analysen zur Mineralumwandlung und -zerstörung	166
7.3.1	Glimmerverwitterung	166
7.3.2	Feldspatverwitterung	171
7.3.3	Lösungsstrukturen an Quarzoberflächen	177
7.3.4	Amorphe Ausfällungen auf Aggregat- und Mineraloberflächen sowie sekundäres Quarzwachstum	178
8	**Auswirkung der Säurebelastung auf Grundwässer**	**184**
9	**Einfluß der Säure- und Schadstoffeinträge auf Oberflächengewässer**	**195**
9.1	Veränderungen der chemischen Zusammensetzung von Oberflächengewässern	195
9.2	Einfluß der Versauerung auf den Organismenbesatz der Oberflächengewässer	203
10	**Veränderung der Mikro- und Makroflora von Waldböden als Folge der Säurebelastung**	**233**
10.1	Waldschäden in der Bundesrepublik Deutschland	210
10.1.1	Schadsymptome	214

		Seite
10.1.2	Nähr-und Schadstoffgehalte in Nadeln und Blättern	215
10.1.3	Auswirkungen der Bodenversauerung auf die Wurzeln von Waldbäumen und deren Mycorrihiza-System	224
10.2	Veränderung der Moos- und Krautschicht	230
10.3	Pilze, Bakterien, Abbauleistung	231
11	**Veränderung der Bodenfauna unter dem Einfluß zunehmender Versauerung am Beispiel der Makro- und Mesofauna**	233
11.1	Ökologische Bedeutung der Bodenfauna im Waldökosystem	233
11.2	Natürliche Bodenfauna unter Laub- und Nadelwald	233
11.3	Auswirkungen der Versauerung auf ausgewählte Tiergruppen	235
11.4	Schlußfolgerungen	236
12	**Auswirkung der Bodenversauerung auf Stoffbestand und Stoffkreisläufe in Waldböden und deren ökologische Konsequenzen**	239
13	**Prognosen zur zukünftigen Entwicklung von Bodendegradierungsprozessen in Waldböden als Folge von Säurebelastung**	248
13.1	Critical Levels für Luftschadstoffe in der Bundesrepublik Deutschland	248
13.2	Erfassung von Critical Loads (CL) in der Bundesrepublik Deutschland	250
13.2.1	Deposition von Säurebildnern und basischen Kationen	253
13.2.2	Critical Loads für den Säureeintrag in Waldböden	255
13.2.3	Überschreitung der Critical Loads	257
13.3	Auswirkungen der Säurebelastungen sowie der Überschreitung kritischer Grenzwerte für Säureeinträge auf Waldökosysteme ausgewählter Regionen Deutschlands	261
13.3.1	Fallbeispiel Schleiden	261
13.3.2	Fallbeispiel Detmold	270
13.3.3	Fallbeispiel Bonn	282
13.3.4	Fallbeispiel Fichtelgebirge	293
13.4	Zusammenfassende Betrachtung	303
14	**Zusammenfassung**	306
15	**Literaturverzeichnis**	311

Danksagung

Für die Durchführung des vom Bundesministerium für Umwelt, Naturschutz und Reaktorsicherheit initiierten und vom Umweltbundesamt betreuten F+E-Vorhabens "Ausmaß und ökologische Gefahren der Versauerung von Böden unter Wald" wurde für die Erstellung von Themenkarten ein umfangreiches Datenmaterial zu bodenphysikalischen und bodenchemischen Kennwerten von Waldstandorten in der Bundesrepublik Deutschland gesammelt und ausgewertet.

Die Autoren danken folgenden Damen und Herren sehr herzlich für die Bereitstellung des Datenmaterials:

Herrn Prof. Dr. Zöttl	Institut für Bodenkunde und Waldernährungslehre der Albert-Ludwigs-Universität Freiburg i. Br.
Herrn Dr. Lenz	GSF Forschungszentrum für Umwelt und Gesundheit GmbH Neuherberg/München
Herrn Dr. Schmid	Bayerisches Geologisches Landesamt
Herrn Schmidt	Bayerische Landesanstalt für Wald- und Forstwirtschaft
Herrn Dr. habil. Völkel	Institut für Geographie der Universität Regensburg
Herrn Dr. Kallweit	Landesanstalt für Forstplanung Land Brandenburg
Herrn Dr. Barth	Landesanstalt für Forstplanung Land Brandenburg
Frau Kahrs-Mink	Senator für Umweltschutz und Stadtentwicklung Bremen
Herrn Dr. Lux	Institut für Bodenkunde der Universität Hamburg
Herrn Prof. Dr. Brechtel	Hessische Forstliche Versuchsanstalt
Herrn Dr. Eichhorn	Hessische Forstliche Versuchsanstalt
Herrn Hocke	Hessische Forstliche Versuchsanstalt
Herrn Dr. Kues	Niedersächsische Landesanstalt für Bodenforschung
Herrn Dr. Lammers	Niedersächsische Landesanstalt für Bodenforschung
Herrn Dr. Büttner	Niedersächsische Forstliche Versuchsanstalt
Herrn Dr. Schulte-Bisping	Institut für Bodenkunde und Waldernährung der Universität Göttingen
Herrn Dr. Lammersdorf	Institut für Bodenkunde und Waldernährung der Universität Göttingen
Herrn Eberl	Institut für Bodenkunde und Waldernährung der Universität Göttingen
Herrn Dr. Schraps	Geologisches Landesamt Nordrhein-Westfalen
Herrn Dr. Milbert	Geologisches Landesamt Nordrhein-Westfalen
Herrn Herkendell	Landesanstalt für Immissionsschutz Nordrhein-Westfalen
Herrn Jansen	Staatliches Forstamt Kottenforst/Bonn
Herrn Nowicki	Stadtförsterei Bonn
Frau Flecken	Biologische Station Urdenbacher Kämpe/Monheim

Herrn Dr. Schüler	Forstliche Versuchsanstalt Rheinland-Pfalz
Herrn Backes	Institut für Geochemie der Universität des Saarlandes
Herrn Prof. Dr. Braun	Sächsische Landesanstalt für Forsten Graupa
Herrn Dr. Raben	Sächsische Landesanstalt für Forsten Graupa
Herrn Dr. Eberhardt	Forstliche Versuchsanstalt Sachsen-Anhalt
Frau Dr. Holländer	Ministerium für Ernährung, Landwirtschaft und Forsten des Landes Schleswig-Holstein
Herrn Dr. Hoffmann	Thüringer Forsteinrichtungs- und Versuchsanstalt Gotha
Herrn Herrmann	Thüringer Forsteinrichtungs- und Versuchsanstalt Gotha
Herrn Dr. Voges	Bundesanstalt für Geowissenschaften
Herrn Dr. Eckelmann	Bundesanstalt für Geowissenschaften
Herrn Dr. Nagel	Forschungsgesellschaft für Ökologie, Natur- und Umweltschutz (mbH) Prädikow

Unser besonderer Dank für die Anregungen sowie für die Kooperations- und Hilfsbereitschaft bei der Durchführung dieses Projektes gilt Herrn Dr. Fleischhauer (Bundesministerium für Umwelt, Naturschutz und Reaktorsicherheit), Herrn Dr. Glante, Frau Beeskow, Frau Werner (Umweltbundesamt) sowie Herrn Dr. Köppel und Herrn Arnold (Bundesamt für Naturschutz).

Für die Unterstützung bei den zahlreichen Projektarbeiten sei Frau Berchthold, Frau Rommeswinkel und Herrn Schäfer gedankt.

Dr. M. Veerhoff   Dipl. Geogr. S. Roscher   Prof. Dr. G. Brümmer

1 Einleitung

In der Bodenschutzkonzeption der Bundesregierung von 1985 heißt es, daß "langfristig bedenkliche Veränderungen der Stoffkreisläufe in Böden ... frühzeitig festgestellt und korrigiert werden müssen". Weiterhin heißt es: "Der Bodenschutz muß dafür Sorge tragen, daß weder durch stoffliche Einwirkungen über Luft und Wasser noch durch andere ungünstige Einwirkungen des Menschen ... akute oder chronische Schädigungen der Waldböden eintreten." Die heute festzustellende Versauerung der Waldböden hat weitflächig ein so großes Ausmaß erreicht, daß bereits gravierende Veränderungen der Stoffkreisläufe und starke Schädigungen der Waldböden stattgefunden haben. Eine Inventur zum Zustand der Waldböden ist dringend erforderlich.

Durch die in den letzten 40 Jahren wesentlich erhöhten Säureeinträge durch trockene, feuchte und nasse Deposition ist es in Mitteleuropa weitflächig zu einer stark beschleunigten Versauerung und Degradierung von Waldböden gekommen (Ulrich et al., 1979, 1987; Anonym, 1982a; Brechtel, 1989; Gehrmann, 1989). Die Versauerungsprozesse hatten eine starke Nährstoffauswaschung zur Folge und bewirken gleichzeitig eine Mobilisierung von Schadstoffen wie Aluminium-, Blei-, Cadmium- und anderen Schwermetallkationen und -verbindungen (Ulrich et al., 1979; Herms und Brümmer, 1980, 1984; König et al., 1986; Hornburg und Brümmer, 1989). Dadurch ist es mit zunehmender Bodenversauerung zu dramatischen Veränderungen der Elementkreisläufe in Waldlandschaften gekommen (Ulrich et al., 1979, 1987; Brechtel, 1989; Brümmer, 1990).

Mit dem vertikal die Waldböden perkolierenden stark sauren Sickerwasser findet eine in die Tiefe fortschreitende Bodenversauerung statt (Ulrich und Malessa, 1989; Veerhoff und Brümmer, 1989), die in zunehmendem Maße zu einer Verlagerung der o.a. Schadstoffe in das oberflächennahe Grundwasser führt. Da Waldgebiete teilweise auch als Grundwasserliefergebiete für Wasserwerke dienen, steigt die Gefahr einer Trinkwasserbelastung (Umweltbundesamt, 1984).

In hügeligen und gebirgigen Waldlandschaften findet neben der vertikalen Wasserbewegung ein lateraler (hangparalleler) Wasserabfluß als Oberflächenabfluß und in Form von Hangzugwasser statt. Durch das lateral abfließende Wasser wird ein Eintrag von mobilen Stoffen aus den Böden in die Gewässer bewirkt. Auf diese Weise gelangen Säuren, Schadstoffe und andere Substanzen aus den Böden in die Oberflächengewässer (Quellen, Fließgewässer, Seen und Talsperren) und bewirken dort gravierende Veränderungen in den chemischen Eigenschaften der Gewässer von Waldlandschaften (Schoen et al., 1984; Umweltbundesamt, 1984; Reuss und Johnson, 1986; Brechtel, 1989).

Als Folge der dramatischen Versauerung der Waldböden in den letzten 40 Jahren sind deutliche Veränderungen in den gesamten Stoffkreisläufen von Waldökosystemen aufgetreten. In Abhängigkeit vom Ausmaß der Bodendegradierung und -zerstörung haben sich auch zum Teil starke Veränderungen in den Lebensgemeinschaften von Flora und Fauna der Waldgebiete eingestellt. So sind beispielsweise bei pH-Werten unter 3,5 Lumbriciden in Böden kaum noch lebensfähig (Brümmer, 1981, 1987). Die Boden-Makrofauna zeigt bei dieser Bodenreaktion häufig eine starke Abnahme in Arten- und Individuenzahl. Damit ist ein wesentlicher Teil der Lebensgrundlagen für viele höhere Tiere (Vögel, Kleinsäuger u.a.) verändert. Auch die Mikroorganismenaktivität der Böden hat infolge der in den letzten 40 Jahren eingetretenen Bodenschädigungen in starkem Maße abgenommen. So hat sich die Intensität der Abbauprozesse verringert, und organische Auflagehorizonte werden in zunehmendem Maße gebildet. Auch ein wesentlicher Teil der heutigen "neuartigen Waldschäden" ist auf die eingetretene Bodenversauerung und die dadurch bedingten Veränderungen der Stoffkreisläufe zurückzuführen. Ebenso sind in manchen Gebieten der Bundesrepublik durch Stoffeinträge aus versauerten Böden dramatische Veränderungen in den Gewässer-Biozönosen von Waldlandschaften zu beobachten.

Insgesamt nehmen Waldflächen in der Bundesrepublik Deutschland etwa 30 % der gesamten Fläche ein. Es ist bisher nicht ausreichend bekannt, in welchem Maße die Gesamtwaldfläche der Bundesrepublik von den Bodenversauerungsprozessen betroffen ist und auf wieviel Prozent der Waldfläche bereits kritische Versauerungszustände der Böden eingetreten sind. Dabei ist einerseits das Ausmaß der Versauerung der Oberböden und andererseits das Ausmaß der Tiefenversauerung nur unzureichend bekannt.

Ziel dieses F+E-Vorhabens ist es, die in der Literatur vorliegenden Ergebnisse sowie die noch nicht veröffentlichten Untersuchungsbefunde der auf dem Gebiet der Waldschadensforschung tätigen Institute und Forschungseinrichtungen aufzunehmen und in einer integrierten Auswertung für das Gebiet der Bundesrepublik Deutschland zusammenzufassen. Auf der Basis dieser Literatur-Studie soll die Problematik zur Auswirkung der Bodenversauerung auf Stoffbestand und Stoffkreisläufe in Waldböden eingehend diskutiert, bewertet und - falls erforderlich - sollen Vorschläge für weiteren Forschungsbedarf formuliert werden.

In der Literatur-Studie sollen im einzelnen alle wichtigen Versauerungspfade in Waldökosystemen dargestellt und die dabei ablaufenden Prozesse berschrieben werden. Im Mittelpunkt steht die Frage nach dem Ausmaß der irreversiblen Degradierung von Waldböden als Folge der intensiven Silicatverwitterung und -zerstörung unter stark bis extrem sauren Bedingungen. Hierbei stellen sich weitere Fragen in Bezug auf Art, Menge und Wirkungsmechanismen von Puffersubstanzen im Solum sowie im geologischen Ausgangssubstrat von Waldstandorten. Im Zusammenhang mit der Beschreibung der Pufferreaktionen wird auch auf die Ursache-Wirkungsbeziehung zwischen anthropogener Luftverunreinigung, fortschreitender Tiefenversauerung und Grundwasserversauerung in Abhängigkeit vom jeweiligen Bodensubstrat und Ausgangsgestein eingegangen.

Ziel der Studie ist es ferner, anhand der bereits veröffentlichten Ergebnisse des ECE-Workshops "Mapping Critical Loads" (Critical Loads, Critical Levels, 1994) für das Gebiet der Bundesrepublik Deutschland Prognosen über die zukünftige Entwicklung der Bodenzerstörungsprozesse zu treffen. Desweiteren soll anhand von Fallbeispielen ausgewählter Waldgebiete, in denen eine hohe Informationsdichte bezüglich bodenchemischer und -mineralogischer Kennwerte vorliegt, versucht werden, die im Rahmen der Critical Loads/Critical Levels-Projektes erstellten Karten zu verifizieren. Falls erforderlich, sollen dann Vorschläge zu Veränderungen der in den Modellrechnungen verwendeten Parameter formuliert werden.

2 Emissionen und Ausbreitung von Luftverunreinigungen

Das Einleiten von festen, flüssigen oder gasförmigen Stoffen in die Atmosphäre wird Emission genannt (Roth et al., 1992). In der Atmosphäre werden die emittierten Stoffe von Luftbewegungen erfaßt, verdünnt und verfrachtet und reagieren z.T. mit anderen in der Luft vorhandenen Substanzen zu neuen Stoffen (Sekundärstoffen). Die emittierten Stoffe und die Sekundärstoffe lagern sich zum Teil an Schwebstaubteilchen an oder werden von Wassertropfen aufgenommen, wobei sie wiederum verändert werden können. Diese in der Atmosphäre ablaufenden Vorgänge werden als Transmission bezeichnet. Im Laufe der Zeit gelangen die in der Atmosphäre vorhandenen Substanzen entweder durch Luftbewegungen oder durch Niederschläge (Regen, Schnee, Nebel) auf die Erdoberfläche und lagern sich hier ab (Deposition). Aus diesen Ablagerungen oder direkt aus der Luft können Stoffe in Rezeptoren übertreten und hier Wirkungen auslösen. Dieser Übertritt wird Immission genannt.

2.1 Nah- und Fernemission von Luftverunreinigungen

Luftverunreinigungen können je nach meteorologischen Bedingungen und physikalisch-chemischem Stoffverhalten bis zu mehrere tausend Kilometer vom Emissionsort entfernt abgelagert werden (Abb. 2.1). Sie verteilen sich in Abhängigkeit von Windrichtung, Windgeschwindigkeit, Turbulenzen und atmosphärischen Zirkulationen (Barnes, 1979; Turner, 1979). Von der Vielzahl der in die Luft emittierten Stoffe nehmen mengenmäßig und von ihrer Bedeutung für die Stoffkreisläufe in Waldökosystemen SO_2, NO_x und NH_3 eine besondere Stellung ein.

Da der überwiegende Anteil des emittierten SO_2 nicht in der bodennahen Luftschicht, sondern aus hohen Schornsteinen in größere Höhen gelangt, wo stärkere Luftströmungen vorherrschen, können SO_2 und dessen Folgeprodukte über große Distanzen verfrachtet werden (Fabian, 1989). Mit 4 Tagen hat SO_2 eine etwa viermal längere troposphärische Lebensdauer als NO_x. Saurer Regen kann als Folge starker SO_2-Produktion in beträchtlichem Abstand von der Quelle der Verunreinigung beobachtet werden. Bei gemäßigten Windverhältnissen kann sich das aus dem SO_2 gebildete Sulfat innerhalb von 4 Tagen 2.000 km windabwärts befinden. Das Phänomen "saurer Regen" ist somit ein überregionales Problem, das sich auch über Landesgrenzen hinweg auswirkt. So hat beispielsweise die weite Verfrachtung von SO_2 aus den Ballungszentren in der Hauptwindrichtung (Südwest- und Westwinde) dazu geführt, daß die nordeuropäischen Länder im Verhältnis zu ihrer Eigenemission hohe Depositionsraten an S zu verzeichnen haben (Dickson, 1985). Analysen des grenzüberschreitenden Transports von Luftverunreinigungen werden derzeit im Rahmen des Programms EMEP (European Monitoring and Evaluation Program) durchgeführt (UBA, 1992a). Danach schätzt man beispielsweise, daß 1990 zu den 170.500 t S pro Jahr, die von Emissionen aus dem alten Bundesgebiet stammen, 339.500 t S pro Jahr aus dem europäischen Ausland hinzukommen. Somit betrug die berechnete Schwefeldeposition insgesamt 544.500 t S pro Jahr. Andererseits wurden aus dem alten Bundesgebiet 190.200 t S pro Jahr in die europäischen Nachbarländer exportiert.

Im Vergleich zu SO_2 wird nur halb soviel **NO_x** aus hohen Schornsteinen abgelassen (Fabian, 1989). Für das aus dem NO_x gebildete Nitrat ist der Ferntransport-Anteil deshalb geringer als für Sulfat. Da HNO_3 eine etwa doppelt so lange troposphärische Lebensdauer wie NO_x hat, kann das gebildete Nitrat dennoch über viele hundert Kilometer verfrachtet werden (Fabian, 1989).

Die Emission von Ammoniak (**NH_3**) erfolgt meist in unmittelbarer Bodennähe (Dunggruben, mit Gülle gedüngte Äcker usw.). Durch schnelle Umwandlungs- und Depositionsprozesse in Emittentennähe erfolgt kein wesentlicher NH_3-Transport über lange Strecken. Mit wachsender Entfernung vom Emittenten wird sowohl vertikal als auch horizontal eine starke Abnahme der NH_3-Konzentrationen festgestellt (Hadwiger-Fangmeier et al., 1992).

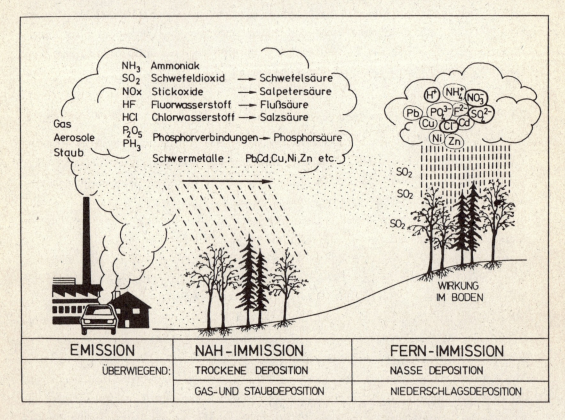

Abb. 2.1: Emission von Luftschadstoffen in Form von Gas, Aerosolen und Staub, Transport und Umwandlung in der Atmosphäre sowie Deposition als Nah- und Fern-Immission (Brechtel, 1989)

Das aus dem NH_3 gebildete NH_4^+ liegt in der Troposphäre zusammen mit SO_4^{2-} oder NO_3^- hauptsächlich in Form von allerfeinsten Aerosolpartikeln mit einem Durchmesser < 2,5 µm vor (Hildemann et al., 1984). Diese Partikel haben sehr geringe Depositionsgeschwindigkeiten und werden daher über weite Strecken mit den Luftströmungen verfrachtet (Vermetten et al., 1985). Harrison und Pio (1983) stellten fest, daß $(NH_4)_2SO_4$-Aerosole im Gegensatz zu NH_4NO_3- und NH_4Cl-Teilchen über weite Entfernungen transportiert werden können.

Die Verweildauer für NH_3 in der Atmosphäre wird mit 2,8 h (tags) und 5 h (nachts, Erisman et al., 1987) bzw. 0,8 Tagen (Möller und Schieferdecker, 1985), 1 - 4 Tagen (Söderlund und Svensson, 1976) und 4 Tagen (Dawson, 1984) angegeben. Die Verweildauer von NH_x ($NH_3 + NH_4^+$) in der Atmosphäre wird mit 4 - 7 Tagen (Bonis et al., 1980), bzw. 7,7 Tagen (Möller und Schieferdecker, 1985), 7 - 19 Tagen (Söderlund und Svensson, 1976) und 15 plus/minus 9 Tagen (Böttger et al., 1978) angegeben.

2.2 Säuren und Säurebildner

Die Zusammensetzung der Luft ist das Ergebnis eines über Jahrmillionen annähernd konstant gebliebenen Fließgleichgewichtes, in dem Oxidations- und Reduktionsprozesse sich die Waage halten (Schnoor et al., 1983). Erst durch Eingriffe der Zivilisation, insbesondere durch die Verbrennung von fossilen Energieträgern (Kohle, Öl), hat sich die Geschwindigkeit der Oxidation von Kohlenstoff, Schwefel und Stickstoff gegenüber der Reduktion von CO_2, SO_2 und NO_x erhöht. Daraus resultiert ein globaler Anstieg der CO_2-Konzentration und eine regionale Erhöhung der Konzentration von Schwefel- und Stickoxiden. Da zur Wahrung der Ladungsneutralität Redoxprozesse mit Protonenumsätzen gekoppelt sind, hat die veränderte Reduktions-Oxidationsbalance der Atmosphäre eine Anreicherung potentieller Säuren gegenüber Basen nach sich gezogen. Die quantitativ wichtigsten Säurebildner sind SO_2 sowie NO_x in Form von NO und NO_2. NH_3 und NH_4-Emissionen haben in den letzten Jahren infolge der Intensivierung der Landwirtschaft und der Nutztierbestände deutlich zugenommen (vgl. Hadwiger-Fangmeier et al., 1992). Andere Komponenten wie Chloride, Fluoride (Schnoor et al., 1983, VDI-Kommission Reinhaltung der Luft, 1983) und Phosphat-Verbindungen (Bernhardt, 1978) können lokal eine bedeutende Rolle spielen, haben jedoch großräumig nur untergeordnete Bedeutung.

2.2.1 Schwefelverbindungen

Schwefel tritt in der Außenluft in Form von Oxiden, Sulfaten und reduzierten Spezies auf. Von den Oxiden sind in der Atmosphäre nur SO_2 und lokal möglicherweise auch SO_3 als Vorläufer von Sulfat- und Schwefelsäureaerosolen von Bedeutung (Urone, 1976). Die von den emittierten Mengen her wichtigste reduzierte S-Verbindung, H_2S, wird in der Luft innerhalb weniger Stunden zu SO_2 oxidiert (Urone, 1976; Jaeschke et al., 1978, 1980). Für die Schwefelemission sind neben anthropogenen Quellen auch natürliche Herkünfte von Bedeutung.

Der überwiegende Teil des auf natürlichem Wege in die Atmosphäre gelangten Schwefels stammt aus den Ozeanen (Janßen-Schmitt et al., 1981). Auch durch vulkanische Tätigkeit gelangen große Mengen von S-Verbindungen - hauptsächlich SO_2 (Gerlach und Nordlie, 1975), daneben auch SO_3, Sulfate und elementarer Schwefel (Cullis und Hirschler, 1979) - in die Atmosphäre. Weiterhin stellen biogene S-Emissionen eine wichtige natürliche Quelle atmosphärischen Schwefels dar. Durch die Reduktion von Schwefel und S-Verbindungen durch Algen und Bakterien werden

H_2S und organische Sulfide an die Atmosphäre abgegeben (Janßen-Schmidt et al., 1981).
Die wichtigsten Quellen anthropogener S-Emissionen sind die Verbrennung fossiler Brennstoffe, die Raffination von Erdöl sowie die Verhüttung von Erzen (UBA, 1992a).

2.2.2 Stickstoffverbindungen

Stickstoff ist in der Atmosphäre als Molekül N_2 mit ca. 78 Vol.-% die häufigste Komponente. Er bildet eine große Anzahl von Verbindungen, die zum Teil lebenswichtig sind. Unter der Vielzahl der Stickstoffverbindungen haben von den gemessenen Konzentrationen her N_2O, NO_x (NO + NO_2), HNO_2, HNO_3 und Nitrate sowie NH_3 und Ammoniumsalze die größte Bedeutung (Urone, 1976).

Der Hauptanteil der heutigen Ammoniakemissionen stammt aus der Zersetzung von tierischen Exkrementen (Hadwiger-Fangmeier et al., 1992). Durch bakterielle und enzymatische Zersetzung der Stickstoffverbindungen aus Kot und Urin kommt es zur Bildung von leicht flüchtigem Ammoniak (NH_3). Der wesentlichste Abbauprozeß ist dabei die Harnstoffspaltung durch das Enzym Urease, welches weit verbreitet in Bakterien, Böden und Pflanzen vorkommt. Es katalysiert die folgende Umsetzung:

$$(NH_2)_2CO \text{ (Harnstoff)} + H_2O \rightarrow 2\ NH_3 + CO_2$$

Die größte natürliche Quelle für Stickoxide ist die biologische Denitrifikation, die mit zunehmender Ausdehnung und Intensität der landwirtschaftlichen und forstlichen Bodennutzung (Einsatz von N-Düngern, Rodungen mit anschließendem Abbau des organisch gebundenen N-Vorrates) erheblich zugenommen hat (Ulrich, 1985). Weitere natürliche Quellen für Stickoxide sind atmosphärische Entladungen (Janßen-Schmidt et al., 1981) und Waldbrände (Guicherit, 1982; Robinson und Robbins, 1971).

Zur natürlichen Ammoniakfreisetzung tragen im Boden mikrobielle Zersetzungs- und Umwandlungsprozesse bei, wobei die Prozesse der Mineralisation und der Ammonifikation (Umwandlung organisch gebundenen Stickstoffs von NO_3^- zu NH_3) am wesentlichsten sind. Eine weitere Quelle natürlicher NH_3-Emissionen sind oberirdische Pflanzenteile (Farquar et al., 1983; Schjoerrong et al., 1991). Über die natürliche NH_3-Emissionen gibt es unterschiedliche Abschätzungen. Böttger et al. (1978) geben eine Abschätzung der NH_3-Emission für ungedüngte Böden von 1 µg/m² h^{-1} (ca. 88 g NH_3 ha^{-1} a^{-1}) an; Buijsman et al. (1987) gehen von 10 µg/m² h^{-1} (ca. 880 g NH_3 ha^{-1} a^{-1}) aus. Dagegen wird die natürliche NH_3-Emission von Möller und Schieferdecker (1990) auf ca. 3 kg NH_3 ha^{-1} a^{-1} geschätzt.

Die anthropogene NO_x-Emission entstammt in erster Linie Hochtemperatur-Verbrennungsprozessen (Overrein et al., 1980; Dovland und Semb, 1980). Als Quellen sind Fahrzeugmotoren und andere Verbrennungskraftmaschinen sowie Feuerungsanlagen aller Art zu nennen. Dabei entsteht NO_x in erster Linie durch die endotherme Reaktion des Luftstickstoffs mit dem Luftsauerstoff im Verbrennungsraum; der Stickstoffgehalt des Brennstoffes hat nur geringe Bedeutung. Weiterhin sind Emissionen aus Salpetersäureanlagen (Verbrennung von Ammoniak) und aus der Produktion und Anwendung von Düngemitteln zu erwähnen.

Bedeutung. Weiterhin sind Emissionen aus Salpetersäureanlagen (Verbrennung von Ammoniak) und aus der Produktion und Anwendung von Düngemitteln zu erwähnen.

Die Hauptquelle für NH_3-Emissionen stellt die Landwirtschaft, speziell die Nutzviehhaltung, dar. Weitere Quellen sind Mineraldüngereinsatz, Industrie, Kraftwerke, Müllverbrennungsanlagen, Kraftfahrzeugverkehr und menschliche Abfälle. Außerdem sind die Verbrennung von Biomasse, die Verrottung von Grasabfällen und die Bestandesoberflächen von übermäßig mit Stickstoff gedüngten Pflanzenbeständen an der Ammoniakfreisetzung beteiligt (Hadwiger-Fangmeier et al., 1992).

2.2.3 Anteil der einzelnen Emittenten an der Gesamtemission (Emissionssituation, räumlich und zeitlich)

Schätzungen zu Schwefelemissionen aus anthropogenen Quellen können aus Angaben über den Verbrauch von Brennstoffen oder anderen schwefelhaltigen Materialen und aus Emissionsfaktoren abgeleitet werden. Emissionsfaktoren (in kg emittierten Stoffes/t Brennstoff) geben an, welche Mengen eines bestimmten Stoffes, z.B. SO_2, pro t eingesetzten Brennstoffes oder Erzes bei der Verbrennung bzw. Verhüttung emittiert werden (VDI-Kommission Reinhaltung der Luft, 1983; UBA, 1992a). Die Genauigkeit der Abschätzungen anthropogener SO_2-Emissionen wird durch die Gültigkeit der angewandten Emissionsfaktoren bestimmt. In die Emissionsfaktoren gehen u.a. die unterschiedlichen S-Gehalte der Brennstoffe, die Art der Umwandlungsprozesse und die angewandten Luftreinhaltemaßnahmen ein. Sie sind für solche industriellen Prozesse, bei denen der S-Gehalt des Brennstoffes bzw. des Arbeitsstoffes laufend kontrolliert wird, recht gut bekannt (VDI-Kommission Reinhaltung der Luft, 1983).

70 % der gesamten und 94 % der anthropogenen Schwefelemissionen wurden bis Ende der 70er Jahre auf der nördlichen Halbkugel emittiert (Cullis und Hirschler, 1979). Dies liegt daran, daß sich alle bedeutenden Industrieländer auf der nördlichen Halbkugel befinden.

In der Bundesrepublik Deutschland und ihren europäischen Nachbarländern wird SO_2 hauptsächlich aus anthropogenen Quellen, überwiegend bei der Verbrennung schwefelhaltiger Brennstoffe, emittiert (OECD, 1977). Die Emission von S-Verbindungen aus natürlichen Quellen (Vulkanen, Meeresgischt, biologische Reduktionsprozesse) macht in Europa nach Schätzungen der OECD (1977) weniger als 10 % der Gesamtemission aus. Lag die SO_2-Emission in der Bundesrepublik Deutschland 1850 noch bei unter 0,2 Mio. t pro Jahr, so begann mit zunehmender Industrialisierung seit Ende des 19. Jahrhunderts ein steiler Anstieg der SO_2-Freisetzung (VCI, 1989). 1910 wurden bereits rund 2 Mio. t SO_2 emittiert. Das Maximum lag 1973 bei 3,7 Mio. t und sank bis 1982 auf etwa 2,9 Mio. t pro Jahr ab. Seit 1982 konnten die jährlichen Emissionen weiter um insgesamt ca. 68 % auf 0,94 Mio. t (1990) verringert werden (Tab. 2.1). Maßgeblichen Anteil hat daran v.a. die Rauchgasentschwefelung der Kraftwerke. In der ehemaligen DDR stiegen die jährlichen SO_2-Emissionen bis 1987 auf 5,6 Mio. t; danach fielen sie auch dort bis 1990 um 0,85 auf 4,75 Mio. t. Wie die Entwicklung zeigt, werden sich die Emissionen in den neuen Ländern bis 1996 weiter deutlich verringern BMELF, 1993). Abb. 2.2 zeigt die Entwicklung der SO_2-Emis-

die Verwendung schwefelarmer Brennstoffe und Maßnahmen der Abgasentschwefelung gingen die SO_2-Emissionen hier in den 80er Jahren stark zurück. 1989 trugen die Kraftwerke nur noch ca. 35 %, Industriefeuerung ca. 34 % und Industrieprozesse ca. 10 % zu den SO_2-Emissionen bei.

Tab. 2.1: Entwicklung der SO_2-Emissionen in der Bundesrepublik Deutschland und der ehemaligen Deutschen Demokratischen Republik in Mio. t/a (5. Bundesimmissionsschutzbericht, BMELF, 1993)

	1980	1985	1989	1990	Schätzung für 2005
BRD	3,2	2,4	0,96	0,94	
DDR	4,3	5,4	5,25	4,75	
Deutschland				5,69	0,55

Die großräumige Belastung, wie sie vom Meßnetz des Umweltbundesamtes festgestellt wurde, ging dabei an der früheren Ostgrenze der Bundesrepublik um ca. 30 - 45 %, in den westlich gelegenen Landesteilen um bis zu 70 % zurück (UBA, 1992a). Ähnliche Entwicklungen sind auch in den Ballungsräumen zu verzeichnen. So ging die mittlere Belastung des Rhein-Ruhr-Gebietes im Jahresmittel von rund 50 µg/m³ auf ca. 30 µg/m³ zurück; Jahresmittelwerte über 40 µg/m³ treten seit 1989 nur noch ganz vereinzelt auf.

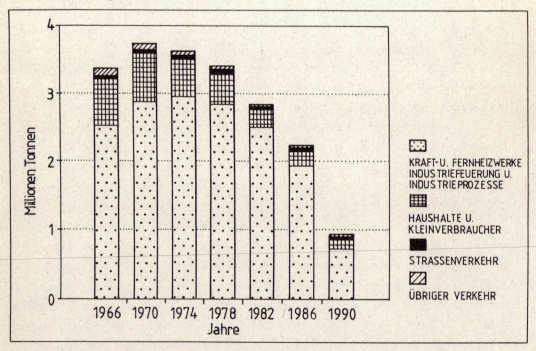

Abb. 2.2: Entwicklung der jährlichen Emission von Schwefeldioxid, aufgeschlüsselt nach Emittenten in den alten Bundesländern (von 1966 bis 1990) (UBA, 1992b)

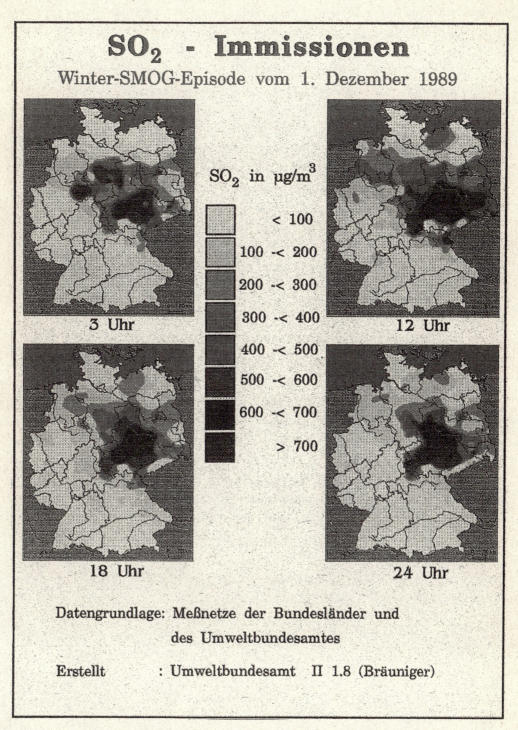

Abb. 2.3: Räumliche Verteilung der mittleren jährlichen SO$_2$-Konzentrationen in Deutschland (1988 bis 1991) (UBA, 1992b)

siehe Farbtafel im Anhang

Im Vergleich zu den alten Ländern ist in verschiedenen Gebieten der ehemaligen DDR die SO_2-Immissionsbelastung extrem höher (Abb. 2.3). Insbesondere in den Ländern Sachsen, Sachsen-Anhalt und Thüringen liegen die Konzentrationen auch großräumig über dem Langzeit-Immissionswert der TA Luft für SO_2, der mit 140 µg/m^3 als Jahresmittelwert festgelegt wurde. Dort sind der Raum Halle/Leipzig/Bitterfeld und das Thüringer Becken am stärksten mit SO_2 belastet. Selbst in ländlichen Gebieten der ehemaligen DDR entsprechen die Konzentrationen verbreitet denen der Ballungsgebiete im alten Bundesgebiet (UBA, 1992a).

Ähnlich wie bei SO_2 werden anthropogene NO_x-Emissionen anhand von Emissionsfaktoren berechnet. Jedoch werden die Emissionsfaktoren nicht vom N-Gehalt des Brennstoffs bestimmt, sondern hauptsächlich von den Feuerungsbedingungen, die einen wesentlichen Einfluß auf die Stickstoffoxidbildung haben. Z. B. bewirkt infolge der endothermen Reaktion zwischen N_2 und O_2 eine Erhöhung der Verbrennungstemperatur eine Zunahme der NO_x-Emission (Homann, 1983). Zu den Abschätzungen der NO_x-Emissionen ist zu bemerken, daß durch die Komplexität der Bildung von NO_x und den Mangel an zuverlässigen Emissionsfaktoren die Unsicherheiten noch größer sind als bei den Schwefelverbindungen (Söderlund, 1977).

Nach Galbally (1975) erfolgten bis Mitte der 70er Jahre wie bei SO_2 mehr als 90 % der anthropogenen NO_x-Emissionen auf der nördlichen Halbkugel. Abschätzungen der anthropogenen NO_x-Emissionen für den Zeitraum von 1980 bis 1990 in der Bundesrepublik Deutschland und der ehemaligen DDR sind in Tab. 2.2 zusammmengefaßt, während Abb. 2.4 die Entwicklung der NO_x-Emissionen in den alten Ländern aufgeschlüsselt nach Emittentengruppen zeigt. Die Gesamtmenge der in den alten Bundesländern emittierten Stickstoffdioxide stieg von 1960 bis 1986 von 1,5 Mio. t auf rd. 3,0 Mio. t pro Jahr. Seitdem ist ein Rückgang zu verzeichnen (1990 2,6 Mio. t). Ein deutlicher Rückgang wurde v.a. bei Kraft- und Fernheizwerken durch Umbau auf emissionsarme Feuerungssysteme und Abgasentstickung sowie in Industriefeuerungsanlagen durch Umstellung auf flüssige und gasförmige Brennstoffe mit günstigem Emissionsverhalten erreicht (UBA, 1992a). Der deutliche Rückgang der NO_x-Emissionen aus Kraftwerken und Industrieanlagen wurde von einem Anstieg der NO_x-Emissionen im Verkehrsbereich, v.a. im Straßenverkehr, überlagert. Die NO_x-Emissionen stiegen hier von 1980 bis 1990 von 1,6 auf 1,9 Mio. t pro Jahr an.

Tab. 2.2: Entwicklung der NO_x-Emissionen in der Bundesrepublik Deutschland und der ehemaligen Deutschen Demokratischen Republik in Mio. t/a (5. Bundesimmissionsschutzbericht, BMELF, 1993)

	1980	1985	1989	1990	Schätzung für 2005
BRD	2,95	2,95	2,70	2,60	
DDR	0,59	0,64	0,67	0,63	
Deutschland				3,23	1,70

Der heutige Anteil des Verkehrs an der NO_x-Belastung der Luft beträgt in den alten Bundesländern 59 %; ca. 18 % der Stickstoffoxide stammen aus Kraft- und Fernheizwerken; 9,7 % sind industrielle Emissionen, die restlichen 12 % sind auf Emissionen aus Haushalten und Kleinverbrauchern zurückzuführen.

In der ehemaligen DDR stiegen die NO_x-Emissionen entsprechend des wachsenden Energieverbrauchs von rund 0,59 Mio. t (1980) auf 0,67 Mio. t (1987) an und blieben bis 1989 konstant. Der größte Teil der NO_x-Emissionen stammt in der ehemaligen DDR aus Kraft- und Fernheizwerken (44 %). Die NO_x-Emissionen aus dem Verkehrssektor betrugen in der ehemaligen DDR 1989 nur rund 0,27 Mio. t. Nach Öffnung der Grenze kam es jedoch zu einem Boom der Verkaufszahlen bei PKWs und zu einer erheblichen Erhöhung der Fahrleistungen. Zudem erfolgte ein relativ großer prozentualer Anteil der Kfz-Neuzulassungen für PKW ohne geregelten 3-Wege-Katalysator (BMELF, 1993).

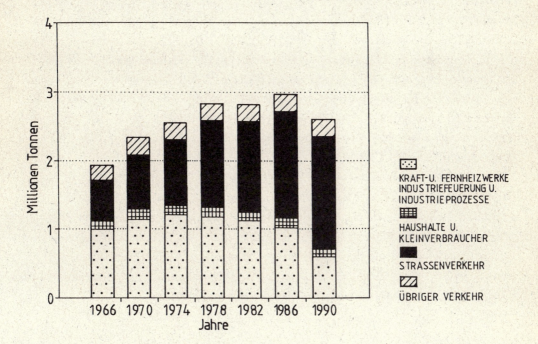

Abb. 2.4: Entwicklung der jährlichen NO_2-Emissionen, aufgeschlüsselt nach Emittentengruppen in den alten Bundesländern (1966 bis 1990) (UBA, 1992b)

Im Gegensatz zu SO_2 wird im alten Bundesgebiet großflächig eine höhere Stickstoffdioxidbelastung (20 - 40 µg/m³) als in der ehemaligen DDR (10 - 30 µg/m³) registriert. Im wesentlichen ist der verkehrsbeeinflußte Raum, insbesondere Gebiete an Autobahnen, durch die NO_x-Belastung betroffen. In den Städten und Ballungsgebieten liegen die Jahresmittelwerte für NO_2 meist im Bereich von ca. 35 - 50 µg/m³, bei Spitzenbelastungen bei 80 - 130 µg/m³. In verkehrsbeeinflußten Bereichen ergeben sich Jahresmittel von 50 - 70 µg/m³ mit Spitzenwerten von ca. 120 - 180 µg/m³. Niedrige Stickstoffdioxidkonzentrationen werden in den alten Ländern in Schleswig-Holstein, den südlichen Mittelgebirgslagen und den Alpen festgestellt.

Für die NH_3-Emissionen wurden mittels statistischer Daten und Emissionsfaktoren die in Tab. 2.3 und 2.4 aufgeführten gesamten und quellenspezifischen Emissionen hochgerechnet (Hadwiger-Fangmeier et al., 1992).

Im zeitlichen Vergleich zeigt sich in den alten Bundesländern von 1950 bis heute bedingt durch eine Vergrößerung der landwirtschaftlichen Tierbestände und durch eine verstärkte Produktion und Anwendung von Mineraldüngern eine Zunahme der NH_3-Emissionen (Buijsman, 1986; Apsimon et al., 1987). Von 1950 bis 1980 stiegen die durch die Tierhaltung bedingten NH_3-Emissionen um 47 % (Apsimon et al., 1987). Die neuesten Schätzungen der NH_3-Emissionen schwanken zwischen 380 und 718 kt $\cdot$ a^{-1} für das Gebiet der alten Bundesländer. Die Differenz dieser Werte kommt durch unterschiedliche Berechnungsweisen (Verwendung unterschiedlicher Emissionskoeffizienten) zustande (Hadwiger-Fangmeier et al., 1992). Besonders hohe NH_3-Emissionsdichten sind im Nordwesten der alten Bundesrepublik anzutreffen (Maximalwerte in den Regierungsbezirken Münster und Weser-Ems) (Fabry et al., 1990).

Die NH_3-Emissionen der neuen Bundesländer sind in Tab. 2.4 zusammengestellt. Von 1950 bis 1980 erhöhten sich die durch die Nutztierhaltung bedingten NH_3-Emissionen um 90 % (Apsimon et al., 1987). Die Emissionen der neuen Bundesländer wurden zur Zeit der Wende, je nach Berechnungsmodus, auf 239 - 425 kt NH_3 pro Jahr eingeschätzt. Nach den vorliegenden Hochrechnungen entstehen in der heutigen Bundesrepublik schätzungsweise NH_3-Gesamtemissionen von 600 - 1.100 kt a^{-1}.

Die prozentualen Anteile verschiedener NH_3-Emittenten an den gesamten NH_3-Emissionen einzelner Länder ist in Tab. 2.5 dargestellt (Hadwiger-Fangmeier et al., 1992). Die meisten Emissionen entstehen durch die Nutztierhaltung, aber auch die Anwendung von N-haltigen Mineraldüngern trägt in hohem Maß zur Ammoniakfreisetzung bei. Industrielle Quellen sind von geringer Bedeutung. Für die sonstigen Emittenten (Kraftwerke, Müllverbrennungsanlagen, Kfz-Verkehr, private Haushalte etc.) gibt es unterschiedliche Einschätzungen. Ihre Beteiligung an den Gesamtemissionen von NH_3 wird im allgemeinen als gering eingeschätzt.

Tab. 2.3: Geschätzte gesamte und quellenspezifische NH_3-Emissionen in den alten Bundesländern (Hadwiger-Fangmeier et al., 1992)

Jahr	Emmission NH_3 (10^3 t a^{-1})	Quelle	Referenz
1980	529	gesamt	Klaassen, 1991
1982	371	.	Buijsman et al., 1987
1987	533	.	Klaassen, 1991
1987	718	.	Asman & van Jaarsveld, 1990a
1988	380	.	Iversen et al., 1990, in Klaassen, 1991
2000*	541	.	Klaassen, 1991
1950	243	Tierhaltung	Apsimon et al., 1987b
1950	270	.	Buijsman, 1986
1960	286	.	Apsimon et al., 1987b
1960	305	.	Buijsman, 1986
1970	333	.	Apsimon et al., 1987b
1970	346	.	Buijsman, 1986
1980	357	.	Apsimon et al., 1987b
1980	367	.	Buijsman, 1986
1982	329	.	Buijsman et al., 1987
1986	607	.	Isermann, 1990
1988	286	.	Fabry et al., 1990
1986	33	Schweinehaltung	Hartung, 1986
1982	35	Düngemittelausbringung	Buijsman et al., 1987
1986	34	.	Isermann, 1990
1988	54	.	Fabry et al., 1990
1982	6	Industrie	Buijsman et al., 1987
1987	1	Müllverbrennungsanlagen	Fabry et al., 1990
1990	2,5	Düngemittelherstellung	Laidig, 1990
1990	0,2	Kältemittel	Laidig, 1990
1990	1 - 5	Kraftwerke	Laidig, 1990
1990	1,5	Kfz-Verkehr	Laidig, 1990
1990	0,6	Zigarettenkonsum	Laidig, 1990

* Prognose

Tab. 2.4: Geschätzte gesamte und quellenspezifische NH_3-Emissionen in den neuen Bundesländern (Hadwiger-Fangmeier et al., 1992)

Jahr	Emmission NH_3 (10^3 t a^{-1})	Quelle	Referenz
1950	254	gesamt	Möller & Schieferdecker, 1989
1960	315	.	Möller & Schieferdecker, 1989
1970	362	.	Möller & Schieferdecker, 1989
1980	431	.	Möller & Schieferdecker, 1989
1980	228	.	Klaassen, 1991
1982	207	.	Buijsman et al., 1987
1985	419	.	Möller & Schieferdecker, 1989
1987	243	.	Klaassen, 1991
1987	270	.	Asman & van Jaarsveld, 1990a
1988	286	.	Möller & Schieferdecker, 1989; Möller, 1992
1988	305	.	Iversen et al., 1990.; zit. in Klaassen, 1991
2000*	333	.	Klaassen, 1991
1950	78	Tierhaltung	Apsimon et al., 1987b
1950	98	.	Buijsman, 1986
1960	115	.	Apsimon et al., 1987b
1960	129	.	Buijsman, 1986
1970	131	.	Apsimon et al., 1987b
1970	139	.	Buijsman, 1986
1980	148	.	Apsimon et al., 1987b
1980	156	.	Buijsman, 1986
1982	159	.	Buijsman et al., 1987
1988	259	.	Möller, 1992
1990	179	.	Sciborski, 1991
1991**	121	.	Sciborski, 1991
1982	42	Düngemittel	Buijsman et al., 1987
1988	85	.	Möller, 1992
1982	6	Industrie	Buijsman et al., 1987
1988	21	.	Möller, 1992
1988	61	Mensch + natürl. Hintergrund	Möller, 1992

* Prognose
** Hochrechnung unter Einbeziehung der neuesten Tierzahlen in Brandenburg.

Tab. 2.5: Prozentualer Anteil einzelner Emittenten an der gesamten NH_3-Emission (Hadwiger-Fangmeier et al., 1992)

landw. Nutztiere	Düngemittel	Industrie	Sonstiges	Land	Referenz
89	9	2		BRD	Buijsman et al., 1987
80	18	2		.	Isermann, 1990
		2 - 5		.	Laidig, 1990
78	15			.	Fabry et al., 1990
75	23		2	.	Asman & van Jaarsveld, 1990a
77				DDR	Buijsman et al., 1987
61			14*		Möller & Schieferdecker, 1990
			6**	Niederlande	Asman et al., 1988
96				England	Kruse et al., 1989
100				Schottland	Kruse et al., 1989
81	17	2		Europa	Buijsman et al., 1987
54	9	1	36***	USA/Kalif.	Russell et al., 1983

* Summe Menschen und "natürliche Prozesse"
** Summe Menschen, Hunde, Katzen, Klärschlämme
*** Boden (16), private Haushalte (14), Kfz-Verkehr (3), Verbrennung (3)

2.2.4 Luftchemische Prozesse und Transport atmosphärischer Schwefel- und Stickstoffverbindungen

Während des atmosphärischen Transportes laufen physikalisch-chemische Reaktionen ab, durch die aus den ursprünglich emittierten Stoffen sekundäre Luftverunreinigungen entstehen können, die für bestimmte Rezeptorgruppen teilweise ein erheblich höheres Gefährdungspotential aufweisen als die Vorläufersubstanzen selbst. Hierzu gehören beispielsweise photochemische Oxidantien (s. Kap. 2.4.1) und Säuren, insbesondere Schwefel- und Salpetersäure.

Bei der Oxidation von SO_2 und NO_x entstehen salpetrige Säure und Salpetersäure sowie schweflige Säure und Schwefelsäure in der Gas- (HNO_2, HNO_3) bzw. in der wässrigen (HNO_3, H_2SO_3, H_2SO_4) Phase (Schnoor et al., 1983). Die Umsetzung erfolgt nach verschiedenen Mechanismen, wobei in der Gasphase dem OH-Radikal und in der wässrigen Phase - vor allem für Schwefeldioxid - dem Wasserstoffperoxid eine wesentliche Bedeutung zukommt. In Abb. 2.5 ist die Säurebildung aus NO_x und SO_2 stark vereinfacht dargestellt.

Die Konversion der Stickoxide zu Salpetersäure läuft in Form von homogenen Reaktionen in der Gasphase ab. Der wichtigste Umwandlungsprozeß für NO in der reinen Troposphäre ist die Oxidation durch O_3. Die Oxidation von SO_2 zu Schwefelsäure ist wesentlich komplizierter, denn nur ein Teil wird in der Gasphase in H_2SO_4 überführt. Diese Reaktionskette ist im mittleren Teil schematisch dargestellt. Ein großer Teil des SO_2 geht in Wassertröpfchen der Atmosphäre in Lösung und wird unter Einwirkung von Ozon (O_3) oder Wasserstoffperoxid (H_2O_2) zu Schwefelsäure oxidiert (Penkett et al., 1979).

Pro Mol NO_x, das in der Atmosphäre zu Salpetersäure reagiert, werden 1 Mol Protonen gebildet; bei der vollständigen Oxidation von 1 Mol SO_2 zu H_2SO_4 entstehen dagegen 2 Mol Protonen. Folglich trägt SO_2 aus diesem Grunde und infolge höherer Emissionsraten als für NO_x (vgl. emittierte Mengen für 1990 in Tab. 2.1 und 2.2) in der Bundesrepublik Deutschland wesentlich stärker zur Säurebildung bei als Stickoxide.

In der Bundesrepublik Deutschland werden seit Anfang der 70er Jahre ca. 7 kmol H^+ pro ha und Jahr emittiert. Ein kleiner Teil der Säurefracht wird bereits in der Atmosphäre neutralisiert, der Hauptanteil beansprucht jedoch nach der Deposition die Puffersysteme des betreffenden Ökosytems (Matzner und Ulrich, 1985). Eine ökologisch unschädliche Neutralisation der Säure im Ökosystem ist nur über die Verwitterung von Carbonaten und Silicaten möglich (Ulrich, 1982a) (s. Kap. 5.5).

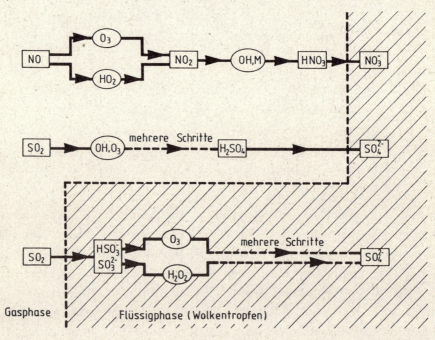

Abb. 2.5: Schema der Säurebildung aus Stickoxid und Schwefeldioxid (Fabian, 1989)

Als starke Säuren haben Schwefelsäure und Salpetersäure die Tendenz, mit Basen (z.B. basisch wirkende Stäube, NH_3) zu reagieren und schwache Säuren zu bilden.

Ammoniak ist der einzige basische Bestandteil der Atmosphäre, welcher in höheren Konzentrationen vorkommt (Hadwiger-Fangmeier et al., 1992). Aufgrund seiner alkalischen Eigenschaften bewirkt NH$_3$ die Neutralisation von sauren Luftschadstoffen (H$_2$SO$_4$, HNO$_3$, HNO$_2$) (Schuurkes et al., 1988). In geringerem Maße reagiert NH$_3$ auch mit atmosphärischer Salzsäure (HCl). Die dabei entstehenden Salze Ammoniumsulfat ((NH$_4$)$_2$SO$_4$), Ammoniumnitrat (NH$_4$NO$_3$), Ammoniumnitrit (NH$_4$NO$_2$) und Ammoniumchlorid (NH$_4$Cl) liegen in der Atmosphäre hauptsächlich als feine Aerosolpartikel vor (Hildemann et al., 1984; Lindberg et al., 1986).

NH$_3$ fördert durch seine basischen Eigenschaften sowohl die Lösung als auch den Oxidationsprozeß des Schwefeldioxids. NH$_3$ ist in Wasser leicht löslich und führt dabei zu einer pH-Wert-Zunahme. Bei ansteigendem pH-Wert kann sich mehr SO$_2$ im Wassertropfen lösen, und außerdem nimmt die Oxidation des SO$_2$ zu Sulfat zu (Dämmgen et al., 1985). Die chemische Reaktion des Ammoniaks mit der Schwefelsäure zu Ammoniumsulfat ((NH$_4$)$_2$SO$_4$) ist irreversibel. Daraus ergibt sich, daß schwefelsäurehaltige Wassertröpfchen in der Atmosphäre effektive Senken für NH$_3$-Immissionen darstellen (Hadwiger-Fangmeier et al., 1992).

$$2\,NH_3 + H_2SO_4 \rightarrow (NH_4)_2SO_4$$

Im Gegensatz zu SO$_2$ läuft die Oxidation von NO$_x$ zu HNO$_2$ und HNO$_3$ hauptsächlich in der Gasphase ab und wird von NH$_3$ nicht wesentlich beeinflußt. Die Reaktion der atmosphärischen Bestandteile HNO$_2$ bzw. HNO$_3$ mit NH$_3$ führt zur Bildung von Ammoniumnitrit (NH$_4$NO$_2$) und Ammoniumnitrat (NH$_4$NO$_3$), welche als Aerosolpartikel über weite Strecken verfrachtet werden können (Harrison und Allen, 1990).

$$NH_3 + HNO_3 \Leftrightarrow NH_4NO_3$$
$$NH_3 + HNO_2 \Leftrightarrow NH_4NO_2$$

Die Bildung von Ammoniumnitrat und Ammoniumnitrit ist ein reversibler Prozeß, der vom Gleichgewicht der Reaktionsprodukte und von äußeren Parametern, wie Temperatur und rel. Luftfeuchte der Atmosphäre abhängig ist (Stelson und Seinfeld, 1982a; Stelson und Seinfeld, 1982b; Russel et al., 1983).

Die Ammoniumchloridbildung (NH$_4$Cl) aus Ammoniak und Salzsäure spielt nur eine untergeordnete Rolle. Auch diese Reaktion ist reversibel und abhängig vom Gleichgewicht der Reaktionsprodukte sowie von äußeren Parametern. Ammoniumchlorid entsteht v.a. in der Nähe von Müllverbrennungsanlagen, die HCl emittieren.

$$NH_3 + HCl \Leftrightarrow NH_4Cl$$

2.3 Staub und Schwermetalle

Im Gegensatz zu den gasförmigen Emissionen rufen staubförmige Abgasbestandteile sichtbare Verschmutzungseffekte hervor und treten dadurch deutlicher in Erscheinung. Der Gehalt an staubförmigen Luftverunreinigungen in den bodennahen Luftschichten ist häufig recht unterschiedlich. Die meisten Teilchen sind größer als 20 - 40 µm und entweichen Verbrennungsanlagen oder bei metallurgischen Prozessen. Wichtigste Kenngröße für die Beurteilung der Staubwirkung ist der

Durchmesser der Teilchen (Däßler, 1991). Allgemein wird zwischen rasch sedimentierendem Grobstaub (d > 63 μm), sich langsamer absetzendem Feinstaub (10 μm < d ≤ 63 μm) - diese werden als Staubniederschlag oder Sedimentationsstaub bezeichnet - und Schwebstaub (d ≤ 10 μm) mit sehr geringer Sinkgeschwindigkeit unterschieden. Für die Beaufschlagung von Pflanze und Boden sind in erster Linie Sedimentationsstäube wirksam.

Tab. 2.6: Die wichtigsten staubförmigen Luftverunreinigungen (Däßler, 1991)

Bezeichnung	Herkunft	Besonderheiten
Flugasche	Braunkohlegroßverbraucher, meist Kraftwerke	Hauptbestandteile CaO, MgO, SiO_2, Al- u. Fe-Verbindungen; Spurenelemente; meist fluor- und arsenhaltig; verschmutzende Wirkung, z.T. Bodenveränderungen durch basische Bestandteile
Ruß	Ölheizung, unvollständige Verbrennung von Kohle und organischen Stoffen	Hohe Adsorptionsfähigkeit, z.B. für SO_3 ("saure Rußflocken" und PAH), Ölruß z.T. V-haltig
Zementstäube	Zementindustrie	K-, Ca-, F-haltig; Bodenveränderungen und z.T. Verkrustungen oder Ätzschäden an Koniferen durch basische Bestandteile
Hüttenstäube	Bleihütten, Zinkhütten, Kupferhütten, Eisen- und Stahlindustrie	Je nach Art der Produktion Pb-, Zn-, Cu-, Fe-, As- und Cd-haltig (meist als Oxide) sowie fluorhaltig. Kontamination des Bodens. Örtlich begrenzte Schäden an der Vegetation und bei Tieren
Chloride	Kalisalzförderer und -transportanlagen, Verzinkereien, Verfeuerung von Salzkohle, Auftausalze	Ätzschäden und Absterben der Pflanzen in der Nähe der Quelle
Waschmittelstaub (z.B. $Na_2B_4O_7$)	Waschmittelwerke	
Sodastaub (Na_2CO_3)	Sodafabriken z.T. Phosphat und Glaswerke	Basisch reagierende Stäube; Wirkunghäufig von HF-, HCl- oder SO_2- Schäden überlagert
Phosphatstaub	Phosphatdüngemittelwerke	Fluor- und (z.T.) arsenhaltig

In Tab. 2.6 sind die wichtigsten staubförmigen Luftverunreinigungen, ihre Herkunft, Komponenten sowie Wirkungen auf Boden und Pflanzen aufgezeigt. Industriestäube können sowohl basisch (Zementstaub, Flugasche, Waschmittelstaub, Sodastaub) als auch sauer wirken (Ruß, schwermetallhaltige Stäube aus Hochöfen, Sinteranlagen, Schmelzwerken und Gießereien). Die Schwermetallteilchen im Staubniederschlag stellen aufgrund ihrer Anreicherungsfähigkeit im Boden und in der Nahrungskette ein besonderes Gefährdungspotential dar (Kalmbach, 1986). In der Nähe von Blei-, Zink- und Kupferhütten, aber auch in der Umgebung von Eisen- und Stahlwerken können schwermetallhaltige Stäube das Pflanzenwachstum beeinflussen.

Auch polycyclische aromatische Kohlenwasserstoffe (PAK) findet man als Bestandteile des Schwebstaubes (Pfeffer und Ellermann, 1992). Sie werden bei Verbrennungsprozessen zunächst gasförmig an die Luft abgegeben, dann aber zum großen Teil an Schwebstaub gebunden und mit diesem ubiquitär auf der Erdoberfläche verteilt.

Grob- und Feinstaub werden aus natürlichen und anthropogenen Quellen mit primärer und sekundärer Partikelproduktion emittiert (VDI-Kommission Reinhaltung der Luft, 1983). Primäre Partikel werden direkt in die Atmosphäre eingebracht. Typische Prozesse hierfür sind die Erzeugung von Meeresspray, Aufwirbelung von Bodenstaub, Vulkanausbrüche, Waldbrände, Zementproduktion oder Erzverhüttung. Während der Verbrennung von Kohle und Erdöl ober bei einer Reihe metallurgischer Prozesse werden neben primären auch sekundäre Partikel erzeugt; diese entstehen durch Kondensation dampfförmigen Materials (z.B. eines Metalls) nach Verlassen einer Quelle mit hoher Temperatur. Homogene und heterogene Transformation atmosphärischer Spurengase (Sulfat aus SO_2, Nitrat aus NO_x, Ammonium aus NH_3) führen ebenfalls zu sekundären Partikeln (gas-to-particle conversion).

Als nichtabbaubare Stoffe reichern sich Schwermetalle nicht nur in unmittelbarer Nähe der emittierenden Anlage an, sondern werden auch in industrieferne Gebiete verstärkt über atmosphärischen Ferntransport eingetragen. Die Empfindlichkeit einzelner Ökosysteme gegenüber Schwermetallen kann außerordentlich hoch sein, so daß auch bei niedrigsten Immissionen im Laufe der Zeit mit einer kritischen Belastung zu rechnen ist (Schmidt, 1987).

Aluminium, Mangan, Eisen und Kobalt in der Atmosphäre stammen überwiegend aus Bodenstaub und liegen als relativ große Partikel (bis 10 µm) vor (Mayer, 1983). Die übrigen in der Luft vorhandenen Schwermetalle entstammen in erster Linie Verbrennungsprozessen.

Das häufigste Schwermetall in der Luft ist Blei (Pb). Die Hauptquelle für Bleiemissionen sind Kraftfahrzeuge mit Ottomotoren, die mit Bleitetraalkylen versetztem Benzin angetrieben werden (Kalmbach, 1986). Andere Emissionsquellen stellen erzverhüttende und Pb-verarbeitende Industriebetriebe dar (UBA, 1977). Die mit Kfz-Abgaben emittierten Pb-Verbindungen sind zu über 75 % an Teilchen < 0,5 µm gebunden (UBA, 1976). Schwebstaubpartikel dieser Größe haben eine äußerst geringe Absinktendenz (Kraemer et al., 1985) und können bis nach Skandinavien transportiert werden (UBA, 1976). Seit der Verwendung Pb-haltiger Kraftstoffe sind von 1923 - 1987 weltweit insgesamt ca. 7 Mio. t Blei durch den Kfz-Verkehr emittiert worden. In der Bundesrepublik Deutschland wurden 1982 etwa 5.500 t Blei in die Luft emittiert, von denen etwa

3.400 t aus Kraftfahrzeugabgasen stammten (Bundesforschungsanstalt für Landeskunde und Raumordnung, 1985). Mit der durch gesetzliche Maßnahmen bewirkten zunehmenden Umstellung auf bleifreies Benzin werden in Deutschland (alte und neue Länder) jährlich 3.000 t Pb weniger emittiert (BMELF, 1993).

Cadmium, ein besonders toxisches atmosphärisches Schwermetall, entstammt in erster Linie Anlagen zur Cd-Herstellung und -weiterverarbeitung sowie Galvanisierungsbetrieben. Es liegt vorwiegend an Teilchen < 2 μm gebunden vor und wird entsprechend weit in der Luft transportiert. Die Gesamt-Cd-Emission in der Bundesrepublik Deutschland wird auf 80 t pro Jahr geschätzt (Merian, 1984).

Eine Abschätzung der Quellstärken der wichtigsten partikelerzeugenden Prozesse (Robinson und Robbins, 1971) hat ergeben, daß nur 10 - 15 % der gesamten Partikelbelastung der Atmosphäre aus anthropogenen Quellen stammen. Es muß jedoch angenommen werden, daß in Ballungsgebieten der Partikelanteil der Außenluft praktisch vollständig anthropogenen Ursprungs ist.

Emissionsrelevante Vorgänge sind sämtliche Verbrennungsvorgänge sowie bestimmte sonstige Prozesse, zu denen vorrangig der Umschlag von Schüttgütern und die Produktionsprozesse in den Bereichen Eisen und Stahl sowie Steine und Erden zu rechnen sind (UBA, 1992a).

In den alten Bundesländern trug 1989 bei einer Gesamtbelastung von 0,46 Mio. t (einschließlich Schüttumschlag = 0,18 Mio. t) die Industrie mit über 70 % den größten Anteil an der Staub-Belastung. Während die Belastung durch den Verkehr eine Zunahme zu verzeichnen hat (1970: 6,4 %, 1989: 15,8 %) ist die Belastung durch Kraftwerke (1970: 22,8 %, 1989: 5,1 %) gesunken. Da insbesondere Kohlekraftwerke basische Stäube emittiert haben, beinhaltet der Rückgang der Emissionen dieser Emittentengruppe eine Abnahme der Säureneutralitätskapazität in der Atmosphäre (HLFN, 1984). Verglichen mit dem alten Bundesgebiet stellen die Kraft- und Fernheizwerke in den neuen Bundesländern einen hohen Emissionsanteil an der gesamten Staub-Emission.

Tab. 2.7: Entwicklung der Staub-Emissionen in der Bundesrepublik Deutschland und der ehemaligen Deutschen Demokratischen Republik in Mio. t/a (ohne Schüttgutumschlag) (5. Bundesimmissionsschutzbericht, BMELF, 1993)

	1980	1985	1989	1990	Schätzung für 2005
BRD	0,52	0,40	0,28	0,27	
DDR	2,50	2,35	2,10	1,85	
Deutschland				2,12	0,24

Tab. 2.7 zeigt die Entwicklung der Staub-Emissionen in Deutschland. Entsprechend der unterschiedlichen Wirkungsweise der Stäube kann aus der Gesamtemission nicht auf die Umweltrelevanz geschlossen werden. Bei den Schwebstaub-Immissionen weisen wie bei SO_2 die Ballungs-

räume die höheren Belastungen auf. Die hohen Schwebstaub-Immissionen in den Gebieten Bitterfeld/Dessau und Riesa/Cottwig in den neuen Bundesländern resultieren vor allem aus Emissionen der dort angesiedelten chemischen Industrie bzw. auch aus der Metallurgie. Die Grenzwerte nach TA Luft für die Staub-Belastung werden hier erreicht oder überschritten. Im Raum Leipzig und z.T. Niederlausitz heben sich die Regionen mit verbreitetem Braunkohletagebau durch höhere Konzentrationen ab. Mit Werten zwischen 50 und 75 $\mu g/m^3$ liegen die klassischen Ballungs- und Belastungsräume wie z.B. das Ruhrgebiet oder das Rhein/Main-Gebiet geringfügig über dem großräumigen Niveau (UBA, 1992a).

In Nordrhein-Westfalen wurden großräumig diskontinuierliche Mehrkomponentenmessungen durchgeführt (Pfeffer und Ellermann, 1992). Im Schwebstaub wurden die Gehalte der Elemente Blei, Cadmium, Nickel, Kupfer, Eisen, Beryllium und Arsen bestimmt. Die Immissionsbelastung durch Blei und Cadmium ist, gemessen an den Grenzwerten der TA-Luft von 2,0 $\mu g/m^3$ für Blei und 40 ng/m^3 (0,04 $\mu g/m^3$) für Cadmium, außer an Meßstellen in Emittentennähe, sehr gering. Für den Ballungsraum Rhein-Ruhr wurden mittlere Konzentrationen von 0,11 µg Blei/m^3 und 2 ng Cadmium/m^3 registriert (Tab. 2.8). Messungen der Metallgehalte von Schwebstaub in unmittelbarer Verkehrsnähe lassen eine erkennbar erhöhte Bleikonzentration (0,19 bzw. 0,22 $\mu g/m^3$) erkennen, was auf den Bleigehalt eines Teils der Vergaserkraftstoffe zurückzuführen ist.

Tab. 2.8: An Schwebstaub gebundene mittlere jährliche Metallkonzentration der Luft (Pfeffer und Ellermann, 1992)

Metall	Rhein-Ruhr 1991			Berlin 1991		
	JM	Min	Max	JM	Min	Max
Pb ($\mu g/m^3$)	0,11	0,07	0,24	0,14	0,11	0,18
Cd ($\mu g/m^3$)	2,0	0,9	10,0	1,7	1,2	3,0
Ni ($\mu g/m^3$)	0,006	0,004	0,014	0,010	0,008	0,012
Cu ($\mu g/m^3$)	0,2	0,01	0,05	0,05	0,03	0,10
Fe ($\mu g/m^3$)	1,33	0,73	3,21	-	-	-
As ($\mu g/m^3$)	0,004	0,003	0,011	0,007	0,006	0,008
Be ($\mu g/m^3$)	0,042	0,029	0,063	-	-	-

JM = Jahresmittel

2.4 Organische Luftverunreinigungen

Die organischen Emissionen umfassen eine Vielzahl von Stoffen, deren direkte Einwirkung auf die Umwelt sehr unterschiedlich zu betrachten sind. Die Gesamtmenge der Emissionen ist jedoch bedeutsam im Hinblick auf die Rolle der flüchtigen organischen Verbindungen (VOC) als Vorläufer sekundärer Luftverunreinigungen, insbesondere der Oxidantien (s. Kap.2.5).

Bei den folgenden Ausführungen wurden die für Methan-Emissionen relevanten Quellen (natürliche Abbauvorgänge organischer Substanzen, Bergbau, Deponien, Landwirtschaft) nicht einbezogen, da Methan nicht zur Bildung von bodennahem Ozon beiträgt.

Die Emissionen flüchtiger organischer Verbindungen entstehen zur Hälfte bei unvollständig ablaufenden, insbesondere motorischen Verbrennungsvorgängen (UBA, 1992a). Die größeren Anlagen der Kraftwerke und Industriefeuerung sind von geringer Bedeutung. Aus dem Verkehr stammen neben den Abgasemissionen noch weitere Emissionen durch Verdunstung am Fahrzeug aufgrund der Tankbelüftung und von Undichtigkeiten (insbesondere am Vergaser) sowie bei der Verteilung des leicht flüchtigen Ottokraftstoffes (Lagerung, Umschlag und Betankung). Weitere emissionserhebliche Vorgänge sind die Verwendung von Lösemitteln sowie Produktionsprozesse vor allem in den Bereichen Mineralöl, Chemie sowie Nahrungs- und Genußmittel.

Die Emissionen am VOC gingen von 1980 - 1989 in den alten Ländern von 2,75 Mio. t auf 2,55 Mio. t pro Jahr zurück, während sie in der ehemaligen DDR im gleichen Zeitraum kontinuierlich von 0,89 Mio. t auf 1,05 Mio. t anstiegen. 1990 betrug die Gesamtemission von VOC 3,65 Mio. t (Tab. 2.9).

Tab. 2.9: Entwicklung der VOC-Emissionen in der Bundesrepublik Deutschland und der ehemaligen Deutschen Demokratischen Republik in Mio. t/a
(5. Bundesimmissionsschutzbericht, BMELF, 1993)

	1980	1985	1989	1990	Schätzung für 2005
BRD	2,75	2,60	2,55	2,55	
DDR	0,88	0,94	1,05	1,15	
Deutschland				3,70	1,60

In der Stadtluft findet sich im wesentlichen das im Auspuff gemessene Kohlenwasserstoffspektrum wieder, v.a. Toluol, Benzol, Xylole, Pentane, Hexane und Ethen. Die niedrigsten Konzentrationen treten infolge von Verdünnung und Abbau in quellfernen Regionen auf (Abb. 2.6).

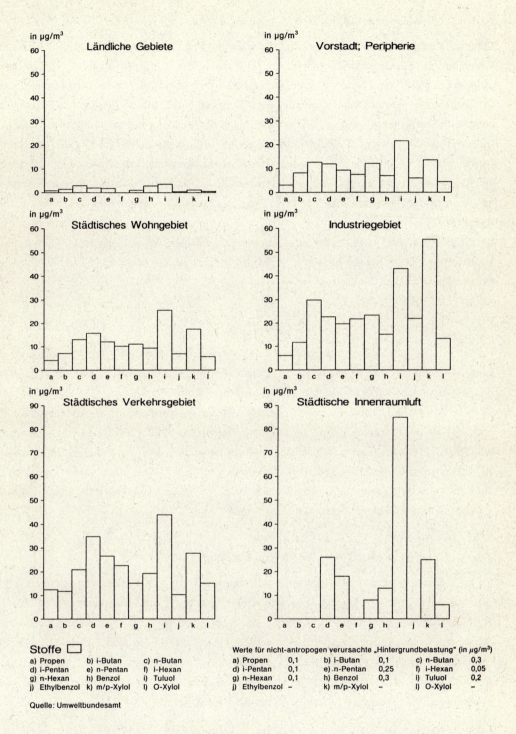

Abb. 2.6: Immissionssituation für Kohlenwasserstoffe in der Bundesrepublik Deutschland (Jahresmittelwerte 1989) dargestellt für ländliche Gebiete, ein Industriegebiet, ein städtisches Verkehrsgebiet und städtische Innenraumluft (UBA, 1992a)

2.4.1 Kohlenwasserstoffe (KW)

Kohlenwasserstoffe (KW) stellen die wichtigste Stoffgruppe innerhalb der flüchtigen organischen Verbindungen (volatile organic compounds, VOC) dar (UBA, 1992a; BMELF, 1993,). Zu ihnen gehören beispielsweise Propan, Benzol, Formaldehyd und Aceton. Sie werden in vergleichbarer Größenordnung wie etwa Schwefeldioxid, Stickstoffoxide und Staub emittiert. Da es sich um ein komplexes Stoffgemisch handelt, wirft es hinsichtlich der Abschätzung der Emissionsverhältnisse wie auch der Bewertung besondere Schwierigkeiten auf. Weltweit dominieren die natürlichen Quellen, wobei hauptsächlich die von der Vegetation, insbesondere von den Wäldern, abgegebenen Komponenten Isopren und Terpene zu nennen sind. Im dicht besiedelten, hochmotorisierten Mitteleuropa dominieren die anthropogenen Emissionsquellen, wobei der Kfz-Verkehr die größte Rolle spielt.

Innerhalb der Kohlenwasserstoffe sind die unterschiedlichsten Wirkungstypen vertreten. Beispielsweise ist Ethen toxisch für Pflanzen, Benzol kanzerogen für Menschen, und Methan weist einen ausgesprochenen Treibhauseffekt auf.

2.4.2 Halogenkohlenwasserstoffe (HKW)

Halogenkohlenwasserstoffe, insbesondere chlorierte Kohlenwasserstoffe, werden vielfältig als Löse-, Extraktions- und Reinigungsmittel eingesetzt. Eine großräumige Flächenquelle, wie sie beispielsweise der Kfz-Verkehr für die Kohlenwasserstoffe darstellt, ist für die chlorierten Kohlenwasserstoffe nicht vorhanden. Demzufolge ist der allgemeine Konzentrationspegel niedrig und liegt unterhalb von 2 $\mu g/m^3$ (Pfeffer und Ellermann, 1992). Halogenkohlenwasserstoffe besitzen normalerweise eine hohe Persistenz und geringe biologische Wirksamkeit (UBA, 1992a). In Verbindung mit UV-Strahlung bzw. in Gegenwart von Ozon sind sie jedoch in der Lage, sich zu anderen Stoffen umzusetzen (z.B. Trichloressigsäure). Teilweise werden auch Chloroxid-Radikale gebildet, die auf pflanzliche Pigmente toxisch wirken.

2.4.3 Polycyclische aromatische Kohlenwasserstoff (PAK)

Polycyclische aromatische Kohlenwasserstoffe entstehen bei unvollständigen Verbrennungsprozessen aller Art. Wichtige Quellen sind Feuerungsanlagen, v.a. Einzelfeuerung mit Kohle, Kraftfahrzeugverkehr, Kokereien, Asphalt- und Bitumenverarbeitung. Natürliche Quellen sind Wald-, Moor- und offene Brände. PAKs werden in der Luft zum großen Teil an Schwebstaub gebunden (s. Kap. 2.2.1) (Pfeffer und Ellermann, 1992). Insgesamt gibt es einige Hundert PAKs, von denen vor allem die aus 2 - 3 kondensierten Benzolringen aufgebauten Verbindungen (Nephthalin, Anthracen, Fluoranthen) phytotoxisch wirken können.

2.5 Ozon und andere Photooxidantien

2.5.1 Entstehung von Ozon

Bodennahes Ozon entsteht durch photochemische Reaktion aus den primär emittierten sog. Vorläuferschadstoffgruppen NO_x und VOC (flüchtige organische Kohlenstoffverbindungen).

Im naturbelassenen Kreislauf bildet die Stratosphäre eine wesentliche Ozonquelle, wobei durch physikalische Vorgänge - hauptsächlich durch absinkende Kaltluft - ozonreiche Luft in die Troposphäre abgegeben wird. Durch den stratosphärischen Eintrag werden jedoch im untersten Kilometer der Atmosphäre selten 40 ppb überschritten, so daß dieser Wert als natürlicher Hintergrund betrachtet werden kann (Roth, 1992).

In einer von anthropogenen Schadstoffen veränderten Luftmasse können verstärkt Prozesse der photochemischen Ozon-Produktion ablaufen. Ausgehend von NO_x- und VOC-Emissionen bilden sich gemäß Abb. 2.7 während sommerlicher Hochdrucklagen, also unter dem Einfluß von Sonnenlicht und begünstigt durch hohe Temperaturen, Photooxidantien. Der NO-NO_2-Kreislauf bildet den eigentlichen Motor und bedarf zu seinem Betrieb nur wenig NO.

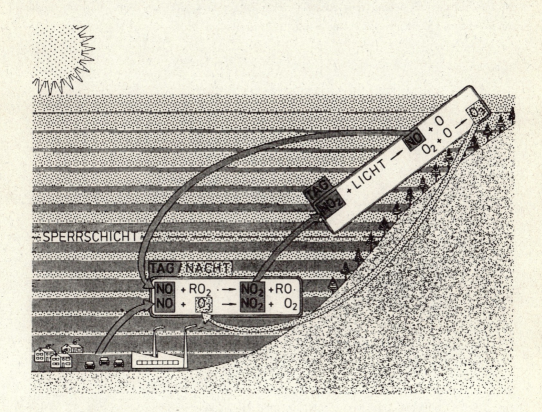

Abb. 2.7: Schematische Darstellung der Ozonbildung in Abhängigkeit von der Quellenentfernung bzw. der relativen Höhe über Talgrund (Prinz et al., 1985)

Wäre in der Luft als Oxidationsmittel nur Ozon vorhanden, so ergäbe sich für das Ozon kein Nettogewinn, da jedes gebildete O_3-Molekül alsbald wieder zur Oxidation des aus der Photodissoziation von NO_2 entstandenen NO-Moleküls aufgebraucht würde. In der Atmosphäre sind aber auch immer Kohlenwasserstoffe (s. Kap. 2.4) vertreten, die aus anthropogenen und biogenen Quellen abgegeben werden. Diese Kohlenwasserstoffe werden in einem ersten Schritt durch Reaktion mit einem sehr reaktiven OH-Radikal in ein organisches Radikal (RO_2) umgewandelt. Verhilft dieses Radikal dem NO zur Oxidation, resultiert daraus ein O_3-Molekül. Die Ozon-Konzentration wird folglich aufgebaut. Abgebaut wird Ozon durch Reaktion mit NO und anderen oxidierbaren Gasen der Atmosphäre und durch Reaktion mit Boden- und Pflanzenoberflächen. Hohe Ozonwerte bilden sich mit Hilfe der Sonneneinstrahlung meist erst einige Stunden nach der Emission von Stickoxiden und Kohlenwasserstoffen während der Verfrachtung mit dem Wind. Dadurch treten auch in ländlichen, quellenfernen Gebieten hohe Ozongehalte auf, obwohl dort keine nennenswerten Emissionen vorkommen.

Der nächtliche Abbau der Ozon-Konzentration kann nur in Quellengebieten erfolgen, da nur hier ausreichend primär emittiertes Stickstoffmonoxid zur Verfügung steht (Abb. 2.8). Besonders charakteristisch ist der Unterschied des Tagesverlaufs der Ozonkonzentration zwischen quellenfernen und quellennahen Gebieten, wenn zusätzlich eine Entkopplung der Kreisläufe durch Ausbildung von Inversionsschichten an Berghängen auftritt (Prinz et al., 1985).

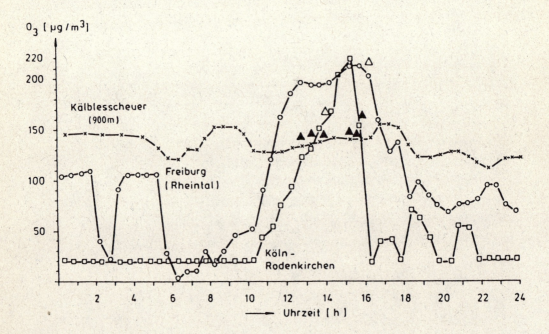

Abb. 2.8: Ozontagesgänge von Stunden- und Halbstundenmittelwerten (vom 18.09.1982) gemessen an verschiedenen Standorten mit geringer (Kälblescheuer) und hoher (Freiburg, Köln) NO_x-Belastung (Prinz et al., 1982, zit. in Prinz et al., 1985)

Ozon weist einen klaren zeitlichen Anstieg innerhalb der letzten Jahre auf und ist nach Prinz et al. (1985) von allen Luftverunreinigungen am ehesten mit der Verteilung der Waldschadensgebiete in Übereinstimmung zu bringen. Die phytotoxische Wirkung von Ozon wird in Kap. 4 beschrieben. Abb. 2.9 zeigt eine Zusammenstellung der Jahresmittelwerte der Ozonbelastung an verschiedenen Meßstationen in der Bundesrepublik Deutschland in Abhängigkeit von der geographischen Höhe. Vermutlich fällt die Station Schauinsland (S) bei dieser Darstellung etwas aus dem Rahmen, da der Oberrheingraben ein besonders bedeutsames Quellengebiet für die Vorläufersubstanzen der Ozonbildung darstellt und zudem das System der Berg- und Talwinde die Ozonbildung in diesen Lagen besonders begünstigt. Langjährige Ozonmessreihen liegen nur wenige vor. Für Mitteleuropa konnte Warmbt (1981) nachweisen, daß zwischen 1955 und 1980 die Ozonkonzentration an der Station Fichtelberg im Erzgebirge von etwa 35 auf 65 $\mu m/m^3$ Luft als Jahresmittelwert angestiegen ist.

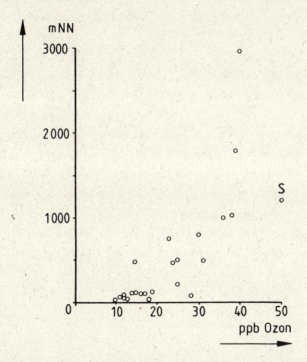

Abb. 2.9:   Jahresmittel der Ozonkonzentration in der Bundesrepublik Deutschland als Funktion der geographischen Höhe der Meßstation (Obländer und Siegel, 1977, zit. in Prinz et al., 1985)

Durch die Reaktion von Ozon mit anderen Luftschadstoffen wie SO_2 und NO ist Ozon wesentlich an der Bildung von Säuren (H_2SO_4, HNO_3 u.a.) in der Atmosphäre beteiligt (s. Kap. 2.2.3). Die Reaktion von Ozon mit atmosphärischen Stickoxiden und Kohlenwasserstoffen führt zur Bildung weiterer Photooxidantien wie Peroxiacetylnitrat (PAN), Wasserstoffperoxid und andere Hydroperoxide (s.u.).

2.5.2 Weitere Photooxidantien

Wasserstoffperoxid (H_2O_2) und andere Hydroperoxide sowie Peroxiacetylnitrat besitzen wie Ozon eine phytotoxische Wirkung (Campbell, 1977; Masuch et al., 1985). Auch ihnen wird eine Beteiligung an der Entstehung der "neuartigen Waldschäden" zugeschrieben. Vergleichsmessungen innerhalb und außerhalb des Waldes zeigen eine Erhöhung der H_2O_2-Konzentrationen im Bestand und weisen auf eine lokale Hydroperoxidquelle hin (Jakob und Klockow, 1987). Die Reaktion von atmosphärischem Ozon mit biogenen, ungesättigten Kohlenwasserstoffen, wie Terpenen und Isoprenen, führt zur Bildung von Radikalen (Atkinson 1990), die bei Folgereaktionen u.a. zur Bildung von Hydroperoxiden beitragen. Untersuchungen von Becker et al. (1991) haben ergeben, daß die Reaktion des Criegee-Biradikals (CH_2OO), welches als kurzlebiges Zwischenprodukt bei der Reaktion von ungesättigten Kohlenwasserstoffen mit Ozon entsteht, mit Wasserdampf bei hoher Luftfeuchte eine wichtige Quelle für die Bildung von Wasserstoffperoxid und möglicherweise auch anderer Hydroperoxide in der Waldluft darstellt. Wasserstoffperoxid spielt eine wesentliche Rolle bei der Oxidation von SO_2 zu H_2SO_4 in flüssiger Phase (Wolkentröpfchen) (s. Kap. 2.2.3) (Penkett et al., 1979).

Die besonderen Eigenarten bei Bildung und Abbau von Ozon führen dazu, daß die Langzeitmittelwerte für die Ozon-Konzentration in der Luft in Gebieten mit hohen NO_x-Werten (z.B. in Ballungsräumen 20 - 60 µg O_3/m^3) relativ gering bleiben, in sogenannten Reinluftgebieten jedoch höhere Werte erreichen können, wie z.B. in den Höhenlagen der Mittelgebirge 60 - 100 µg/m^3 Luft oder im Alpenraum vereinzelt Jahresmittelwerte bis zu 120 µg/ m^3 Luft (BMELF, 1993). Kurzfristig wurden in mitteleuropäischen Städten bis zu 200 und in Gebirgslagen bis zu 300 µg O_3/m^3 Luft gemessen. Bereits bei wiederholter kurzfristiger Einwirkung von Ozon in Konzentrationen von über 100 - 200 µg/m^3 Luft kann eine Schädigung empfindlicher Waldbäume stattfinden. Bei kombinierter Einwirkung von O_3, SO_2 und NO_x werden bereits bei Konzentrationen unterhalb der Schadensschwelle Schadwirkungen festgestellt (Führ et al., 1986).

3 Deposition von Luftverunreinigungen

3.1 Formen der atmosphärischen Deposition

Als atmosphärische Deposition wird der Stoffluß aus der Atmosphäre in terrestrische und aquatische Ökosysteme verstanden (Spranger, 1992). Die atmosphärische Deposition ist besonders für naturnahe, ungedüngte Ökosysteme der wichtigste Eintragspfad verschiedener Stoffe. Die durch menschliche Tätigkeit (Industrie, Verkehr, Landwirtschaft, Waldrodung) erhöhten Emissionen haben u.a. in Europa, Nordamerika und tropischen Gebieten zu Depositionsraten geführt, die den Stoffhaushalt und damit die Struktur und Dynamik von Ökosystemen entscheidend beeinflussen können. Emissionen können wegen des atmosphärischen Transportes der emittierten Stoffe (z.B. SO_2) und ihrer Umwandlungsprodukte (z.B. SO_4^{2-}) auch fernab von Orten, an denen sie emittiert wurden, Wirkungen zeigen (Abb. 3.1).

Tab. 3.1: Verschiedene Depositionsvorgänge und ihre Abhängigkeit von Akzeptorsystemen (Spranger, 1992)

naß	in fallenden Niederschlägen gelöste Stoffe	zunehmende Abhängigkeit von der Akzeptoroberfläche (See, Acker, Wiese, Schilf, Wald)
trocken	grobe Partikel (Sedimentation)	
feucht	in Nebel gelöste Stoffe	
trocken	kleine Partikel Gase	

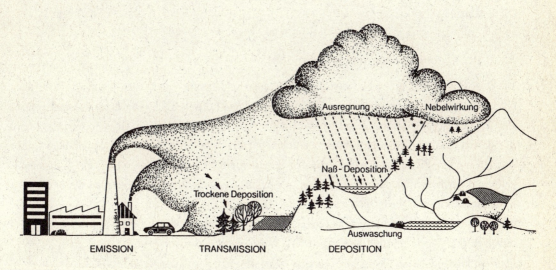

Abb. 3.1: Unterschiedliche Arten der Deposition (Roth et al., 1992)

Atmosphärische Depositionen können in gasförmigem (z.B. SO$_2$), gelöstem (z.B. SO$_4^{2-}$ in Regentropfen) oder festem (z.B. Sulfatpartikel) Zustand erfolgen. Es wird zwischen trockener Deposition (Gase, Partikel), feuchter Deposition (Nebel- und Wolkentröpfchen) und nasser Deposition (fallende Niederschläge) differenziert.

Wie Tab. 3.1 zeigt, sind die Depositionsmechanismen in unterschiedlichem Maße von den Eigenschaften der Akzeptorsysteme (z.B. Seen, Äcker, Wälder, Straßen) abhängig. Während allein die Schwerkraft die Deposition von fallenden Niederschlägen und sehr großen Partikeln determiniert, werden die Raten der trockenen Deposition von Gasen und kleinen Partikeln von zahlreichen Faktoren beeinflußt und weisen daher eine größere räumliche Variabilität auf (s.u.).

Die bei der Nah-Immission an den Waldbeständen zumeist lokal begrenzt auftretenden Belastungen und Schäden beziehen sich überwiegend auf trockene Deposition durch Sedimentation und Abfangen von Stäuben sowie durch Ab- und Adsorption von Gasen an den Vegetationsoberflächen. Die bei der Fern-Immission überwiegend zur Auswirkung kommende nasse Deposition bezieht sich in den Waldbeständen nicht nur auf den akzeptorunabhängigen Freilandniederschlag (gefallener Niederschlag) mit seinen Formen Schnee, Regen, Graupel und Hagel, sondern auch auf die akzeptorabhängigen Niederschlagsarten in Form von abgesetztem (Reif und Tau) und abgefangenem Niederschlag (Nebel und Raufrost) (Abb. 3.1 und 3.3). Auch bei der trockenen Deposition sind in Waldbeständen insbesondere die akzeptorabhängigen Formen, wie die Ab- und Adsorption von Gasen, die Aerosoladsorption und das Abfangen von Stäuben von Bedeutung, während die auch im Freiland vorkommende akzeptorunabhängige Staubsedimentation bei der Fern-Immission nur eine untergeordnete Rolle spielt. Fern-Immissionen können vor allem dann zu hohen Depositionsraten als Folge von Interceptionsspeicherung der gefallenen, abgesetzten und abgefangenen Niederschläge führen, wenn die Baumkronen zu Zeiten hoher Gaskonzentrationen feucht sind. Dies ist vor allem bei Waldbeständen der höheren Mittelgebirgslagen zu beobachten (Ulrich et al., 1979; Brechtel et al., 1988; Matzner, 1988).

3.2 Quantifizierung von Stoffeinträgen

Die Depositionsraten der im Niederschlag enthaltenen Schadstoffe sind abhängig von der Höhe der Niederschläge und v.a. von der Lage der Eintragsgebiete bezüglich Luv und Lee. Beispielsweise sind an den im Wind- und Regenschatten der Ardennen bzw. des Rothaargebirges gelegenen Standorten die Protonen- und Sulfatdepositionen um ein Drittel, die Nitrat- und Ammoniumdepositionen um ein Viertel niedriger als an den in exponierter Luvlage gelegenen Eintragsgebieten. Aufgrund der hohen Niederschlagsmengen in den Mittelgebirgen können trotz niedrigerer Ionenkonzentration in den Niederschlägen für einige Luftverunreinigungen (bes. für Na$^+$ und Cl$^-$) Depositionsraten auftreten, die für emittentennähere, jedoch niederschlagsärmere Standorte charakteristisch sind (Köth-Jahr und Köllner, 1993). Wiedey und Gehrmann (1985) registrierten im Hils in einem luvexponierten Fichtenbestand eine Gesamtsäuredepositionsrate (H$^+$, NH$_4^+$, Al^{3+}, Fe^{3+}, Mn^{2+}) von 3,23 kmol IÄ ha^{-1}a^{-1} gegenüber 1,88 kmol in einem luvexponierten Bestand bei einem

Eintrag druch Freilandniederschlag von 0,65 kmol IÄ $ha^{-1}a^{-1}$. Unterschiede zwischen Luv- und Lee-Bergseiten werden in den Gebieten registriert, die als Relieferhebung eine erste Barriere für die schadstofftragenden Luftströmungen bilden.

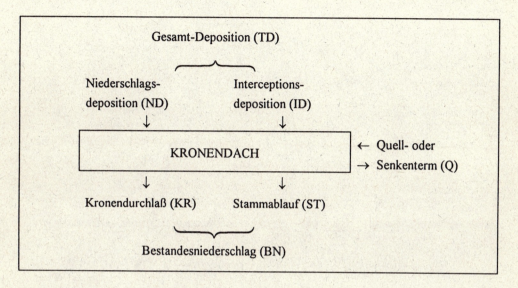

Abb. 3.2: Wasser- und Elementflüsse im Kronenbereich von Waldbeständen (Ulrich, 1983b)

Bei einer ökosystemaren Betrachtungsweise setzt sich die Gesamtdepostion in einem Waldökosystem aus den Teilprozessen Niederschlags- und Interceptionsdepostion zusammen (Abb. 3.2) (Ulrich, 1983b). Während die nasse Deposition und die vor allem der Schwerkraft folgende Sedimentation grober Staubteilchen (> 10µm) unabhängig von der Akzeptoroberfläche erfolgen, haben Größe, Art und chemischer Zustand der empfangenden Oberfläche erheblichen Einfluß auf die Interceptionsdeposition und damit auf die Filterwirkung von Waldbeständen gegenüber Luftverunreinigungen (Ulrich et al., 1979; Horntvedt et al., 1980; Ulrich, 1983b; Fowler, 1984; Matzner, 1988).
Als **Bestandesniederschlag** wird der Teil der Niederschläge bezeichnet, der durch Lücken in der Pflanzendecke (*Kronendurchlaß*) sowie durch Abtropfen von Blättern und Zweigen (*Kronentraufe*) oder durch Ablauf an den Stämmen (*Stammablauf*) den Boden unter der Pflanzendecke erreicht (Abb. 3.3). Je nach Baumart und Bestockungsdichte setzt sich der Bestandesniederschlag zu unterschiedlichen Anteilen aus diesen Komponenten zusammen (Schmidt, 1987).
Die Niederschlagsmenge, die als **Stammabfluß** in den Boden gelangt, ist abhängig von der Stellung der Äste zum Stamm sowie von der Rauhigkeit der Borke. Besonders groß ist der Stammabfluß in Buchenwäldern (8 - 26 %) (Block und Bartels, 1984), während er in Nadelwaldbeständen eine untergeordnete Rolle spielt (Delfs et al., 1958; Brechtel und Pavlov, 1977).

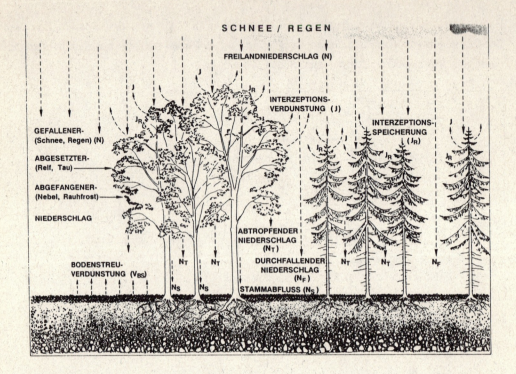

Abb. 3.3: Stoffflüsse in einem Waldökosystem (Brechtel, 1989)

Die häufig sehr niedrigen pH-Werte des Stammablaufwassers - in Kiefern- und Eichenwäldern wurden pH-Werte von durchschnittlich 2,7 und 3,0, Extremwerte von pH 2,3 registriert (Ulrich und Matzner, 1983a) - können allerdings ökologisch von großer Bedeutung sein und z.B. Rindenschäden auslösen. Sie erklären sich aus der geringen Menge des Stammablaufs und aus der Rindenform von Kiefer und Eiche, an deren rauher Oberfläche im Gegensatz zur Buche lange Zeit eine Befeuchtung mit folgender SO_2-Adsorption stattfinden kann (Ulrich und Matzner, 1983a). Die im Stammabfluß in Buchenwäldern gegenüber dem Kronentraufwasser erhöhten Konzentrationen an Schwermetallen, H^+, NO_3^- und SO_4^{2-} (Block und Bartels, 1984; Ulrich et al., 1979; Koenies, 1985) führen bei einer ca. 10fach höheren Wasserzufuhr des Stammfußbereiches gegenüber stammfernen Bodenbereichen zur Ausbildung von Mikrostandorten mit bodenchemischem Sondercharakter in dem vom Stammablaufwasser beeinflußten Baumfußbereich (Glavac et al., 1985; Koenies, 1985; Schulte, 1985).

Die Elementkonzentration im Bestandesniederschlag kann sich gegenüber dem Freilandniederschlag durch folgende Prozesse verändern (Schmidt, 1987):

- Gelöste und partikuläre Inhaltsstoffe der Regentropfen werden durch <u>Adsorption</u> auf Zweigen und Blattorganen festgelegt. Es ist auch eine Aufnahme von Stoffen in das Innere der Blätter (<u>Assimilation</u>) möglich. Adsorptions- wie auch Assimilationsvorgänge führen damit zu einer Verringerung der Elementkonzentrationen im Bestandesniederschlag.

- Infolge <u>Evaporation</u> kommt es zu einer Erhöhung der Elementkonzentrationen bei der Passage des Niederschlags durch das Kronendach. Die Ursache sind Verluste von Interceptionswasser durch Verdunstung (Interceptionsverdunstung).

- Stoffe, die in niederschlagsfreien Perioden an den Oberflächen von Blattorganen und Zweigen zurückgehalten (<u>trockene Deposition</u>) und von anschließenden Niederschlagsereignissen abgewaschen werden, führen zu einer Erhöhung der Elementfracht im Bestandesniederschlag (Interceptionsspeicherung).

- Stoffe, die während eines Niederschlagsereignisses aus dem Innern der Blattorgane ausgewaschen werden, erhöhen ebenfalls die Elementkonzentration im Bestandesniederschlag. Nach Ulrich et al. (1979) ist unter <u>Auswaschung</u> der Transport von Substanzen durch wässrige Lösung aus dem Blattgewebe zu verstehen. Tukey und Tukey (1969) verwenden den Begriff "Leaching", welcher allgemein Auswaschungsvorgänge pflanzenbürtiger Elemente beschreibt, ohne zwischen einer aktiven und passiven Ausscheidung zu trennen.

Der Kationenaustausch an der Blattoberfläche, wobei Metall-Kationen an den Austauscherplätzen der Kutikula gegen H^+-Ionen im Niederschlag ausgetauscht werden, ist der wichtigste Puffermechanismus eines Bestandes (s. Kap. 4.1). Er kann zu einer Erhöhung des pH-Wertes im Bestandesniederschlag im Vergleich zum Freilandniederschlag führen, sofern nicht die Abwaschung der durch trockene Deposition abgelagerten sauerwirkenden Stoffe überwiegt. Ist dies der Fall, besonders in Gebieten mit vergleichsweise hoher Immissionsbelastung, ist der Protoneneintrag mit dem Bestandesniederschlag höher als mit dem Freilandniederschlag (VDI-Kommission Reinhaltung der Luft, 1983).

Die Wälder erfahren aufgrund des mit ihrer großen Oberfläche verbundenen Auskämmeffektes, je nach Baumart und Alter bzw. Baumhöhe, bis zu vierfach höhere Schadstoffeinträge als Freiflächen (BMELF, 1993). Die Deposition unter Fichte ist dabei wesentlich höher als in winterkahlen Laubbaumbeständen (Abb. 3.4). Außerdem bestehen zwischen verschiedenen untersuchten Waldbeständen regional enorme Unterschiede in Höhe und Zusammensetzung der Schadstoffeinträge. Dafür sind Unterschiede in der Belastungssituation - geprägt z.B. durch Art und Höhe der Emissionen aus den jeweils relevanten Quellen, durch die Hauptwindrichtung, die Höhe der Niederschläge und andererseits unterschiedliche Ausprägungen der "sammelnden Oberfläche" (z.B. Blätter und Nadeln), insbesondere deren Größe, Rauhigkeit und Feuchtigkeit, verantwortlich. Bei einem scharfkantigen Waldrand sind die ersten Baumreihen am stärksten von den Depositionen betroffen, wie Aerosolbeladungen von Nadeln zeigen (Roth et al., 1992).

Nach Messungen der LÖLF traten die bestandesspezifischen Einflüsse auf die Gesamtdeposition verstärkt bei den Luftverunreinigungen in Erscheinung, deren Emissionen einem ausgeprägten saisonalen Wechsel mit hoher Schadstoffdichte im Winter und geringer Belastung im Sommer folgten. So erhöhte sich z.B. bei Schwefel die Gesamtdeposition unter Fichtenbeständen um im Mittel mehr als 200 % gegenüber der Freilanddeposition, während die Filterleistung der Buchenbestände im Schnitt dem Betrag der Freilanddeposition entspricht (Köth-Jahr und Köllner, 1993).

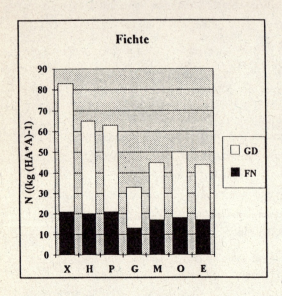
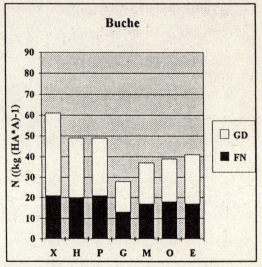

Abb. 3.4: Raten der Gesamtdeposition (GD) und der Niederschlagsdeposition (FN) von Protonen (kg ha^{-1} a^{-1}) für verschiedene Waldstandorte Nordrhein-Westfalens (Jahresmittel 1982 - 1984) X = Xanten; H = Haard; P = Paderborn; G = Glindfeld; M = Monschau; O = Olpe; E = Elberndorf (Köth-Jahr und Köllner, 1993)

Die **Interception** der Vegetation ist vor allem für den S-Eintrag von großer Bedeutung. Bei SO_2 ist die trockene Deposition hoch und kann bis über 50 % der Gesamt-S-Deposition betragen. So wurde beispielsweise im Waldgebiet des Solling ein mittlerer jährlicher Schwefeleintrag auf Freiflächen von 23 kg S/ha, in einem Buchenbestand von 50 kg/ha und unter Fichte mit ganzjährigem Nadelbestand und entsprechend hoher Adsorptionsfähigkeit von 85 kg S/ha gemessen (Ulrich et al., 1979). Wie bereits erwähnt, hat die Akzeptoroberfläche von Waldbeständen, d.h. Größe, Art und chemischer Zustand der empfangenden Oberfläche, erheblichen Einfluß auf die Interceptionsdeposition (ID) und damit auf die Filterwirkung von Waldbeständen gegenüber Luftverunreinigungen. Nach Schätzung der Quell- und Senkenterme für den Kronenraum der verschiedenen Baumarten lassen sich die Raten der einer direkten Messung nicht zugänglichen Interceptionsdeposition aus den meßbaren Elementflüssen "Niederschlagsdeposition" und "Bestandesniederschlag" nach einem von Ulrich (1983b) für Makroelemente entwickelten Modell quantifizieren (Abb. 3.2). Der Hauptnachteil dieser Methode liegt in der Schwierigkeit der exakten Quantifizierung der Kronenraumprozesse (Spranger, 1992). Die Berechnung der Interceptionsdepositionsraten vor allem für weniger mobile Luftverunreinigungen bzw. Spurenstoffe (Al, Schwermetalle) erfordert daher einen über den Kronenraum hinaus erweiterten Bilanzansatz (Mayer, 1983; Schulz, 1985; Asche, 1988). Große Unsicherheiten bestehen jedoch weiterhin in der

Quantifizierung der trockenen Deposition, da diese von zahlreichen zumeist nur schwer abschätzbaren Faktoren abhängig ist (mikroklimatische Faktoren, Beschaffung der Akzeptoroberfläche (Rauhigkeit, Flächengröße, Orientierung) chemische und physikalische Eigenschaften der deponierten Gase und Partikel (Sehmel, 1980).

Verschiedene Ansätze zur Modellierung der Gesamtdeposition, der trockenen Deposition sowie der Kronenraumprozesse werden ausführlich von Spranger (1992) beschrieben. Hierbei wird versucht, durch die getrennte Erfassung (Messung der nassen Deposition, der Immissionskonzentrationen von Gasen und Partikeln u.a.) bzw. Modellierung verschiedener Prozesse eine realitätsnahe, nachvollziehbare Abschätzung der Stoffflüsse zu bekommen. Die Güte einer solchen Abschätzung hängt aber entscheidend von der Qualität der Prozeßsimulation, der Anpassung an geländespezifische Gegebenheiten, der räumlichen und zeitlichen Extrapolierbarkeit und der Validierbarkeit der verwendeten Modelle ab.

3.3 Depositionsraten und Belastungssituation

Die wesentlichen anorganischen Bestandteile im Niederschlag sind H^+, Ca^{2+}, Mg^{2+}, NH_4^+, Na^+ und K^+ bei den Kationen sowie SO_4^{2-}, NO_3^-, Cl^-, F^- und Br^- bei den Anionen (VDI-Kommission Reinhaltung der Luft, 1983). Ferner werden auch Schwermetalle und organische Schadstoffe über die verschiedenen Depositionsformen in Waldökosysteme eingetragen. In weiten Teilen der nördlichen Hemisphäre wird die Acidität von Regen hauptsächlich durch die starken Säuren H_2SO_4 und HNO_3 bestimmt. HCl scheint nur eine untergeordnete Rolle zu spielen (Klockow et al., 1978). In grober Abschätzung wurde in Süd-Skandinavien und Mitteleuropa der Säuregehalt des Niederschlags zu etwa 60 % von Sulfat und zu etwa 30 % von Nitrat bestimmt (Semb, 1976). Der Nitratanteil stieg jedoch bis Mitte der 80er Jahre ständig an (Abb. 3.5) (Prinz et al., 1985).

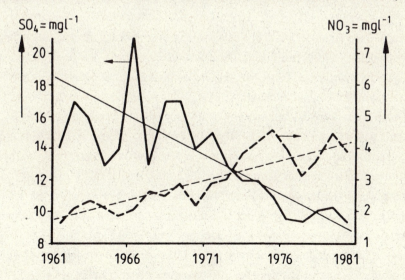

Abb. 3.5: Entwicklung der Sulfat- und Nitratgehalte im Regenniederschlag von 1961 bis 1981 an der Station Delft, Niederlande (Guicherit, 1982, zit. in Prinz et al., 1985)

Die Anreicherung von Säuren und Säurebildnern in der Atmosphäre (s. Kap. 2.1) hat in Mitteleuropa seit Beginn der Industrialisierung bis heute zu einer Absenkung der pH-Werte im Niederschlagswasser von über 5 auf im Mittel 4,1 geführt (Winkler, 1982). Zum Teil werden auch extrem niedrige Werte bis pH < 3 gemessen. Insbesondere das Niederschlagswasser von Nebel ist oft extrem sauer (Führ et al., 1986). Im Solling beispielsweise werden seit 1968 Niederschlags-pH-Werte von 3,5 - 4,2 ermittelt (Matzner et al., 1982). Da SO_2 und NO_x in beträchtlichem Maße einem Ferntransport unterliegen, ist auch in größerer Entfernung von den mitteleuropäischen Ballungsgebieten bis hin nach Skandinavien der pH-Wert der Niederschläge erniedrigt.

Für den nicht durch anthropogene Luftverunreinigungen beeinflußten natürlichen Regen ist ein pH-Wert von ≥ 5 charakteristisch (Galloway et al., 1982); allerdings können durch räumliche und zeitliche Schwankungen im natürlichen Schwefelkreislauf die pH-Werte im Niederschlag zwischen 4,6 und 5,6 variieren (Charlson und Rodhe, 1982). Als Referenzwert für anthropogen unbelasteten Regen wird meistens der Gleichgewichts-pH-Wert von mit Kohlendioxid gesättigtem Wasser (pH 5,6) verwendet (Schnoor et al., 1983; Mason und Seip, 1985).

Schwefel- und Stickstoffeinträge in die Wälder bedeuten eine erhebliche Säurebelastung vor allem für die Waldböden. In allen europäischen Ländern ist der Hauptanteil an Protonen in der Atmosphäre auf die Oxidation von SO_2 zurückzuführen (Swedish Ministry of Agriculture, 1982). Gegen Anfang und Mitte der 80er Jahre variierten die durchschnittlichen jährlichen **SO_4-S-Depositionsraten** im Freiland von ca. 15 kg/ha in den niederschlagsärmeren Regionen Südwestdeutschlands bis zu nahezu 80 g/ha in den nördlichen und vor allem östlichen Mittelgebirgen (BMELF, 1993). Unter Waldbeständen wurden im gleichen Zeitraum entsprechend höhere Depositionsraten als im Freiland gemessen. Besonders hoch waren die durchschnittlichen jährlichen Sulfateinträge unter Fichtenbeständen in den südlichen Teilen der neuen Bundesländer (100 - 150 kg/ha), im Solling/Harz (50 - 90 kg/ha), in Ostbayern (33 -110 kg/ha) und in Hessen (21 - 89 kg/ha).

Die höchsten Depositionsraten sind in Emissionszentren sowie in Gegenden, in die belastete Luftmassen vornehmlich fließen, zu finden. Beispielsweise registrierte Godt (1986) in einem Untersuchungsjahr im Teuteburger Wald, dem ersten Gebirgszug, der den Emissionen des industriellen Ballungszentrums Ruhrgebiet ausgesetzt ist, Säure-Depositionsraten von 7,25 kmol IÄ ha^{-1} a^{-1}. Ähnlich hohe Werte wurden von Paces (1985) im Erzgebirge in bereits abgestorbenen Waldgebieten ermittelt (7 kmol IÄ ha^{-1} a^{-1}). Die SO_4-S-Depositionswerte für die Waldgebiete der Bundesrepublik Deutschland wurden in einer Karte von Köble et al. (1993) im Rahmen des Critical Loads/Critical Levels-Projektes flächendeckend dargestellt.

Auf nahezu allen Untersuchungsstandorten der alten Bundesländer ist jedoch während der letzten zehn Jahre ein erheblicher Rückgang der Sulfatdeposition zu verzeichnen. Der Rückgang ist umso höher, je höher die Ausgangsbelastung der Standorte war. Unter Fichtenbeständen im Solling/Harz erreichten die Sulfateinträge beispielsweise gegen Mitte der 70er Jahre mit jährlich 80 - 110 kg/ha ein Maximum und gingen bis Anfang der 90er Jahre um etwa die Hälfte auf 40 - 50 kg/ha zurück (Abb. 3.6).

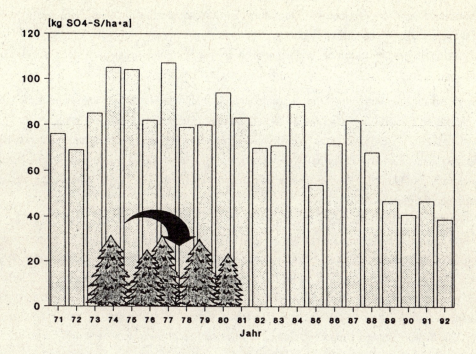

Abb. 3.6: Entwicklung der Deposition von Sulfatschwefel in einem Fichtenbestand (Kronentraufe) im Solling (BMELF, 1993)

Auch in den neuen Ländern zeichnete sich 1991 und 1992 eine deutliche Verringerung der Sulfateinträge ab (BMELF, 1993). Beispielsweise erreicht die aktuelle jährliche Sulfatdeposition unter Fichtenbeständen in Thüringen nur noch Werte zwischen 35 und 60 kg/ha.

Die Gesamtstickstoffdeposition ergibt sich vor allem aus den Einträgen von Nitrat (NO_3-N) und Ammonium (NH_4-N). Beide tragen - bezogen auf das gesamte Bundesgebiet - zu etwa gleichen Teilen dazu bei. Regional können diese Anteile jedoch stark schwanken: Besonders im westdeutschen Raum und in weiten Bereichen der norddeutschen Tiefebene sind erhöhte NH_4^+-Einträge zu beobachten. Zum einen ist dies auf die verstärkte landwirtschaftliche Nutzung zurückzuführen (s. Kap. 2.2.3), zum andern werden im nordwestdeutschen Raum zusätzlich zu den eigenen Immissionen die grenzüberschreitenden NH_4^+-Verfrachtungen aus den Nachbarländern (bes. Niederlande, Belgien und Dänemark) naß deponiert (Hadwiger-Fangmeier et al., 1992). In den leeseitig der Ballungszentren gelegenen Mittelgebirgsregionen dominiert hingegen der Beitrag des Nitrats (BMELF, 1993).

Auch in Nordrhein-Westfalen wurden landesweit regional unterscheidbare Strukturen der Deposition erkennbar (Gehrmann, 1991):

- ammoniumbetonte Deposition an Waldstandorten des Niederrheins im Kerngebiet landwirtschaftlicher Intensivhaltung,

- ammonium- und schwefelbetonte Deposition an Waldstandorten der südlichen und östlichen Randgebiete der Westfälischen Bucht,
- schwefelbetonte Deposition an Waldstandorten in den Mittelgebirgslagen des Sauerlandes und der Eifel.

Gegen Anfang bis Mitte der 80er Jahre reichten die durchschnittlichen Depositionsraten von **Stickstoff** im Freiland von etwa 6 - 24 kg/ha und unter Fichtenbeständen von etwa 8 - 72 kg/ha (BMELF, 1993). Besonders hohe Werte wurden im nordwestlichen Küstenraum Niedersachsens (Wingst) gemessen (42 - 72 kg/ha). Werte zwischen 20 und 40 kg/ha wurden an Untersuchungsstandorten in Hessen, Niedersachsen (Solling), Nordrhein-Westfalen, Rheinlandpfalz und Thüringen festgestellt.

Während der letzten zehn Jahre zeigten die Stickstoffeinträge (Ammonium und Nitrat) an der Mehrzahl der Untersuchungsstandorte eine gleichbleibende bis leicht steigende Tendenz (Bsp. in Abb. 3.7). Die aktuellen jährlichen Eintragsraten von Stickstoff erreichen derzeit auf vielen Standorten Größenordnungen um 30 - 40 kg N/ha. Sie liegen damit etwa um das Zwei- bis Fünffache über der Stickstoffmenge, die der Wald für sein Wachstum benötigt. Durch die jahrzehntelang anhaltenden Einträge haben die Stickstoff-Vorräte in vielen Waldökosystemen deutlich zugenommen. Die Wälder können dann überschüssigen Stickstoff nicht mehr speichern und geben ihn z.T. in umweltbelastender Form (NO_3) wieder ab.

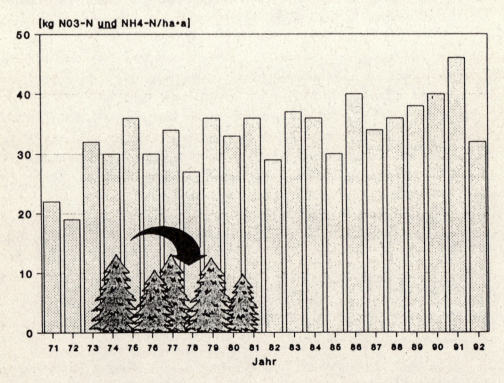

Abb. 3.7: Entwicklung der Stickstoffdeposition in einem Fichtenbestand (Kronentraufe) im Solling (BMELF, 1993)

Die Raten der über den Freilandniederschlag eingetragenen **Schwermetalle** sind für verschiedene Waldstandorte in Tab. 3.2 wiedergegeben. Die Depositionsraten der Schwermetalle können in den einzelnen Jahren beträchtlich variieren (Godt, 1986; Schultz, 1987).

Tab. 3.2: Schwermetalleinträge (g ha^{-1} a^{-1}) mit dem Freilandniederschlag für verschiedene Waldstandorte im Zeitraum Mai 1983 bis April 1985 (arithmetische Mittel) (Schulze, 1987) (Soll. = Solling; Ha. = Harste; Sp. = Spannbeck; He. = Heide; Wi. = Wingst; We. = Westerberg)

	Zeitraum	Soll. (Fi)	Ha. (Bu)	Sp. (Fi)	He. (Ei)	Wi. (Fi)	We. (Fi)
Cr	Sommer	2,85	0,88	0,90	1,70	1,12	1,06
	Winter	2,89	1,23	1,49	1,82	1,48	2,06
	Jahr	5,74	2,11	2,39	3,52	2,60	3,12
Co	Sommer	0,20	0,12	0,36	0,45	0,22	0,34
	Winter	0,23	0,14	0,10	0,23	0,29	0,21
	Jahr	0,43	0,26	0,47	0,68	0,51	0,55
Ni	Sommer	4,55	2,13	2,13	3,96	2,92	2,10
	Winter	6,29	2,40	2,42	4,77	5,48	3,72
	Jahr	10,84	4,53	4,54	8,73	8,40	5,82
Cu	Sommer	16,5	9,2	10,5	13,7	14,6	14,9
	Winter	11,6	7,1	10,1	12,0	13,2	12,6
	Jahr	27,9	16,3	20,6	25,7	27,8	27,5
Zn	Sommer	161	55	50	84	122	125
	Winter	155	42	62	100	127	110
	Jahr	316	97	112	184	249	235
Cd	Sommer	1,50	0,89	0,74	0,96	1,26	1,24
	Winter	1,17	0,68	0,93	0,81	1,14	0,94
	Jahr	2,67	1,57	1,67	1,77	2,40	2,17
Pb	Sommer	80,0	47,9	40,1	65,0	58,4	57,5
	Winter	78,0	38,8	44,6	44,6	74,4	61,2
	Jahr	158,0	86,2	84,1	109,6	132,8	118,7

Bei pH-Werten des Niederschlags von < 5 liegen die Schwermetalle bei der nassen Deposition überwiegend (> 90 %) in gelöster, d.h. in phytotoxischer Form vor (Nürnberg et al., 1982). Ein Großteil der Schwermetalleinträge erfolgt jedoch als Staub über die trockene Deposition, während über die Interception große Mengen an Schwermetallaerosolen aus der Luft ausgefiltert werden (Godt, 1986). Die höhere Interceptionsleistung von Nadelbeständen führt auch im Falle der Schwermetalldepositionen zu gegenüber Laubwäldern erhöhten Einträgen. Bei den Elementen Blei, Cadmium, Zink und Cobalt überwiegt die nasse Deposition, bei Aluminium, Eisen, Mangan, Nickel, Chrom und Kupfer erfolgt der Eintrag hauptsächlich über die trockene Deposition. Bei der Passage durch den Kronenraum reichern sich die Niederschläge in den meisten Waldbeständen mit Schwermetallen an. Nur Blei und Chrom werden verstärkt an den Kronenoberflächen festgelegt (Schulz, 1987). Die Differenz zwischen den Gehalten an Zink, Blei und Cadmium in der Kronentraufe und dem Bestandesniederschlag lassen eine ausgeprägte Saisonalität erkennen. Diese Elemente werden im Sommer nur wenig, im Winter hingegen verstärkt von der Bestandesoberfläche desorbiert (Schulz, 1987). Eine ausführliche Zusammenstellung von Schwermetall-Depositionsraten in Waldstandorten Mitteleuropas erfolgt in Godt (1986) sowie Schulz (1987).

Insgesamt zeigen die Depositionsmessungen, daß auch weiterhin zuviel Schadstoffe aus nationalen Quellen, aber auch aus grenzüberschreitenden Schadstoffströmen in die Waldökosysteme eingetragen werden (BMELF, 1993). Zwar sind die Einträge an Protonen entsprechend dem Rückgang der Schwefeleinträge in den letzten zehn Jahren zurückgegangen, dennoch erreicht unter Einbeziehung des Säurepotentials der Ammoniumeinträge (NH_4-N) der Gesamtsäureeintrag z.B. unter Fichte Werte zwischen 0,5 und 4,5 kmol H^+ ha^{-1} a^{-1} und liegt damit auf den meisten Standorten um ein Vielfaches über der natürlichen Pufferrate der Waldböden. Stickoxid- und Ammoniak-Emissionen werden in Zukunft zunehmend an Bedeutung gewinnen, da ihre prognostizierte Minderung weit hinter der von SO_2 zurückbleibt.

4 Auswirkung säurehaltiger Niederschläge auf oberirdische Pflanzenteile

4.1 Aufnahme von Luftverunreinigungen durch Pflanzen

Neben Böden, Gewässern und Bauwerken stellen Pflanzen eine bedeutende Senke für atmosphärische Luftverunreinigungen dar (Däßler, 1991). Luftverunreinigungen können prinzipiell auf zwei Wegen - über das Blatt bzw. die Nadel sowie indirekt über den Boden - die Pflanzen erreichen. Hier soll nur der erste Weg betrachtet werden.

Luftverunreinigungen können von den Blättern bzw. Nadeln aufgenommen, weitergeleitet und akkumuliert werden, an empfindlichen Teilen jedoch auch Schädigungen hervorrufen oder sekundäre Erscheinungen (z.B. "Leaching"-Effekte, s.u.) auslösen. Die Aufnahme gasförmiger Luftverunreinigungen (wie z.B. SO_2, HF, NO_x, NH_3, O_3 u.a.) erfolgt in entscheidendem Maße passiv über die Assimilationsorgane, und zwar in erster Linie durch die Stomata unter den gleichen Bedingungen wie bei der CO_2-Assimilation. Die Aufnahme der Luftverunreinigungen ist von mehreren Faktoren abhängig, u.a. vom Konzentrationsgradienten zwischen Außenluft und der im Blattinnern gelösten Schadstoffe, von der Öffnung der Stomata und weiteren Diffusionswiderständen. Bei zunehmender Windgeschwindigkeit kann infolge größerer Stomataöffnung die Aufnahmerate zunächst steigen, bei noch höheren Windgeschwindigkeiten können sich jedoch die Stomata schließen (Brennan und Leone, 1968; Ashenden und Mansfield, 1977).

Die Schadstoffe werden nach der Aufnahme durch die Stomata im Zellwasser gelöst und weitertransportiert, bzw. sie reagieren entsprechend ihrer biochemischen Eigenschaften (Däßler, 1991). Die Blätter bzw. Nadeln können auch die wasserlöslichen Anteile aus Stäuben, die auf Pflanzenteilen aufliegen oder die mit dem Regen oder aus Aerosolen auf Pflanzen niedergebracht werden, aufnehmen. Die aufgenommenen Luftverunreinigungen werden entweder in den Blättern angereichert, in andere Pflanzenteile transportiert oder allmählich wieder desorbiert und ausgewaschen und im Intermediärstoffwechsel wirksam bzw. in diesen einbezogen (Däßler, 1991).

4.2 Pufferungsprozesse in Laub- und Nadelwaldbeständen

Jede Veränderung in der chemischen Umwelt der Pflanze löst Reaktionen aus, die darauf abzielen, die Ionenzusammensetzung in der lebenden Zelle so zu regulieren, daß eine optimale Vitalität des Organismus aufrechterhalten wird. Dem Schutz des Symplasten dient ein Puffersystem, mit dessen Hilfe die Pflanze eindringende Protonen und Schadstoffe im Rahmen ihrer Toleranzgrenze physiologisch entgiften kann. Die Pufferung erfolgt über den Austausch basischer Kationen (Ca^{2+}, Mg^{2+}) in den Zellwänden von Blättern, Wurzeln und Holz (Ulrich und Matzner, 1983a).

Die Pufferung durch Kationenaustausch kann eine Anhebung des pH-Wertes im Bestandesniederschlag bewirken (Meiwes, 1985b; Wiedey und Gehrmann, 1985). Die Pufferkapazität des Kronenraumes ist abhängig von der Baumart (Sidhu, 1983; Abrahamsen, 1984; Miller, 1984; Rastin und Ulrich, 1984), der Jahreszeit (Ulrich, 1983b; Miller, 1984, Wiedey und Gehrmann, 1985), der Vitalität des Bestandes (Wiedey und Gehrmann, 1985) und der Verfügbarkeit der basisch wirkenden Kationen im Boden (Ulrich und Matzner, 1983a; Hüttermann und Ulrich, 1984).

Ulrich (1985a) zeigte anhand von Daten aus 24 Waldbeständen in Nordwestdeutschland, daß Laubwälder in Schutzlagen bis zu 87 % der eingetragenen Protonen im Kronenraum neutralisieren können. In stärker exponierten Lagen werden maximal 70 % gepuffert. Demgegenüber erreichen Nadelwälder in Schutzlagen Pufferungsquoten von 30 - 60 %, in exponierten Lagen 0 - 42 %. Dieser Expositionseffekt erklärt sich aus dem depositionsbedingt unterschiedlichen bodenchemischen Zustand der untersuchten Waldökosysteme (Ulrich und Matzner, 1983a); denn die Funktionsfähigkeit des Puffers ist an die Wiederherstellung der ursprünglichen Verhältnisse in der Zellwand geknüpft, d.h. die Pflanze muß Ca- und Mg-Ionen aus der Bodenlösung aufnehmen und gegen die an der Zellwand gebundenen Protonen rücktauschen (Matzner und Ulrich, 1984). Bei der Aufnahme von Ca^{2+}, Mg^{2+} und anderen Kationen werden in äquivalenten Anteilen Protonen von der Wurzel ausgeschieden, die im Boden zurückgelassen werden. Diese Protonen können sich mit dem deponierten Sulfat erneut zu H_2SO_4 verbinden, so daß die Pufferung im Kronenraum zwar die Protonenfracht des Bestandesniederschlags erniedrigt, gleichzeitig aber die Bodenversauerung im Wurzelraum vorantreibt. Wenn im Boden keine ausreichenden Mengen an basisch wirkenden Kationen vorhanden sind, dann beschleunigt die Kronenraumpufferung mit ihren Auswaschungsverlusten das Auftreten von Nährstoffmangel.

4.3 "Leaching"

Als Leaching wird die Auswaschung von Nährionen und Metaboliten der Photosynthese aus den oberirdischen Organen einer Pflanze bezeichnet (Tukey, 1970). Dieses Leaching ist einer der Teilprozesse, die sich bei der Passage des Regenwassers durch die Baumkrone vollziehen. Bereits "normaler" Regen bewirkt eine Auswaschung von Mineralstoffen aus den Blättern. Verstärkt tritt dieser Effekt in Erscheinung, wenn es sich um Regen mit pH-Werten unter 5 handelt. Das Verhältnis Ionenaustrag zu -eintrag ist dann wesentlich größer als bei normalem Regen (Tab. 4.1). Außer dem pH-Wert des Regenwassers kann sich auch die Vorbehandlung der Pflanze durch Begasung mit SO_2, O_3 oder anderen Substanzen verstärkend auf das Leaching auswirken (Krause et al., 1983; Bosch et al., 1986).

Tab. 4.1: Relation von Eintrag zu Austrag bei Beregnung mit Wasser gleicher Gehalte an Nährkationen, jedoch unterschiedlicher Acidität (Kreutzer und Bittersohl, 1986)

Ion	Saure Beregnung pH 2,7	normale Beregnung pH 5,2	sauer/normal
NH_4	2,6	1,1	2,4
K	3,0	1,7	1,8
Mg	4,9	1,1	4,5
Ca	6,5	1,0	6,5
Mn	9,8	1,5	6,5

Da verschiedene Waldschadenstypen, besonders die Hochlagenerkrankung der Fichte, mit häufigen Nebelereignissen verknüpft sind (Georgii und Schmitt, 1985) und Nebel im Vergleich zu Regen 10- bis 100fach höhere Säurekonzentrationen aufweisen kann (Waldmann, 1985), wurden in den letzten Jahren zahlreiche Benebelungs- und Beregnungsexperimente durchgeführt. So stellten z.B. Mengel et al. (1987) bei jungen, intakten Fichten fest, daß saurer Nebel (pH 2,75) signifikant höhere Mengen an K, Ca, Mg, Mn und Zn sowie Kohlenhydraten aus den Nadeln herauslöste, als dies bei der Kontrollvariante mit einem Nebel-pH von 5,0 der Fall war. Die absoluten Mengen ausgewaschener Nährionen waren jedoch gering und betrugen nur wenige Prozent der in den Nadeln vorhandenen Nährelementmengen. Nur bei Zn erreichten die Leaching-Verluste die in den Nadeln normalerweise vorhandenen Mengen. Das ausgewaschene Zn konnte jedoch schnell ersetzt werden, denn bei Versuchsende war der Zn-Gehalt der Nadeln mit saurer Nebelbehandlung nicht niedriger als in den Nadeln der Kontrollfichten. Allerdings wiesen die Nadeln der sauren Nebelvariante deutliche Schäden im Wachsüberzug auf. Hüttl et al. (1990) fanden im selben Versuch, daß die zusätzliche Düngung mit K ein verstärktes K-Leaching zur Folge hatte. Trotzdem waren die K-Gehalte im Vergleich zur Kontrolle erhöht. Dies weist auf eine überhöhte Nährstoffaufnahme bei gutem Nährstoffangebot im Substrat hin. Die Behandlung mit saurem Nebel führte bei diesen kurzzeitigen Versuchen nicht zu Nährelementmangel. Kaupenjohann et al. (1988) besprühten junge, in Nährlösung kultivierte Fichten mit Wasser, das durch Schwefelsäure auf pH 2,7 eingestellt war. Hierdurch erhöhte sich die Auswaschung von Mg so stark, daß nach Versuchsende deutlich geringere Mg-Gehalte in den Nadeln gemessen wurden. Auch Kreutzer und Bittersohl (1986), die bei einem Fichtenjungbestand auf seinem natürlichen Standort eine sechsmonatige Beregnung (pH 2,72) durchführten, stellten bei Mg eine um den Faktor 4 bis 5 höhere Kronenauswaschung als auf der Kontrollparzelle, die mit "normalem" Regen (pH 5,2) besprüht wurde, fest. Sie vermuten deshalb, daß Säure-Leaching auf Mg-armen Standorten Mg-Mangel induzieren kann. Pfirrmann et al. (1988) konnten mit Hilfe von Säurebesprühungsversuchen verschiedener Fichtenklone zeigen, daß die Rate der Nährelementauswaschung auch genetisch mitbedingt ist. Desweiteren erhöht jede Art von Schädigung des Nadel- bzw. Blattgewebes die Leaching-Verluste.

Guderian (1990) untersuchte, welchen Einfluß bestimmte Kombinationen der Schadgase SO_2, O_3 und NO_2 auf die Auswaschung von Nährstoffen und Kohlenhydraten aus unterschiedlich mit Magnesium versorgten Laub- und Nadelgehölzen haben. Die Untersuchungen belegen, daß erhöhte O_3-Konzentrationen in Kombination mit den Schadstoffen SO_2 und NO_2 bei Laub- und Nadelgehölzen Schädigungen der Kutikula und der Biomembran hervorrufen und die Auswaschung von Kohlenhydraten sowie einiger Kationen (K, Ca) aus den Blattorganen begünstigen können. Dadurch können dann empfindliche Störungen des Kohlenhydrat- und Proteinstoffwechsels sowie des Stoff- und Energiehaushaltes der Pflanze ausgelöst werden. Diese Effekte werden teilweise durch latenten Mg-Mangel verstärkt.

Die Leaching-Rate nimmt mit dem Baum- und Bestandesalter zu (Miller, 1984; Kaupenjohann et al., 1987; Stevens, 1987). Alenäs und Skärby (1988) wiesen darauf hin, daß die Kronenauswaschung an den Bestandesrändern im Vergleich zum Innern geschlossener Waldbestände in der Regel deutlich höher ist. Sie begründeten dies mit dem differenzierten Sedimentationsverhalten der trockenen Deposition, deren Raten an den Bestandesrändern normalerweise größer sind als in den dahinter liegenden Bestandesteilen.

Nach Matzner und Ulrich (1984) hat die Aufnahme von Protonen im Kronenraum nicht nur eine erhöhte Nährstoffauswaschung zur Folge, sondern führt auch zu einer erhöhten Protonenabgabe im Wurzelbereich der Bäume, wenn der Protonenhaushalt der Bäume aufrechterhalten und ausgewaschene Nährstoffe wieder ersetzt werden sollen (s.o.). Diesen auf Bilanzbetrachtungen beruhenden Schluß konnten auch Kaupenjohann et al. (1988) bestätigen. Will man über die Bedeutung der durch Leaching bedingten Nährelementverluste genauere Informationen erhalten, ist es erforderlich, alle in einem Waldökosystem meßbaren Stoffflüsse zu erfassen und aus der Kronenraumbilanz die einer direkten Messung nicht zugänglichen Flüsse zu berechnen (Asche, 1988). Mit akutem Nährelementmangel ist dann zu rechnen, wenn die Rate der Auswaschungsverluste die Rate der Wiederaufnahme übersteigt.

4.4 Veränderungen im pflanzlichen Stoffwechsel

Zu den ersten Angriffspunkten gasförmiger Luftverunreinigungen innerhalb der Assimilationsorgane gehören die Elektronentransportkette der Photosynthese, die Chloroplasten sowie Zellmembranen (Däßler, 1991). Außerdem kann in den Pflanzenzellen die Bildung von Sauerstoff-Radikalen induziert werden, die toxisch auf die Assimilationsorgane wirken, wenn sie nicht ausreichend "entgiftet" werden. Insbesondere wird eine Reihe von Enzymen - vor allem solche der photosynthetischen CO_2-Fixierung, der Redox-Vorgänge, des Aminosäurestoffwechsels und weitere - in ihrer Aktivität beeinflußt, so daß sekundär eine Vielzahl von Veränderungen im Stoffwechsel und Energiehaushalt (ATP) möglich sind. Diese äußern sich u.a. in der Veränderung von Isoenzymmustern, der Konzentrationsänderung dadurch beeinflußter Stoffwechselprodukte und letzten Endes in summarischen physiologischen Effekten und Wachstumsstörungen. In der Regel verlaufen mehrere biochemische und biophysikalische Reaktionen parallel (Däßler, 1991).

Das von den Blättern aufgenommene SO_2 wird im wesentlichen zu Sulfat oxidiert, in dieser Form in der Pflanze angereichert und je nach Bedarf in den Schwefelstoffwechsel einbezogen. Daneben erfolgt aber auch eine Reduktion in die Sulfidform. Dadurch kann ein kleiner Teil des Schwefels als H_2S wieder an die Außenluft abgegeben werden (Spaleny, 1977). Außerdem erfolgt der Einbau des Sulfid-Schwefels in Stoffe, die SH-Gruppen enthalten. Derartige Reaktionen führen zu Gleichgewichtsverschiebungen im zellulären SH/SS-System (Cystein/Cystin/Glutathion). Eine erhöhte SO_2-Aufnahme bewirkt z.B. nach Reduktion die Bildung von SH-Gruppen und damit einen Anstieg des Glutathiongehaltes, während die Einwirkung von Ozon oder PAN die Oxidation von SH-Gruppen zur Folge hat (Grill und Esterbauer, 1973; Esterbauer, 1976). Ähnlich wie SO_2 kann auch NO_3 in geringen Mengen direkt von den Assimilationsorganen der Pflanzen aus der Umgebungsluft aufgenommen werden (Neubert et al., 1993).

Bei der Suche nach "primären" Reaktionen der pflanzlichen Zelle auf Luftverunreinigungen wurde u.a. die Bildung freier Sauerstoff-Radikale durch SO_2, O_3 und andere gasförmige Luftverunreinigungen in den Chloroplasten untersucht (Kaplan et al., 1974; Fridovich, 1976; Schulz, 1986; Fischer et al., 1988). Es wurde z.B. durch in-vitro-Experimente an isolierten Chloroplasten festgestellt, daß diese aktivierten Sauerstofformen bzw. deren Folgeprodukte innerhalb pflanzlicher Zellen bereits in geringeren Konzentrationen schädigend wirken als die Luftverunreinigungen selbst. Möglichkeiten einer Entgiftung dieser Radikale durch aktive Enzymsysteme bei toleranten Pflanzen wurden in den letzten Jahren mehrfach diskutiert (z.B. Tanaka und Sugahara, 1980; Rabinovitch und Fridovich, 1983). Dabei spielen Superoxiddismutase (SOD), Peroxidase, Ascorbat-Peroxidase, Katalase und weitere Enzyme eine entscheidende Rolle.

Viele Autoren bemühen sich um den Nachweis nicht oder noch nicht äußerlich sichtbarer "latenter" Immissionswirkungen mit Hilfe besonders immissionsempfindlicher physiologischer oder biochemischer Stoffwechselreaktionen oder biophysikalischer Effekte, vor allem zum Zwecke der Frühdiagnose. So werden Enzyme als Indikatoren für Stress und Schädigung herangezogen. Peroxidasen gehören beispielsweise zu den sogenannten "Streßenzymen", d.h., daß unterschiedliche Streßoren in einem pflanzlichen Gewebe zu einer Änderung der Peroxidaseaktivität bzw. zur Neusynthese von Isoformen führen können. Bisher sind nur einige der physiologischen Funktionen (z.B. Ligninbiosynthese, Auxinmetabolismus, antimikrobielle Abwehr, Ethylensynthese) erkannt und beschrieben worden. Als allgemeines physiologisches Merkmal für Peroxidasen gilt ihre Fähigkeit, Substanzen (z.B. Phenole) mittels H_2O_2 zu oxidieren, wobei sie gegenüber dem Elektronendonator i.d.R. sehr unspezifisch sind (Gasper et al., 1982). Keller und Schwager (1971), Keller (1977a) sowie Esterbauer et al. (1978) stellten fest, daß sich die Aktivität der Peroxidase auch bei relativ niedrigen Schadstoffkonzentrationen (SO_2, HF) signifikant erhöht (Abb. 4.1).

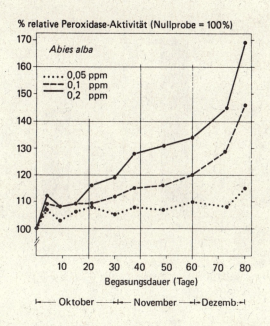

Abb. 4.1: Auswirkungen von Begasungen mit unterschiedlichen SO_2-Konzentrationen auf die relative Peroxidase-Aktivität der Weißtanne (Keller, 1977a)

Diese Veränderung ist jedoch nicht schadstoffspezifisch; sie erfolgt beispielsweise auch bei der Einwirkung von Ethen. Eine mögliche bioindikatorische Funktion der Peroxidasen bezüglich der Einwirkung von Luftschadstoffen wird nach Höhl et al. (1991) wahrscheinlich primär durch die apoplastidären Peroxidasen der Fichtennadeln erfüllt, während sich die von diesen Autoren untersuchten cytoplasmatischen Peroxidasen indifferent verhielten. Verschiedene Autoren stellten eine Aktivitätssteigerung der Peroxidase nach Begasung mit SO_2 bzw. SO_2/NO_2 fest (Keller, 1984; Klumpp et al., 1989; Schmitt und Wild, 1991; Schulz, 1986), während nach O_3-Begasung schwächere, indifferente oder gar verringerte Aktivitäten auftraten (Dohmen, 1986; Klumpp et al., 1989; Schmitt und Wild, 1991). Die Peroxidase-Aktivität besitzt gegenüber zunehmender Schädigung ein Optimumverhalten (Schulz, 1989), d.h., sie steigt mit beginnender Schädigung zunächst an, um in einem fortgeschrittenen Stadium der Schädigung wieder abzufallen (Rothe et al., 1988; Schmitt und Wild, 1991). Eine eindeutige Interpretation des Verhaltens der Peroxidase-Aktivität scheint zum gegenwärtigen Zeitpunkt noch nicht möglich (Schmitt und Wild, 1991).

In anderen Publikationen konnte gezeigt werden, daß es in zweijährigen Fichtennadeln mit steigendem Schädigungsgrad zu einem Anstieg der Aktivität der Phophoenolpyruvat-Carboxylase (PEPC) kommt (Schmitt und Wild, 1991; Tietz und Wild, 1991). Die PEPC-Aktivität eignet sich nach diesen Autoren hervorragend als quantitativer, wenn auch unspezifischer Schadindikator bei älteren Fichtennadeln (Abb. 4.2).

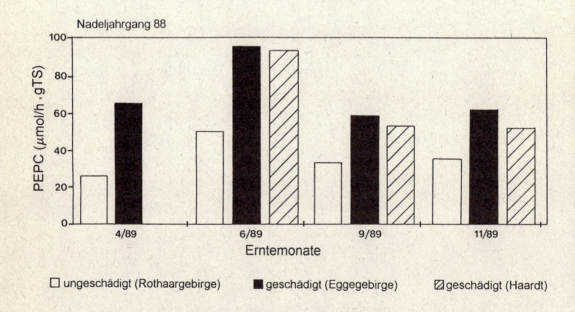

Abb. 4.2: Enzymkonzentrationen von Phosphoenolpyruvat-Carboxylase in geschädigten und ungeschädigten Fichtennadeln (Schmitt, 1991)

SO$_2$-Begasungen an Fichtenklonpflanzen und Nadelproben von gleichaltrigen Fichtenkulturen immissionsbelasteter Standorte ergaben in bestimmten Phasen der Jahresrhythmik auffällige Aktivitätsveränderungen seneszenzbeeinflussender multipler Enzymformen (saure Phosphatase, unspezifische Esterase, Katalase, Glutamat-Oxalacetat-Transaminase; Schmiedel und Däßler, 1989). Maier (1978) stellte in Modellversuchen fest, daß sich durch die Einwirkung von Blei die Aktivität der Peroxidase in Blättern junger Mais- und Luzernepflanzen erhöht und im Isoenzymmuster deutliche Änderungen einzelner Peroxidase-Banden in Erscheinung traten.

Auch einige Metaboliten des pflanzlichen Stoffwechsels erwiesen sich als Indikatoren für Streß und Schädigung geeignet. Dem Polyamin Putrescin werden bei krautigen Pflanzen seneszenzhemmende Eigenschaften zugesprochen, die sich u.a. in einer Hemmung der Ethylen-Biosynthese (Apfelbaum et al., 1981; Altman, 1982) und einer Stabilisierung von Biomembranen (Naik und Srivastava, 1978) manifestieren. Zudem wird eine Funktion als Scavenger für Radikale diskutiert (Drolet et al., 1986). In Fichtennadeln wurde nach O$_3$-Begasung eine dosisabhängige Putrescin-Akkumulation beobachtet (Langebartels et al., 1989; Sandermann et al., 1989). Unter Freilandbedingungen wurde bei der Fichte eine mit dem Grad der Baumschädigung korrespondierende Erhöhung der Putrescin-Konzentration festgestellt (Tenter und Wild, 1991). Da der Gehalt des Polyamins Spermidin (Spd) weder von der Vitalität des Baumes abhängt, noch starken saisonalen Schwankungen unterworfen ist, stellt das Put/Spd-Verhältnis nach Tenter und Wild einen geeigneten bezugsfreien Indikator für Streß und Schädigung - auch bei der Buche - dar.

Eine Akkumulation von Prolin wurde bei krautigen Pflanzen unter Trockenstreßbedingungen festgestellt (Dashek und Erickson, 1981; Shevyakova, 1983). Eine Erhöhung des Prolin-Gehaltes konnte von Schmitt und Wild (1991) sowohl bei Buche und Fichte in Versuchen mit Schadgasgemischen (SO$_2$, NO$_2$, O$_3$) als auch von Klumpp et al. (1989) in einem längerfristigen Begasungsversuch besonders mit O$_3$ und SO$_2$/O$_3$ nachgewiesen werden.

Ascorbat und Glutathion bilden u.a. zwei wichtige Komponenten des Glutathion-Ascorbat-Zyklus, welcher in Chloroplasten zur Beseitigung von Hydroperoxiden dient (Kunert, 1987). In Nadeln geschädigter Freilandfichten wurden erhöhte Ascorbat- und Glutathion-Gehalte ermittelt (Wild und Forschner, 1990). Keller und Schwager (1977) sowie Grill et al. (1979) wiesen hingegen experimentell nach, daß der Ascorbinsäurespiegel bereits bei "latenter" Immissionsbelastung in Pflanzenblättern absinkt. Nach Keller (1981) hängt der Gehalt an reduzierender Ascorbinsäure, welche oxidierenden Luftverunreinigungen entgegenwirkt, mit der Anfälligkeit für biotische und abiotische Schädigungen zusammen. Tingey et al. (1976), Peiser und Yang (1979), Bucher (1981) sowie weitere Autoren berichten über eine verstärkte Ethenausscheidung sowohl unter SO$_2$- und O$_3$-Wirkung als auch unter dem Einfluß von Schwermetallen und weiteren Luftverunreinigungen.

Versuche zum Einfluß von SO$_2$ auf Chloroplastenpigmente (Däßler, 1972) ergaben, daß der Pigmentapparat relativ stabil gegen Schadgaseinfluß ist. Die Zerstörung der Blattpigmente erfolgt erst in der Schlußphase des Absterbeprozesses der Zelle. Bei chronischer SO$_2$-Schädigung ist die Biosynthese der Pigmente vermindert, insbesondere dann, wenn die Schadgasbelastung in die Zeit des Wachstums der Blätter bzw. Nadeln fällt. In einem Immissionsgebiet zeigten exponierte Flechten

(Hypogymnia physodes) einen deutlichen Abfall im Gehalt von Chlorophyll a und b mit abnehmender Entfernung der Proben zu den Emissionsquellen (Schubert, 1977). Eine z.T. erhebliche Verminderung des Chlorophyllgehaltes und Änderung der Pigmentzusammensetzung läßt sich in den durch Gelbfärbung charakterisierten, dem Licht unmittelbar ausgesetzten Fichtennadeln in Gebieten mit "neuartigen Waldschäden" feststellen (z.B Wild und Forschner, 1990; Schmitt und Wild, 1991). Diese Nadeln weisen oft einen stark erniedrigten Mg-Gehalt auf, so daß auch Mg-Mangel hierfür als Ursache anzusehen ist.

Eine Reihe von Untersuchungen hat sich mit der Wirkung von SO_2 auf den Aminosäuren- und Proteingehalt sowie die Veränderung der Aminosäurezusammensetzung in den Blättern befaßt. Es wurde festgestellt, daß unter SO_2-Einfluß der Gehalt an Glutaminsäure absinkt (Börtitz, 1964; Jäger, 1977), die Glutamatdehydrogenase aktiviert wird und der Gehalt an Glutamin und Prolin steigt. Diese Reaktion tritt vor allem bei höheren SO_2-Konzentrationen bzw. längeren Einwirkungszeiten auf und ist auch abhängig von Entwicklungszustand der Pflanzen. Bei mittelstark geschädigten Fichten (Schadklasse 2) wurde eine Zunahme (Düball und Wild, 1988), bei stark geschädigten Fichten (Schadklasse 3) dagegen eine Abnahme des Proteingehaltes (Wild und Forschner, 1990) festgestellt. Bei der Buche wurde hingegen von o.g. Autoren ein mit zunehmender Schädigung ansteigender Proteingehalt ermittelt.

Strack und Hohlfeld (1991) untersuchten den Stoffwechsel von Aminosäuren in Fichtennadeln unter dem Einfluß von Schadstoffkombinationen (Stickstoffüberdüngung, O_3, SO_2, NO_2) an Fichten, die einerseits aus Freilandbeständen und andererseits aus Kammerversuchen stammten. Die Ergebnisse weisen auf synergistische Effekte der Bodenqualität, der Stickstoffbelastung und dem Einfluß von Schadgasen hin, die sich in stark erhöhten Konzentrationen verschiedener Aminosäuren widerspiegeln. Der PEP-Carboxylase-Aktivität kommt dabei nach den Autoren möglicherweise eine Bedeutung als Frühindikator für Schadstoffbelastungen und den damit verbundenen Stoffwechselveränderungen in Fichtennadeln zu (s.o.) (Abb. 4.2).

Die in Koniferennadeln vorhandene Stärke kann während hinreichend langer Einwirkung relativ niedriger SO_2-Konzentration durch allmählichen Abbau vollständig aufgebraucht werden, ohne daß dabei Nekrosen nachfolgen müssen. Dieser Abbau ist notwendig zur Aufrechterhaltung des Energiestoffwechsels (die Atmung läuft weiter), wenn die Assimilatbildung infolge der SO_2-Einwirkung vermindert ist oder sistiert (Börtitz, 1968).

Die Symptomatik der neuartigen Waldschäden legte die Vermutung nahe, daß die Baumerkrankungen auch in Zusammenhang mit Disharmonien der endogenen Hormonbalance stehen könnten (Schütt, 1984; Hahn und Schwartzenberg, 1987). In Nadeln geschädigter Fichten traten in Abhängigkeit zum Schädigungsgrad erhöhte Gehalte an Cytokininribosiden auf (Hahn, 1991).

Durch elektronenmikroskopische Untersuchungen konnte festgestellt werden, daß Nadelwachserosionen und Verschmelzungen an den Wachspfropfen der Stomata nach experimenteller Behandlung mit saurem Regen auftreten (z.B. Cape und Fowler, 1981).

Bereits 1898 war Wislicenus wegen der höheren SO_2-Empfindlichkeit von Bäumen bei günstigen Assilmilationsbedingungen zu der Annahme gekommen, daß das SO_2 ein spezifisches Assimilationsgift sei und schon in Spuren bei "tätiger Assimilation" (d.h. bei geöffneten Stomata und Belichtung) Photosynthesestörungen verursache. Assimiliationsdepressionen werden außer durch SO_2 auch von anderen Schadstoffen, z.B. HF oder NO_x, verursacht (Bennett und Hill, 1973; Keller, 1977b; Oleskyn, 1984).

Auch O_3-Begasung (200 ppb) führte nach 6 Wochen zu einer sich von Mai bis Oktober stärker ausprägenden Minderung der Photosyntheserate (um ca. 40 %) (Abb. 4.3) (Schatten und Willenbrink, 1991). Der Saccharosegehalt von Wurzel und Rinde sinkt nach Ozonbegasung. Daraus schließen die Autoren, daß Ozon die Verteilung von Assimilaten behindert. Da dies nicht nur mit der verminderten Photosynthese erklärt werden kann, muß auch die Beladung des Phloems betroffen sein. Beides weist auf eine durch Ozon gestörte Integrität der Plasmamembran in den Nadeln hin, die man nach Laisk et al. (1989) als primären Angriffsort von Ozon sehen muß. Die potentielle Schädlichkeit des Ozons besteht darin, Doppelbindungen sowie Thiole, die beide in Membranen vorliegen, zu oxidieren.

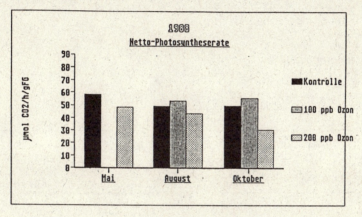

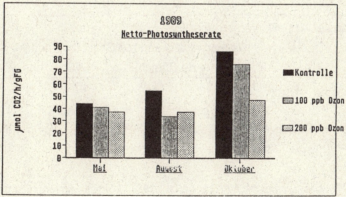

Abb. 4.3: Nettophotosyntheseleistung (in $\mu mol\ CO_2\ h^{-1} \times gFG^{-1}$) der jüngsten Nadeln nach 6 Wochen Ozonexposition. Jeder Balken repräsentiert den Mittelwert aus 8 Einzelmessungen (Temp. ca. 20°C, Licht: 800 $\mu E\ sec^{-1} \times m^2$ (Schatten und Willenbrink, 1991)

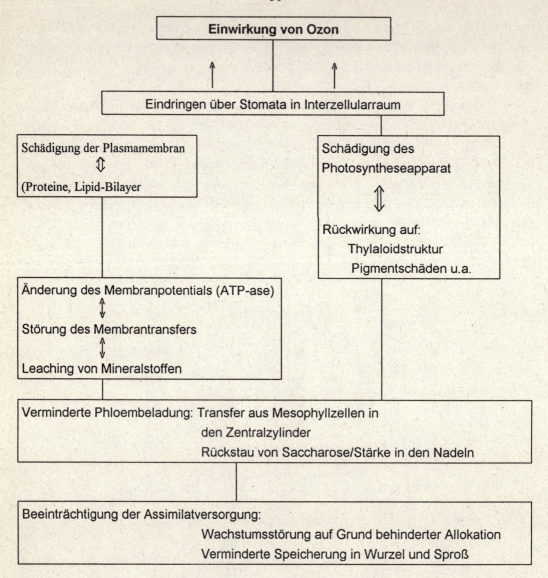

Abb. 4.4: Mögliche Wirkungen von Ozon auf Physiologie und Biochemie von Koniferen (Schatten und Willenbrink, 1991)

Durch z.T. hohe Ozonbegasungsdosen (Senser et al., 1987) konnten Änderungen der Membranintegrität und -permeabilität mit der Folge eines verstärkten "Leachings" (Prinz et al., 1985) (s.o.) ermittelt werden (Abb. 4.4).
Untersuchungen von Keller (1976, 1977a, 1978) haben ergeben, daß Begasungen bis zu 9 Monaten mit relativ niedrigen SO_2-Konzentrationen (0,14 mg/m^3) an Nadeln junger Koniferen statistisch gesicherte Einbußen der Nettoassimilation, eine Erniedrigung der Pufferkapazität sowie eine Steige-

rung der Peroxidaseaktivität hervorrufen, ohne daß Schädigungsymptome in Erscheinung treten (Abb. 4.5). Eine Dauerbegasung mit 0,56 mg SO_2/m^3 führte bei Fichte innerhalb von 3 - 7 Wochen, bei Tanne nach 1 - 6 Wochen zu Assimilationsdepressionen. Es konnte in diesen Arbeiten weiterhin nachgewiesen werden, daß die Immissionsempfindlichkeit durch den Entwicklungszustand beeinflußt wird; zum Beispiel erwiesen sich die Nadeln des untersuchten Tannenklons schon zum Zeitpunkt der Triebentfaltung als empfindlich, während bei Fichten erst die vollentwickelten Nadeln mit gesicherten Einbußen der CO_2-Aufnahme reagierten. Aus Abb. 4.6 geht hervor, daß bei äußerlich "normalen" Nadeln der Fichte als Folge einer SO_2-Begasung auch die Reaktion der Spaltöffnungen langsamer wurde (besonders deutlich bei "kurzer Dunkelheit") und daß die Transpiration bei Dunkelheit insgesamt erhöht war im Vergleich zur Nullprobe. Eine erhöhte Transpiration bedeutet jedoch einen erhöhten Wasserbedarf und eine verstärkte Anfälligkeit bei Trockenheit (Keller, 1985).

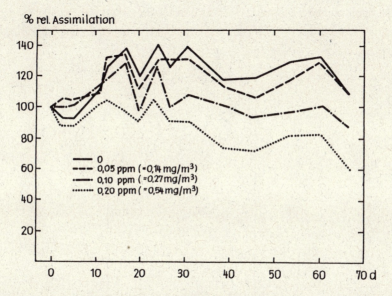

Abb. 4.5: Verlauf der relativen Assimilationsintensität eines Fichtenklons bei kontinuierlicher Begasung mit niedrigen SO_2-Konzentrationen. Begasungsdauer (d) in Tagen. (Keller, 1976)

Die Immissionskonzentrationen phytotoxischer Luftverunreinigungen und deren Zusammensetzung unterscheiden sich zwischen industriellen Ballungszonen und Waldschadensgebieten grundlegend. Während Schwefeldioxid und Stickoxide im Bereich von Ballungszonen eine dominierende Rolle spielen, ist dies in den industriefernen Mittelgebirgen Ozon. Aus diesem Grund wurden Begasungsexperimente mit einem Gemisch aus SO_2, NO_2 und O_3 14 Monate lang an Fichten unterschiedlicher Düngungsstufe (40/80 kg N) sowie an Buchen durchgeführt (Schmitt und Wild, 1991). In einem Fall stellte SO_2, im andern Fall O_3 die dominierende Schadkomponente dar. Nach diesen Untersuchungen reagieren Buchen empfindlicher als Fichten auf die Kombinationsbegasung. Neben der gegenüber der Kontrolle verfrühten Herbstverfärbung waren Frisch- und Trockengewicht sowie

Blattfläche der Buchen signifikant erniedrigt. Die stärkste Wirkung zeigte sich bei der ozondominanten Begasung. Bei Fichte führten sowohl die SO_2- als auch die O_3-dominante Begasung auf physiologisch-biochemischer und morphologisch-histologischer Ebene zu deutlichen Effekten, wobei tendenziell der Ozon-dominante Begasungstyp eine stärkere Wirkung auf die Pflanzen zu haben scheint als der Schwefeldioxid-dominante Typ. Beide Begasungstypen führten zu einer Verminderung der Photosyntheseleistung und der Transpirationsrate in 1jährigen Fichtennadeln. Die stomatäre Leitfähigkeit war vermindert, während kein Effekt hinsichtlich der Atmung zu erkennen war. Mit steigender Nadelschädigung kam es bei der Fichte beim O_3-dominierten Typ zu einer Abnahme des Gehaltes an Chlorophyll und der Komponenten der Elektronentransportkette. Dagegen stieg die Aktivität der Phosphoenolpyruvat-Carboxylase sowie die Konzentration verschiedener Streßmetaboliten an. Der Gehalt an löslichen Proteinen und die Aktivität der Peroxidase waren dagegen im Schwefeldioxid-dominanten Begasungstyp am stärksten. Die ermittelten biochemischen Wirkungen weisen u.a. auf eine vorzeitige Alterung des Nadel- bzw. Blattgewebes hin, die bei Buchen besonders durch Ozon forciert wird (Weidner, 1991).

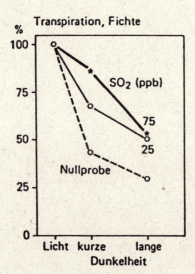

Abb. 4.6: Transpiration bei Licht bzw. Dunkelheit eines Fichtenklons, der von Mai bis November mit SO_2 begast worden war (25 ppb = ca. 65 µg/m³; Mittel aus je 5 Werten) (Keller, 1985)

Zur Wirkung verschiedener Kombinationen von SO_2, O_3 und NO_2 auf Photosynthese und Atmung von Fichten liegen auch Untersuchungen von Klumpp und Guderian (1989) vor. Sie stellten fest, daß bei Schadgasbelastung der jüngste Nadeljahrgang mit einer gewissen Stimulierung der Dunkelatmung reagiert, während an älteren deutliche Assimilationsdepressionen meßbar waren. Mangelnde Ca- und Mg-Versorgung führte erst nach längerer Versuchsdauer zu verminderter Assimilationsrate; eine zusätzlich Belastung mit Schadstoffen erbrachte jedoch additive und synergistische Wirkungen.

4.5 Schädigungssymptome an oberirdischen Pflanzenteilen

Äußere Veränderungen in Form von mehr oder weniger ausgeprägten, sichtbaren Folgen von Immissionseinwirkungen an Pflanzenteilen bzw. am Habitus der Gesamtpflanze sind bei Däßler (1991) zusammengestellt:

- Nekrosen, Chlorosen, Verfärbungen oder Verätzungen an Blättern bzw. Nadeln (z.B. durch SO_2, HF, SiF_4, SO_3, HCl) und anderen Pflanzenteilen

    - als chlorotische oder nekrotische Verfärbungen von Blattspitze oder -rand bzw. Nadelteilen, in den Interkostalfeldern der Blätter oder als Nekrose des gesamten Blattes (der gesamten Nadel)
    - apikale Nekrosen an Früchten (durch HF)

- vorzeitiger Abfall der Blätter bzw. Nadeln nach akuten Schädigungen bzw. nur der ältesten Nadeljahrgänge bei chronischer Schädgung (Auflichtung der Kronen)

- Wachstumsdepressionen an funktionell wichtigen oder zur Nutzung vorgesehenen Pflanzenteilen
    - verringerte Assimilation
    - Ausfall an Grünmasse durch Nekrosen oder vorzeitigen Abfall des Laubes
    - gestörtes Wurzelwachstum durch in den Boden gelangte toxische Stoffe

Wesentlichste Faktoren für die Immissionswirkung sind die Schadstoffkonzentrationen und deren Einwirkungsdauer (Däßler, 1991). Zusätzlich zur Immission (als Ursache einer möglichen Schädigung) und deren Wirkung (als mögliche Folgeerscheinung) muß noch die Disposition (Prädisposition) der Pflanze bzw. ihrer Assimilationsorgane als Voraussetzung für die Wirksamkeit einer Immission beachtet werden. Entsprechend der Disposition kann sich die Wirkung einer Immission verstärken, vermindern oder zeitlich verschieben. Die Immissionswirkung wird verstärkt bei weit geöffneten Stomata (hohe relative Luftfeuchte, hohe Windgeschwindigkeit), auf ungünstigen Standorten, bei Vorliegen weiterer Schadstoffe, durch Anwesenheit anderer belastender Faktoren wie Frost, Dürre, Hitze sowie in empfindlichen Wachstumsstadien der Pflanze bzw. der Assimilationsorgane. Eine Verminderung der Immissionswirkung tritt ein in Zeiten geringer physiologischer Aktivität und optimaler Nährstoff- und Wasserversorgung.

Die Zusammenhänge zwischen den Ursachen von Schädigungen und einigen Schädigungsmerkmalen an Pflanzenteilen sowie möglichen Folgen für die Gesamtpflanze sind in vereinfachter Form in Tab. 4.2 zusammengestellt.

Tab. 4.2: Immissionswirkung an Pflanzen und deren Ursachen (Däßler, 1991)

Immission	Vorkommen	Wirkungsart	Allgemeine Merkmale	Physiologie	Folgen für die Gesamtpflanze
Über lange Zeitspannen oder dauernd einwirkende relativ niedrige Konzentrationen primärer Luftverunreinigungen	In allen Immissionsgebieten	**Chronische Schädigung**	Keine Nekrosen; verminderter Wuchs; vorzeitiges Absterben des jeweils ältesten Nadeljahrganges bei Koniferen; geschwächter Neutrieb (kürzer, kurznadeliger)	Schadstoffanreicherung in Pflanzenteilen; Assimilationsdepressionen; Verminderung der Stoffproduktion und der Assimilationsfläche; Veränderung des Boden-pH oder der Wurzelaktivität	Verminderung des Zuwachses; Überleben der Pflanze ist abhängig von der noch verbleibenden Laubmasse und Wurzeltätigkeit sowie von Zusatzbelastungen
Rasches Einwirken sehr hoher Konzentrationen primärer Luftverunreinigungen	In industrienahen Arealen und bei Havarien (meist nur kurzzeitiger Ausstoß ungewöhnlich hoher Schadstoffkonzentrationen)	**Akute Schädigung**	Nekrosen an Blatt- bzw. Nadelspitzen, Blatträndern od. Interkostalfeldern die z.T. erst nach einer gewissen Zeit als irreversible Verfärbung erscheinen	Zelltod in den nekrotischen Geweben; Ausfall von Assimilationsorganen	Die noch verbleibende physiologisch aktive Laub- bzw. Nadelmasse und/oder das Wiederaustreibevermögen entscheidet über Absterben oder Überleben der Pflanze
Einwirkung sek. Luftverunreinigungen in Verbindung mit sauren Niederschlägen und Klimafaktoren	In industriefernen Waldgebieten meist in größeren Höhenlagen	**"Neuartige Waldschädigung"**	Vergilbung der Blätter bzw. Nadeln mit Ausnahmen des jüngsten Jahrganges	Primärer oder sekundärer Mg-Mangel; Veränderung des Chlorophylls; "leaching"-Effekte	Verminderung des Zuwachses; begrenzte Revitalisierung durch gezielte Mineralstoffgaben möglich

4.6 Luftschadstoff-Modell

Ozon ist ein sekundärer Luftschadstoff, zu dessen Entstehung ultraviolettes Licht, NO_x, O_2 und reaktive Kohlenwasserstoffe notwendig sind (s. Kap. 2.4.1). Aufgrund steigender Emissionen von NO_x und chlorierten Kohlenwasserstoffen wird vermutet, daß O_3 und andere Photooxidantien in den

4.6 Luftschadstoff-Modell

Ozon ist ein sekundärer Luftschadstoff, zu dessen Entstehung ultraviolettes Licht, NO_x, O_2 und reaktive Kohlenwasserstoffe notwendig sind (s. Kap. 2.4.1). Aufgrund steigender Emissionen von NO_x und chlorierten Kohlenwasserstoffen wird vermutet, daß O_3 und andere Photooxidantien in den bodennahen Luftschichten Konzentrationen erreichen können, die zu Schäden an empfindlichen und weniger empfindlichen Pflanzenarten führen (Arndt et al., 1982; Prinz et al., 1982; Guderian et al., 1985). Beispielsweise kann Ozon die Permeabilität der Zellmembranen im Blatt- bzw. Nadelgewebe von Waldbäumen erhöhen. In Verbindung mit hohen und/oder sauren Niederschlägen nehmen hierdurch die Auswaschungsraten von Nährionen und organischen Inhaltsstoffen, die vergleichweise mobil im Zellsaft sind, zu (Keitel und Arndt, 1983). In O_3-Begasungs- und Benebelungsexperimenten wurde erhöhtes Nährelement-Leaching beobachtet (z.B. Krause et al., 1983; Bosch et al., 1986). Es wird deshalb vermutet, daß dieser Wirkungsmechanismus schließlich zu Nährstoffmangel, insbesondere Mg-Mangel, führen kann. Andere Autoren finden jedoch keine Hinweise auf eine ozoninduzierte Magnesiumauswaschung (Skeffington und Roberts, 1985; Fedderau-Himme et al., 1984; Feig et al., 1984).

Histologische Untersuchungen erbrachten, daß akute O_3-Schäden primär mit Veränderungen im Mesophyllgewebe verbunden sind (Fink, 1988). Da aber Gewebeschäden in vergilbten Nadeln hauptsächlich im zentralen Leitbündel, also im Innersten der Nadel auftreten, können akute O_3-Schäden nicht die primäre Ursache für Waldschäden sein, die mit Ernährungsstörungen einhergehen (Hüttl, 1993). Bosch et al. (1986) konnten zeigen, daß O_3 in Kombination mit saurem Nebel, extremen Frostereignissen und sauren, basenarmen Bodenbedingungen zu verstärkten Schäden bei Fichte führten, die mit Mg-Mangel und schwacher Ca-Ernährung gekoppelt waren. Auch Krause und Prinz (1989) vertreten die Auffassung, daß O_3 in Kombination mit sauren Niederschlägen, geringer Vitalität der Bäume und einer niedrigen Nährelementversorgung des Bodens zumindest bei Fichte zu verstärkten Nährelementverlusten führten, die unter den vorherrschenden Witterungsbedingungen in den Hochlagen der Mittelgebirge, z.B. im Eggegebirge, Mg-Mangel verursachen können. Ihre Versuche zeigten jedoch auch, daß die durch O_3 allein induzierte Nährionenauswaschung nicht ausreicht, um die starken Nährelementverluste, wie sie im Freiland gelegentlich auftreten, erklären zu können. Nach Krause und Prinz (1989) reagieren Laubgehölze wesentlich empfindlicher als Nadelgehölze auf O_3-Begasung. Mit Hilfe äußerlich sichtbarer Blatt- und Nadelschädigungen stellten diese Autoren eine Resistenzreihe auf: Fagus silvatica > Quercus robur > Acer platanoides > Pinus nigra > Pinus strobus > Picea abies > Abies alba.

Von allen Luftschadstoffen besitzt Ozon im Hinblick auf Konzentration und Expositionsdauer die höchste Phytotoxizität. Die von der LIS seit 1983 durchgeführten, sehr umfangreichen Untersuchungen zur Aufklärung möglicher Ursachen der neuartigen Waldschäden bestätigen, daß von allen Luftschadstoffen insbesondere Ozon allein oder in Kombination mit säurehaltigem Nebel oder Regen große Bedeutung zukommt, obwohl ein kausaler Beweis im Sinne einer Reproduktion der Schadenssymptomatik nicht erbracht werden konnte (Krause und Prinz, 1989). Dies muß nach den inzwischen vorliegenden Erkenntnissen so interpretiert werden, daß die Waldschäden, insbesondere mit Bezug auf die Nadelvergilbung der Fichte in den höheren Lagen, durch ein Wechselspiel verschiedener Faktoren ausgelöst werden, von denen neben dem Immissionseinfluß vor allem die Bodenbedingungen und das Klima zu nennen sind. Hinzu kommt, daß es sich bei den neuartigen Waldschäden um einen ausgesprochenen Langzeiteffekt handelt, von dem vor allem ältere Bäume betroffen sind. Auch diese Beobachtung macht wahrscheinlich, daß die neuartigen Waldschäden offenbar teilweise mit längerfristigen Ökosystemveränderungen, wie möglicherweise der Nährstoffverarmung, Versauerung und Degradierung der Waldböden, einhergehen.

5 Prozesse und Ursachen der Bodenversauerung

Im gemäßigt- bis kühl-humiden Klimabereich stellen Versauerung und Nährstoffverarmung der Böden natürliche Bodenentwicklungsprozesse dar, die langfristig zu einer Degradierung und abnehmenden Fruchtbarkeit der Böden führen (Brümmer, 1987). Dabei wird das Ausmaß dieser Degradierungsprozesse ganz wesentlich von der Sickerwasserrate, die vor allem von klimatischen Faktoren abhängt, und von der durch das Sickerwasser bedingten Auswaschung basisch wirkender Kationen bestimmt. Eine Versauerung setzt entweder den Eintrag oder die systeminterne Produktion von Wasserstoffionen voraus. Beide Prozesse können sowohl natürliche als auch anthropogene Ursachen haben. Die Auswirkungen durch die Deposition von Säuren und Säurebildnern aus anthropogenen Emissionen, insbesondere auf Waldstandorten, sind daher stets vor dem Hintergrund der Effekte ökosystemeigener Versauerungstendenzen zu betrachten (Ulrich et al., 1979).

5.1 Bodeninterne Prozesse der Säureproduktion

Vor dem Hintergrund der Belastung terrestrischer und aquatischer Ökosysteme durch saure Depositionen kommt der Frage nach den Ursachen und den Raten der ökosysteminternen H^+-Belastung der Böden einige Bedeutung zu. Die gesamte H^+-Belastung ergibt sich im wesentlichen aus der Summe der extremen H^+-Einträge und der internen H^+-Produktion. Dabei werden die ökosysteminternen H^+-Umsätze in hohem Maße durch die Bewirtschaftungsweise beeinflußt. Dieser Fragenkomplex wurde in jüngster Zeit in einer Vielzahl von Veröffentlichungen aufgegriffen und zum Teil sehr kontrovers diskutiert (Ulrich et al., 1979; Sollins et al., 1980; Ulrich, 1981a,b, 1986; Discroll und Linkens, 1982; Nilsson et al., 1982; Isermann, 1983; Krug und Frink, 1983; Nilsson, 1983, 1985; van Breemen et al., 1983; Becker, 1984; Matzner, 1984, 1988; Reuss und Johnson, 1986; de Vries und Breeuwsma, 1987; Bredemeier, 1987; Feger, 1993). Die Widersprüche hinsichtlich der Bedeutung ökosysteminterner H^+-Produktion für die Boden- und Gewässerversauerung beruhen häufig auf einer fehlenden Differenzierung zwischen Intensitäts- (z.B. pH-Wert) und Kapazitätsgrößen (z.B. Säure- bzw. Basenneutralisationskapazität) sowie in der bilanzmäßigen Vernachlässigung protonenkonsumierender Prozesse (Sollins et al., 1980; Nillson et al., 1982; Brinkley und Richter, 1987).

Grundlage der Betrachtungen über H^+-Umsätze sind im allgemeinen die Gesetze der Erhaltung der Masse und der Elektroneutralität (Ulrich et al., 1979; Ulrich, 1980). Letzteres ist von besonderer Bedeutung, da einzelne Elemente bei den in Ökosystemen stattfindenden Umsetzungen ihren Ladungszustand häufig ändern. Das Elektroneutralitätsprinzip verlangt dabei, daß alle chemischen Reaktionen zu elektroneutralen Endprodukten führen, d.h. gleiche Ladungsäquivalente positiver und negativer Ladungen aufweisen. Dies bedeutet gleichzeitig, daß auch Flüsse zwischen den Kompartimenten in elektronenneutraler Form erfolgen müssen. Kationenflüsse müssen daher mit Anionenflüssen verbunden sein und umgekehrt; ebenso müssen die Produktion und Konsumption von H^+-Ionen das Gesetz der Elektroneutralität erfüllen. Eine verbleibende und somit langfristig wirksam werdende H^+-Belastung der Böden ist auf eine Reihe von Prozessen mit Differenzen zwischen H^+-Konsumption und -Produktion zurückzuführen, die von Ulrich (1981a) als "Entkopplung des Ionenkreislaufes" (s. Kap. 5.3) zusammengefaßt wurden.

Eine umfassende Übersicht über alle quantitativ bedeutsamen ökosysteminternen H^+-Umsätze sowie deren chemische Reaktionsgleichungen geben Ulrich et al. (1979), van Breemen et al. (1983), Bredemeier (1987), de Vries und Breeuwsma (1987), Matzner (1988) und Feger (1993) so daß im folgenden nur eine zusammenfassende Darstellung der Prozesse gegeben wird.

a) **Bildung von Kohlensäure durch Bodenatmung** (Wurzel- und Zersetzeratmung)

Das im Boden durch Respiration oder Abbau abgestorbener organischer Substanz freigesetzte CO_2 entweicht nur teilweise wieder in die Atmosphäre. Der größere Anteil des im Boden verbleibenden CO_2 dissoziert in Wasser, wobei nach folgender Gleichung

$$CO_2 + H_2O \leftrightarrow H^+ + HCO_3^- \quad (pk_s = 6{,}5)$$

Protonen entstehen. Aus den Dissoziationsgleichgewichten läßt sich ableiten, daß bei pH 5 bereits 95 % der Kohlensäure in undissoziierter Form vorliegen und die Kohlensäuredissoziation daher in Lösungen unterhalb pH 5 als Protonenquelle unbedeutend wird. In carbonathaltigen Böden mit hohen pH-Werten stellt sie hingegen die dominierende Protonenquelle dar und kann dort eine H^+-Produktion von bis zu 50 kmol ha^{-1} a^{-1} erreichen (Ulrich, 1985a). Für schwach saure bis kalkhaltige Waldböden mit hohen Auswaschungsraten an HCO_3^- wird der Anteil der "Kohlensäure" an der Gesamtsäurebelastung mit 50 - 90% angegeben (Johnson et al., 1985). Bei einer Bodengesellschaft aus Mullrendzinen und Terrafusca-Rendzinen im Göttinger Wald wurden Produktionsraten von 6 kmol H^+·ha^{-1} a^{-1} ermittelt (Meiwes, 1985a). In carbonatfreien stark sauren Waldböden liegt die H^+-Produktion hingegen meist bei < 0,1 kmol ha^{-1} a^{-1} (Hauhs, 1985a; Bredemeier, 1987). Damit stellt die Kohlensäureproduktion aus der Wurzel- und Zersetzeratmung die wichtigste H^+-Quelle für die Entkalkung carbonathaltiger Böden dar. Für die weitere pH-Abnahme von versauerten Böden mit pH-Werten unter 5 ist sie jedoch nur von geringer Bedeutung.

b) **Bildung organischer Säuren durch Pflanzen und Mikroorganismen**

Neben einer Protonen-Produktion durch CO_2-Freisetzung und Kohlensäurebildung können ferner beim mikrobiellen Abbau der Biomasse sowie durch Wurzelausscheidungen der höheren Pflanzen organische Säuren unterschiedlichster Art freigesetzt werden. Als typische und quantitativ bedeutsame aktive Gruppen treten dabei vor allem Carboxyl- und teilweise auch phenolische OH-Gruppen auf.

$$R\text{-}COOH \leftrightarrow R\text{-}COO^- + H^+ \quad (pk_s\ 3\text{-}8)$$

Die Säurekonstanten (pK_s) der verschiedensten COOH-Spezies streuen in einem weiten Bereich, der sich insgesamt im Rahmen der pH-Werte von Böden bewegt. Die Wirkung organischer Säuren ist also einerseits von der Säurestärke der dominierenden Säuren und andererseits von der jeweiligen Bodenreaktion abhängig. Der Nettoeffekt im Boden wird ferner vom weiteren Schicksal der organischen Anionen bestimmt. Werden diese mit dem Sickerwasser ausgewaschen während die Protonen im Boden verbleiben oder nach Reaktion mit der Bodensubstanz zu Wasser umgewandelt werden, dann bleibt die Versauerung in Form einer pH-Absenkung oder eines Verbrauchs bodeneigener Puffersubstanzen wirksam. Erfolgt eine vollständige Mineralisierung der organischen Säuren, so werden die Protonen wieder verbraucht, und die Säurebilanz ist ausgeglichen.

Die Bestimmung der Menge und Säurestärke der im Boden gebildeten organischen Säuren und somit der H^+-Belastungsrate erweist sich als sehr problematisch, da die organischen Säuren durch Polymerisation sowie Komplexierung und Adsorption zum Teil in der Festphase der Böden verbleiben und nicht durch Flüssebilanzen erfaßt werden. Der Einfluß löslicher organischer Säuren auf die H^+-Bilanz ist dagegen aus der Flüssebilanz meßbar. So kann aus der Differenz der Kationen/Anionen-Bilanz für die Flüsse "Gesamtdeposition" und "Sickerwasseraustrag" der Kationenüberschuß berechnet (= Anteil gelöster organischer Anionen) und damit indirekt die Netto-Auswaschung organischer Anionen geschätzt werden. Die Kationen/Anionen-Bilanz der unterhalb des Auflagehumus an der Grenze zum Mineralboden gemessenen Flüsse zeigt für verschiedene Waldstandorte im Solling einen hohen Kationenüberschuß von bis zu 2 kmol IÄ ha^{-1} a^{-1}, der als Beitrag gelöster organischer Anionen und damit als Effekt organischer Säuren gedeutet wird (Matzner, 1988).

Abweichend hiervon ergaben Schätzungen von Matzner (1988), die auf indirektem Wege über die Austauschkapazität sowie den Vorrat an organischer Substanz für Waldstandorte des Sollings durchgeführt wurden, hingegen für einen Zeitraum von 1.000 Jahren eine mittlere H^+-Belastungsrate von 0,14 kmol IÄ ha^{-1} a^{-1}. Dieser Schätzwert deutet dagegen darauf hin, daß die Speicherung organischer Säuren im Boden die langfristige H^+-Bilanz vermutlich nur unwesentlich beeinflussen kann. Insgesamt kann die Rolle der organischen Säuren bei den Prozessen der Bodenversauerung bisher nur unzureichend beurteilt werden.

c) Bildung von H-Ionen bei der Aufnahme von kationischen Nährelementen

Die Aufnahme von Nährstoffen durch die Pflanzenwurzel erfolgt vor allem in Ionenform. Aus Gründen der Elektroneutralität ist die Aufnahme von Kationen bzw. Anionen mit einer Abgabe äquivalenter Mengen an H^+-Ionen bzw. OH^--, HCO_3^-- oder organischer Anionen verbunden. Da Waldbäume mehr Kationen als Anionen aufnehmen, findet hierbei zunächst eine Netto-Produktion von Protonen statt. Umgekehrt wird bei der Mineralisierung abgestorbener organischer Substanz wieder eine entsprechende Kationenmenge im Überschuß frei. Stehen Kationenaufnahme und Mineralisierung im Gleichgewicht, so kompensieren sich beide Prozesse, und die Netto-Protonen-Produktion ist gleich Null. In Waldökosystemen ist ein solches Gleichgewicht kaum ausgebildet. Vor allem in Wirtschaftswäldern wird dem System mit der genutzten Biomasse periodisch ein

Überschuß an basisch wirkenden Kationen entzogen, was eine Netto-Protonen-Produktion im Boden zur Folge hat. Außerdem verlaufen Mineralisierung und Ionenaufnahme als zentrale Prozesse im Elementkreislauf nicht synchron. Bei der stattfindenden "zeitlichen Entkopplung" kommt es deshalb zu Phasen mit vorwiegender Netto-Produktion oder -Konsumption von Protonen im Boden (Ulrich et al., 1979; Ulrich, 1981d; Matzner, 1988). Die Mehraufnahme von Nährstoffkationen führt nach verschiedenen Schätzungen zu einer Netto-H^+-Produktion von bis zu 10 kmol IÄ ha^{-1} a^{-1} (Ulrich et al., 1979; Ulrich und Matzner, 1986; Bredemeier, 1987; Feger, 1993).

d) Mineralisierung von organisch gebundenem N, S und P

Bei der Mineralisierung der auf und in den Boden gelangenden abgestorbenen organischen Substanz werden die Vorgänge bei der Kationenaufnahme und der Bildung pflanzlicher Substanz wieder rückgängig gemacht. Zusätzlich zu den Reaktionen kationischer Elemente müssen jedoch die N-, S- und P-Umsetzungen bei der Mineralisierung der organischen Substanz betrachtet werden. Bei vollständiger Oxidation des organisch gebundenen Stickstoffs, Schwefels und Phosphors kommt es, wie das nachfolgende vereinfachte Reaktionsschema zeigt, zur Bildung starker Mineralsäuren:

$$R-NH_2 + H_2O \rightarrow R-OH + NH_3; \quad NH_3 + 2O_2 \rightarrow H^+ + NO_3^- + H_2O$$
$$R-SH + H_2O \rightarrow R-OH + H_2S; \quad H_2S + 2O_2 \rightarrow 2H^+ + SO_4^{2-}$$
$$R-O-PO(OH)_2 + H_2O \rightarrow R-OH + H^+ + H_2PO_4^-$$

Von den aufgeführten Reaktionen kommt den Umsetzungen von N-Verbindungen eine Schlüsselstellung bei der Betrachtung interner Säureproduktions-/-konsumptionsprozesse in Waldökosystemen zu. Qualitativ beinhalten sie - in Form der Nitrifikation - eine Quelle für starke Mineralsäuren im Boden. Quantitativ kann die Rate dieses Prozesses bei bestimmten mikroklimatischen Randbedingungen die Summe aller übrigen Säurequellen übersteigen (Cole und Miegrot, 1984; van Breemen et al., 1986). Ist dagegen die Nitrifikation gering (z.B. bei niedrigen pH-Werten und der Humusform Rohhumus), so verläuft die Mineralisation von Stickstoff vorwiegend nur bis zum NH_3, und es bilden sich Ammonium-Ionen unter Verbrauch von Protonen. Diese Einflüsse auf die Protonenbilanz werden nur wirksam, wenn die gebildeten NO_3^-- bzw. NH_4^+-Ionen im Boden verbleiben oder ausgewaschen werden. Bei der Aufnahme von NO_3^- bzw. NH_4^+-Ionen durch die Pflanzen werden dagegen wieder äquivalente Mengen an Protonen verbraucht (durch OH^-- oder HCO_3-Ausscheidung) bzw. freigesetzt (s. Abschnitt c).

Neben der Entstehung starker Mineralsäuren führt die Mineralisierung organischer Substanzen auch zur Bildung starker Basen:

$$R-\overset{O}{\underset{ONa}{C}} + H_2O \rightarrow R-H + CO_2 + NaOH$$

Bei diesen Prozessen neutralisieren sich somit die gebildeten Säuren und Basen entsprechend der Kationen/Anionen-Bilanz (Ulrich et al., 1979). Insgesamt ist zu vermerken, daß bei ökosysteminternen geschlossenen Reaktionsketten im N-Kreislauf, die über zahlreiche Reaktionsschritte mit unterschiedlichen H^+-Transfers von einer organischen Bindung in eine andere führen, keine Netto-Protonen-Produktion stattfindet (Bredemeier, 1987). Die Ladungs- und Protonenbilanz ist unter diesen Bedingungen ausgeglichen, unabhängig davon, ob die Aufnahme über NH_4^+ oder NO_3^- erfolgt. Nach Ulrich et al. (1979) kompensieren sich die Effekte von Ionenaufnahme und Mineralisierung im zeitlichen und räumlichen Mittel, wenn sich das Ökosystem im stationären Zustand befindet. Eine räumliche und zeitliche Entkopplung dieser Prozesse (s. Kap. 5.3) führt dagegen zur Bodenversauerung und zur Netto-Protonen-Produktion in Waldstandorten von bis zu 4 kmol IÄ ha^{-1} a^{-1} (Johnson et al., 1985).

Entspechend der N-Mineralisierung ist auch die Mineralisierung schwefelhaltiger Verbindungen mit einer H^+-Freisetzung verbunden. Nehmen jedoch Pflanzen SO_4^{2-} auf, so werden - wie bei der NO_3-Aufnahme - Protonen verbraucht. Sind Aufnahme- und Abbauraten ausgeglichen, so heben sich analog zum Stickstoff, Protonenverbrauch und -produktion gerade auf. Jedoch ergeben sich auch hier Mechanismen räumlicher und zeitlicher "Entkopplung". Analog zum NO_3^- wirken entsprechend SO_4^{2-}-Austräge versauernd, da der Anionenaustrag von einer äquivalenten Menge an Metallkationen begleitet wird (Feger, 1993).

e)   **Bildung von Kationsäuren**

Bei der Freisetzung von Metallkationen - vorwiegend Al, aber auch Mn, Fe u.a - durch Silicatverwitterung, Desorption von Austauscheroberflächen oder andere Prozesse können nach folgender, stark vereinfachten Gleichung Protonen freigesetzt werden:

$$z.B. \quad AUST.-Al + 3K^+ + 3H_2O \leftrightarrow AUST.-K + Al(OH)_3 + 3H^+$$

Das Ergebnis der Protonenfreisetzung durch Reaktionen dieses Typs wird häufig als "Salz-Effekt" oder als "Austausch-Azidität" bezeichnet. Wo immer lösliche Salze mit kaum adsorbiertem Anion einem Boden, der austauschbares Al enthält, zugefügt werden, wird ein solcher Salzeffekt in Form eines pH-Abfalls zu beobachten sein (Bredemeier, 1987).

Ferner können bei der Hydroloyse von Metallkationen Protonen in die Bodenlösung abgegeben werden.

$$Me^{n+} + H_2O \rightarrow Me(OH)^{(n-1)+} + H^+$$

Der Transport von Kationsäuren im Boden ist an das Vorhandensein mobiler Anionen starker Säuren gebunden. Als solche können SO_4^{2-}, NO_3^- und - neben organischen Anionen - Cl^- fungieren.

5.2 Anthropogen bedingte Säureeinträge

Neben den bodeninternen Versauerungsprozessen stellt der Eintrag von Säuren und Säurebildnern insbesondere in den letzten Jahrzehnten einen ganz wesentlichen Faktor bei der Protonenbelastung von Waldökosystemen dar. Maßgeblich beteiligt an den Säureeinträgen sind vor allem die emittierten Schadgase SO_2 und NO_x, aber auch Fluorwasserstoff, Chlorwasserstoff und Ammonium sowie die nach luftchemischen Reaktionen gebildeten starken Säuren H_2SO_4, H_2SO_3, HNO_3, HNO_2, HF und HCl (s. Kap. 2.1). Bredemeier (1987) kommt auf der Grundlage einer qualitativen Untersuchung der Stoffkreisläufe und einer modellmäßigen Bilanzierung von Stoffflüssen in Waldökosystemen Niedersachsens zu dem Ergebnis, daß etwa 70 % der Nettosäurebelastung des Bodens auf saure Depositionen zurückzuführen sind. Discroll und Linkens (1982) nehmen für das industrialisierte Nordostamerika an, daß der Anteil der Nettosäurebelastung des Bodens von Waldökosystemen bei ca. 50 % liegt.

Die Bewirtschaftung von Waldökosystemen erfolgt in der Regel mit dem Ziel der Entnahme von Biomasse. Mit der Abfuhr organischer Substanz wird der Kreislauf zwischen Ionenaufnahme und Mineralsierung unterbrochen, da die Mineralisierung nicht innerhalb, sondern irgendwo außerhalb des Ökosystems erfolgt. Die Kompensation der H^+-Produktion bei der Ionenaufnahme durch die entgegengesetzt gerichtete H^+-Konsumption bei der Mineralisierung wird dadurch unterbunden, so daß der Biomasseexport in der Regel versauernd wirkt. Feger (1993) ermittelte auf Nadelwaldstandorten im Schwarzwald eine mittlere jährliche H^+-Belastung des Bodens durch Biomasse-Entzüge bei einer Umtriebszeit von 130 Jahren von bis zu 1 kmol IÄ ha^{-1} a^{-1}. Die Stammholznutzung stellt dabei mit durchschnittlich 0,15 kmol H^+ ha^{-1} a^{-1} den deutlich geringsten Anteil an der Protonenbelastung dar. Mit einer fast doppelt so hohen H^+-Produktion ist die Nutzung von Derbholz mit Rinde verbunden (Feger, 1993). Ulrich (1983c) berechnete für verschiedene Kompartimente eines Buchenbestandes im Solling folgende jährliche H^+-Produktion, die durch Biomasseentzug entsteht (Tab. 5.1):

Tab. 5.1: Jährliche H^+-Produktion durch Ionenaufnahme aus dem Boden und Einlagerung in verschiedene Biomasse-Kompartimente eines Buchenbestandes im Solling

H^+-Produktion durch Ionenaufnahme in	Stammholz	Stammholz + Äste	Stammholz + Äste + Blätter	Gesamtbestand einschließlich Wurzeln
kmol H^+ ha^{-1} a^{-1}	0,58	0,67	1,85	3,51

Ferner führen die durch maschinelle Eingriffe bewirkten Störungen in den natürlichen Lagerungsverhältnissen des Auflagehumus, besonders aber die starke Bodenerwärmung nach Entfernen des Baumbestandes, zu einer Anregung der biologischen Aktivität, so daß je nach den örtlichen Verhältnissen ein mehr oder weniger großer Anteil des Auflagehumus abgebaut wird (Ulrich und Wachter, 1971; Ulrich et al., 1979; Vitousek und Melillo, 1979; Feger, 1993). Ein erheblicher Anteil des mineralisierten N wird hierbei nitrifiziert, womit eine äquivalente H^+-Produktion verknüpft ist. Durch Entkopplung ist der Humus bereits an basisch wirkenden Kationen verarmt, so daß bei der Wiederbegründung eines Bestandes in der Regel die Humusauflage erneut aufgebaut werden muß, was wiederum mit einer H^+-Produktion verbunden ist (s. Abschnitt c). Die Kahlschlagwirtschaft mit einem Biomasse-Entzug bedeutet also vor allem bei Nadelwäldern eine erhöhte H^+-Belastung für das Waldökosystem.

5.3 Bodenversauerung durch räumliche und zeitliche Entkopplung von Teilprozessen im Stoffkreislauf von Waldökosystemen

Der Ionenkreislauf in Ökosystemen besteht aus den beiden Teilprozessen Ionenaufnahme bei der Bildung pflanzlicher Substanz und Ionenfreisetzung bei der Mineralisierung. Für ein Ökosystem, das sich im sogenannten stationären (stabilen) Zustand befindet, kompensieren sich die Effekte beider Prozesse im zeitlichen und räumlichen Mittel. Nach Ulrich et al. (1979) ist ein stabiles Waldökosystem durch die Humusform Mull gekennzeichnet, die einen optimalen Bodenzustand anzeigt, bei dem die Zersetzung der abgestorbenen Pflanzenreste zügig erfolgt (minimale zeitliche Trennung von Ionenaufnahme und Mineralisierung) und die räumliche strukturbedingte Entkopplung durch die Tätigkeit von bodenwühlenden Tieren aufgehoben werden kann.

Auch in stabilen Ökosystemen treten zeitliche und räumliche Entkopplungen von Phytomasseproduktion und Mineralisierung stets deshalb auf, weil

- das Klima als Regler zeitlich nicht konstant ist, sondern statistische Schwankungen aufweist,
- fortgesetzt Ökosystemelemente ausfallen und durch neue ersetzt werden (z.B. Mikroorganismen, Pflanzen, Tiere),
- Ionenaufnahme und Mineralisierung nicht im gleichen Mikrokompartiment des Bodens zusammenfallen.

Wesentliches Merkmal des jeweiligen Stabilitätszustandes ist die Elastizität, die die Fähigkeit eines Ökosystems kennzeichnet, durch Entkopplung hervorgerufene H^+-Belastungen ökophysiologisch unschädlich abzupuffern. Ulrich (1985a) unterscheidet folgende wichtige Prozesse, die zu einer nachhaltigen Entkopplung des Ionenkreislaufes führen können:

- Auswaschung von Bicarbonat

Der Austrag der bei der Kohlensäuredissoziation gebildeten HCO_3^-- Ionen führt, wie in Kap. 5.1 geschildert, zu einer Netto-H^+-Produktion, die in kalkreichen Böden bis zu 50 kmol IÄ ha^{-1} a^{-1} erreichen kann (Ulrich, 1985a). Bilanzierungen von Johnson et al. (1985) zeigen auf mehreren Standorten mit hohen HCO_3^--Auswaschungsraten hohe Anteile interner Protonenproduktion, die bis zu 90 % der Gesamt-Protonenmenge betragen können.

Die Bicarbonatproduktion und -auswaschung aus den Böden hat ferner zur Folge, daß äquivalente Mengen an Kationen zusammen mit HCO_3^-- Ionen ausgetragen werden. In Böden, in denen Bicarbonat als Anion dominiert, treten als begleitende Kationen überwiegend basisch wirkende Kationen wie Ca^{2+} und Mg^{2+} auf, deren Auswaschung eine Abnahme der Säure-Neutralisations-Kapazität (SNK) des Bodens bedeutet (Ulrich, 1985a; Meiwes, 1985a; Reuss und Johnson, 1985; Bredemeier, 1987; Feger, 1993). In den nachgeschalteten aquatischen Systemen führt der Prozeß der Bicarbonatproduktion und -auswaschung hingegen zu einer permanenten Nachlieferung von SNK (= Alkalinität).

- **Auswaschung von Nitrat**

Eine Entkopplung des Ionenkreislaufes, die zunächst mit der saisonalen Produktion von Protonen verbunden ist, kann sich aus der Rate der Nitrifikation entweder organisch gebundenen Stickstoffs oder eingetragenen Ammoniums ergeben. Übersteigt die Rate der Nitrifikation die Rate der aus der Mineralisation von basischen Kationen resultierenden H^+-Konsumption, und übersteigt die Rate der Nitrifikation ferner die Rate der Nitrataufnahme, so kommt es als Folge der HNO_3-Überschußproduktion zu einer H^+-Belastung und damit zu einem Versauerungsschub im Boden.

Die Rate der Nitrifikation wird, wie alle mikrobiellen Prozesse, von Umweltfaktoren wie Temperatur und Feuchte beeinflußt. Witterungsbedingt können somit kurzfristige Entkopplungen zu Versauerungsschüben z.B. im Frühjahr führen, wenn die Nitrifikation bei beginnender Bodenerwärmung sofort einsetzt, während die Pflanzen die Nährstoffaufnahme (z.B. Nitrataufnahme) und Stoffproduktion erst mehrere Wochen später aufnehmen (Ulrich, 1982b; Matzner, 1988). Eine Entkopplung des Ionenkreislaufes kann ferner in Phasen der Wiederbefeuchtung nach Bodenaustrocknung auftreten. Im allgemeinen sind unter mittel- und nordeuropäischen Klimabedingungen, die durch einen häufigen Wechsel von kühl/feuchten und warm/trockenen Vegetationsperioden gekennzeichnet sind, stets saisonale Entkopplungen des Ionenkreislaufes zu erwarten. Diese kurzfristigen Entkopplungsphasen sind zumeist durch starke pH-Abnahmen und -Zunahmen in der NO_3^--Konzentration der Bodenlösung gekennzeichnet und können zu direkten Schädigungen der Wurzeln führen (Ulrich und Büttner, 1985; Beese, 1986).

Der Wechsel zwischen warm/trockenen Jahren und kühl/feuchten Jahren kann zu mittelfristigen Entkopplungen führen (Ulrich, 1982a). In warm/trockenen Jahren wird die Zersetzung der abgestorbenen Biomasse gefördert, während bei verminderter Transpiration die pflanzliche Stoffproduktion und damit die Nitrataufnahme stagniert. In kühleren Jahren wird diese Netto-Protonen-Produktion wieder aufgehoben, da die Mineralisation hinter der Pflanzenaufnahme zurückbleibt (Ulrich und Büttner, 1985). Die Tendenz zu solchen Entkopplungen steigt von den Tieflagen zu den Hochlagen und von den mittleren geographischen Breiten zu den nördlichen (Ulrich, 1985b). Ob und in welchem Ausmaß kurz- oder mittelfristige Entkopplungen zu einer Destabilisierung der Ökosysteme führen, ist abhängig von der jeweiligen Elastizität des Ökosystems. Nach Ulrich (1985) erklärt die klimatische Entkopplung des Stickstoffkreislaufs die natürliche Bodenversauerung in den Hochlagen der Mittelgebirge, die durch die Bildung von Auflagehumus noch verstärkt wird.

Einen bedeutenden Einfluß auf den Stickstoffkreislauf haben die in den letzten Jahren zunehmenden NH_4^+-Einträge in Waldökosystemen. In zahlreichen Waldstandorten Norddeutschlands sowie der Niederlande stellen die extrem hohen, auf die NH_3-Emissionen aus der Landwirtschaft zurückzuführenden NH_4^+-Einträge die größte externe H^+-Belastungen dar (s. Kap. 5.4). Van Breemen et al. (1983) geben Raten der H^+-Belastung durch N-Einträge von 3,9 kmol IÄ ha^{-1} a^{-1} an. Für Waldgebiete der norddeutschen Küstenregion ermittelten Büttner et al. (1986) H^+-Belastungen als Folge von Ammonium-Depositionen von 1,5 - 2,9 kmol IÄ ha^{-1} a^{-1}.

Aufgrund seiner geringen Mobilität wird Ammonium vorwiegend im Auflagehumus und A-Horizont gebunden und nitrifiziert, wodurch die Versauerung infolge HNO_3-Bildung besonders im Oberboden wirksam wird. Die räumliche Entkopplung führt dazu, daß gleichzeitig im Unterboden durch Nitrat-Aufnahme eine H^+-Konsumption erfolgen kann (Matzner, 1988).

Zu einer langfristigen Entkopplung des Stickstoffkreislaufes verbunden mit einer Netto-Protonen-Poduktion kommt es erst dann, wenn Nitrat die Wurzelzone verläßt. Je nach hydrologischen Bedingungen kann das Nitrat vollständig ausgewaschen oder bei geringen Sickerwasserflüssen in Trockenperioden (z.B. Sommer- und Herbstmonate) im Boden kurzfristig akkumuliert werden, um dann zum späteren Zeitpunkt durch Ionenaufnahme wieder in den Kreislauf einzufließen. Im 1. Fall würde eine langfristige H^+-Belastung im Boden verbleiben, im 2. Fall würde ein Versauerungsschub von einer Entsauerungsphase gefolgt werden. Die in zahlreichen Waldgebieten heute zunehmend häufiger zu beobachtenden Anstiege der Nitrat-Gehalte in Sickerwässern weisen auf die tiefgreifenden und langfristigen Entkopplungsprozesse im Stickstoffkreislauf hin.

- **Akkumulation organischer Substanz**

Die Menge an Humus, die ein Waldökosystem natürlicherweise akkumuliert, ist abhängig von klimatischen und standörtlichen Faktoren, insbesondere den zersetzungshemmenden Faktoren Kälte, Trockenheit, Wasserüberschuß, Sauerstoffmangel sowie Toxizität und Acidität, durch die die in Kap. 5.1 und 5.2 aufgeführten bodeninternen sowie -externen Prozesse bestimmt werden.

In stark bis extrem versauerten Oberböden kommt es als Folge von Al-Toxizität zu einer stark verringerten biologischen Aktivität und zur Bildung von Rohhumusauflagen. Nach Ulrich (1983a) setzt die Akkumulation von organischer Substanz mit der Schädigung der Mikroflora, insbesondere der Bakterien ein, die die höchsten Abbauleistungen bei der Streuzersetzung aufweisen. Anstelle der chemoautotrophen Nitrifikanten treten unter diesen Reaktionsverhältnissen heterotrophe Organismen, vorwiegend Pilze, milieubestimmend auf. Direkt betroffen von der zunehmenden Versauerung im Oberboden sind auch die bodenwühlenden Organismen, insbesondere Lumbriciden, die bei pH-Werten unter 3,5 - 4 und Al-Toxizität in der Regel nicht mehr lebensfähig sind (Brümmer, 1981, 1987). Als Folge wird die Einmischung der oberirdisch anfallenden Bestandesabfälle weitgehend unterbunden. Die zeitliche und räumliche Entkopplung ist dadurch gekennzeichnet, daß die stark eingeschränkte Mineralisierung weitgehend im Auflagehumus, die Ionenaufnahme und die damit verbundene H^+-Produktion hingegen überwiegend im Mineralboden erfolgen (Ulrich et al., 1979).

Aufgrund des gehemmten Abbaus der organischen Substanz kommt es ferner vor allem im Auflagehumus zu einer Akkumulation deponierten Stickstoffs. Zusammen mit dem Einfluß hoher atmogener Säurebelastungen baut sich über die N-Akkumulation ein nur schwer kalkulierbares Schadpotential auf. Dieses kann besonders dann zur Wirkung gelangen, wenn aufgrund günstiger Witterungseinflüsse (zunehmende Nitrifikation) oder als Folge waldbaulicher Maßnahmen (Durchforstung, Kahlschläge) beträchtliche H^+-Mengen freigesetzt werden (Matzner, 1988).

- Räumliche Entkopplung von Ammonifikation und N-Aufnahme

Die Akkumulation von Auflagehumus mit weitem C/N-Verhältnis und gehemmter Nitrifikation setzt zwei Säurequellen in Gang. Bei der Anhäufung der oberirdisch anfallenden Bestandesabfälle verbleibt eine dem Kationenüberschuß in der akkumulierten Biomasse äquivalente Menge an Protonen im Wurzelraum. Die Nitrifikationshemmung als Folge stark herabgesetzter biologischer Aktivität führt dazu, daß der N-Umsatz im Auflagehumus vorwiegend auf die Ammonifikation beschränkt ist und damit zunächst zu einer H^+-Konsumption führt. Bei geringer Durchwurzelung des Auflagehumus werden die durch Mineralisierung gebildeten sowie die depositionsbürtigen NH_4^+-Ionen mit den begleitenden organischen Anionen in den Mineralboden verlagert. Im A-Horizont werden bei der Aufnahme von NH_4^+ durch die Wurzel äquivalente Mengen an H^+-Ionen freigesetzt. Nach Ulrich (1985a) wird die H^+-Produktion bei der NH_4^+-Aufnahme deshalb voll bei der Bodenversauerung wirksam, weil die H^+-Konsumption im Auflagehumus solange keinen Beitrag zur Kompensation der im Mineralboden erfolgenden H^+-Produktion liefert, wie der Auflagehumus als stabile Lage erhalten bleibt.

5.4 Raten der bodeninternen und -externen Nettoprotonenproduktion

Der Säurehaushalt von Waldökosystemen ist außerordentlich komplex, da viele der zwischen Vegetation, wäßriger Lösung sowie organischer und mineralischer Bodenfestphase ablaufenden Stoffumsetzungsprozesse mit einem Protonentransfer verbunden sind. Jedoch erlaubt die Analyse des Säurehaushaltes, d.h. die Aufstellung einer Protonenbilanz, eine integrierende Betrachtung des Stoffhaushaltes und damit eine quantitative Bewertung von Einzelprozessen, wie sie in Kap. 5.1 und 5.2 ausführlich diskutiert wurden. Durch eine Protonenbilanz lassen sich zudem externe und ökosysteminterne Säurebelastungen voneinander abtrennen. Eine solche Unterscheidung ist notwendig, um Ursachen und weitere Entwicklung von Boden- und Gewässerversauerungsprozessen beurteilen zu können. Daneben können auf der Grundlage von Protonenumsätzen auch die Auswirkungen von Nutzungseingriffen auf den Säurehaushalt eingeschätzt werden.

Protonenumsätze von Waldökosystemen wurden erstmals von Ulrich et al. (1979) im Solling ermittelt. Auch Driscoll und Linkens (1982) stellten bereits zu Beginn der 80er Jahre Protonenbilanzen für bewaldete Wassereinzugsgebiete im Hubbard Brook Experimental Forest im

NO der USA auf, um die Bedeutung atmogener Protonen für die Versauerung von Oberflächengewässern abzuleiten. Da es sich hierbei um reine Eintrag/Austrag-Bilanzen ohne die Messung ökosysteminterner Umsätze handelt, konnten lediglich die aus dem Gebietsabfluß ableitbaren Netto-Protonenflüsse bestimmt werden. Die Schwierigkeiten der Interpretation reiner Eintrag/Austrag-Analysen und daraus abgeleiteter Flüssebilanzen liegen vor allem in der Trennung des Eintrages vom ökosysteminternen Umsatz (Ulrich und Mayer, 1973).

Der interne Stoffumsatz von Waldökosystemen läßt sich nur an wenigen Stellen erfassen und ist mit einem hohen instrumentellen Aufwand verbunden. Das Hauptproblem solcher Untersuchungen liegt darin, daß manche Flußgrößen, wie z.B. Wurzelaufnahme oder Mineralisierung, nur indirekt aus der Flüssebilanz zu bestimmen oder besser grob abzuschätzen sind (Feger, 1993). Nach Rehfuess (1988) bestehen vor allem bei der Ermittlung der Protonenumsetzungen im Stickstoffkreislauf große Unsicherheiten. Auf der Berechnungsbasis von Bartels und Block (1985) kommt Rehfuess (1988) zu Gesamtsäurebelastungen verschiedener Waldökosysteme, die um 10 - 20 % über den von Ulrich (1983b) ermittelten Werten liegen. Ferner ist die Bestimmung der Wasserflüsse im Boden aufgrund der in Waldböden besonders ausgeprägten kleinräumigen Heterogenität relativ ungenau (Kreutzer, 1985). Besondere Probleme stellen laterale Stoffverlagerungen dar, weshalb sich Untersuchungen des Stoffhaushaltes von Waldökosystemen meist auf ebene Standorte beschränkten.

Eine indirekte Möglichkeit der Auftrennung zwischen Eintrag und internem Umsatz besteht in der Anwendung von Modellen. Matzner und Ulrich (1981) berechneten für einen Buchen- und einen Fichtenwald die jährlichen Vorratsänderungen und Protonen-Produktionsraten in den Kompartimenten "Bestand, Humusauflage und Mineralboden" anhand von Messungen der einzelnen Elementflüsse in dem jeweiligen Ökosystem (Abb. 5.1).

Die von Ulrich und Matzner (1983) veröffentlichten Protonenbilanzen für die Waldökosysteme im Solling wurden von Bredemeier (1987) modifiziert und auf andere Waldstandorte in Norddeutschland erweitert. Während diese Arbeiten den Protonenumsatz für das durchwurzelte Solum insgesamt bilanzierten, stellten van Breemen et al. (1986) eine nach mehreren Bodentiefen differenzierte Bilanz von Protonenbildung und -verbrauch für vier Eichen-Birken-Waldökosysteme in Holland auf.

Die ökosystemare Gesamtsäurebelastung ergibt sich aus der Summe von Säuredeposition und bodeninterner Säurebildung. In Tab.5.2 sind in Anlehnung an die Zusammenstellung von Feger (1993) die internen und externen H^+-Belastungen für verschiedene Waldökosysteme aufgeführt. Vergleicht man die Protonen-Belastung der einzelnen Waldökosysteme, so zeigen sich beträchtliche Unterschiede sowohl in der absoluten Höhe als auch in der Verteilung zwischen ökosysteminternen und -externen Quellen.

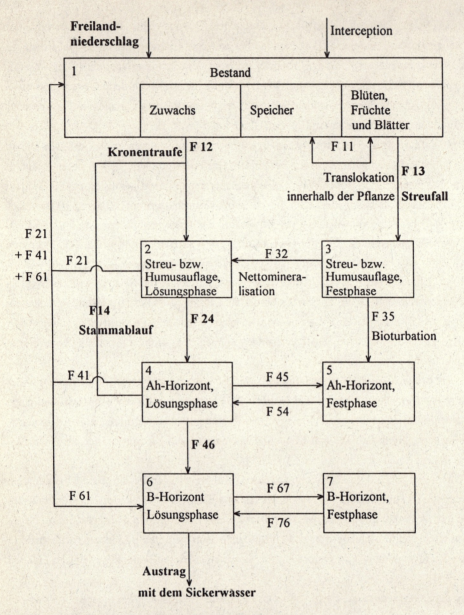

F 24, 46: Verlagerung mit dem Bodenwasser

F 45, 67: Adsorption und Ausfällung einschl. Fixierung

F 54, 76: Desorption und Lösung einschl. Mineralisation, Verwitterung

F 21, 41, 61: Aufnahme des Bestandes

Abb. 5.1: Kompartimentmodell für die Elementflüsse in einem Waldökosystem (die fett markierten Elementflüsse können direkt gemessen werden, die übrigen Flüsse werden berechnet (Matzner und Ulrich, 1981))

Tab. 5.2: Teilbeträge und Summen der internen und externen H^+-Belastungen sowie Anteil der externen an der H^+-Belastung für verschiedene Waldökosysteme S.H.1: Schleswig-Holstein, Profil 21 (Schimming, 1991); S.H.2: Schleswig-Holstein 2, Profil 11 (Schimming, 1991); Soll: Solling Fichte, Buche (Bredemeier, 1987); Schl: Schluchsee, Schwarzwald (Feger, 1993); Vill: Villingen, Schwarzwald (Feger, 1993); Smok: Great Smoky Mountains/Südappalachen, USA (Binkley, 1988; Johnson et al., 1991); NL 1 u. 2: Hackfort, Niederlande (Van Breemen et al., 1986); Wash: Thompson Site, Seattle/Washington, USA (Van Miegroet und Cole, 1984; Binkley, 1988); HBEF: Hubbard Brook Experimental Forest, USA (Linkens et al., 1970)

	S.H.1 Fichte	S.H.2 Buche/Eiche	Soll Fichte	Soll Buche	Schl. Fichte	Vill. Fichte	Smok Fichte	NL 1 Eiche/Birke	NL 2 Eiche/Birke	Wash Roterle	HBEF Kahlhieb
H^+ (ext.)	1,9	0,7	3,5	1,5	0,4	0,4	2,0	0,4	0,7	0,3	1,0
NH_4^+ (ext.)	1,5	0,7	0,9	0,2	0,1		0,5	3,0	5,8		
S (ext.)			0,5	0,4	1,0	0,4	0,5			0,2	2,1
RCOOH (int.)			0,5	0,2	0,2	<0,1			1,0		
CO_2 (int.)		3,6			0,2	<0,1			3,4	0,4	
Nitrif. (int.)	0,2	2,2			0,3	<0,1	0,4	0,8	1,7	3,2	8,0
KUZ Bio (int.)			0,4	0,6	1,6	0,7	0,2	0,9	0,2	1,6	0,8
Σ	3,6	7,2	5,8	2,9	3,8	1,7	3,6	5,1	12,8	5,7	11,9
ext./Σ *100	94	19	84	72	40	47	83	67	51	10	26

int.: interne H^+-Belastungen; ext.: externe H^+-Belastungen; KUZ Bio: Kationenüberschuß im Zuwachs der Biomasse

So wurden für die Standorte in Holland (van Breemen et al., 1982) sehr hohe externe H^+-Belastungen ermittelt, die auf extrem hohe NH_4-Depositionen als Folge von NH_3-Emissionen aus der Landwirtschaft zurückzuführen sind. Für Waldgebiete der norddeutschen Küstenregion ermittelten Büttner et al. (1986) H^+-Belastungen als Folge von Ammonium-Depositionen in Höhe von 1,5 - 2,9 kmol IÄ ha^{-1} a^{-1}. Auch der Fichtenstand im Solling ist durch hohe externe H^+-Belastungen gekennzeichnet, während die ökosysteminternen Protonen-Quellen relativ gering sind.

Im Gegensatz dazu stellt am Südappalachen-Standort die Nitrifikation und S-Mineralisierung als Folge einer deutlichen Humus-Desintegration eine beträchtliche zusätzliche H^+-Belastung dar. Die höchste interne Netto-Protonen-Produktion der aufgeführten Waldökosysteme weist der atmogen kaum belastete Roterlen-Bestand im pazifischen NW der USA auf (Feger, 1993). Von der gesamten Nettoprotonenproduktion von 5,7 kmol IÄ ha^{-1} a^{-1} entfallen allein 3,2 kmol IÄ ha^{-1} a^{-1} auf die Überschuß-Nitrifikation von biogen fixiertem N_2. Auch die Festlegung eines Kationenüberschusses in der Biomasse dieser schnellwachsenden Pionierbaumart stellt eine beachtliche H^+-

Quelle dar (Feger, 1993). Letzters gilt auch für die hier aufgeführten relativ gering belasteten Schwarzwald-Fichtenökosysteme, bei denen der Kationenüberschuß in der Biomasse die größte H^+-Quelle darstellt. Ferner trägt auf diesem Fichten-Altbestand außer der Kationenfestlegung im Zuwachs auch die Akkumulation des Auflagehumus zu dieser H^+-Belastung bei.

Ein extremes Beispiel für mineralisierungsbedingte H^+-Belastung stellt der Kahlhieb in einem der Versuchsgebiete im Hubbard Brook Experimental-Forest in New Hampshire/USA dar (Linkens et al., 1970; aus Feger, 1993). Im ersten Jahr nach dem Kahlhieb-Experiment war eine H^+-Produktion von ca. 8 kmol IÄ ha^{-1} a^{-1} infolge nitrifikationsbedingter NO_3^--Auswaschung zu verzeichnen. Eine beträchtliche H^+-Belastung war ferner auf die Mineralisierung organischer S-Vorräte zurückzuführen.

Nach Feger (1993) können Waldökosysteme nach ihrer Säurebilanz in verschiedene Typen untergliedert werden:

1. Standorte mit geringer atmogener Säurebelastung und niedriger interner Säureproduktion (z.B. Villingen)
2. Standorte mit hoher atmogener Säurebelastung und geringer interner H^+-Produktion (z.B. Niederlande 1, Solling Fichte)
3. Standorte mit hoher atmogener Säurebelastung und mittlerer bis hoher interner H^+-Produktion (z.B. Niederlande 2)

Setzt man die bodeninterne und bodenexterne Nettoprotonenproduktion in ein Verhältnis zueinander, so zeigt sich, daß bei der Mehrzahl der hier aufgeführten Waldökosysteme die depositionsbedingte Säurebelastung des Bodens überwiegt und Anteile bis zu 90 % an der Gesamtbelastung erreichen kann (Tab. 5.2). Auch Bredemeier (1987) ermittelte anhand von Stoffbilanzen in fünf von insgesamt sechs verschiedenen Waldökosystemen Norddeutschlands externe Protonenbelastungen von über 70 % an der gesamten Nettoprotonenproduktion. Diese Befunde unterstreichen die Bedeutung der sauren Depositionen für die Bodenversauerung.

5.5 Protonenpufferung in Böden

Der räumliche und zeitliche Verlauf der Bodenversauerung hängt ganz wesentlich von der Fähigkeit der Böden ab, die ökosysteminterne und -externe Säureproduktion zu neutralisieren. Reicht die Säureneutralisationskapazität des Bodens aufgrund der chemische Zusammensetzung seines Ausgangsgesteins, des Bodenentwicklungsstadiums und der Exposition gegenüber Säureeinträgen nicht aus, die anwachsende Protonenbelastung abzupuffern, kommt es zu fortschreitender Versauerung. Die Neutralisation von Protonen im Boden kann durch eine Vielzahl von Puffersubstanzen, an deren Oberflächen die Pufferreaktionen ablaufen, erfolgen.

Bei einer Pufferreaktion werden Protonen an einen Protonenakzeptor gebunden, wobei der pK_s-Wert (Säurestärke) der entstandenen Bindung Proton-Protonenakzeptor den pH-Bereich der spezifischen Pufferreaktion bestimmt. Die Pufferung kann eine Freisetzung äquivalenter Mengen kationischer Elemente zur Folge haben, wenn die Bindung dieser Elemente an die funktionellen Gruppen des Protonenakzeptors durch das Proton gelöst wird. Die pH-abhängige Stärke dieser Bindung bestimmt die Möglichkeit einer ablaufenden Pufferreaktion. Anhand der Ergebnisse von Lysimeteruntersuchungen und Überlegungen zur pH-Abhängigkeit der Reaktion verschiedener Puffersubstanzen ordnen Ulrich et al. (1979) den einzelnen Pufferreaktionen definierte pH-Bereiche zu. Diese Einteilung orientiert sich jeweils an der Veränderung von ökologisch wichtigen Bodeneigenschaften, die zum Teil sekundär durch Pufferreaktionen hervorgerufen werden. Es ergibt sich somit eine Gliederung der Puffersysteme in pH-Bereiche nach ökologischen Gesichtspunkten (Tab. 5.3).

Tab. 5.3: Puffersysteme und ihre pH-Bereiche in Böden (Ulrich ,1985a)

Puffersubstanz und -bereich	pH-Bereich	Reaktionsprodukt geringerer SNK (bodenchemische Veränderung)
Carbonat-Pufferbereich	8,6 - 6,2	$Ca(HCO_3)_2$ in Lösung (Auswaschung von Ca u.a. basischen Kationen)
Silicat-Pufferbereich primäre Silicate	ganze pH-Skala (vorherrschender Pufferbereich in carbonatfreien Böden pH>5)	Tonminerale (Vergrößerung der KAK)
Austauscher-Pufferbereich Tonminerale	5 ~ 4,5	nicht austauschbare $n[Al(OH)_x^{(3-x)+}]$ (Blockierung permanenter Ladung, Reduktion der KAK)
Mn-Oxide	5,5 ~ 4,5	austauschbares Mn^{2+} (Reduktion der Basensättigung)
Tonminerale	5 ~ 4,2	austauschbares Al^{3+} (Reduktion der Basensättigung)
$n[Al(OH)_x^{(3-x)+}]$	4,5 ~ 4,2	Al-Hydroxosulfate (Akkumulation von Säure bei Belastung mit H_2SO_4)
Aluminium-Pufferbereich $n[Al(OH)_x^{(3-x)+}]$ Al-Hydroxosulfate	< 4,2	Al^{3+} in Lösung (Al-Auswaschung, Reduktion der permanenten Ladung ?)
Al/Fe-Pufferbereich wie Al-Pufferbereich, ferner "Boden-$Al(OH)_3$"	< 3,8	organische Al-, Fe-Komplexe (Reduktion der permanenten Ladung ?)
Eisen-Pufferbereich Ferrihydrit	< 3,2	Fe^{3+} (Reduktion der permanenten Ladung ?)

Mit der Benennung der Puffersysteme nach Ulrich et al. (1979), Ulrich (1981c, 1985a) sind jedoch nicht das eigentliche Puffersystem, d.h. der Protonenakzeptor genannt, sondern die Elemente oder Verbindungen, die an der Umsetzung beteiligt sind oder dabei freigesetzt werden.

Aufbauend auf diesem System haben Schwertmann et al. (1987) eine Gliederung vorgeschlagen, die die Puffersysteme nur nach dem Protonenakzeptor benennt Tab. 5.4). Dazu werden die festen Puffersubstanzen sowie ein pH-Bereich angegeben, in dem diese Pufferreaktionen ablaufen, ohne sie auf diesen pH-Bereich zu begrenzen.

Tab. 5.4: Puffersubstanzen, Pufferreaktionen, pH-Bereich der Pufferung und bodenchemische Veränderungen von Böden (Schwertmann et al., 1987)

Puffersubstanzen	Beispielreaktionen	Haupt-pH Bereich der Pufferung	Bodenchemische Veränderungen
ERDALKALI-CARBONATE			
Carbonat	$CaCO_3 + H^+ \rightarrow HCO_3^- + Ca^{2+}$	8-6,5	Verlust an $CaCO_3$ als $Ca(HCO_3)_2$
Hydrogencarb.	$HCO_3^- + H^+ \rightarrow CO_2 + H_2O$	7-4,5	Zersetzung der Kohlensäure in CO_2 und H_2O
AUSTAUSCHER MIT VARIABLEN LADUNGEN			
Tonminerale	$TM-OH]M + H^+ \rightarrow TM-OH_2] + M^{+1)}$	8-5	
	$TM-OH + H^+ \rightarrow TM-OH_2^+$		
			Verlust austauschb. Kationen Protonierung variabler Ladung
Huminstoffe	$R-(COO)M + H^+ \rightarrow R-(COO)H + M^+$	6-<3	
	$R-NH_2 + H^+ \rightarrow R-NH_3^+$	>7-4	
SILICATE			
primäre Silicate	$-(SiO)M + H^+ \rightarrow -(SiOH) + M^+$	<7	Freisetzung bas. Gitterkationen Tonmineralbildung
Tonminerale ohne perm. Lad.	$-(SiO)_3Al + 3H^+ \rightarrow -(SiOH)_3 + Al^{3+}$		Tonzerstörung, Freisetzen von Gitterkationen (Mg, Al) Entst. aust. Al, Al in der Bodenl.,
mit perm. Lad.			
okt.	$Mg(O,OH)^-]M + 3H^+ \rightarrow Mg^{2+} + M^+ + 2H_2O$		Zwischenschicht-Al, Verlust
tetr.	$AlO_2^-]M + 4H^+ \rightarrow Al^{3+} + M^+ + 2H_2O$		von KAK und aust. Kationen,
OXIDE/HYDROXIDE			
Al-Hydroxide, Zwischensch.-Al	$Al(OH)_3 + 3H^+ \rightarrow Al^{3+} + 3H_2O$	4,8-3	Al in der Bodenlösung, aust.-Al, Erhöhung der KAK
Al-OH-Sulfate	$AlOHSO_4 + H^+ \rightarrow Al^{3+} + SO_4^{2-} + H_2O$	4,5-3	Sulfatfreisetzung
Fe-Oxide/Hydroxide			
ohne Red.	$FeOOH + 3H^+ \rightarrow Fe^{3+} + 2H_2O$	<3	Fe^{3+}-Freisetzung
mit Red.	$4FeOOH + CH_2O + 8H^+ \rightarrow 4Fe^{2+} + CO_2 + 7H_2O$	<7	Fe^{2+}-Freisetzung
Mn-Oxide/Hydroxide			
mit Red.	$2MnO_2 + 4H^+ + CH_2O \rightarrow 2Mn^{2+} + CO_2 + 3H_2O$	<5,5	

+1) M^+ = 1/2 Ca, 1/2 Mg, K, Na

Ein strikte Bindung von Pufferbereichen an bestimmte pH-Bereiche, wie sie von Ulrich et al. (1979) vorgeschlagen werden, erscheinen Schwertmann et al. (1987) für verschiedene Reaktionen als problematisch, da eine Reihe von Pufferreaktionen in weiten pH-Spannen erfolgt und verschiedene Puffersysteme in sich überschneidenden pH-Bereichen wirken können.

Pufferung durch Carbonate

In kalkhaltigen Böden reagieren Protonen mit dem $CaCO_3$ unter Bildung von HCO_3^--Anionen (s.Tab. 5.4 erste Gleichung). Ca^{2+}-Ionen werden zusammen mit HCO_3^--Ionen aus dem Solum ausgewaschen. Der pH-Wert, der sich bei dieser Pufferreaktion einstellt, wird, solange $CaCO_3$ vorhanden ist, von dessen Löslichkeit und dem CO_2-Partialdruck bestimmt. Aus Modelluntersuchungen von Brumme (1986) zum Stofftransport und Stoffumsatz in einer Terra fusca-Rendzina auf Muschelkalk bei Göttingen geht ferner hervor, daß neben der Protonenpufferung durch Calcit auch eine Pufferung durch Hydrogencarbonat-Ionen bei pH 7 - 4,5 unter Freisetzung von CO_2 erfolgt. Der Anteil des HCO_3^-- Puffers am "Gesamt-Carbonatpuffer" betrug hier 23 %. Ferner spielt auch bei der Aufkalkung von sauren Böden die Pufferung durch HCO_3^- eine Rolle, wenn der pH-Wert der Böden in der Nähe oder unter dem pK_S-Wert der 1. Dissoziationsstufe der Kohlensäure (pK_S = 6,3) liegt. Je nach Boden-pH werden damit zwischen 1 und 2 Mol H^+ pro Mol $CaCO_3$ gepuffert (Süsser, 1987). Die Pufferkapazität beträgt zwischen 100 und 200 kmol H^+ pro ha und Dezimeter Bodentiefe für 1 % $CaCO_3$. Die Pufferrate kann in Abhängigkeit von der H^+- Belastung > 2 kmol H^+ ha^{-1} a^{-1} erreichen. Die Pufferrate ist jedoch nicht allein von der chemischen Reaktion, sondern auch vom Verteilungszustand der Erdalkalicarbonate im Boden abhängig. Dies bedeutet, daß bei gleichmäßiger Verteilung feinkörniger Carbonate im Boden der pH-Wert auch bei starker H^+-Belastung meist erst nach einer vollständigen Auflösung der Carbonate unter pH 7 absinkt. Ist, wie in vielen Rendzinen Mitteleuropas, der Feinboden carbonatfrei und nur noch grobes Kalkskelett vorhanden, so kann der Oberboden bei starker H^+-Belastung pH-Werte unter 5 im Feinboden erreichen (Ulrich, 1981; Meiwes und Beese, 1988).

Pufferung an variablen Ladungen

Die Protonenpufferung an Austauschern mit variabler Ladung erfolgt in zwei Reaktionsschritten, die auf die unterschiedliche Säurestärke der funktionellen Gruppen zurückzuführen ist (Tab. 5.4). Bei pH-Werten oberhalb des Ladungsnullpunktes von anorganischen Austauschern (Tonminerale und Oxide) sowie von Huminstoffen werden bei der Protonierung der funktionellen Gruppen die an negativer variabler Ladung sorbierten Kationen freigesetzt. Der pH-Bereich, in dem die Pufferung an Huminstoffen abläuft, hängt stark von der Säurestärke der funktionellen Gruppen ab und reicht von pH 8 bis 3. Die Protonierung der funktionellen Gruppen der Tonminerale und Oxide erfolgt überwiegend zwischen pH 8 und 5,5.
Unterhalb des Ladungsnullpunktes können die AlOH- und FeOH-Gruppen der Oberfläche von Oxiden, Hydroxiden und Tonmineralen sowie die NH_2-Gruppen von Huminstoffen ein weiteres

Proton anlagern. Hierbei entstehen positive Ladungen an den Austauscher-Oberflächen, was im Gegensatz zum ersten Protonierungsschritt nicht mit einer Desorption von Kationen, sondern mit der Adsorption äquivalenter Mengen von Anionen verbunden ist. Diese Pufferreaktion ist u.a. in sauren Waldböden bei Schwefelsäureeinträgen von Bedeutung wobei sowohl das Proton als auch das Sulfat-Anion an der Oberfläche von z.B. Fe- und Al-Oxiden sorbiert werden. Erfolgt eine spezifische Anionenadsorption, d.h. ein Ligandenaustausch, an den Oberflächen von Tonmineralen und Oxiden, so können die dabei freigesetzten OH^--Ionen ebenfalls Protonen neutralisieren und somit zur Pufferung beitragen.

Die Bedeutung der Pufferung an variablen Ladungen von Huminstoffen geht aus der linearen Beziehung zwischen der Pufferkapazität von Waldböden und ihrem Gehalt an organischer Substanz hervor (Federer und Hornbeck, 1985; Schwertmann et al., 1987). Federer und Hornbeck (1985) ermittelten durch Säure-Base-Titrationen an Mischproben saurer Waldböden in New England eine Pufferkapazität um 100 mmol H^+/kg organischer Substanz pro pH-Einheit. Magdorf et al.(1987) fanden sogar eine Pufferkapazität bezogen auf ein Kilogramm organische Substanz von 400 mmol H^+/pH-Einheit. Für die langfristige bilanzierende Betrachtung der Säureneutralisationskapazität (SNK) eines Bodens stellt die Anreicherung von organischer Substanz jedoch keinen Gewinn an Pufferkapazität dar, weil Protonenproduktion und -konsumption beim Biomasseumsatz in der Bilanz ausgeglichen sind. Dennoch besitzt die organische Substanz eine große Bedeutung für die Protonenpufferung im Boden, da sie mit höherer Reaktionsgeschwindigkeit und mit konstanter Rate über einen weiteren pH-Bereich puffert als die mineralischen Puffersysteme. Die pH-Veränderung in Abhängigkeit von Zeit und Säurebelastung kann deshalb nur unter Berücksichtigung der Pufferwirkung der organischen Substanz vorhergesagt werden.

Pufferung durch Oxide, Hydroxide und Hydroxysalze

Die Pufferreaktion besteht im Protonenverbrauch bei der Auflösung von Oxiden, Hydoxiden und Hydroxysalzen unter Freisetzung äquivalenter Mengen an Kationen. Bei Fe- und Mn-Oxiden/-Hydroxiden kann die Pufferreaktion mit und ohne Reduktion erfolgen (Tab. 5.4).

Der Reaktionsmechanismus bei der Pufferung an Oxiden und Hydroxiden entspricht dem bei der Protonierung von OH-Gruppen an variablen Ladungen. Der Unterschied besteht darin, daß z.B. an einem Al-Hydroxid alle O- und OH-Gruppen protoniert und dadurch Al^{3+}-Ionen freigesetzt werden können, bei der Pufferung an variablen Ladungen der Tonminerale hingegen nur endständige Gruppen protoniert und keine Al-Ionen freigesetzt werden. In Böden spielt für die Pufferung unter oxidierenden Bedingungen im wesentlichen die Protonierung der an Al gebundenen OH-Gruppen eine Rolle. Reaktionsfähige Al-Hydroxyverbindungen sind in Böden des gemäßigt humiden Klimabereiches vermutlich amorphe Al-Hydroxide, Al-Hydroxykationen an den Oberflächen sowie in dem Zwischenschichtraum von Tonmineralen sowie Al-Hydroxysulfate. Im stark sauren pH-Bereich werden diese Al-Verbindungen wieder aufgelöst und führen zur Bildung von Al^{3+}-Ionen in der Bodenlösung.

Im Gegensatz zu Al-Hydoxyverbindungen werden die Fe-Oxide und -Hydroxide erst im sehr stark bis extrem sauren Bereich gelöst. Aufgrund der extrem niedrigen Löslichkeit dieser Verbindungen findet erst bei pH < 3 (Tab. 5.4) eine Pufferung durch schlechtkristalline Fe-Oxide (Ferrihydrit) statt. Die Reduktion von Fe(III)-Oxiden zu Fe^{2+} ist hingegen ein bedeutsamer Lösungsprozeß, bei dem pro Mol Fe 2 Mol H^+ gepuffert werden.

Auch bei Mn-Oxiden stellt die reduktiv-protolytische Auflösung die bestimmende Pufferreaktion dar. Bei der Betrachtung der Eh-pH-Stabilitätsfelder von Fe- und Mn-Oxiden bzw. Hydoxiden wird deutlich, daß Mn-Oxide bereits bei wesentlich höheren pH- und Eh-Werten Protonen zu puffern vermögen als Fe-Oxide (Schwertmann et al., 1987). Bei der Wiederoxidation von Fe^{2+} bzw. Mn^{2+} wird unter Freisetzung von H^+-Ionen die Pufferkapazität voll zurückgebildet. Sie geht in dem Maße verloren, wie Al-, Fe- und Mn-Ionen mit dem Sickerwasser ausgewaschen werden.

Pufferung durch Silicate

Die Pufferung an Silicaten erfolgt durch die Protonierung von Si-O-M- bzw. bei höheren Protonenkonzentrationen auch der Si-O-Al-O-Si-Bindungen unter Freisetzung äquivalenter Mengen an Strukturkationen (z.B. K, Mg, Ca, Mn, Fe, Al; Tab. 5.4). Die freigesetzten Mn^{2+}- und Fe^{2+}-Ionen werden im schwach bis mäßig sauren pH-Bereich unter oxidierenden Bedingungen vollständig hydrolysiert und als Fe(III)- bzw. Mn(III,IV)-Oxide unter Protonenfreisetzung ausgefällt. Auch die bei der Silicatverwitterung gebildeten Al^{3+}-Ionen hydrolisieren in diesem pH-Bereich unter Protonenfreisetzung zu polymeren Al-Hydroxo-Komplexen oder zu Al-Hydroxiden und werden ausgefällt. Bei der Freisetzung, Oxidation und Hydrolyse von Mn^{2+}- und Fe^{2+}- wie auch bei der Freisetzung und Hydrolyse von Al^{3+}-Ionen bleibt die SNK insgesamt unverändert, jedoch findet eine Umwandlung vom kinetisch langsamen Silicatpuffer in reaktivere Hydroxidpuffer statt. SNK geht auch dann nicht verloren, wenn aus primären Silicaten Tonminerale mit permanenter Ladung entstehen, an denen die aus den primären Silicaten freigesetzten Alkali- und Erdalkalikationen austauschbar gebunden werden (Schwertmann et al., 1987).

Die Pufferung an Tonmineralen erfolgt in gleicher Weise wie bei den primären Silicaten (s. Kap. 7). Neben einer Freisetzung von Strukturkationen kann bei der Reaktion mit Protonen auch permanente Ladung zerstört werden. Die Protonenpufferung ist dann äquivalent der Menge an freigesetzten Strukturkationen plus der duch Neutralisation der permanenten Ladung freigesetzten austauschbaren Kationen.

Silicate nehmen in einem weiten pH-Bereich Protonen auf, da die bei der Protonierung gebildete Silanolgruppe eine relativ geringe Säurestärke (pK_s 1. Stufe = 9,71; Lindsay, 1976) besitzt. Im allgemeinen läßt sich der pH-Bereich, in dem die Pufferung an Silicaten stattfindet, nur schwer eingrenzen (Schwertmann et al., 1987). Van Breemen und Wielemaker (1974) konnten anhand von Berechnungen zur Pufferkapazität von verschiedenen Silicaten zeigen, daß die Silicatpufferung in einem weiten pH-Bereich von pH < 9 bis pH 3 stattfindet. Da Silicate einen Hauptbestandteil der Böden darstellen, ist für die Frage des Einflusses der Silicatpufferung auf den Stoffhaushalt neben der im Boden vorhandenen Menge vor allem deren Pufferrate von Bedeutung. Diese hängt stark von äußeren Faktoren wie Klima, Topographie oder Ausgangsmaterial, aber auch von den Eigenschaften der verschiedenen Silicate ab, so daß die Raten in weiten Bereichen schwanken können (Fölster, 1985). Allgemein ist jedoch festzustellen, daß die Geschwindigkeit der Silicatpufferung deutlich unter der durch Carbonate und variable Ladungen bedingten Puffergeschwindigkeit liegt. Die Rate der Protonenpufferung durch Silicate, die je nach Gehalt an leicht verwitterbaren Mineralen variiert, läßt sich über Stoffbilanzierungen an Bodenprofilen (Bosse, 1964; Stahr, 1979; Mazzarino, 1981; Tarrah, 1989) und auf Ökosystemebene anhand definierter Einzugsgebiete empirisch ermitteln oder mit Hilfe von Modellen (Clayton, 1979; Sverdrup et al., 1990a,b; Velbel, 1987) abschätzen. Nach Fölster (1985) und Dupraz et al. (1986) sind die empirisch ermittelten Verwitterungsraten mit großen Unsicherheiten (z. B. durch fehlende zeitliche Auflösung der bodenchemische Prozesse oder Inhomogenität des Ausgangssubstrates u.a.) behaftet.

Matzner (1988) berechnete die in der Literatur auf der Basis von **Profilbilanzen ermittelten Verwitterungsraten** (Bosse, 1964; Stahr, 1979; Mazzarino, 1981) neu, indem er die Werte einheitlich auf eine Profilmächtigkeit von 1 m (gesamter Wurzelraum) bezog. Die berechneten Verwitterungsdaten bzw. Protonenpufferungsraten durch Silicate variierten zwischen 0,2 und 1,2 kmol IÄ ha^{-1} a^{-1}. Die aus den Profilbilanzen gewonnenen Raten stellen jedoch Mittelwerte für lange, meist mehrere Jahrtausende umfassende Zeiträume dar und geben keine Information über die aktuelle Rate der Silicatverwitterung, die sich möglicherweise als Folge anthropogener Einflüsse erhöht haben könnte.

Der z.Zt. am weitesten verbreitete Ansatz zur Erfassung aktueller Raten der Silicatverwitterung ist die Auswertung von **Input-Output-Bilanzen von Wassereinzugsgebieten.** Dabei erfolgt die Quantifizierung über die Bilanz des Bodenkörpers für die Elemente Na, K, Ca und Mg. Negative Bilanzen - d.h. der Boden wirkt als Quelle für diese Elemente - werden i.d.R. als Silicatverwitterung interpretiert. Die Input-Output-Methode ist allerdings mit vielen Unsicherheiten behaftet, die bei der Beurteilung von den in der Literatur angegebenen Raten berücksichtigt werden müssen (Matzner, 1988). Dazu gehören:

- Schwierigkeit bei der Quantifizierung und damit häufig Unterschätzung der Interceptionsdeposition
- ungenaue Angaben zur Mächtigkeit des Bodensolums in einem Wassereinzugsgebiet
- z.T. stark variierende Korngrößenzusammensetzung der Böden
- Konstanz aller Vorräte, insbesondere der Humusauflage und der austauschbaren Kationen im Boden über den Meßzeitraum

Matzner (1988) gibt eine tabellarische Übersicht von Ergebnissen aus Wassereinzugsgebieten, in der auch Hinweise auf die jeweils verwendete Methodik zu finden sind (Tab. 5.5). Die anhand von Input-Output-Bilanzen ermittelten Silicatverwitterungsraten variieren in den Wassereinzugsgebieten zwischen 0,2 und 2,0 kmol IÄ ha^{-1} a^{-1}. Aufgrund der häufigen Vernachlässigung der Interceptionsdeposition und der Änderung in den Vorräten austauschbarer Kationen haben die in Tab. 5.5 zusammengestellten Daten die Tendenz zu einer Überschätzung der Silicatverwitterung.

Tab. 5.5: Raten der Protonenpufferung durch Silicatverwitterung und Freisetzung basisch wirkender Kationen in verschiedenen Wassereinzugsgebieten (Matzner, 1988)

Autor	Rate (kmol IÄ ha^{-1} a^{-1})	Berücksichtigung (+) von			Tendenz zur Überschätzung (*)
		Interceptions- deposition	Änderung austauschbarer Vorräte	Biomasse- akkumulation	
Driscoll und Linkens, 1982, USA	1,8	-	-	+	*
Johnson et al., 1981, USA	2,0	-	-	+	*
Johnson et al., 1981, USA	0,8	-	-	-	*
Bricker et al., 1967, USA	0,2	-	-	-	*
Paces, 1986, CS	0,3 - 0,9	-	+	+	*
Reid et al., 1981, UK	1,7	+	-	-	*
Wright und Johannessen, 1980, N	0,7	+	-	-	*
Rosen 1982, Schweden	0,6	-	-	+	*
Hauhs, 1985, BRD	1,1	+	+	+	

Die **Modelle zur Silicatverwitterung** beruhen auf experimentellen Ergebnissen zur Verwitterungsstabilität von Mineralen, wie sie bereits von Goldich (1938) vorgelegt wurden und auf neueren Ergebnissen zur Reaktionskinetik der Mineralauflösung in Abhängigkeit von den physikochemischen Verwitterungsbedingungen (Berner, 1978; Lasaga, 1983; Chou und Wollast, 1984; Schott und Berner, 1984; Holdgren und Speyer, 1986 u.a.). Ein häufig verwendeter Modellansatz zur Quantifizierung von Verwitterungsraten ist die Bilanzierung von Massenflüssen. Möglichkeiten zur mathematischen Behandlung von geochemischen Massenbilanzen wurden von Lerman (1979), Lasaga (1981) und Velbel (1987) aufgezeigt. In diese Berechnungen gehen im wesentlichen die Massenzu- bzw. abflüsse in ein System (Boden, Gestein) sowie die zu bestimmende reaktive Oberfläche der Minerale ein.

Ein Verwitterungsmodell, das die experimentellen Befunde zusammenfaßt, wurde von Sverdrup et al. (1988) vorgelegt. Das Modell wurde anhand von empirischen Verwitterungsstudien in einem südschwedischen Wassereinzugsgebiet mit Böden, die sich aus überwiegend granitischem Verwitterungsschutt entwickelt haben, validiert. Auf der Grundlage der Modellkalkulation, in die - wie oben erwähnt - u.a. die reaktive Oberfläche der einzelnen Minerale, der Massenzu- und -abfluß der Komponenten in Abhängigkeit von der H-Ionenaktivität eingehen, haben die Autoren ein Schema entwickelt, das die quantitative Abschätzung der Verwitterungsraten anhand der Mineralzusammensetzung des Bodens ermöglicht. Nach einer Zusammenstellung von Sverdrup und Warfvinge (1988) liegt die H-Pufferung durch Silicatverwitterung in den oberen 50 cm von Böden mit $pH(H_2O)$-Werten zwischen 3,3 und 7 meistens unter 1 kmol H^+ ha^{-1} a^{-1}. Von den 19 ausgewerteten Einzugsgebieten wiesen nur zwei Pufferraten über 2 kmol H^+ ha^{-1} a^{-1} (max. 3,9) auf.

Das im Rahmen des UN ECE Projektes "MAPPING CRITICAL LOADS AND CRITICAL LEVELS" angewandte und von Sverdrup und Warfvinge (1988) entwickelte Modell "Profile" ermöglicht die Berechnung von Verwitterungsraten von Mineralen, Gesteinen sowie Bodenkompartimenten. Eine ausführliche Beschreibung dieses Modells kann der Literatur entnommen werden (Sverdrup und Warfvinge, 1988; Sverdrup, 1990). In dieses Modell gehen als wichtigste Parameter die empirisch ermittelten Reaktionsraten der während der Verwitterung ablaufenden Reaktionen (Protolyse, Oxidation, Komplexierung) zwischen Mineral und wässriger Lösung sowie die reaktiven Mineraloberflächen ein. Aus der Summe der Teilreaktionsraten können mit Hilfe des Modells die Verwitterungsraten von Mineralen bzw. Gesteinen in Abhängigkeit vom pH der Verwitterungslösung und der Temperatur berechnet werden (Sverdrup und Warfvinge, 1988). Die Autoren ermittelten auf diese Weise die Verwitterungsraten von 48 in Böden vorkommenden Mineralen und leiteten daraus über weiterführende Modellrechnungen die "Critical Load"-Werte für Säureeinträge ab (s. Kap. 13.2). Sverdrup und Warfvinge (1988) ordneten die in Böden vorkommenden Minerale (Carbonate + Silicate) entsprechend ihren berechneten Verwitterungsraten in sechs Gruppen ein (Tab. 5.6). Nach Sverdrup et al. (1990) sind Böden, die überwiegend durch die Mineral-Klassen 1 - 3 gekennzeichnet sind, wenig empfindlich gegenüber Säureeinträgen.

In Tab. 5.7 sind die von verschiedenen Autoren unter Verwendung veröffentlichter Literaturdaten zur geochemischen Profilbilanzierung ermitteleten Schätzwerte für Silicatverwitterungsraten bodenbildender Gesteine zusammenfassend dargestellt. Die Schätzungen erfolgten i.d.R. anhand des Mineralbestandes. Ulrich (1990) hat die Angaben von Sverdrup und Warfving (1990) sowie Nilsson und Grennfelt (1988) aufgegriffen und in Ergänzung dazu angenommen, daß als Folge der bereits abgelaufenen Verwitterung (Bodenbildung) in A- und B-Horizonten bis 1 m Bodentiefe die sehr leicht verwitterbaren Minerale (Klasse 1) verschwunden sind und der Bestand an leicht verwitterbaren Mineralen (Klasse 2) um 1/3 reduziert wurde. Dadurch erhält Ulrich (1990) etwas geringere Silicatverwitterungsraten.

Tab. 5.6: Verwitterungsraten von Mineralen bezogen auf eine Solummächtigkeit von 1 m bei einem durchschnittlichen pH in der Bodenlösung von 5 (bei pH-Werten unter 5 können nach Sverdrup et al. (1990) die Verwitterungsraten höher liegen, hohe Al-Konzentrationen können jedoch auch zur Erniedrigung der Raten führen)

Mineral-Klasse (gekennzeichnet durch)	Mineral	Durchschnittlicher Anteil der Mineral-Klasse im Boden			
		100%	30%	3%	0,3%
		(Verwitterungsraten in kmol IÄ ha^{-1} a^{-1})			
1 sehr hohe Verwitterungsraten	Calcit, Dolomit, Magnesit, Brucit	25	15	10	3
2 hohe Verwitterungsraten	Olivin, Anorthit, Granat, Diopsin, Nephelin, Jadeit	15	10	3	0,3
3 mittlere Verwitterungsraten	Enstatit, Hypersthen, Augit, Hornblende, Glaukophan, Chlorit, Biotit, Zoisit, Epidot	10	3	0,3	0,03
4 niedrige Verwitterungsraten	Albit, Oligoklas, Labradorit, Illit	0,6	0,2	0,02	-
5 sehr niedrige Verwitterungsraten	Orthoklas, Muscovit, Montmorillonit, Vermiculit	0,3	0,1	0,01	-
6 Inerte Gruppe bei pH 5	Quarz, Rutil, Anatas, Kaolinit, Gibbsit	0,1	0,01	-	-

Tab. 5.7: Aus dem Mineralbestand (Ulrich, 1986, 1990; Bouman, 1991) sowie aus Einzugsgebietsbilanzen (Nilsson und Grennfelt, 1988) geschätzte Raten der Protonenpufferung durch Silicatverwitterung für verschiedene bodenbildende Gesteine

Urich 1986

	kmol IÄ ha^{-1} a^{-1}
Basalt, Gabbro	2
Andsit, Diorit	1-2
Rhyolith, Granit	bis 1
Grauwacke (cu)	0,5-1
Tonschiefer	0,2-0,5
Kieselschiefer (cu)	< 0,2
Sandstein (sm)	~ 0,5
Tonstein (s)	~ 0,5
Tonstein (m)	0,2-0,5
tertiäre Sande	< 0,2
Flugsand	0-0,5
Löß	~ 0,4
Geschiebemergel	~ 1

Ulrich (1990)

	kmol IÄ ha^{-1} a^{-1}
Basalt	1,7 ± 1,0
Gabbro	1,5±
Granodiorit	1,0 ± 0,5
Andesit	1,3 ± 0,8
Granit	0,7 ± 0,4
Rhyolith	0,6 ± 0,3
Tonschiefer	0,4 ± 0,2
Grauwacke	0,2 ± 0,1
Sandsteine	0,1 ± 0,05
Sandstein/Tonstein-Wechselfolge (sm)	0,2 ± 0,1
Liaston	0,2 ± 0,1
pleistozäne Sande (je nach Silicatgehalt)	0,02 -0,2
Löß	0,3 ± 0,15
Geschiebelehm	0,4 ± 0,2

Nilsson und Grennfelt 1988

	kmol IÄ ha^{-1} a^{-1}
Gabbro/Basalt	1 - 2
Granit/Quarzit	< 0,2
Granit/Gneis	0,2 - 0,5
Grauwacke/Schiefer	0,5 - 1,0
Kalke/Mergel	> 2

Bouman 1991

	kmol IÄ ha^{-1} a^{-1}
Quarzit, Kieselschiefer	< 0,2
Grauwacke, Tonschiefer, feldspatf. Sedimentgest.	bis 0,6
feldspatreiche Granite, carbonatfreie Diabase	bis 1,0
Gabbro, carb. Tonschiefer, carb. Diabase	> 3

cu: Unterkarbon; sm: mittlerer Buntsandstein; s: Buntsandstein; m: Muschelkalk

Die Bestimmung der Pufferkapazitäten von Böden erfolgt meist an homogenisierten Bodenproben durch Titration mit Säuren (HCl, H_2SO_4). Die Pufferkapazität errechnet sich aus den reziproken Werten der Steigung der Titrationskurve bei einem bestimmten pH-Wert (Federer und Hornbeck, 1985; Kaupenjohann und Hantschel, 1987). Fuchs (1992) ermittelte an Mischproben von Oberböden versauerter Waldstandorte (pH 3,4 - 3,9) in der Umgebung von Hamburg Pufferkapazitäten von 13 - 17 mmol H^+/kg Boden. In B-Horizonten lagen die Pufferkapazitäten bei pH-Werten zwischen 3,8 und 4,5 mit 15 - 38 mmol H^+/kg Boden deutlich höher. Ähnliche Werte (20 - 25 mmol H^+/kg Boden) fanden Schaller und Fischer (1985) in Oberböden von Waldstandorten mit pH-Werten zwischen 3,6 und 5,0. Federer und Hornbeck (1985) bestimmten in E-Horizonten von Podsolen mit pH-Werten um 3,9 Pufferkapazitäten von 5 bis 7 mmol H^+/kg Boden.

Die an Mischproben ermittelten Pufferkapazitäten werden zunehmend in Frage gestellt, da die Vergleichswerte für ungestört gelagerte Waldbodenproben häufig deutliche Abweichungen zeigen. In letzter Zeit setzt sich zunehmend die Erkenntnis durch, daß zur Beurteilung chemischer Veränderungen eines Bodens dessen Gefügeentwicklung als Einflußfaktor herangezogen werden muß (Hildebrand 1986, 1991; Horn, 1987, 1989). Die Aggregierung führt zur Ausbildung eines bodenspezifischen Porenraumes, was zur Folge hat, daß nur erreichbare Porenoberflächen für Austauschprozesse mit der Bodenlösung und somit auch für Pufferreaktionen zur Verfügung stehen. Eine solche strukturbedingte Information geht bei der Analyse von homogenisierten Bodenproben verloren, und es kann in Abhängigkeit von der zu erstellenden Aussage zu Fehlinterpretationen kommen. In der Waldschadensforschung korrelieren häufig Ergebnisse chemischer Analysen von Bodenmischproben nicht mit dem Vitälitätszustand von Beständen (Hildebrand, 1991), während enge Korrelationen von chemischen Bodenkennwerten, die an ungestörten Bodenproben gewonnen wurden, zu Nährstoffgehalten von Nadeln und zum Gewässerchemismus nachgewiesen werden konnten (Horn, 1989).

Die Pufferkapazitäten homogenisierten Bodenmaterials liegen im allgemeinen über denen der ungestörten Bodenproben (Kaupenjohann und Hantschel, 1987; Fuchs, 1992). Durch die Homogenisierung wird die für die Austauschprozesse zur Verfügung stehende Oberfläche erheblich vergrößert, und die eingetragenen Protonen können schneller gepuffert werden. Ausnahmen bilden Oberbodenhorizonte, in denen die Pufferkapazität ungestörter Bodenproben über den Pufferkapazitäten homogenisierten Bodenmaterials liegen (Fuchs, 1992). Durch die Homogenisierung werden kohlenstoffärmere Oberflächen geschaffen (Hildebrand, 1989). Dadurch ist die reaktive Oberfläche der organischen Substanz in solchen homogenisierten Bodenproben kleiner als bei ungestörter Lagerung, wo die Wandungen der dränenden Makroporen mit organischem Material "ausgekleidet" sind.

Untersuchungen von Horn (1989), Hildebrand (1991) und Fuchs (1992) belegen, daß sich die chemischen Verhältnisse insbesondere in aggregierten Böden zwischen Aggregatinnerem und äußerem wesentlich unterscheiden. Hildebrand (1991) weist darauf hin, daß der chemische Gradient zwischen Aggregatinnerem und -äußerem ein Vorauseilen der Versauerung des Sekundärporenraumes gegenüber dem Gesamtboden zur Folge hat. In aggregierten Böden können die chemischen Ungleichgewichte durch Aggregatneubildung reduziert werden, wobei als wichtigster Mechanismus im humosen Mineralboden die biogene Aggregierung verantwortlich ist. Hildebrand (1991) formulierte dabei die Hypothese, daß aufgrund aciditätsbedingter Störung der Regelmechanismen in Waldböden ein ungenügender biogener Energietransfer in den Mineralboden eine biogene Aggregatneubildung behindert, und es folglich zur Versauerung der vorhandenen Aggregatoberflächen kommt.

Zusätzlich kommt es unter natürlichen Versickerungsbedingungen mit schnell perkolierendem Sickerwasser zur Einstellung chemischer Ungleichgewichte zwischen Porenoberflächen und Sickerwasser. Watson und Luxmore (1986) stellten fest, daß in Wassereinzugsgebieten unter Wald 73-85 % des Wasserflusses in Poren > 75 mm Durchmesser erfolgen, wobei über 95 % des perkolierten Wasservolumens durch weniger als 4 % des Bodenvolumens transportiert werden. Deshalb können unter Umständen potentiell mögliche Pufferprozesse nicht vollständig ablaufen und nur schnell ablaufende Reaktionen wie die Protonierung der funktionellen Gruppen organischer Substanz stattfinden. Eingetragene Protonen können durch Pufferreaktionen der Porenwandungen nur dann aus der Lösung aufgenommen werden, wenn das schnellfließende Sickerwasser direkten Kontakt zu den Porenwandungen aufweist. Das in der Mitte der Makroporen fließende Sickerwasser hingegen kann nur begrenzt an Austauschprozessen mit den Porenwandungen teilnehmen. Ionenaustausch und Transport werden hauptsächlich von spontanen Reaktionen mit den Oberflächen kontrolliert, die vom mobilen Bodenwasser direkt erreicht werden (Kool et al., 1989).

Zusammenfassend läßt sich feststellen, daß die Pufferkapazitäten, die an Mischproben bestimmt werden, zu einer Überbewertung der Fähigkeit eines Bodens bzw. Horizontes führen, unter natürlichen Versickerungsverhältnissen eingetragene Protonen an den Oberflächen der tatsächlich dränenden Poren zu puffern. Diese Überbewertung gilt auch in besonderem Maße für die Anwendung von Modellen zur Berechnung der Puffereigenschaften von Böden. Der in nahezu allen Modellen zur Berechnung von Verwitterungsraten bzw. Pufferraten eingesetzte Parameter "reaktive Mineraloberfläche" stellt eine nur schwer abzuschätzende Fehlerquelle dar. Die Pufferkapazität des dränenden Porenraumes ist im allgemeinen erheblich kleiner als der für Mischproben ermittelte bzw. durch Modelle errechnete Wert. Eine Ausnahme bilden die Horizonte, in denen Protonenpufferung hauptsächlich durch organische Substanz erfolgt. Hier kann besonders in stark aggregierten Böden die Pufferkapazität der dränenden Poren höher sein als die an Mischproben festgestellten Pufferkapazitäten, da die dränenden Makroporen oftmals mit organischer Substanz ausgekleidet sind und die Homogenisierung C-ärmere Oberflächen schafft.

Unter natürlicher Dränung der Waldböden können sich deshalb deren Puffereigenschaften durchaus anders darstellen, als sie durch Batch-Versuche für Gleichgewichtsbedingungen ermittelt werden. Vor allem in gut dränenden Böden ist deshalb bei realistischer Betrachtungsweise von einer deutlich niedrigeren Pufferkapazität auszugehen.

6 Veränderungen der Bodeneigenschaften durch Säurebelastung

Der pH-Wert ist eine einfach zu bestimmende qualitative Schlüsselgröße für eine erste Beurteilung des chemischen Zustandes von Waldböden. Aufgrund der gleichzeitigen Produktion und Konsumption von Protonen in verschiedenen Mikrokompartimenten eines Bodens kann der pH-Wert jedoch sowohl zeitlich als auch räumlich z.T. beträchtlichen Schwankungen unterliegen (Riebeling und Schaefer, 1984; Ulrich, 1988; Hildebrand, 1989; Schulte-Bisping, 1989). Zur Beurteilung der Bodenversauerung ist der Informationsgehalt des pH-Wertes alleine nur eingeschränkt tauglich, da bei gleichem pH die Austauscherbelegung und die Prozesse der Mobilisierung von Metallen variieren können. Um die Stabilität und Elastizität eines Systems (Waldboden/Ökosystem, Wassereinzugsgebiet, Aquiferbereich) hinsichtlich der Pufferung von Säureeinträgen sowohl qualitativ als auch quantitativ zu kennzeichnen, müssen daher neben der Bodenacidität auch Kapazitätsparameter wie z.B. die Säure- bzw. Basenneutralisationskapazität, die Basensättigung und die Kationenaustauschkapazität berücksichtigt werden (Meiwes et al., 1984). Der pH-Wert von Böden wird häufig in destilliertem Wasser und auch in stark salzhaltigen Suspensionen (KCl, $CaCl_2$) gemessen. Während der pH(H_2O)-Wert als Maß des aktuellen Säurezustandes des Bodens angesehen werden kann, werden bei der Verwendung salzhaltiger Suspensionen zusätzlich austauschbar gebundene Protonen und Kationsäuren insbesondere Al^{3+}-Ionen erfaßt, die zu einer pH-Abnahme gegenüber den pH(H_2O)-Werten führen. Eine pH-Absenkung in humosen Oberböden wird ferner durch die gegen Ca^{2+} bzw. K^+-Ionen austauschbaren Protonen mineralischer und organischer Substanzen verursacht (Schwertmann und Veith, 1966). Die Höhe der pH-Abnahme nach Elektrolytzusatz ermöglicht bei Böden mit vorwiegend permanenter Ladung somit eine erste Aussage über die Menge und Säurestärke der ausgetauschten Kationsäuren. Damit sind wiederum ganz wesentliche ökochemische Hinweise zu den Standorteigenschaften verbunden.

6.1 Versauerungsstatus der Waldböden

Die erhöhten Einträge an Säuren und Säurebildnern der letzten Jahrzehnte - insbesondere bei Coniferenbeständen mit ganzjähriger Benadelung - führten, wie vergleichende pH-Messungen zeigen, zu einer deutlichen Beschleunigung der Bodenversauerung (van Breemen et al., 1983; Ulrich, 1986, 1987). So wurden von verschiedenen Autoren (Blume, 1981; Butzke, 1981, 1984; Wittmann und Fetzer, 1982; Reichmann und Streitz, 1983; Riebeling und Schaefer, 1984; von Zezschwitz, 1984; Weyer, 1987; Ruppert, 1991; Göttlein, 1992; Pahlke, 1992) pH(KCl)-Absenkungen in Oberböden von Waldstandorten im Durchschnitt von 0,4 - 0,6 pH-Einheiten (Ausgangs-pH(KCl)-Wert 3 - 4), im Maximum bis 2 pH-Einheiten (Ausgangs-pH(KCl)-Wert 5,5 - 6) innerhalb der letzten 20 - 30 Jahre festgestellt (Tab. 6.1).

Tab. 6.1: Mittlere pH(KCl)-Absenkungsbeträge während der letzten Jahrzehnte in Horizonten bayerischer, hessischer und nordrhein-westfälischer Waldstandorte

	Klassen der pH-Ausgangswerte						
	2,5-2,9	3,0-3,4	3,5-3,9	4,0-4,4	4,5-4,9	5,0-5,4	5,5-5,9
Bayern							
1953 - 1981							
Sandböden, Ah- und Ahe-Horizonte		0,38	0,53	0,77		1,35	
Lehmböden, Ah- und Ahe-Horizonte		0,38	0,55	0,71	1,13	1,53	
(Wittmann und Fetzer, 1982)							
1964 - 1984							
A-, B-, S-, G-Horizonte			0,30	0,10	0,40		
(Ruppert, 1991)							
Hessen							
1959/61 - 1981/82							
Ah-, Ahe-, Ae-Horizonte		0,20	0,30	0,70	1,00	1,10	
(Reichmann und Streitz, 1983)							
Nordrhein-Westfalen							
Rothaargebirge 1978 - 1980							
Ahe-, Ach-, Ahe- und Bv-Horizonte		0,32	0,32	0,61	0,61		
(von Zezschwitz, 1982)							
Eifel 1963/65 - 1981							
Oh- und Ah-Horizonte	0,30	0,40	0,42	0,33			2,00
(Butzke, 1984)							
Westfälische Bucht 1959/61 - 1981							
Oh- und Ah-Horizonte	0,12	0,34	0,50	0,67	0,67	1,51	1,51
(Butzke, 1981)							
Westfälische Bucht 1959/61 - 1988							
Oh- und Ah-Horizonte	0,01	0,34	0,59	0,84	0,84	n.g.	n.g.
(Pahlke, 1990)							
Kottenforst, Bonn 1966 - 1986							
Ah-Horizonte			0,30	0,90	1,70		
(Weyer, 1987)							

Dies entspricht einem mittleren Anstieg der H^+-Konzentration in der Bodenlösung von 0,2 - 0,8 mmol/l (Riebeling und Schaefer, 1984; Pahlke, 1992). Auch in B-Horizonten konnten meist bis zu einer Tiefe von 30 bis 50 cm, stellenweise auch bis Tiefen über 50 cm signifikante pH(KCl)-Abnahmen von durchschnittlich 0,3 - 0,5 pH-Einheiten, entsprechend einer mittleren H^+-Konzentrationszunahme von 0,1 - 0,2 mmol/l festgestellt werden (Wittmann und Fetzer, 1982; Riebeling und Schaefer, 1984; Ruppert, 1991; Pahlke, 1992).

Von Zezschwitz (1985) stellte ferner anhand vergleichender bodenchemischer Untersuchungen an Waldböden des rheinisch-westfälischen Berglandes zwischen 1962 und 1982 fest, daß zwischen den pH-Absenkungsbeträgen und den wichtigsten Reliefpositionen signifikante, enge Zusammenhänge bestehen. So ist die Zunahme der Bodenversauerung in diesem Zeitraum in den Luvlagen stärker als in Plateaulagen bzw. auf Bergrücken und bei jenen wiederum stärker als in Leelagen. Lage und Entfernung der untersuchten Wuchsbezirke zu den Emissionszentren (Ruhrgebiet und Gebiet der Rheinschiene) wirken sich ebenfalls auf die pH-Absenkungsbeträge aus. Die pH-Absenkungen nehmen von West (Nordeifel) nach Ost (Weserbergland) zu und entsprechen im Prinzip dem von den vorherrschenden Westwetterlagen geprägten Verteilungsmuster saurer Luftverunreinigungen.

Die Datengrundlage der in Abb. 6.1 und 6.2 dargestellten pH-Karten der BRD bilden 3346 Angaben zu pH-Werten im Oberboden (0 - 10 cm) und 3124 Angaben zu pH-Werten im Unterboden (10 - 50 cm). Nach Umrechnung von über 10.000 Horizont-Daten verschiedener Waldstandorte auf einheitliche Tiefenstufen von 0 - 10 und 10 - 50 cm Tiefe ergab sich ein Stichprobenumfang von 3.346 bzw. 3.124 pH $CaCl_2$-Werten. Die ungleiche Verteilung der Meßwerte in der Fläche ist zum einen auf die Waldflächenverteilung (Abb. 6.3), zum anderen aber auch auf die Konzentration von Daten in bestimmten Forschungsgebieten (Harz, Solling, Schwarzwald, Fichtelgebirge u.a.) zurückzuführen. Die Daten stammen aus verschiedenen Veröffentlichungen, Abschlußberichten und Datenbanken verschiedener Forschungseinrichtungen sowie aus nicht veröffentlichten Datenerhebungen des Institutes für Bodenkunde der Universität Bonn. Es wurden nur bodenchemische Daten für die Auswertungen verwendet, bei denen der Beprobungs- bzw. Analysetermin nicht länger als 17 Jahre zurück lag (= Datenkollektiv aus den Jahren 1976 bis 1993). Die aus den verschiedenen Quellen entnommenen pH-Werte wurden an Bodenproben aus unterschiedlichen Profiltiefen ermittelt und in Lösungen unterschiedlicher Elektrolyte und Elektrolytkonzentrationen gemessen (aqua dest., 0,1 M KCl; 1 M KCl; 0,01 M $CaCl_2$).

Um eine Vergleichbarkeit der Daten zu erreichen, mußten daher die pH-Werte auf eine einheitliche Bezugsbasis umgerechnet werden. Im ersten Schritt wurden die pH-Werte unter Verwendung folgender von Weyer (1987) für Böden des Kottenforstes bei Bonn aus 443 Wertepaaren ermittelten Regressionsgleichungen zwischen pH($CaCl_2$) und pH(KCl) bzw. pH(H_2O) einheitlich auf pH($CaCl_2$)-Werte umgerechnet:

$$pH(CaCl_2) = 1{,}08 \cdot pH(KCl) - 0{,}12; \; r^2 = 0{,}87$$

$$pH(CaCl_2) = (pH(H2O) - 0{,}76)/0{,}99; \; r^2 = 0{,}76$$

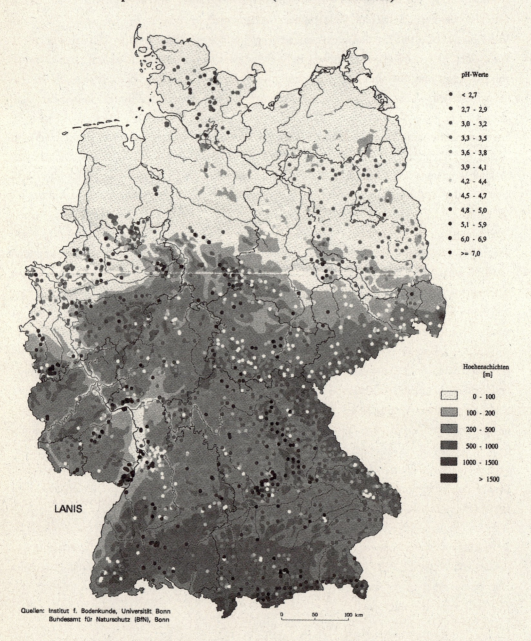

Abb. 6.1: pH-Karte der BRD (Tiefenstufe 0 - 10 cm; N = 3346)

siehe Farbtafel im Anhang

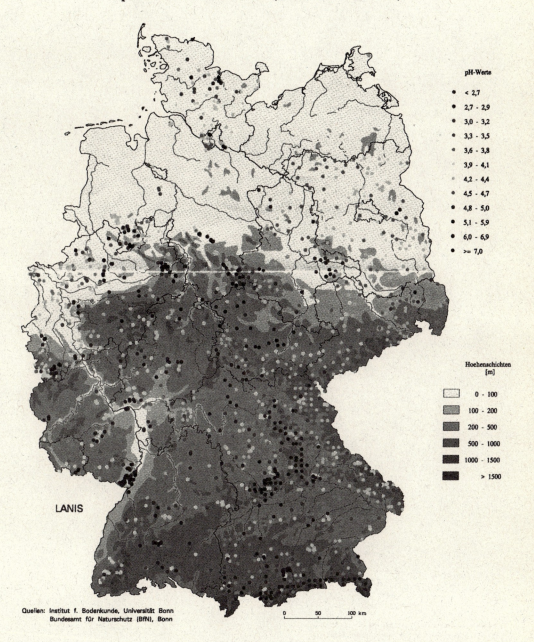

Abb. 6.2: pH-Karte der BRD (Tiefenstufe 10 - 50 cm; N = 3124)

siehe Farbtafel im Anhang

Wadflächenverteilung in der Bundesrepublik Deutschland

Abb. 6.3: Waldflächenverteilung in der BRD
(Wiedergabe mit Genehmigung des Umweltbundesamtes) *siehe Farbtafel im Anhang*

Ein Vergleich der berechneten mit vorliegenden gemessenen pH($CaCl_2$)-Werten ergab eine sehr gute Übereinstimmung beider Werte. Die anschließende Berechnung der pH($CaCl_2$)-Werte für die beiden Tiefenstufen (0 - 10 cm und 10 - 50 cm) wurde für Profildaten arithmetisch unter Gewichtung der jeweilgen Horizontmächtigkeiten vorgenommen. Die Gewichtung der Horizontmächtigkeiten führte insbesondere bei stärker variierenden pH-Werten zwischen den einzelnen Horizonten zu einer besseren Annäherung an die wahren pH-Werte.

Die ermittelten pH($CaCl_2$)-Werte in der Tiefenstufe 0 - 10 cm von Waldstandorten in der BRD variieren zwischen pH 2,1 und 8,9 und weisen einen Medianwert (Md) von 3,5 auf (Abb. 6.4). Die Häufigkeitsverteilung der pH($CaCl_2$)-Werte zeigt, daß 78 % der pH-Werte unter pH 4,2 und davon 28 % unter pH 3,3 liegen.

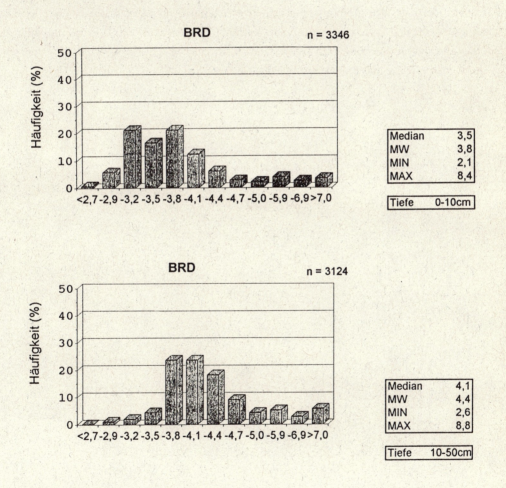

Abb. 6.4: Häufigkeitsverteilung der pH($CaCl_2$)-Werte in den Tiefenstufen 0 - 10 cm und 10 - 50 cm von Waldstandorten in der BRD (Gesamtkollektiv); MW: Mittelwert, MIN: Minimum, MAX: Maximum

Im Vergleich zum Gesamtkollektiv lassen die Verteilungen der pH(CaCl$_2$)-Werte in den einzelnen Bundesländern ein mehr oder weniger deutliches Nord-Süd-Gefälle erkennen. So liegen die Medianwerte in der Tiefenstufe 0 - 10 cm der Länder Schleswig-Holstein (Md: 3,2), Niedersachsen (Md: 3,2), Hamburg (Md: 3,3) und Brandenburg (Md: 3,4) (Abb. 6.5, 6.6, 6.9) unter dem bundesweiten Medianwert von 3,5, während die Länder im mittleren sowie im südwestlichen und südöstlichen Teil der Bundesrepublik vorwiegend über diesem Wert liegende Medianwerte besitzen (Abb. 6.7 bis 6.10). Eine Ausnahme bilden die Länder Bremen (Md: 4,1) und Berlin (Md: 3,9), die deutlich über dem bundesweiten Medianwert liegen, was aber vermutlich auf den geringen Stichprobenumfang zurückzuführen ist (Abb. 6.5 und 6.9). Auch das Saarland stellt als relativ südlich gelegenes Bundesland mit einem Medianwert von 3,4 eine Ausnahme dar (Abb. 6.7).

Das anhand der medianen pH-Werte angedeutete Nord-Süd-Gefälle könnte auf unterschiedliche Ausgangsgesteine und Bodentypen (s.u.), aber auch auf klimatische Effekte, die z.B. zu höheren Sickerwasserraten in den nördlichen Bundesländern führen, bedingt sein. Um diese Zusammenhänge zu überprüfen, sind weitere Untersuchungen erforderlich.

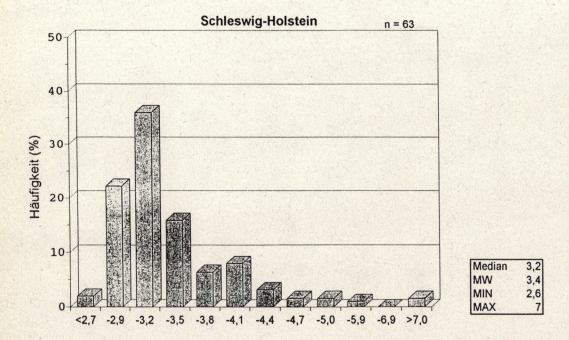

Abb. 6.5: Häufigkeitsverteilung der pH(CaCl$_2$)-Werte in der Tiefenstufe 0 - 10 cm von Waldstandorten in Schleswig-Holstein

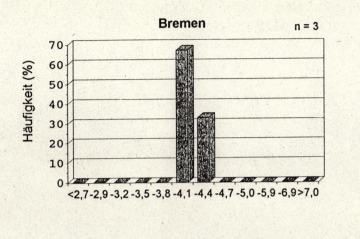
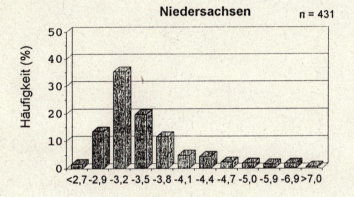
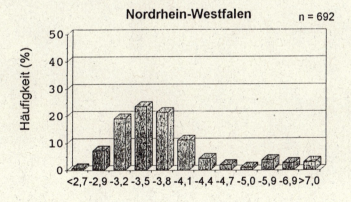

Abb. 6.6: Häufigkeitsverteilung der pH($CaCl_2$)-Werte in der Tiefenstufe 0 - 10 cm von Waldstandorten in den Nordwestdeutschen Bundesländern Bremen, Niedersachsen und Nordrhein-Westfalen

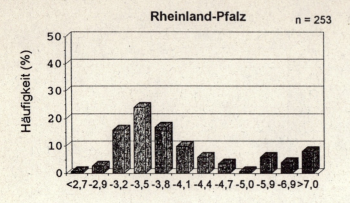

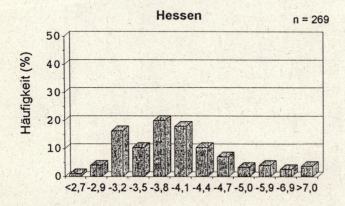

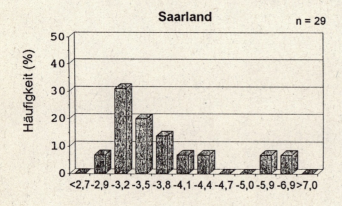

Abb. 6.7: Häufigkeitsverteilung der pH(CaCl$_2$)-Werte in der Tiefenstufe 0 - 10 cm von Waldstandorten in den Süddeutschen Bundesländern Hessen, Rheinland-Pfalz und Saarland

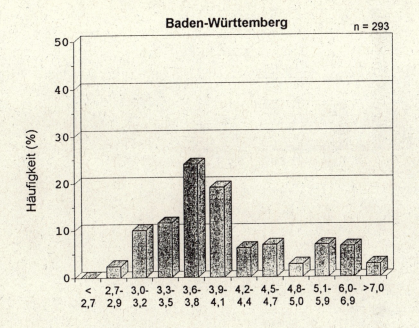

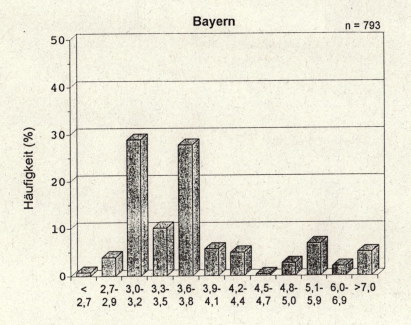

Abb. 6.8: Häufigkeitsverteilung der pH(CaCl$_2$)-Werte in der Tiefenstufe 0 - 10 cm von Waldstandorten in den Süddeutschen Bundesländern Baden-Württemberg und Bayern

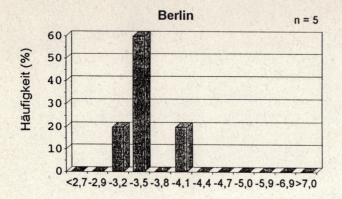

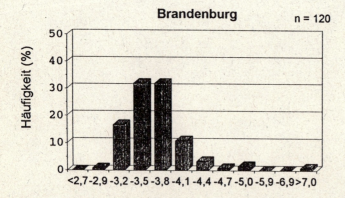

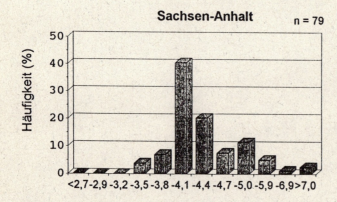

Abb. 6.9: Häufigkeitsverteilung der pH(CaCl$_2$)-Werte in der Tiefenstufe 0 - 10 cm von Waldstandorten in den Ostdeutschen Bundesländern Berlin, Brandenburg und Sachsen-Anhalt

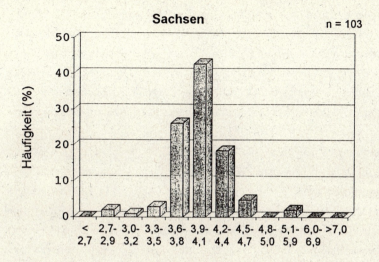

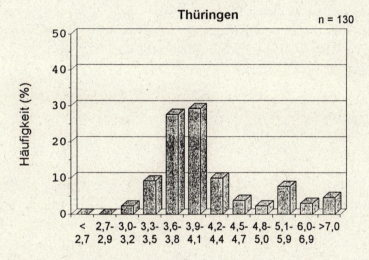

Abb. 6.10: Häufigkeitsverteilung der pH(CaCl$_2$)-Werte in der Tiefenstufe 0 - 10 cm von Waldstandorten in den Ostdeutschen Bundesländern Sachsen und Thüringen

Die Häufigkeitsverteilung der pH(CaCl$_2$)-Werte für die einzelnen Bundesländer weist nur in seltenen Fällen eine reine Eingipfligkeit auf, wie z.B. für die Daten in Hamburg oder Niedersachsen. Deutlich zwei- bzw. auch mehrgipflige Verteilungen zeigen die pH-Werte der Bundesländer Bayern, Baden-Württemberg, Thüringen, Saarland und Hessen. Die Schwerpunkte liegen zum einen im stark bis sehr stark sauren pH-Bereich zwischen den Intervallklassen 3,0 - 3,2 und 3,9 - 4,1 sowie im mäßig sauren bis neutralen Bereich in den Intervallen 5,1 - 5,9 und ≥ 7. Hierbei ist jedoch zu beachten, daß der z.T deutliche Anstieg der Häufigkeiten im mäßig sauren bis neutralen pH-Bereich u.a. auf die weiter gefaßten Intervalle zurückzuführen ist.

Im tieferen Mineralboden von 10 - 50 cm steigen die pH($CaCl_2$)-Werte im Gesamtkollektiv deutlich an und weisen einen Medianwert von 4,1 auf (Abb. 6.4). Die pH-Werte variieren ähnlich stark wie in der Tiefenstufe 0 - 10 cm und liegen zwischen pH 2,6 und 8,8. Der Anteil an pH-Werten unter 4,2 hat sich gegenüber der Tiefenstufe 0 - 10 cm verringert, beträgt jedoch noch über 50 %. Die pH($CaCl_2$)-Werte unter pH 3,2 erreichen nur noch einen Anteil von 3 % am Gesamtprobenkollektiv.

Im Gegensatz zur Tiefenstufe 0 - 10 cm zeigen die Medianwerte der pH($CaCl_2$)-Werte der Bundesländer in der Tiefenstufe 10 - 50 cm keine Zunahme von Norden nach Süden (Abb. 6.11 bis 6.16). Den niedrigsten Medianwert weist das Saarland mit 3,7 auf (Abb. 6.13). Die Medianwerte von Nordrhein-Westfalen (Md: 3,9), Schleswig-Holstein (Md: 3,9), Niedersachsen (Md: 4,0) und Hessen (Md: 4,0) (Abb. 6.11 bis 6.13) liegen ebenfalls unter dem bundesweiten Medianwert, während in den neuen Bundesländern die Werte zumeist deutlich darüber liegen (Abb. 6.15 und 6.16). Die Häufigkeitsverteilungen der pH($CaCl_2$)-Werte in der Tiefenstufe 10 - 50 cm lassen in der Mehrzahl eine eingipfelige Verteilung erkennen. Mehrgipfelige pH-Wert-Verteilungen treten hingegen bei den Bundesländern Hessen, Bayern, Thüringen, Saarland sowie Rheinland-Pfalz auf. Besonders auffällig ist der hohe Anteil an pH-Werten über 7,0 von nahezu 10 % in den Bundesländern Rheinland-Pfalz (Abb. 6.13) und Thüringen (Abb. 6.16).

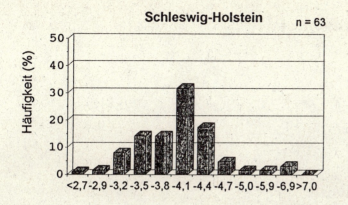

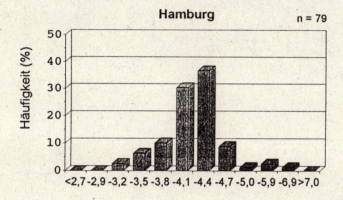

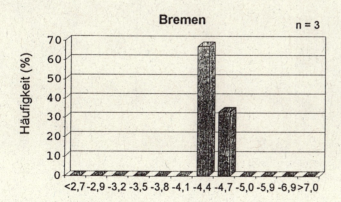

Abb. 6.11: Häufigkeitsverteilung der pH(CaCl$_2$)-Werte in der Tiefenstufe 10 - 50 cm von Waldstandorten in den Nord- und Nordwestdeutschen Bundesländern Schleswig-Holstein, Hamburg und Bremen

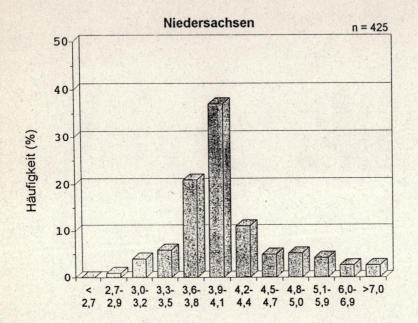

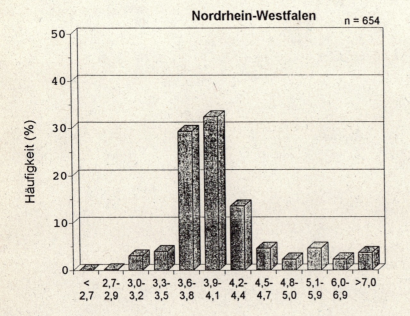

Abb. 6.12: Häufigkeitsverteilung der pH(CaCl$_2$)-Werte in der Tiefenstufe 10 - 50 cm von Waldstandorten in den Nordwestdeutschen Bundesländern Niedersachsen und Nordrhein-Westfalen

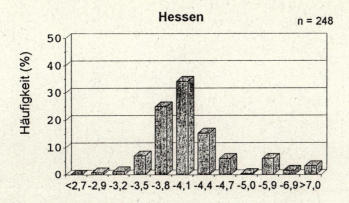

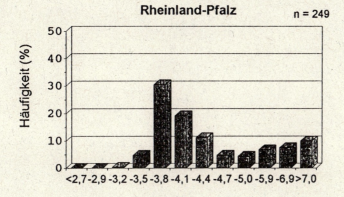

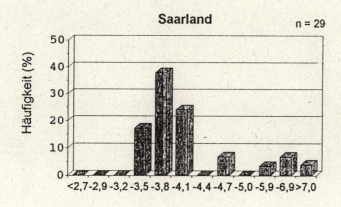

Abb. 6.13: Häufigkeitsverteilung der pH(CaCl$_2$)-Werte in der Tiefenstufe 10 - 50 cm von Waldstandorten in den Mittel- bis Süddeutschen Bundesländern Hessen, Rheinlandpfalz und Saarland

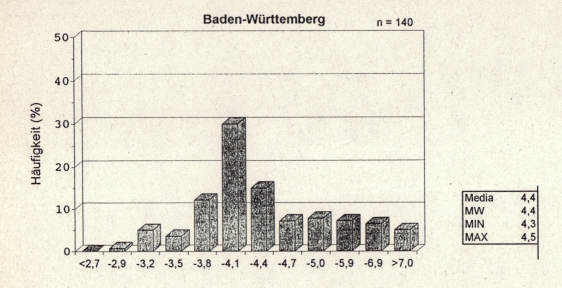

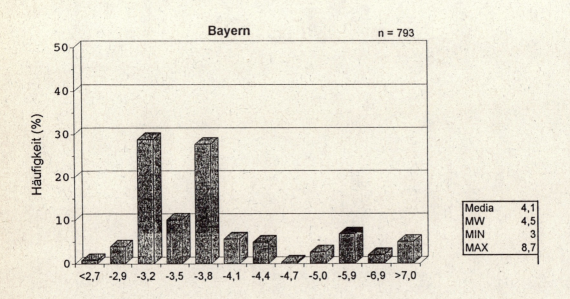

Abb. 6.14: Häufigkeitsverteilung der pH(CaCl$_2$)-Werte in der Tiefenstufe 10 - 50 cm von Waldstandorten in den Süddeutschen Bundesländern Baden-Württemberg und Bayern

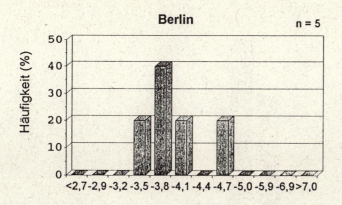

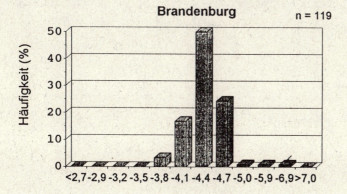

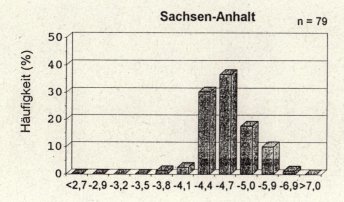

Abb. 6.15: Häufigkeitsverteilung der pH(CaCl$_2$)-Werte in der Tiefenstufe 10 - 50 cm von Waldstandorten in den Ostdeutschen Bundesländern Berlin, Brandenburg und Sachsen-Anhalt

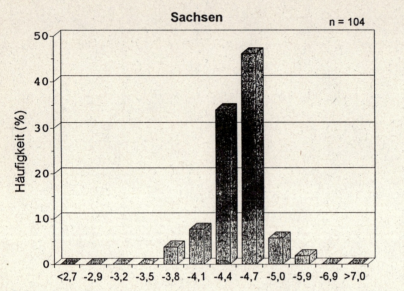

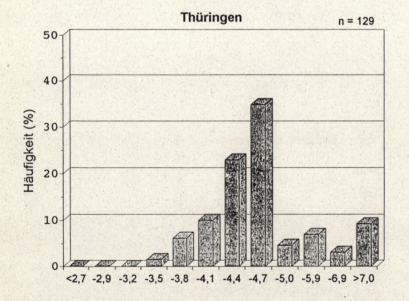

Abb. 6.16: Häufigkeitsverteilung der pH(CaCl$_2$)-Werte in der Tiefenstufe 10 - 50 cm von Waldstandorten in den Ostdeutschen Bundesländern Sachsen und Thüringen

Beziehungen zum geologischen Ausgangssubstrat

Neben den Faktoren Klima, Relief und Vegetation werden die bodenchemischen Eigenschaften in besonderem Ausmaße durch das **geologische Ausgangssubstrat** (Abb. 6.17), aus dem sich die Böden (Abb. 6.18) entwickelt haben, bestimmt. Wie im Kap. 5.5 eingehend erläutert wurde, hängt der räumliche und zeitliche Verlauf der Bodenversauerung ganz wesentlich von der Pufferkapazität und -rate des Mineralbestandes der bodenbildenden Gesteine ab. Da sich Böden jedoch in seltenen Fällen aus dem gleichen geologischen Ausgangssubstrat entwickelt haben, welches unter dem Solum ansteht, ist eine Zuordnung bodenchemischer Parameter, wie z.B. die Bodenazidität, zu bestimmten Ausgangssubstraten bzw. zu Substratgruppen schwierig. Häufig ist das Ausgangsmaterial primär geschichtet, oder der Boden hat sich aus einer jüngeren Deckschicht entwickelt, die sich in ihren chemischen und physikalischen Eigenschaften stark von denen des Liegenden unterscheiden kann (z.B. Löß über unterdevonischen Sandsteinen und Tonschiefern). In den mitteleuropäischen Mittelgebirgen bilden ferner periglaziale Deckschichten, die als unterschiedlich ausgebildete Deckschichtentypen in schutt- oder feinmaterialreichen Fließerden vorliegen, das Ausgangsmaterial. In den Abb. 6.19 bis 6.25 wird unter Berücksichtigung der großen Vielfalt an Ausgangssubstraten versucht, anhand des vorliegenden Datenkollektivs sowie aus Untersuchungen verschiedener Autoren (Jensen-Huss und Kuhnt, 1988; Hantl, 1991; Block et al., 1991; Gulder und Kölbel, 1993 u.a.) eine Übersicht über die Spannweite und Medianwerte der pH(CaCl$_2$)-Werte in den wichtigsten Ausgangssubstraten gegeben.

Die niedrigsten pH-Werte in der Tiefenstufe 0 - 10 cm weisen nahezu alle Standorte auf Sandsteinen des Devons, Karbons, Perms, der Trias und untergeordnet auch der Kreide auf. Es sind dies insbesondere die unterdevonischen, z.T. quarzitischen Sandsteine, die Sandstein/Tonstein-Wechsellagerungen und die oberkarbonischen Sandsteine des Rheinischen Schiefergebirges, des nördlichen Harzes und des Saarbrücker Hauptsattels (Abb. 6.19 und 6.20). Weit verbreitet finden sich ferner niedrige pH-Werte in den Oberböden auf nahezu allen mittleren Buntsandstein-Standorten in Thüringen (Thüringer Becken), Hessen (Hessische Senke), Rheinland-Pfalz (Pfälzer Wald), Saarland, Baden-Württemberg (Odenwald, Kraichgau, Schwäbische Alb) sowie in Nordbayern (Odenwald). Ferner zeichnen sich die Waldstandorte des mittleren und oberen Keupers im südlichen Niedersachsen, in Hessen, Thüringen, Baden-Württemberg und Bayern sowie die Unterkreide-Sandsteine (Osning-, Hilssandstein) im südlichen Niedersachsen durch sehr niedrige pH-Werte aus. Die Median-pH(CaCl$_2$)-Werte der meisten Sandsteinstandorte, von denen einige in Abb. 6.19 aufgeführt sind, liegen in den Oberböden (0 - 10 cm) zwischen 3,2 und 3,4. Extrem niedrige pH-Werte finden sich in der Tiefenstufe 0 - 10 cm von Böden aus Hilssandstein (Md: 2,9) und vereinzelt auf mittlerem Buntsandstein (Md: 3,1). In der Tiefenstufe 10 - 50 cm liegen die Medianwerte etwas höher und bewegen sich überwiegend im Bereich zwischen pH 3,4 und 3,8. Ist das Ausgangssubstrat wie im Beispiel der Löß-Hilssandstein- bzw. Löß-Buntsandstein-Fließerden Südniedersachsens heterogen aufgebaut, so liegen die mittleren pH-Werte in beiden Tiefenstufen meist über denen der reinen Sandsteinstandorte (Abb. 6.23).

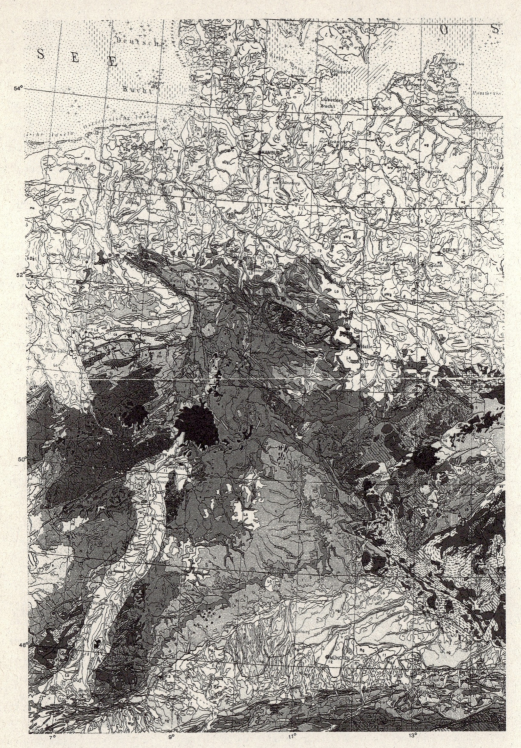

Abb. 6.17: Geologische Karte von Deutschland (Legende s. nächste Seite)
(Wiedergabe eines Ausschnittes der Geologischen Karte von Mitteleuropa 1 : 2.000.000 mit Genehmigung des Niedersächsisches Landesamtes für Bodenforschung)

siehe Farbtafel im Anhang

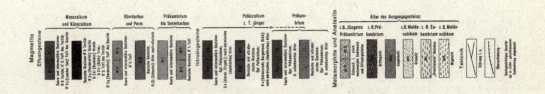
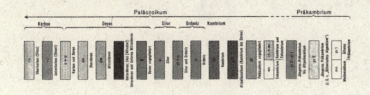
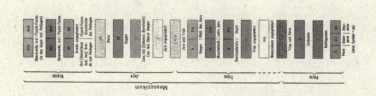
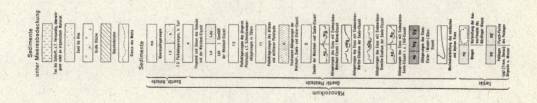

Legende

siehe Farbtafel im Anhang

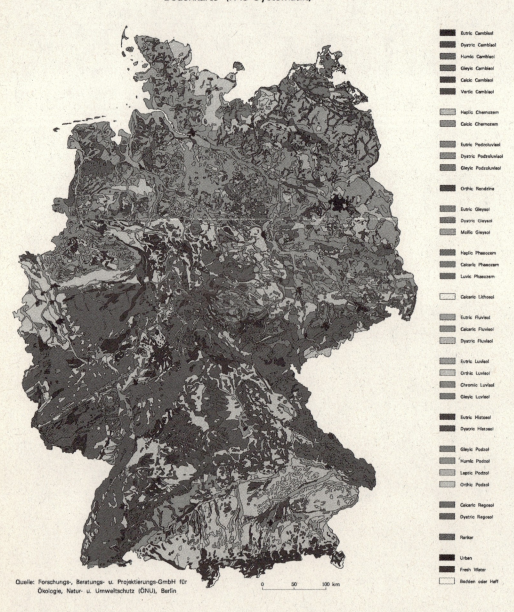

Abb. 6.18: Bodenkarte der BRD
(Wiedergabe mit Genehmigung der ÖNU-GmbH)

siehe Farbtafel im Anhang

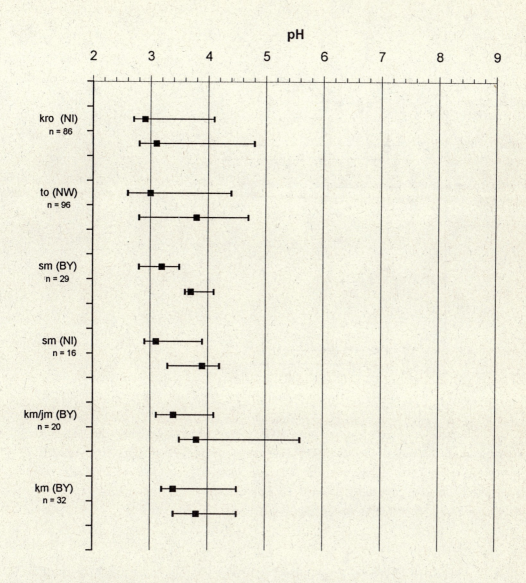

kro: obere Kreide (Hilssandstein), to: Oberdevon (Kahlenbergsandstein), sm: mittlerer Buntsandstein, km/jm: Keuper- und Jurasandsteine (Blasensandstein (mittlerer Keuper), Eisensandstein (mittlerer Jura)), km: Burgsandstein (mittlerer Keuper); NI: Niedersachsen, NW: Nordrhein-Westfalen, BY: Bayern

Abb. 6.19: Bereiche und Medianwerte der pH(CaCl$_2$)-Werte von Waldböden in den Tiefenstufen 0 - 10 cm (oben) und 10 - 50 cm (unten) für verschiedene geologische Substratgruppen (Sandsteine)

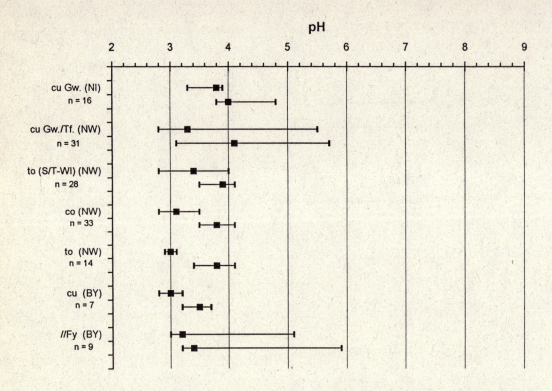

cu Gw: unterkarbonische Grauwacke, cu Gw./Tf.: unterkarbonische Grauwacke/Tonschiefer Wechselfolge, to (S/T-Wl): oberdevonische Sandstein/Tonstein-Wechselfolge, co: Oberkarbon (Arnsberg-Schichten), co: oberkarbonische Sandstein/Tonstein/Quarzit-Wechselfolge, to: oberdevonische Tonschiefer, cu: unterkarbonische Tonschiefer, //Fy: Flysch (Helvetikum, Jura); NI: Niedersachsen, NW: Nordrhein-Westfalen, BY: Bayern

Abb. 6.20: Bereiche und Medianwerte der pH(CaCl$_2$)-Werte von Waldböden in den Tiefenstufen 0 - 10 cm (oben) und 10 - 50 cm (unten) für verschiedene geologische Substratgruppen (Sandstein/Tonstein-Wechsellagerungen, Tonschiefer)

Ebenfalls niedrige pH-Werte weisen die Böden aus devonischen Tonschiefern, Grauwacken, Grauwacken/Tonschiefer-Wechselfolgen und Sandstein/Tonstein-Wechsellagerungen auf (Abb. 6.20). Die Medianwerte in den Oberböden liegen mit 3,0 - 3,8 jedoch um 0,2 - 0,4 pH-Einheiten über denen reiner Sandsteine. Die mittleren pH-Werte in den tieferen Unterböden (10 - 50 cm) variieren zwischen 3,5 und 4,2. Hauptverbreitungsgebiet dieser Substratgruppen sind Waldstandorte im Bereich des Rheinischen und Thüringischen Schiefergebirges.

Sehr stark bis extrem saure Böden finden sich auch auf quarzreichen silicatischen Lockersedimenten (Abb. 6.21). Es sind dies überwiegend die Standorte der durch mehrere Glazial- und Interglazialphasen geprägten Gebiete Norddeutschlands (Schleswig-Holstein, Niedersachsen, Mecklenburg-Vorpommern, Berlin, Brandenburg, nördliches Nordrhein-Westfalen) sowie der Bereich des Alpenvorlandes. Es handelt sich hierbei überwiegend um Schmelzwassersande, Geschiebedecksande und Flugsande. Niedrige pH-Werte treten ferner in Böden aus Flug- und Schwemmsanden des Oberrheintalgrabens sowie aus kiesig-sandigen Sedimenten der Rheinterrassen in der Niederrheinischen Bucht auf. Die Medianwerte in der Tiefenstufe 0 - 10 cm liegen meist im pH-Bereich zwischen 3,0 und 3,5, in der Tiefenstufe 10 - 50 cm zwischen 3,6 und 4,2. Innerhalb der tertiären Sande der Vorlandmolasse, der würmeiszeitlichen Sande und Kiese sowie der kiesig-lehmigen Sande der Jungmoräne treten teilweise große pH-Schwankungen in beiden Tiefenstufen auf. Dies ist darauf zurückzuführen, daß der Mineralbestand des Ausgangsmaterials sehr stark variieren kann. Je nach Liefergebiet finden sich bei silicatischen Ausgangsgesteinen niedrige pH-Werte in den Jungmoränensedimenten, während carbonathaltige Liefergebiete (z. B. Kalkalpen) sich sofort in höheren pH-Werten in den quartärzeitlichen Sedimenten widerspiegeln (Abb. 6.21).

Die Böden aus magmatischen und höher metamorphen Ausgangsgesteinen, vornehmlich Granite und Gneise des Südschwarzwaldes, des Spessarts, Phyllite und Granite des Oberpfälzer Waldes, des Fichtelgebirges und des Erzgebirges sowie die Granite und Quarzite des Harzes weisen ebenfalls niedrige pH-Werte auf (Abb. 6.22). Die Medianwerte liegen zwischen 3,1 und 3,8 in den Oberböden und zwischen 3,7 und 4,4 in der Tiefenstufe 10 - 50 cm.

Tiefgründige Entkalkungs- und Versauerungsprozesse haben dazu geführt, daß die Löß-, Lößlehm- und Lößfließerden-Standorte in Niedersachsen, Nordrhein-Westfalen, Hessen, Rheinland-Pfalz, Baden-Württemberg und Bayern in etwa ähnlich niedrige pH-Werte in beiden Tiefenstufen aufweisen wie die Standorte auf Tonschiefern und Grauwacken oder auch wie eine Vielzahl von Granit- und Gneisstandorten. Die Medianwerte liegen in den Oberböden überwiegend zwischen 3,4 und 3,8, in der Tiefenstufe 10 - 50 cm zwischen 3,6 und 4,2 (Abb. 6.23).

Treten Löß bzw. Lößlehm oder Lößfließerden nur als wenige Dezimeter mächtige Deckschichten über devonischen oder triassischen Sandsteinen auf, werden die bodenchemischen Parameter vorwiegend durch die chemischen Eigenschaften der Liegendgesteine geprägt. Die Medianwerte der pH($CaCl_2$)-Werte in den Tiefenstufen 0 - 10 cm und 10 - 50 cm liegen somit meist um 0,2 - 0,4 pH-Einheiten niedriger als die reiner Löß- bzw. Lößlehm-Standorte. Sehr niedrige pH-Werte weisen auch die Böden aus Sandlöß in Niedersachsen sowie in Nordrhein-Westfalen (Niederrhein) mit Medianwerten von 3,2 im Oberboden und 3,9 - 4,1 in der Tiefenstufe 10 - 50 cm auf.

Deutlich günstigere Bedingungen in bezug auf die Bodenacidität finden sich auf allen Standorten mit überwiegend basischen Vulkaniten als Ausgangsgestein. Dies sind einerseits die kleinflächigen Diabas-Standorte im Harz und in Hessen und andererseits großflächig die Basaltstandorte in Rheinland-Pfalz (Westerwald) und in Hessen (Rhön, Vogelsberg). Ferner weisen auch die Standorte auf oberkarbonischen und permischen Vulkaniten (Rhyolithe) in der Saar-Nahe-Senke sowie im Thüringer Wald höhere pH-Werte auf (Abb. 6.24).

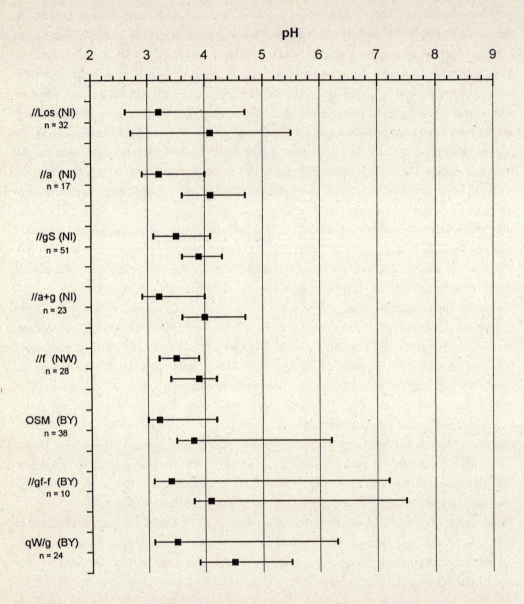

/Los: Sandlöß, //a: Flugsand, gS: Geschiebesand, //a+g: Flugsand + Geschiebelehm, //f: Sande der Rhein-Niederterrasse, OSM: Vorlandmolasse (Obere Süßwasser Molasse), //gf-f: Würmschotter, qW/g: Jungmoräne;
NI: Niedersachsen, NW: Nordrhein-Westfalen, BY: Bayern

Abb. 6.21: Bereiche und Medianwerte der pH(CaCl$_2$)-Werte von Waldböden in den Tiefenstufen 0 - 10cm (oben) und 10 - 50 cm (unten) nach geologischen Substratgruppen (silicatische Lockergesteine)

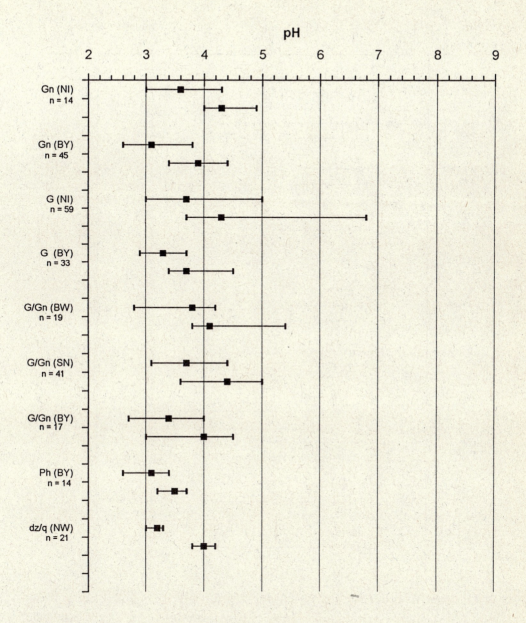

Gn: Gneis, Gr: Granit, Ph: Phyllit, dz/q: unterdevonische Quarzite,
NI: Niedersachsen, BY: Bayern, BW: Baden-Württemberg, NW: Nordrhein-Westfalen, SN: Sachsen

Abb. 6.22: Bereiche und Medianwerte der pH(CaCl$_2$)-Werte von Waldböden in den Tiefenstufen 0 - 10 cm (oben) und 10 - 50 cm (unten) nach geologischen Substratgruppen (magmatische und metamorphe Gesteine)

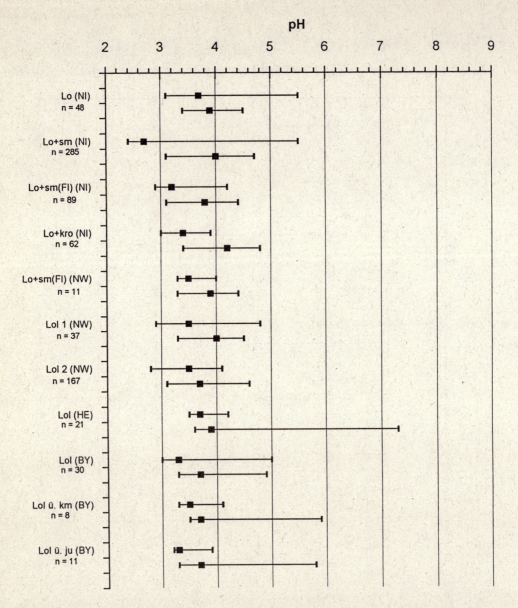

Lo: Löß, Lo+sm(Fl): Löß + mittlerer Buntsandstein-Fließerde, Lo+kro: Löß + oberer Kreidesandstein (Hilssandstein)-Fließerde, Lol 1: Lößlehm (Bergisches Land), Lol 2: Lößlehm (Ville), Lol ü. km: Lößlehm über Keuperton (Gipskeuper, Feuerletten), Lol ü. ju: Lößlehm über Juraton (schwarzer Jura, Opalinuston, Weißjura);
NI: Niedersachsen, NW: Nordrhein-Westfalen, HE: Hessen, BY: Bayern

Abb. 6.23: Bereiche und Medianwerte der pH(CaCl$_2$)-Werte von Waldböden in den Tiefenstufen 0 - 10 cm (oben) und 10 - 50 cm (unten) nach geologischen Substratgruppen (Löß, Lößlehm, Lößfließerden und Löß über verschiedene Ausgangsgesteine)

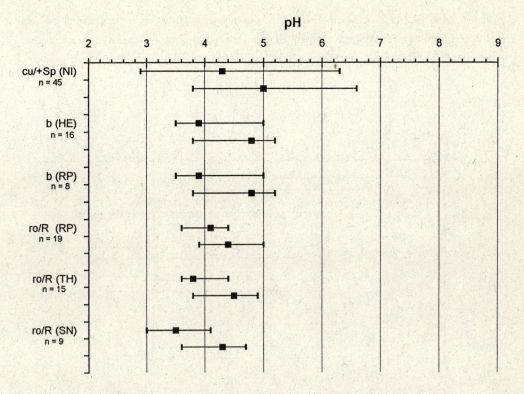

cu/+Sp: unterkarbonische Diabase, b: tertiäre Basalte, ro/R: Rotliegend-Vulkanite;
NI: Niedersachsen, HE. Hessen, RP: Rheinland-Pfalz, TH: Thüringen, SN: Sachsen

Abb. 6.24: Bereiche und Medianwerte der pH(CaCl$_2$)-Werte von Waldböden in den Tiefenstufen 0 - 10 cm (oben) und 10 - 50 cm (unten) nach geologischen Substratgruppen (Vulkanite)

Die höchsten pH-Werte bezogen auf beide Tiefenstufen weisen die Böden aus carbonatischen Locker- und Festgesteinen auf (Abb. 6.25). Bei den carbonatischen Lockergesteinen handelt es sich um einige wenige Standorte auf Geschiebemergel in Schleswig-Holstein, Niedersachsen und Brandenburg, um postglaziale Schotter zahlreicher Flüsse der Schwäbisch-Bayerischen-Altmoränenlandschaft sowie um Auenlehme und Hochflutablagerungen des Rheins in der nördlichen Oberrheinischen Tiefebene. Die Festgesteine umfassen die mitteldevonischen Massenkalke (Eifelkalkmulden, Sauerländer Mulden), die weitflächig verbreiteten Kalke und Dolomite des Muschelkalks, die Keupermergel, die Mergel, Dolomite und Kalke des oberen Jura, die Oberkreide-Mergel sowie die Jura- und Kreidekalke der Kalkalpen.

Die Medianwerte der Böden aus carbonatischen Locker- und Festgesteinen zeigen in Abhängigkeit vom Carbonatgehalt der Ausgangsgesteine und Böden eine starke Streuung in beiden Tiefenstufen von pH 3,9 bis 7,5. Der überwiegende Anteil der carbonatischen Ausgangssubstrate weist jedoch in den Oberböden (0 - 10 cm) Medianwerte zwischen 5,8 und 7,3, in der Tiefenstufe 10 - 50 cm zwischen 6,2 und 7,5 auf. Auch innerhalb der Ausgangssubstrate ist, wie am Beispiel der pH-Werte von Böden aus devonischen Massenkalken zu erkennen ist, die Schwankungsbreite groß; sie reicht in der Tiefenstufe 0 - 10 cm von pH 3,2 - 5,7.

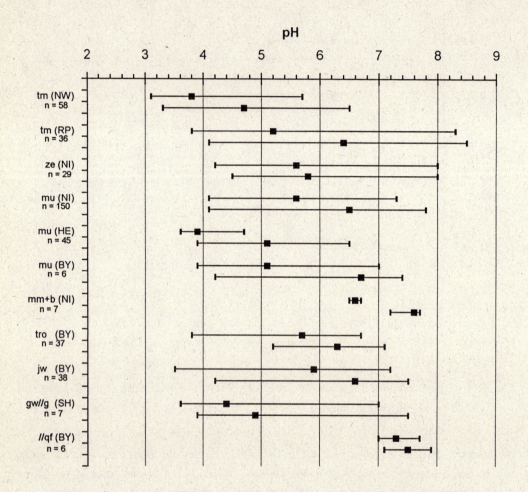

tm: mitteldevonische Massenkalke, ze: Zechstein, mu: unterer Muschelkalk, mm: mittlerer Muschelkalk + Basalt-Fließerde, tro: Kalkalpen (obere Trias), jw: Weißjura (Kalke und Mergel), gw//g: Geschiebemergel (Weichsel), //qf: Kalkauen,
SH: Schleswig-Holstein, NI: Niedersachsen, NW: Nordrhein-Westfalen, RP: Rheinland-Pfalz, HE: Hessen, BY: Bayern

Abb. 6.25: Bereiche und Medianwerte der pH(CaCl$_2$)-Werte von Waldböden in den Tiefenstufen 0 - 10 cm (oben) und 10 - 50 cm (unten) nach geologischen Substratgruppen (carbonatische Locker- und Festgesteine)

Beziehungen zu bodentypologischen Einheiten

Aus der Verschneidung der Grundkarten "Waldflächenverteilung" (Abb. 6.3) und der Bodenkarte (Abb. 6.18) der Bundesrepublik Deutschland wurden die prozentualen Anteile der wichtigsten Bodentypen unter Wald ermittelt. Es wurde versucht, die nach der FAO-Systematik klassifizierten Bodentypen anhand der Legende und Erläuterung zur Bodenkarte der Bundesrepublik Deutschland 1:1.000.000 (Roeschmann, 1986) in die deutsche Bodensystematik zu übertragen. Demnach nehmen die sauren Braunerden bezogen auf die Waldflächen mit 38 % den größten Anteil ein, gefolgt von den Podsolen, die einen Waldflächenanteil von 22 % erreichen. Die Parabraunerden weisen einen Flächenanteil von 16 % auf; die übrigen Braunerden sowie die Rendzinen und Pararendzinen machen 9 bzw. 16 % der Waldfläche aus. Alle anderen Bodentypen erreichen jeweils einen Flächenanteil von weniger als 5 %.

Die Verteilung der pH-Werte nach Bodentypen in beiden Tiefenstufen zeigt, daß im pH-Bereich zwischen pH < 2,7 und 5,9 die sauren Braunerden mit Anteilen von bis zu 68 % dominieren (Tab. 6.2). Die Parabraunerden erreichen Anteile zwischen 11 und 27 %. Podsole sind vor allem in dem sehr stark bis extrem sauren pH-Bereich vertreten und erreichen hier bei pH < 2,7 ihren maximalen Anteil von 21 % am Gesamtprobenkollektiv. Ab pH-Werten oberhalb 4,8 treten sie nur noch untergeordnet mit Anteilen von unter 5 % auf. Hierbei handelt es sich fast ausschließlich um Gley-Podsole. Die prozentualen Anteile der Pseudogleye und Gleye liegen meist unter 10. Ihr Maximum mit 13 % erreichen die Pseudogleye in den pH-Bereichen 3,3 - 3,5 und 3,6 - 3,8. Die Gleye sind dagegen überwiegend auf die pH-Bereiche zwischen 4,2 und 5,0 beschränkt. Die Auen- und Marschböden weisen ihre maximalen Anteile im schwach sauren bis neutralen pH-Bereich auf. Hierbei handelt es sich im wesentlichen um die karbonatreichen Kalkauenböden.

Tab. 6.2: Verteilung der pH-Werte (in %) nach bodentypologischen Einheiten in den Tiefenstufen 0 - 10 cm und 10 - 50 cm

Bodentyp	pH-Bereiche											
	<2,7	2,7-2,9	3,0-3,2	3,3-3,5	3,6-3,8	3,9-4,1	4,2-4,4	4,5-4,7	4,8-5,0	5,1-5,9	6,0-6,9	≥7,0
saure Braunerde	68	48	40	41	43	48	41	40	39	28	25	29
bas. Braunerde	0	9	7	5	5	5	7	6	8	17	6	5
Parabraunerde	11	22	27	17	16	16	23	26	21	19	22	14
Podsol	21	18	16	15	15	15	10	10	9	6	3	3
Pseudogley/Gley	0	2	4	13	9	8	8	6	3	3	1	3
Auenboden/Marsch	0	0	3	5	2	2	3	2	5	9	7	9
Rendzina/Pararendzina	0	0	1	1	3	3	5	9	11	16	35	36
Sonstige	0	1	2	3	2	2	3	1	4	2	1	1

Die höchsten pH-Werte in beiden Tiefenstufen treten bei Rendzinen und Pararendzinen auf. In dem pH-Bereich oberhalb 6,0 stellen sie den dominierenden Bodentyp mit Anteilen bis zu 36 % dar. Die auch bei hohen pH-Werten auftretenden prozentualen Anteile an sauren Braunerden und Podsolen sind durch die unterschiedlichen Inhalte bei der bodentypologischen Bezeichnung der FAO-Einteilung und der deutschen Bodensystematik bedingt. Teilweise sind sie auch auf Ungenauigkeiten bei der Verschneidung der Karten zur Waldflächenverteilung und der Bodentypenverteilung zurückzuführen, da die Gauß-Krüger-Koordinaten der aufgenommenen Standorte aus datenschutzrechtlichen Gründen nur mit einer Genauigkeit von ± 100 - 1000 m angegeben wurden.

Insgesamt bestehen damit deutliche Beziehungen zwischen dem Versauerungsstatus der Waldböden und der Art des Ausgangsgesteins sowie verschiedenen bodentypologischen Einheiten. Daneben sind auch Beziehungen zum Klima und zur Art der Waldvegetation zu erwarten. Zur Erfassung dieser Wechselwirkungen sind jedoch weitere Auswertungen sowie andere Untersuchungs- sowie Auswertemethoden erforderlich.

6.2 Veränderungen des bodenchemischen Zustandes als Folge ökosysteminterner und -externer Säurebelastung

6.2.1 Tiefenversauerung von Waldböden

Die durch natürliche und vor allem anthropogene Einflüsse bedingte weitflächige starke bis extreme Versauerung ist jedoch nicht auf die obersten Zentimeter der Waldböden beschränkt, sondern reicht, wie die Analysendaten einiger ausgewählter Waldböden aus verschiedenen Regionen der BRD in Tab. 6.3 bis 6.5 zeigen, häufig bis in eine Bodentiefe von über 1 m. Die pH($CaCl_2$)-Werte sowie die prozentualen Anteile austauschbarer Kationen einer typischen Parabraunerde aus carbonatreichem Geschiebemergel unter Wald in Norddeutschland (Siggen, Tab. 6.3) lassen eine tiefgreifende Versauerung bis 1,14 m erkennen (Brümmer, 1981). Die pH($CaCl_2$)-Werte variieren zwischen 3,5 im Oberboden und 7,3 im carbonathaltigen Ausgangsmaterial. Damit geht eine Abnahme des H+Al-Anteils an der Summe der austauschbaren Kationen von 94 % im Oberboden bis auf 1 % im Unterboden und eine Zunahme der basisch wirkenden Kationen von 6 auf 99 % einher. Während die hohen Anteile basisch wirkender Kationen im Unterboden den zu Beginn der Bodenentwicklung im ganzen Profil vorhandenen günstigen Nährstoffstatus kennzeichnen, weist die jetzige Situation im Oberboden mit Mg- und Ca-Anteilen von 1 bzw. 2 - 3 % auf Nährstoffmangel bei gleichzeitigem H+Al-Überschuß hin. Die mit zunehmender Versauerung auftretenden Veränderungen in den Anteilen basisch und sauer wirkender Austauschkationen kennzeichnen exemplarisch die heute weitflächig festzustellende starke Degradierung der Waldböden und die damit einhergehende drastische Verschlechterung ihrer Standorteigenschaften. In den stark sandigen bis lehmigen Ausgangssubstraten insbesondere des Quartärs (Weichsel- und Saale-Sander bzw. -Moränen) sowie der Oberkreide (Tab. 6.4), aus denen sich überwiegend Podsole, Podsol-Braunerden sowie Podsol-Pseudogleye entwickelt haben, liegen die pH-Werte deutlich niedriger als in den

Böden aus Geschiebemergel und weisen auch im tieferen Unterboden stets pH-Werte unter 4,0 auf (Peters, 1990; Schimming, 1991; Bachmann, 1992; Büttner, 1992; Fuchs, 1992; Anonymus, 1993 u.a.). In den Oberböden wurden nicht selten pH-Werte von 2,6 bis 2,8 festgestellt. Auch in den Böden aus Löß bzw. Lößlehm hat die Versauerung bereits tiefere Horizonte erreicht (Tab. 6.5). So liegt der pH($CaCl_2$)-Wert im Bv-Horizont der Parabraunerde aus Löß unter Wald (Kottenforst, Bonn) in 1,60 m Tiefe unter 5,0 während er im Oberboden bereits auf 2,9 abgesunken ist (Veerhoff, 1992).

Ulrich und Malessa (1989) konnten in sauren Braunerden geringer Säureneutralisationskapazität (SNK) aus Schuttdecken in der Sösemulde im Harz eine tiefgründige Versauerung bis stellenweise 1,90 m Tiefe beobachten. Auch die durch hohe SNK gekennzeichneten Rendzinen und Rendzina-Braunerden sind, wie Untersuchungen von Zezschwitz (1980), Schalich (1984) u.a. in den Eifelkalkmulden sowie von Hantl (1990) im Bereich des Wiehengebirges und Teuteburgerwaldes (Niedersachsen) belegen, z. T. in Tiefen bis über 50 cm stark versauert.

Tab. 6.3: pH-Werte und Austauschkationen einer Parabraunerde aus Geschiebemergel unter Wald in Norddeutschland (Östl. Hügelland, Siggen, Schleswig-Holstein) (Brümmer, 1981)

Horizont	Tiefe (cm)	pH (KCl)	pH ($CaCl_2$)	Austausch-Kationen in % ihrer Summe			
				H+Al+Fe+Mn	K+Na	Mg	Ca
Ah	0 - 9	3,7	3,8	89	2	2	7
Ale	- 28	3,4	3,5	94	2	1	3
Bv	- 46	3,7	3,7	94	3	1	2
Bvt	- 64	3,7	3,7	94	2	2	2
Bt	- 114	3,7	4,3	51	3	12	34
C	- 135	7,3	7,3	1	3	8	88

Tab. 6.4: pH-Werte und Austauschkationen eines Podsol-Pseudogleys aus Oberkreide-Sandstein über Juraton unter Wald in Nordrhein-Westfalen (Detmold) (Horn, 1993)

Horizont	Tiefe (cm)	pH (CaCl$_2$)	pH (H$_2$O)	Austausch-Kationen in % ihrer Summe			
				H+Al+Fe+Mn	K+Na	Mg	Ca
Ah	0 - 2	2,8	3,2	89	3	3	5
AheBs	- 7	3,2	3,7	95	1	1	3
Ae(Sw)	- 18	3,6	4,2	96	2	1	1
Ae(Sw)	- 40	3,8	4,3	97	2	0	1
Sw	- 65	3,8	4,4	95	3	1	1
SwSd	- 100	3,7	4,5	86	3	6	5
SdCv	- 140	3,8	4,6	84	3	7	6

Tab. 6.5: pH-Werte und Austauschkationen einer Parabraunerde aus Löß unter Wald (Kottenforst bei Bonn, Nordrhein-Westfalen) (Veerhoff, 1992)

Horizont	Tiefe (cm)	pH (CaCl$_2$)	pH (H$_2$O)	Austausch-Kationen in % ihrer Summe			
				H+Al+Fe+Mn	K+Na	Mg	Ca
Ah	0 - 7	2,9	3,6	87	2	3	8
Al	- 30	3,5	3,9	92	3	1	4
Bvt	- 53	3,7	4,3	83	5	4	8
Bt1	- 79	4,3	4,8	20	3	29	48
Bt2	- 107	4,7	5,3	7	3	33	57
Bt3	- 132	4,7	5,4	7	4	26	
Bv	- 160	4,9	5,8	5	4	24	5

Damit ist die Tiefenversauerung vor allem in Böden mit geringer Säureneutralisationskapazität bereits bis auf 2 m - in verschiedenen Gebieten auch tiefer - fortgeschritten und kann dann zu einer Versauerung oberflächennaher Grundwässer führen.

6.2.2 Auswirkung der Versauerung auf chemische Kennwerte der Bodenfestphase

Die Kationenaustauschkapazität und die Belegung der Austauscher mit Kationsäuren und basischen Kationen beschreibt den mobilisierbaren, an die Austauscheroberflächen gebundenen Ionenpool. Da dieser mit den Ionen in der Bodenlösung im Gleichgewicht steht, lassen Analysen zur Kationenaustauschkapazität und Austauscherbelegung Rückschlüsse auf die chemischen Eigenschaften der Lösungsphase in Böden zu. Daher sind diese Kennwerte ein wesentliches Maß zur Beurteilung des chemischen Bodenzustandes und zur Einschätzung der Gefährdung des Ökosystems durch Säuretoxizität und Nährstoffmangel (Meiwes et al., 1984). Beide Kennwerte sind als Kapazitätsgrößen weit weniger zeitlichen Schwankungen (Jahresgängen, Austrocknungs- und Wiederbefeuchtungsphasen) unterworfen als die Lösungsphase selbst. Diese Kennwerte sind daher in besonderem Maße für den periodischen Vergleich in mehrjährigen Abständen geeignet. Um die bodenchemischen Parameter innerhalb des Gesamt-Probenkollektivs vergleichen zu können, wurden im folgenden für die Auswertung und graphische Darstellung nur KAK_{eff}- bzw. KAK_{pot}-Werte verwendet, die nach der NH_4Cl-Methode (Trüby und Aldinger, 1989) bzw. nach der Methode Mehlich (1948) ermittelt wurden.

Die potentielle Kationenaustauschkapazität (KAK_{pot}) variiert in den Waldböden in einem weiten Bereich zwischen 1 und 380 mmol IÄ/kg Boden. Die höchsten KAK_{pot}-Werte werden in den humosen Oberbodenhorizonten erreicht und nehmen zum Unterboden hin mit sinkendem Gehalt an organischer Substanz sprunghaft ab. Im obersten Mineralboden bis 10 cm Tiefe liegen die meisten Werte zwischen 5 und 150 mmol IÄ/kg; der Medianwert weist 74 mmol IÄ/kg auf. In den Unterböden wird die KAK in starkem Maße von Gehalt und Art der Tonminerale bestimmt. Wie mit Hilfe multipler korrelationsstatistischer Analysen gezeigt werden konnte, besteht eine sehr enge Beziehung zwischen der KAK_{pot} und dem Gehalt an organischer Substanz sowie dem Tongehalt (Ulrich, 1966; Allnoch et al., 1984; Veerhoff, 1992). Einige Untersuchungen beziehen den Schluffanteil ebenfalls als Kenngröße bei der Berechnung der Kationenaustauschkapazität ein (Renger, 1965).

Die effektiven Kationenaustauschkapazitäten (KAK_{eff}) erreichen in dem gesammelten Datenkollektiv Werte zwischen 1 und 295 mmol IÄ/kg. Die Tiefenfunktionen der KAK_{eff} weisen häufig einen ähnlichen Verlauf wie die der KAK_{pot} auf (Bleich et al., 1987; Peters, 1990; Schimming, 1991; Rückert, 1992; Veerhoff, 1992; Dultz, 1993; Horn, 1993 u.a.). Bei der multiplen Regression ergaben sich auch hier enge Beziehungen der KAK_{eff} zum Ton- und Humusgehalt sowie zur Bodenreaktion (Renger, 1965; Dumon, 1978; Veerhoff, 1992).

Sehr hohe effektive Kationenaustauschkapazitäten (Md: > 200 mmol IÄ/kg) werden in Waldböden auf carbonatreichen Ausgangsgesteinen angetroffen (Gulder und Kölbel, 1993; Block et al., 1991). Höhere Werte weisen auch Waldböden aus kalkreichen Lockersedimenten im Voralpengebiet

Bayerns, die Geschiebemergelstandorte Norddeutschlands sowie die Böden auf permischen und tertiären Vulkaniten auf. Die niedrigsten effektiven Kationenaustauschkapazitätswerte (Md: < 60 mmol IÄ/kg) finden sich schwerpunktmäßig in Waldböden auf stark sandigen Lockersedimenten und Sandsteinen sowie auf Graniten und Gneisen des Grundgebirges (Jensen-Huss und Kuhnt, 1988; Gulder und Kölbel, 1993; Block et al., 1991).

Die häufig in den stark bis extrem versauerten Oberböden von Waldstandorten zu beobachtende Differenz zwischen der KAK_{eff} und der KAK_{pot} ist vor allem auf den hohen Anteil der durch die funktionellen Gruppen der Huminstoffe bedingten variablen Ladungen zurückzuführen. Im stark sauren pH-Bereich sind diese Gruppen nahezu vollständig protoniert. Da die adsorbierten Protonen sehr stark gebunden sind, sinkt die KAK_{eff} ab.

Die Bildung von Al-Chloriten (s. Kap.7.2) durch Einlagerung von Hydroxo-Al-Polymere in die Zwischenschichten aufweitbarer Tonminerale sowie die Adsorption dieser Komplexe auf Tonmineraloberflächen führen ebenfalls zu einer Abnahme der KAK_{eff}. Die nicht austauschbaren Al-Polymere weisen ausschließlich funktionelle OH-Gruppen auf, die im stark bis extrem sauren pH-Bereich nahezu vollständig protoniert sind. Damit ist bei starker Einlagerung in Tonmineral-Zwischenschichten im sauren pH-Bereich eine deutliche Abnahme der KAK_{eff} verbunden. Wie in Tab. 6.6 dargestellt, zeigen die Horizonte mit den höchsten Al-Chlorit-Anteilen am Tonmineralbestand häufig die niedrigsten $KAK_{eff/Ton}$-Werte (Veerhoff, 1992). Mit zunehmendem Anteil quellfähiger Dreischichttonminerale steigt die $KAK_{eff/Ton}$ an.

Tab. 6.6: Kationenaustauschkapazität des Feinbodens (KAK_B) und der humusfreien Tonfraktion (KAK_T) sowie prozentuale Al-Chlorit- und Smectit-Anteile am Tonmineralbestand einer Parabraunerde unter Wald (Kottenforst bei Bonn, Nordrhein-Westfalen) (Veerhoff, 1992)

Horiz.	Tiefe (cm)	pH	KAK_B pot. mmol(+)kg^{-1}	KAK_B eff. mmol(+)kg^{-1}	eff./pot.	KAK_T eff. mmol(+)kg^{-}	Âl.-Chl. %	Smec. %
Ahe	-5	2,8	382	115	0,3	451	0	20
Bsh	-11	3,0	192	72	0,4	457	14	6
Bhs	-31	3,9	108	45	0,4	326	29	5
BsAl	-50	4,1	46	24	0,5	277	26	0
Al	-64	4,1	28	19	0,7	231	20	3
SBt	-95	3,8	71	48	0,7	366	10	4
IIBv	-130	3,8	45	33	0,7	345	15	10

Eine weitere wichtige Kenngröße des bodenchemischen Zustandes ist nach Ulrich et al. (1979) das Verhältnis KAK_{eff}/KAK_{pot} (Abb. 6.26), das Aussagen über den Versauerungsstatus sowie zur Pufferfähigkeit der Böden zuläßt. Insbesondere liefert es Informationen über das Ausmaß der Inaktivierung variabler Ladungen sowie der Blockierung permanenter Ladungen durch polymere Hydroxo-Al-Kationen. Zwischen dem KAK_{eff}/KAK_{pot}-Verhältnis und dem pH-Wert des Bodens besteht eine enge Beziehung (Abb. 6.26). Bei pH-Werten über 7 ist das Verhältnis gleich 1 und nimmt mit steigender Acidität bis pH 3 auf Werte unter 0,3 ab.

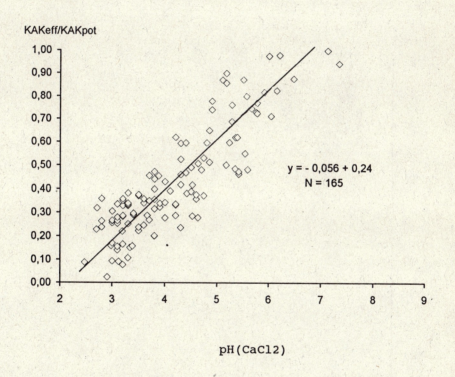

Abb. 6.26: Beziehung zwischen dem KAK_{eff}/KAK_{pot}-Verhältnis und dem $pH(CaCl_2)$-Wert (n=250) aus den Tiefenstufen 0-10 cm und 10-50 cm von Waldstandorten

Als Bewertungskriterium für die Versauerung der Bodenfestphase wird die Belegung der Austauscher mit Protonen und sauer wirkenden Kationen (Fe, Al, Mn) sowie basisch wirkenden Kationen (Ca, Mg, Na, K) angesehen. Sowohl der Anteil basisch wirkender Kationen als auch der Anteil an H+Al-Ionen an der Summe der austauschbaren Kationen lassen in der Tiefenstufe 0 - 10 cm und 10 - 50 cm eine Beziehung zur Bodenreaktion erkennen (Abb. 6.27 und 6.28).

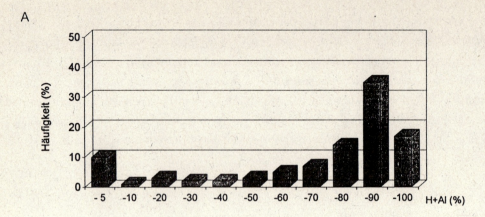

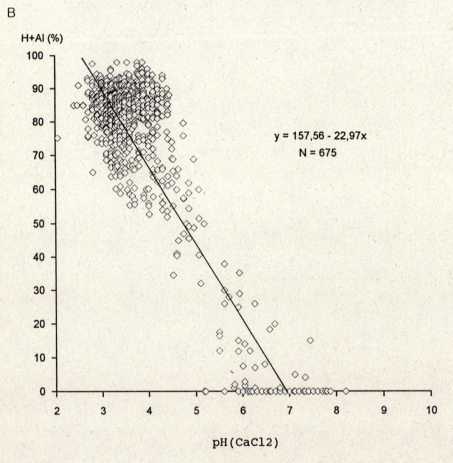

Abb. 6.27: (A): Häufigkeitsverteilung der prozentualen H+Al-Anteile an der Summe der austauschbaren Kationen von Waldböden in der Tiefenstufe 0 - 10 cm (n = 675);. (B): Beziehung zwischen dem prozentualen H+Al-Anteil an der Summe der austauschbaren Kationen und dem pH(CaCl$_2$)-Wert von Waldböden in der Tiefenstufe 0 - 10 cm

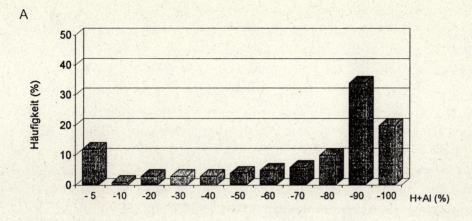

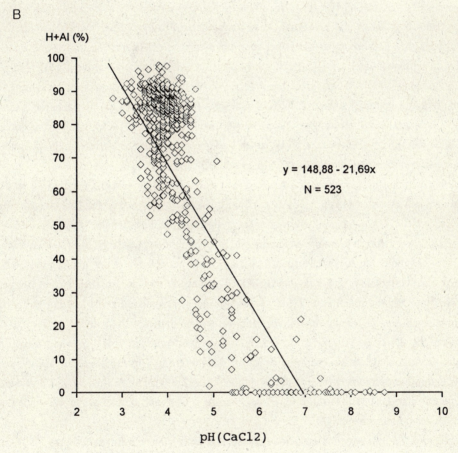

Abb. 6.28: (A): Häufigkeitsverteilung der prozentualen H+Al-Anteile an der Summe der austauschbaren Kationen von Waldböden in der Tiefenstufe 10 - 50 cm (n = 523); (B): Beziehung zwischen dem prozentualen H+Al-Anteil an der Summe der austauschbaren Kationen und dem pH(CaCl$_2$)-Wert von Waldböden in der Tiefenstufe 10 - 50 cm

Als Folge der starken bis extremen Bodenacidität treten bei der überwiegenden Zahl der Waldstandorte Protonen und Al-Ionen als dominierende Kationen an den Austauschern auf. In den Tiefenstufen 0 - 10cm und 10 - 50 cm weisen über 60 % der Waldböden eine H+Al-Sättigung von ≥ 70 % auf (Abb. 6.27 und 6.28). Die in Tab. 6.3 bis 6.5 aufgeführten Bodenkennwerte ausgewählter Waldböden auf unterschiedlichen Ausgangsgesteinen zeigen, daß der Anteil an Protonen und Al-Ionen bis zu 94 % an der Summe der austauschbaren Kationen erreichen kann. In anderen Profilen wurden Anteile bis 98 % gemessen. Häufig beträgt in sehr stark bis extrem versauerten Horizonten allein die Al-Sättigung am Austauscher über 80 %. Der Anteil an austauschbaren Protonen, der in humosen Oberböden über 40 % an der Summe der austauschbaren Kationen erreichen kann, nimmt zum tieferen Unterboden mit sinkendem Gehalt an organischer Substanz (Corg) sowie mit steigenden pH-Werten rasch ab (Hantl, 1990; Büttner, 1992; Veerhoff, 1992). Nätscher (1987) ermittelte für die Ah-Horizonte im Fichtelgebirge eine signifikante positive Korrelation zwischen dem Corg-Gehalt und dem Anteil an austauschbaren Protonen. Süsser (1987) stellte fest, daß in humusarmen Mineralbodenhorizonten auch bei niedrigen pH-Werten keine austauschbaren Protonen an permanenten Ladungsplätzen vorhanden waren. Zahlreiche Autoren (z.B. Coulter, 1969; Talibudeen, 1981) weisen darauf hin, daß H_3O^+-Ionen aufgrund ihrer sehr geringen Eintauschstärke kaum in der Lage sind, K^+-, Ca^{2+}-, Mg^{2+}- und Al^{3+}-Ionen an permanenten Ladungen von Tonmineralen zu verdrängen. Nach Schwertmann und Veith (1966) sind austauschbare H_3O^+-Ionen vermutlich überwiegend an variablen Ladungen organischer Verbindungen gebunden oder stammen von löslichen undissoziierten organischen Säuren.

Bei stark bis extrem saurer Bodenreaktion treten neben H+Al auch zunehmend Mn und Fe an den Austauschern mit Anteilen bis zu 17 % (im Mittel zwischen 5 und 9 %) auf (Schulte-Bisping, 1991; Veerhoff, 1992; Gulder und Kölbel, 1993). Prenzel und Schulte-Bisping (1991) stellten anhand eines großen, mehrere tausend Analysendaten von Waldböden umfassenden Probenkollektivs eine lineare Zunahme der Al-Anteile an den Austauschern bis pH 4,4 in der Gleichgewichtsbodenlösung fest. Unterhalb pH 4 sinkt der Al-Anteil zugunsten von austauschbaren Fe+H-Ionen wieder ab. Nach Schwertmann et al. (1987) werden schlecht kristalline Fe-Oxide wie Ferrihydrid aufgrund ihres extrem niedrigen Löslichkeitsproduktes erst im pH-Bereich unter 3 bis 3,5 verstärkt gelöst. Gut kristallisierte Eisenoxide wie Goethit werden erst unterhalb pH 1,5 angegriffen. Die protolytische Auflösung der Fe-Oxide ist daher für die Pufferung von Protonen nur auf die sehr stark bis extrem versauerten Horizonte der Waldböden beschränkt. Die Auflösung von Fe-Oxiden wird zudem in starkem Maße durch Reduktionsprozesse sowie von komplexierend wirkenden organischen Verbindungen beeinflußt (s. Kap. 5.1).

Entsprechend den H+Al-Anteilen an den Austauschern weist auch die Basensättigung (BS) eine enge Beziehung zum $pH(CaCl_2)$-Wert des Bodens auf (Abb. 6.29 und 6.30). Bei neutralem bis schwach basischem pH überwiegen die basisch wirkenden Kationen am Austauscher und nehmen mit sinkendem pH-Wert auf unter 5 im stark bis extrem sauren pH-Bereich ab. Die Häufigkeitsverteilung der Basensättigung in den Tiefenstufen 0 - 10 cm und 10 - 50 cm zeigte bei der Auswertung der im Rahmen dieses Projektes erhobenen Daten, daß nahezu 50 % der Waldböden in der

BRD eine Basensättigung von ≤ 10 % aufweisen (Abb. 6.29 und 6.30). Auffällig bei beiden Tiefenstufen ist die bimodale Verteilung der Basensättigungswerte mit den Maxima bei 0 - 10 % sowie bei 90 - 100 %. Der Anstieg der Häufigkeiten im Bereich der Basensättigung zwischen 90 und 100 % ist auf die Waldböden aus carbonatreichen Locker- und Festgesteinen (s. Kap. 6.1) zurückzuführen. Regional zeigen sich jedoch deutliche Unterschiede in der Häufigkeitsverteilung der Basensättigung (Tab. 6.7).

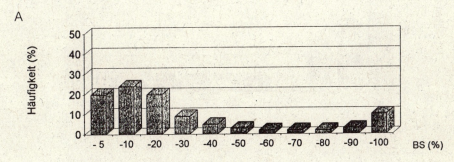

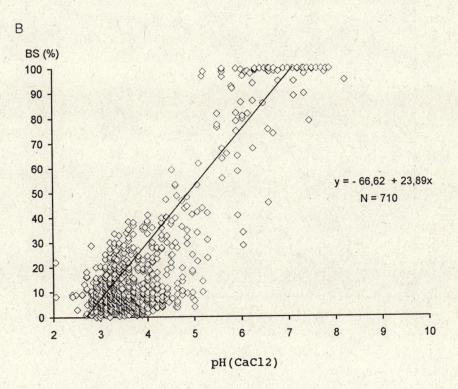

Abb. 6.29: (A): Häufigkeitsverteilung der Basensättigung von Waldböden in der Tiefenstufe 0 - 10 cm (n = 710); (B): Beziehung zwischen der Basensättigung und dem pH(CaCl$_2$)-Wert von Waldböden in der Tiefenstufe 0 - 10 cm

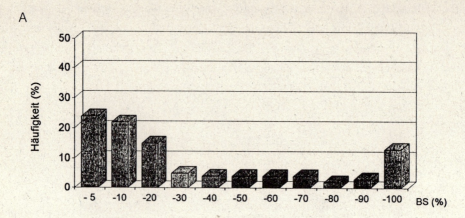
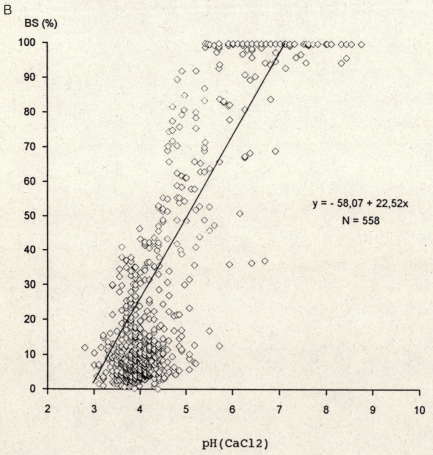

Abb. 6.30: (A): Häufigkeitsverteilung der Basensättigung von Waldböden in der Tiefenstufe 10 - 50 cm (n = 558); (B): Beziehung zwischen der Basensättigung und dem pH(CaCl$_2$)-Wert von Waldböden in der Tiefenstufe 10 - 50 cm

Tab. 6.7: Häufigkeitsverteilung der Basensättigung in den Tiefenstufen 0 - 10 cm (A) und 10 - 50 cm (B) verschiedener Bundesländer (NI: Niedersachsen, NW: Nordrhein-Westfalen, HE: Hessen, RP: Rheinland-Pfalz, BW: Baden-Württemberg, BY: Bayern, BB: Brandenburg, TH: Thüringen, SN: Sachsen)

(A)

BS (%)	NI	NW	HE	RP	BW	BY	BB*	TH*	SN*
< 5	31	23	29	5	25	21	0	5	6
5 - 10	39	21	27	14	14	19	2	32	38
11 - 20	11	23	18	23	9	17	33	31	35
21 - 30	3	9	5	15	7	10	40	10	13
31 - 40	1	3	8	13	10	8	15	9	3
41 - 50	1	3	4	3	8	3	7	2	1
51 - 60	3	3	2	2	1	1	2	0	1
61 - 70	2	4	0	2	6	0	0	3	1
71 - 80	3	2	2	2	7	1	0	4	0
81 - 90	1	6	2	2	6	2	0	2	0
91 - 100	5	3	3	24	7	18	1	2	1
N =	192	120	135	200	71	118	118	123	109

(B)

BS (%)	NI	NW	HE	RP	BW	BY	BB*	TH*	SN*
< 5	47	32	26	5	28	18	1	13	10
5 - 10	28	22	25	17	3	20	5	44	17
11 - 20	10	9	11	18	15	19	31	22	23
21 - 30	10	2	8	9	4	9	33	5	25
31 - 40	2	5	7	6	5	4	14	6	9
41 - 50	0	5	2	5	10	2	7	2	7
51 - 60	3	4	6	3	8	3	3	2	4
61 - 70	0	4	7	5	3	3	2	1	4
71 - 80	0	1	2	5	4	1	0	0	0
81 - 90	2	5	2	2	9	1	0	23	0
91 - 100	7	11	4	25	11	20	0	2	1
N =	166	101	121	197	75	122	120	123	75

* nach der Methode Kappen (1929)

Einhergehend mit den niedrigen pH-Werten (vgl. Kap. 6.1, Abb. 6.5 bis 6.16) ist der Anteil an Basensättigungswerten ≤ 10 % in dem norddeutschen Bundesland Niedersachsen mit über 70 % in den Tiefenstufen 0 - 10 cm und 10 - 50 cm am höchsten. In den süddeutschen Ländern Baden-Württemberg und Bayern weisen zwischen 30 und 40 % der Waldböden in beiden Tiefenstufen Basensättigungen von weniger als 10 % auf. In den Waldböden der ostdeutschen Länder liegen zwischen 30 und 60 % aller Basensättigungswerte bis in 50 cm Bodentiefe unter 10 %. Letztere Daten lassen sich jedoch aufgrund der unterschiedlichen Analysenverfahren nur bedingt mit den Basensättigungswerten der nord- und süddeutschen Bundesländer vergleichen. Untersuchungen verschiedener Autoren zum chemischen Bodenzustand in Waldgebieten haben ergeben, daß der Bereich geringer Basensättigung (< 5 - 10 %) bei über 2/3 der Waldböden Nordwestdeutschlands unter den Wurzelraum von 60 - 80 cm Bodentiefe hinabreicht (Shrivastava, 1976; Gehrmann et al., 1987; Rastin und Ulrich, 1988; Hantl, 1991; Büttner, 1992; Peters, 1990).

Hohe Basensättigungen treten überwiegend in Waldböden auf carbonatischen Locker- und Festgesteinen sowie vereinzelt auf tertiären Basalten auf. Sehr geringe Basensättigungen von unter 10, zumeist auch unter 5 % finden sich vor allem auf Sandsteinen (Devon, Buntsandstein, Keuper, z.T Jura und Kreide), auf Quarziten und tonmineralarmen Tonschiefer/Grauwackenstandorten sowie auf Phylliten, Graniten und Gneisen.

Ähnliche Häufigkeitsverteilungen der Basensättigung zeigen auch die Ergebnisse der rheinlandpfälzischen und bayerischen Waldbodeninventur (Block et al., 1991; Gulder und Kölbel, 1993), die u.a. die Vielfalt der geologischen Ausgangssubstrate widerspiegelt. Nach diesen Autoren weisen in den Tiefenstufen bis 30 cm in Rheinland-Pfalz mehr als 75 %, in Bayern nahezu 50 % aller untersuchten Waldstandorte eine Basensättigung unter 20 % auf. Hantl (1991) konnte an 220 Bodenprofilen aus dem Landkreis Osnabrück zeigen, daß nahezu 40 % der untersuchten Waldböden in den Oberbodenhorizonten Basensättigungen unter 10 % aufweisen. Die niedrigsten Basensättigungen zeigen die Podsole aus Geschiebedecksanden und glazifluviatilen Sanden. Hohe Anteile (> 30 %) an basisch wirkenden Kationen treten lediglich bei 7 % der Standorte auf. Hierbei handelt es sich vorwiegend um Rendzinen und Rendzina-Braunerden aus Kalksteinverwitterungszersatz und -verwitterungslehmen. Mit Ausnahme dieser Böden weisen die Unterböden der übrigen Bodentypen häufig deutlich niedrigere Basensättigungen auf. Der Anteil an Bodenprofilen mit Basensättigungen in den B-Horizonten von < 10 % liegt bei über 80 % (Hantl, 1991).

Die Ca- und Mg-Anteile an der Summe der austauschbaren Kationen in beiden Tiefenstufen (0 - 10 und 10 - 50 cm) sind niedrig. In den Oberböden (0 - 10 cm) weisen 79 % der Waldböden Mg-Sättigungen von < 5 % auf, in der Tiefenstufe 10 - 50 cm lag der Anteil bei 77 % (Abb. 6.31 und 6.32). Die Ca-Anteile an der Summe der austauschbaren Kationen waren geringfügig höher und betrugen bei ca. 60 - 70 % der Waldstandorte in beiden Tiefenstufen weniger als 10 % (Abb. 6.33 und 6.34).

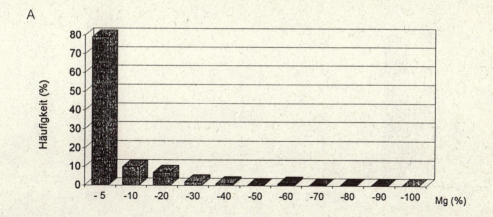

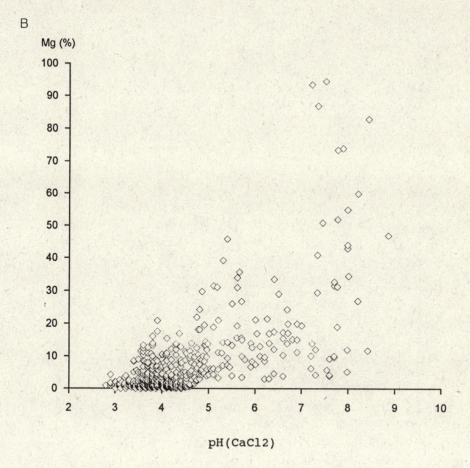

Abb. 6.31: (A): Häufigkeitsverteilung der Mg-Sättigung von Waldböden in der Tiefenstufe 0 - 10 cm (n = 530); (B): Beziehung zwischen der Basensättigung und dem pH(CaCl$_2$)-Wert von Waldböden in der Tiefenstufe 0 - 10 cm

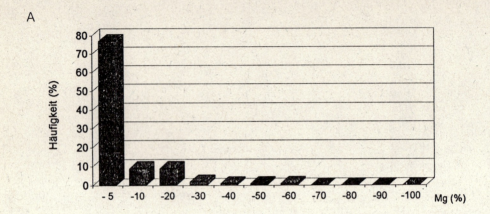

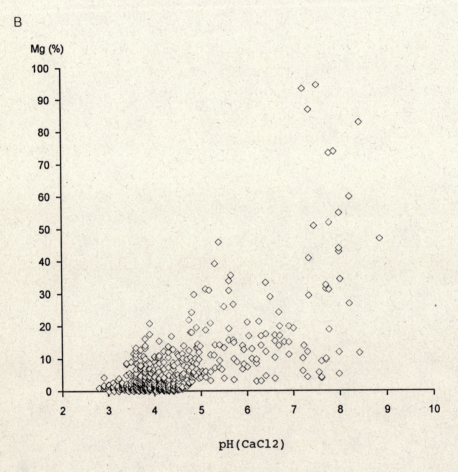

Abb. 6.32: (A): Häufigkeitsverteilung der Mg-Sättigung von Waldböden in der Tiefenstufe 10 - 50 cm (n = 522); (B): Beziehung zwischen der Basensättigung und dem pH(CaCl$_2$)-Wert von Waldböden in der Tiefenstufe 10 - 50 cm

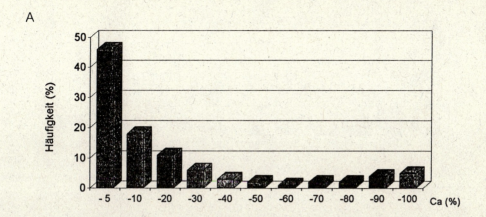

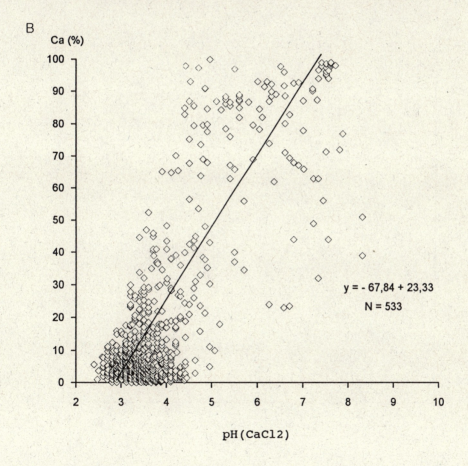

Abb. 6.33: (A): Häufigkeitsverteilung der Ca-Sättigung von Waldböden in der Tiefenstufe 0 - 10 cm (n = 533); (B): Beziehung zwischen der Basensättigung und dem pH(CaCl$_2$)-Wert von Waldböden in der Tiefenstufe 0 - 10 cm

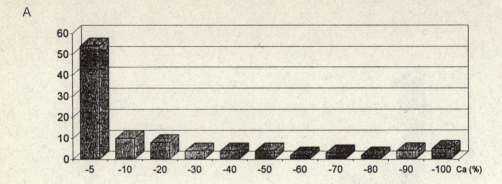
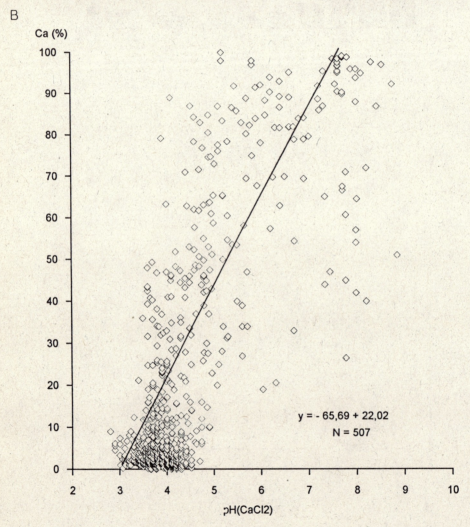

Abb. 6.34: (A): Häufigkeitsverteilung der Ca-Sättigung von Waldböden in der Tiefenstufe 10 - 50 cm (n = 507); (B): Beziehung zwischen der Basensättigung und dem pH(CaCl$_2$)-Wert von Waldböden in der Tiefenstufe 10 - 50 cm

Ulrich (1985) geht von der Modellvorstellung einer als Folge der sauren Depositionen sowie der natürlichen Bodenentwicklung in die Tiefe vordringenden "Versauerungsfront" aus. Die in Begleitung von mobilen Anionen aus dem weitgehend versauerten Solum ausgetragenen Protonen und Kationsäuren führen demnach entlang des Transportweges zu einer Desorption von basisch wirkenden Kationen sowie einem Verbrauch verwitterbarer Silicate und damit zu einer zunehmenden Versauerung des tieferen Untergrundes. Als Hinweis für eine depositionsbedingte weit fortgeschrittene "Versauerungsfront" werden der chemische Zustand, insbesondere pH-Wert sowie Ca- und Mg-Sättigung, tieferer Bodenbereiche im Harz (Ulrich und Malessa, 1989) sowie der Chemismus kleiner Oberflächengewässer in Waldlandschaften (z.B. Puhe und Ulrich, 1985; Zöttl et al., 1985) herangezogen. Auch Matzner (1988) leitet aus der Austauscherbelegung bis zu 2 m tief gelegener Bodenschichten im Solling eine starke depositionsbedingte Versauerung des Untergrundes ab. Die in Abb. 6.35 dargestellte Tiefenverteilung der prozentualen H+Al- sowie Ca+Mg-Anteile an der Summe der austauschbaren Kationen lassen für eine Parabraunerde aus Löß unter Wald aus dem Bereich des Kottenforstes bei Bonn eine markante "Versauerungsfront" erkennen (Veerhoff, 1992). Oberhalb dieser in ca. 50 cm Tiefe liegenden "Versauerungsfront" stellen Al-Ionen und Protonen die dominierenden Kationen an den Austauschern dar. Darunter steigt die Ca+Mg-Sättigung sprunghaft auf über 80 % an.

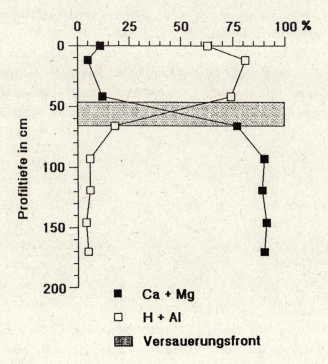

Abb. 6.35: Tiefenfunktion der H+Al- und Ca+Mg-Anteile an der Summe der austauschbaren Kationen in einer Parabraunerde aus Löß unter Wald (Kottenforst bei Bonn) (Veerhoff, 1992)

Auch Ulrich und Malessa (1989) konnten in sauren Braunerden aus Diabas und Tonschiefer im Harz die Ausbildung einer markanten "Versauerungsfront" feststellen. Nach diesen Autoren wird der Bereich oberhalb der Versauerungsfront durch Pufferreaktionen gekennzeichnet, die überwiegend zur Freisetzung von Al-Ionen führen. Unterhalb der Versauerungsfront erfolgt die Pufferung von Protonen hingegen im wesentlichen unter Freisetzung von Alkali- und Erdalkalikationen (Ulrich, 1989).

Häufig treten in den stark bis extrem versauerten Ah-Horizonten höhere Ca- und Mg-Anteile als in den unmittelbar darunterliegenden Horizonten auf, obwohl die pH-Werte in den Ah-Horizonten niedriger sind (Tab. 6.3 bis 6.5). Nätscher (1987) führt die Erhöhung der Basensättigung in Oberböden und Auflagehorizonten auf die hohe Säurestärke mancher Carboxylgruppen der organischen Austauscher zurück. Diese vermögen auch noch bei hoher H^+-Ionenaktivität neben Protonen vor allem Ca-Ionen zu binden. Im Zusammenhang mit der ständigen Nachlieferung von Alkali- und Erdalkalikationen bei der Streuzersetzung wird dadurch eine höhere Basensättigung - insbesondere ein höherer Ca-Anteil - in den Oberböden trotz niedriger pH-Werte erreicht. Die Untersuchungen von Nätscher (1987) zeigen ferner, daß die Ca-, Mg- und K-Konzentrationen in der Gleichgewichtsbodenlösung von Streuauflagen sowie humosen Oberböden deutlich höher sind als in den Unterböden. Die im Vergleich zu Ca geringere Bindungsstärke von K und Mg führt trotz hoher K- und Mg-Nachlieferungsrate aus der Streu- und Mineralzersetzung nicht oder nur zu geringfügig höheren Anteilen dieser Elemente an den Austauschern, da gleichzeitig eine verstärkte Auswaschung beider Elemente stattfindet (Nätscher, 1987; Süsser, 1987).

Mit zunehmender Bodentiefe steigt die Basensättigung in den Waldböden meist auf über 50 % an. Nach Meiwes et al. (1984) kann der Ca+Mg-Anteil an der Summe der austauschbaren Kationen als Elastizitätsparameter zur Abschätzung des Pufferungsvermögens gegenüber Säureeinträgen verwendet werden. In Abwandlung der Klassifizierung dieser Autoren wurde folgende Unterteilung vorgenommen:

Anteil von Ca+Mg	Grad der Elastizität
< 5%	sehr gering
5 - 15%	gering
15 - 30%	mittel
30 - 50%	hoch
> 50%	sehr hoch

Nach dieser Einteilung besitzen insgesamt 83 % der Oberböden in der Tiefenstufe 0 - 10 cm eine geringe (31 %) bis eine sehr geringe (52 %) Elastizität hinsichtlich der Pufferung von Säureeinträgen. Bei Basensättigungswerten < 15 % ist nach Meiwes et al. (1984) eine starke Gefährdung durch Al-Toxizität und eine Schädigung des Feinwurzelsystems gegeben. In der Tiefenstufe 10-50 cm weisen 54 % der Waldböden eine geringe (22 %) bis sehr geringe (32 %) Basensättigung auf.

Nach Matzner und Thoma (1983) ist erst bei einer Basensättigung von über 20 % noch eine ausreichende Pufferung von Säureeinträgen gewährleistet. Dies ist nur noch bei 39 % der Waldböden bezogen auf 10 - 50 cm Tiefe der Fall.

6.2.3 Veränderung der Säureneutralisationskapazität

Bei einer Betrachtung der Teilprozesse der Bodenversauerung ist zwischen Intensitäts- und Kapazitätsfaktoren zu unterscheiden (s. Kap. 6). Zwar ist der pH-Wert als Intensitätsgröße von großer ökologischer Bedeutung, jedoch werden Richtung und Ausmaß von Umsätzen durch Kapazitätsgrößen (z.B. Säure- bzw. Basenneutralisationskapazität) bestimmt. Nach van Breemen et al. (1983) und Hauhs (1984) kann die Versauerung eines Systems (Waldboden, Wassereinzugsgebiet, Aquiferbereich) nur bezogen auf Kapazitätsparameter quantifiziert werden. Geeignete Parameter sind die Säureneutralisationskapazität (SNK) sowie die Basenneutralisationskapazität (BNK). Die Säureneutralisationskapazität von Mineralböden ist definiert als die Differenz zwischen der Summe basisch und stark sauer wirkender Komponenten (vgl. van Breemen et al., 1983). Sie wird indirekt über die durch eine Gesamtanalyse im Boden bestimmten Elementgehalte nach folgender Gleichung ermittelt:

$$SNK = 6(Al_2O_3) + 2(CaO) + 2(MgO) + 2(K_2O) + 2(Na_2O) + 4(MnO_2) + 2(MnO) + 6(Fe_2O_3) + 2(FeO) - 2(SO_3) - 2(P_2O_5) - HCl$$

Übersteigen die Vorräte sauer reagierender Komponenten die Vorräte oxidisch, hydroxidisch, silicatisch oder carbonatisch gebundener Kationen, so führt das zu einer negativen SNK und damit zur Bodenversauerung. Somit ist die SNK weitgehend von der mineralogischen Zusammensetzung der Bodenfeststoffe abhängig. Stickstoff ist in der oben angeführten Gleichung nicht berücksichtigt, da der N-Gehalt in mineralischen Komponenten meist vernachlässigbar gering ist. Auch die aufgeführten sauren S-, P- und Cl-Komponenten spielen in den meisten silicatischen Gesteinen allenfalls eine untergeordnete Rolle.

Bache (1984) sowie Federer und Hornbeck (1985) definierten die SNK hingegen als die Menge Säure oder Base, die notwendig ist, den pH-Wert des Bodens um eine pH-Einheit zu erniedrigen:

$$\beta = \Delta \text{ Säure oder Base} / \Delta pH$$

Soll auf diese Weise die SNK angeben werden, ist Voraussetzung, daß β in jedem pH-Bereich konstant ist, d.h. die Beziehung pH gegen die zugegebene Säuremenge eine Gerade mit konstanter Steigung β ergibt (Süsser, 1987). Literaturangaben lassen jedoch lineare Beziehungen allenfalls für organisch geprägte Bodenhorizonte erwarten (Federer und Hornbeck, 1985). Titrations- bzw. Pufferkurven von Mineralböden zeigen hingegen meist nicht lineare Beziehungen (Schwertmann und

Fischer, 1982). Dies bestätigten auch die SNK-Bestimmungen von 2 Mineralbodenhorizonten des Fichtelgebirges nach pH-Stat Titrationen auf unterschiedliche Ziel-pH-Werte (Süsser, 1987). Es zeigte sich eindeutig, daß bei tieferen pH-Werten eine jeweils größere Säureneutralisationskapazität pro pH-Einheit (ΔpH) errechnet wird.

Fuchs (1992) ermittelte für verschiedene, meist stark versauerte Waldstandorte aus der Umgebung von Hamburg Säureneutralisationskapazitäten von Ober- (Ah-, Ahe-, Ae-Horizonten) und Unterböden (Bh-, SwBv-, Bv-Horizonte) beim jeweiligen aktuellen Boden-pH zwischen 8 und 38 mmol H^+/kg Boden und zwischen 100 und 980 mmol H^+/kg Boden nach Absenkung des aktuellen pH-Wertes um eine pH-Stufe. Federer und Hornbeck (1985) ermittelten SNK-Werte in Unterböden von Podsolen bei aktuellen Boden-pH-Werten von 3,9 - 4,4 zwischen 5 und 7 mmol H^+/kg Boden/pH-Einheit.

Bislang liegen nur sehr wenige Daten zur SNK von Böden vor. Zu beachten ist auch, daß die SNK eine pH-abhängige Größe darstellt, die mit steigendem Boden-pH-Wert exponentiell zunimmt (Fuchs, 1992). Zur Beurteilung der Größenordnung von Säureneutralisationskapazitäten und besonders beim Vergleich mit Werten anderer Untersuchungen muß deshalb zum Kapazitätswert immer der dazugehörige Ausgangs-Boden-pH angegeben werden. Sollen durch Vergleich der SNK Aussagen über die puffernden Eigenschaften des Bodens bzw. Horizontes gemacht werden, müßte die Säureneutralisationskapazität strenggenommen auf einen einheitlichen Ausgangs-Referenz-pH-Wert bezogen werden.

Ulrich et al. (1984a) führten die Basenneutralisationskapazität (BNK) als Maß für den Säuregehalt des Bodens ein. Die Zunahme der BNK entspricht dann einer Bodenversauerung, die Abnahme der BNK einer pH-Anhebung. Man kann aus der BNK auf die Kalkmenge schließen, die notwendig ist, um einen Boden-pH auf einen bestimmten Wert anzuheben (Meiwes et al., 1984). Die Übertragung des im Labor ermittelten Kalkbedarfs auf den jeweiligen Standort erfordert die Berücksichtigung der Mächtigkeit des Horizontes, der Trockendichte und des Skelettanteils des Bodens. Der Kalkbedarf des Feinbodenanteils in verschiedenen Tiefenstufen ist in Abb. 6.36 am Beispiel zweier stark bis extrem versauerter Waldböden - eines stark gebleichten Pseudogleys aus Lößlehm bei Bonn (Kottenforst) sowie einer podsoligen Braunerde aus Solifluktionsdecken von Tonschiefer und Grauwacke des mittleren Unterdevons im Rothaargebirge (Elberndorf) - dargestellt. Den daraus zu berechnenden Kalkbedarf für das Aufkalkungsziel pH 5 zeigt die Abb. 6.37.

Aus Abb. 6.36 geht hervor, daß die Säuremenge pro Gramm Boden auf beiden Standorten in der organischen Auflage am höchsten ist und mit der Tiefe abnimmt. Bei Bezug auf Volumeneinheiten ergeben sich jedoch nur noch geringe Unterschiede.

Bei den Mineralbodenproben zeigen sich Zusammenhänge zwischen der Textur und der Basenneutralisationskapazität. Aufgrund des höheren Tongehaltes ist die BNK in den Proben von Profil Elberndorf bis in 30 cm Tiefe z.T. fast doppelt so hoch wie in den tonärmeren Proben des Kottenforstes. Mit zunehmender Tiefe nimmt die BNK allerdings stark ab.

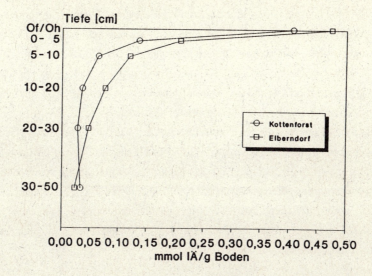

Abb. 6.36: Kalkbedarf des Feinbodenanteils eines Pseudogleys aus Lößlehm (Kottenforst) und einer podsoligen Braunerde aus Solifluktionsdecken von Tonschiefer und Grauwacke (Elberndorf) in mmol IÄ/g Boden für Ziel-pH 5 in Abhängigkeit von der Tiefe (Weyer, 1993)

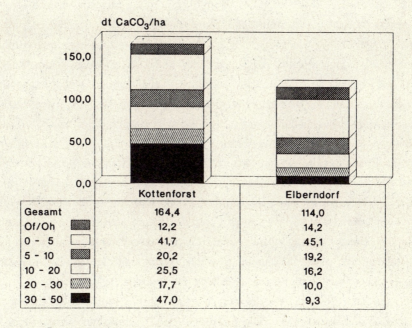

Abb. 6.37: Kalkbedarf des Feinbodenanteils eines Pseudogleys aus Lößlehm (Kottenforst) und einer podsoligen Braunerde aus Solifluktionsdecken von Tonschiefer und Grauwacke (Elberndorf) in dt $CaCO_3$/ha für Ziel-pH 5 bis in 50 cm Tiefe

Nach Meiwes et al. (1984) ist die Höhe der BNK entscheidend vom Tongehalt des Bodens abhängig, weil Al-Hydroxo-Ionen, die an der Oberfläche der Tonminerale gebunden sind, freie H+-Ionen puffern und dadurch die BNK erhöhen. Wegen des hohen Skelettgehaltes ist die tatsächlich erforderliche Kalkmenge für das Kalkungsziel pH 5,0 beim Standort Elberndorf mit insgesamt 114 dt $CaCO_3$/ha geringer als beim Pseudogley aus dem Kottenforst, wo 164 dt $CaCO_3$/ha notwendig sind (Abb. 6.37). Auffällig an diesem Profil ist, daß ein beträchtlicher Teil der Gesamtsäuremenge in 30 - 50 cm Tiefe akkumuliert ist.

Ähnliche Ergebnisse zeigen auch die Untersuchungen zur Charakterisierung des Säure-Base-Status von Waldstandorten unterschiedlicher geologischer Ausgangssituationen im Landkreis Osnabrück von Hantl (1991), die den Kalkbedarf für das Kalkungsziel pH 5,5 für verschiedene Bodentypen ermittelte. Für stark tonige Böden betrug der Kalkbedarf bis in 80 cm Tiefe mehr als 250 dt/ha, für sandig-tonige Böden zwischen 200 - 230 dt/ha und für stark sandige, nährstoffarme Böden 100-140 dt/ha. Auf die Auswirkungen von Kompensationskalkungen auf den bodenchemischen Zustand von Waldböden wird in Kap. 12 eingegangen.

6.2.4 Auswirkungen der Versauerung auf die chemische Zusammensetzung der Bodenlösung

Der Bodenlösung kommen verschiedene Funktionen zu. Ihre Ionenzusammensetzung wird zur Beurteilung der Qualität des Pflanzenstandortes (Rost-Siebert, 1985) wie auch der Intensität von Versauerungsprozessen (Matzner, 1988; Horn, 1989) herangezogen. Gerade unter dem Aspekt der depositionsbedingten Veränderungen im Chemismus versauerter Waldböden wird die Bodenlösung als Träger ökochemischer und ökophysiologischer Information angesehen (BML, 1990).

Die chemische Zusammensetzung der Bodenlösung ist von verschiedenen Faktoren abhängig. Wesentlich sind Austausch-, Auflösungs-, Ausfällungs- und sonstige Mobilisierungs-Immobilisierungsreaktionen (z.B. Ad-/Desorption, Komplexierung-/Dekomplexierung, Redoxreaktionen) mit der Bodenfestphase einschließlich organischer Substanz, wobei die Kontaktzeit zwischen Lösungs- und Festphase sowie die Reaktionsgeschwindigkeit, beispielsweise die Austauschrate, bestimmen. Zu einem solchen Austausch kann es natürlich nur kommen, wenn im Boden ein entsprechendes Angebot an potentiellen Austauschern mit nennswerter Austauschkapazität besteht.

Man muß beachten, daß im natürlich gelagerten Boden zunächst nur die Oberflächen an den vom Sickerwasser benetzten bzw. umströmten Poren und Aggregaten als aktive Austauscheroberflächen wirken können. Die Aggregierung und Porenraumausbildung beeinflußt damit spezifisch für jeden Bodentyp die chemische Zusammensetzung seiner Bodenlösung. Die Ionenbelegung der Porenoberflächen kann durch Resorption aus der Bodenlösung selbst oder durch diffusiven Nahtransport aus dem Aggregatinnern bzw. aus Zonen stationären Bodenwassers entlang eines chemischen Konzentrationsgradienten erfolgen (Horn, 1989). Der Sättigungszustand der Lösung begrenzt die Austauschreaktionen; bei Übersättigung kann es zu Präzipitationsreaktionen und Resorptionen kommen. Durch mikrobielle Umsetzung organischer Substanz, Mineralisierung und

Stoffzufuhr mit dem Grund- und Hangzugwasser können Stoffe in die Bodenlösung eingebracht werden. Schließlich können der Bodenlösung aus externen Quellen (Deposition, Düngung) feste oder gelöste Stoffe zugeführt werden. Zur Abfuhr von Stoffen aus oder mit der Lösungsphase kann es durch Pflanzenaufnahme, Resorption an die Bodenfestphase, Ausfällungen und durch Sickerwasserabfluß kommen.

Die Bodenlösung befindet sich also chemisch gesehen in einem "Steady State". Das Fließgleichgewicht wird durch die oben beschriebenen Faktoren und die möglichen Reaktionen aller gelösten Stoffe untereinander und mit der Bodenfestphase bestimmt. Ist die Kontaktzeit zwischen Lösung und Festphase lang genug, kommt es in Abhängigkeit von der Schnelligkeit der ablaufenden Reaktionen zur Einstellung eines "echten" chemischen Gleichgewichtes. Reine Ionenaustauschreaktionen und Komplexbildungsreaktionen laufen dabei recht schnell ab, während Redoxreaktionen und Auflösungs/Ausfällungs-Reaktionen langsamer verlaufen (Sposito, 1989). Im Boden bestimmt die Verweildauer der Bodenlösung an einer bestimmten Profilposition die Einstellung dieses Gleichgewichtes.

Wird das Gleichgewicht der Bodenlösung durch äußere Einflüsse (Faktoren siehe oben) gestört, so verschiebt sich die Lage des Gleichgewichtes derart, daß der störende Einfluß minimiert wird. Chemische Ungleichgewichte werden zusätzlich durch die Mikrokompartimentierung des Bodens aufgrund seiner Aggregierung und der Ausbildung des Porenraumes verursacht (Hildebrand, 1991). Kleinräumig betrachtet können so die chemischen Eigenschaften der Bodenlösung innerhalb des Bodenprofils sowohl in nebeneinander gelagerten Profilbereichen als auch mit zunehmender Tiefe variieren. Bei horizontaler Betrachtungsweise zeigt die Zusammensetzung der Bodenlösung in einer Landschaft oftmals eine große Variabilität. Das gilt beispielsweise auch für die Verteilung der Aluminium-Gehalte und -Spezies in Sickerwässern und Grundwässern, wie Herrmann et al. (1989) an Bodencatenen in Oberfranken sowie im Fichtelgebirge (Herrmann et al., 1992) zeigen konnten. Die Schwankungen in der Zusammensetzung der Bodenlösung können dabei durch saisonal bedingte Komponenten (Temperatur, Niederschlagsereignisse, Vegetation) verstärkt werden. Obwohl der Beitrag saurer Depositionen am aktuellen Säure-Haushalt von Böden und an der zeitlichen Veränderung der Austauschereigenschaften gering sein kann, kommt sowohl den atmogen eingetragenen als auch den aus ökosysteminternen Quellen stammenden "mobilen" Säure-Anionen eine Schlüsselrolle bezüglich der chemischen Zusammensetzung der Bodenlösung sowie des Transportes von Kationen zu (Nielsson et al., 1982; Matzner, 1988).

Kationenverluste mit dem Sickerwasser unterhalb des durchwurzelten Solums setzen die Anwesenheit korrespondierender Anionen voraus. Deshalb hängt die Versauerung des tieferen Untergrundes und des Grund- wie auch Oberflächenwassers entscheidend von den Prozessen ab, die die Mobilisierung und den Transport von basisch wirkenden Kationen wie auch von Protonen und ionaren Al-Formen in Böden ermöglichen. Für den Kationentransport spielt u.a. die Säurestärke und -stabilität die entscheidende Rolle. So ist z.B. die Kohlensäure als bedeutendes Agens unterhalb eines kritischen Lösungs-pH-Wertes von < 5 kaum noch dissoziiert, d.h., die Bicarbonatbildung unterbleibt. Die Bicarbonatproduktion und -auswaschung spielt heute nur noch auf einigen wenigen carbonatreichen Böden in der Bundesrepublik (z.B. Mullrendzinen und Terra-fusca-Rendzinen im Göttinger Wald; Meiwes et al., 1985) eine Rolle. Sie führt vor allem bei pH-Werten > 6 zur Auswaschung und somit zu Verlusten an Nährstoffkationen insbesondere an Ca. Organische Säuren, die auch noch bei wesentlich tieferen pH-Werten dissoziiert und damit in einer reaktiven Form vorliegen können, wären im Prinzip in der Lage den Kationentransport entscheidend zu beeinflussen. Da sie jedoch aufgrund ihrer mikrobiellen Zersetzbarkeit meist nur eine geringe Stabilität besitzen, bestehen noch beträchtliche Wissenslücken im Hinblick auf die tatsächliche Bedeutung organischer Säuren bei den Prozessen der Bodenversauerung. Nach Ulrich (1988) ist die Wirkung organischer Säuren fast ausschließlich auf Oberböden beschränkt. Andere Untersuchungsergebnisse zeigen jedoch, daß der Transport bis tiefer als 2 m erfolgen kann (Schlüter und Brümmer, 1994; unveröff.). Da für starke Säuren (HCl, HNO_3, H_2SO_4) keine derartigen Abhängigkeiten bestehen, können sie auch bei tieferen Lösungs-pH-Werten und auch in organischen Auflage-Horizonten den Abtransport von Kationen beschleunigen. Auf die Bedeutung solcher "mobiler" Anionen für die Veränderung der chemischen Eigenschaften der Bodenlösung und somit auch letztlich für die Versauerung von Grund- und Quellwässern machten erstmals Seip und Tollan (1978) aufmerksam. Auch für den Transport von Schwermetallen bis in tiefere Bodenschichten und in die Hydrosphäre sind Anionen starker Säuren von Bedeutung.

Gewässerversauerung als Folge tiefreichender Bodenversauerung und Transport von Säuren mit dem Sickerwasser ist seit vielen Jahren in Skandinavien beobachtet worden (Drablos und Tollan, 1980; Nilsson, 1985). Die geologischen (flachgründige Böden mit geringer Säureneutralisationskapazität) und die hydrologischen Verhältnisse haben die negativen Effekte dort - trotz relativ geringer Säure-Einträge - zuerst auftreten lassen. In jüngster Zeit gerät das Problem der Gewässerversauerung aber auch in der Bundesrepublik mehr und mehr in den Blickpunkt wissenschaftlichen und öffentlichen Interesses (s. Kap. 9). Vorliegende Daten für Waldgebiete zeigen, daß die Versauerung in vielen Fällen die wasserführenden Schichten bzw. die Oberflächengewässer erreicht hat (Schoen et al., 1984; Puhe und Ulrich, 1985; Feger, 1986, 1993; Zöttl et al. 1986; Zöttl und Feger, 1990).

Bei der Ermittlung der Säuredeposition bzw. des Transports von Säuren mit der Bodenlösung müssen bei pH-Werten unter 4,5 neben H^+-Ionen auch NH_4^+-Ionen und Kationsäuren als starke Säuren berücksichtigt werden. NH_4^+-Ionen werden wegen ihres "physiologischen" Versauerungspotentials im Falle der Ionenaufnahme bzw. bei Nitrifikation mit in die Bilanzierung einbezogen. Eine Besonderheit bilden die Kationsäuren, bei denen es sich um Metallionen (Me^{n+}) handelt, die aus ihrer Hydrat-Hülle Protonen abgeben können:

$$Me^{n+} + H_2O = Me(OH)^{(n-1)+} + H^+$$

Zu den im Boden vorkommenden Kationsäuren zählen vor allem die Ionen der Elemente Al, Fe und Mn, daneben aber auch weitere Schwermetallkationen. Der Transport von Kationsäuren im Boden ist, wie bereits erwähnt, an das Vorhandensein "mobiler" Anionen starker Säuren gebunden. Als solche kommen, wie die Zusammensetzung der Bodenlösung verschiedener stark bis extrem versauerter Waldböden zeigt (Tab. 6.8), überwiegend SO_4-S, NO_3-N und Cl^- sowie untergeordnet organische Anionen in Betracht. Hierin liegt ein hohes Risiko sulfat- und nitrathaltiger Niederschläge, da diese bei ihrem Transport durch das Solum saure Kationen begleiten und so die Versauerung in tiefere Schichten vorantreiben. Der negative Effekt des eingetragenen Nitrats als Begleit-Anion saurer Kationen konnte bisher vielfach durch die Nitrataufnahme des Bestandes und durch N-Immobilisierung eingeschränkt werden (s. Kap. 5.3); doch zeigen eine Reihe neuerer Daten zunehmende NO_3^--Belastung des Sickerwassers auf sauren Standorten. So wurden von verschiedenen Autoren mittlere jährliche NO_3^--Konzentrationen in Bodenlösungen unter Nadelwald in 10 - 30 cm Tiefe von über 100 mg/l ermittelt (Tab. 6.8). Neben NO_3^- dominiert SO_4^{2-} in sauren Bodenlösungen, das depositionsbedingt über Jahrzehnte hinweg z.T. in erheblichen Mengen in den Auflagehorizonten akkumuliert wurde.

Tab. 6.8 : Mittlere Element-Gehalte der Bodenlösung (in mg/l) verschiedener Waldstandorte

Autor	pH	Na	K	Mg	Ca	Al	Mn	Fe	NO_3-N	SO_4-S	Cl^-	P	Cd	Pb	Zn
1	4,5	1,8	1,0	1,6	15,0	2,1	0,8	0,1	7,5	7,5	5,0	k.A	k.A.	k.A.	k.A.
2	3,3	41,7	3,5	2,8	10,1	7,0	0,2	1,2	11,3	16,6	25,2	k.A	k.A.	k.A.	k.A.
3	3,8	6,8	2,0	2,5	9,6	8,0	1,2	0,07	5,5	16,3	19,4	k.A	k.A.	k.A.	k.A.
4	2,9	13,8	3,9	2,7	8,4	2,1	0,1	0,6	132,0	48,4	33,6	0,99	0,003	0,009	0,38
5	3,7	14,7	14,0	7,0	23,4	2,2	2,6	0,4	23,8	34,9	28,3	0,14	0,002	0,010	0,18
6	4,3	10,1	18,6	11,8	93,3	6,5	10,5	k.A.	213,0	120,0	26,8	0,10	0,002	0,005	1,66
7	3,4	3,5	3,4	0,9	3,0	0,8	1,5	0,4	51,9	18,4	25,9	1,50	0,003	0,040	0,28
8	3,6	4,2	4,1	2,0	11,4	2,4	6,4	0,6	57,1	44,1	45,1	1,20	0,004	0,020	0,36
9	3,8	6,8	2,0	2,5	9,6	8,0	1,2	0,07	5,5	16,3	19,4	k.A.	k.A.	k.A.	k.A.
10	7,6	9,5	7,4	4,9	22,9	3,7	6,5	0,4	19,8	11,9	24,4	0,10	0,002	0,003	0,21
11	3,2	17,6	1,8	2,0	4,6	2,7	0,1	0,7	8,7	10,2	18,1	0,99	0,003	0,010	0,19

1: Cassen-Sasse (1987); 2: Büttner (1992; 3: Büttner (1992); 4: Schimming (1991); 5: Schimming (1991); 6: Weyer (1993); 7: Weyer (1993); 8: Weyer (1993); 9: Wiedey (1991); 10: Peters (1990); 11: Peters (1990) , k.A.: keine Angaben

Der prozentuale Anteil des SO_4-Anions an der Summe aller Anionen kann, wie Untersuchungen der Bodenlösungen in einem Fichten- und Buchenstandort im Solling zeigen, über 60 % erreichen und hebt somit die Bedeutung der S-Emissionen bzw. -Depositionen für die Boden- und Wasserversauerung hervor (Matzner, 1988). Drastische Minderungen der SO_2-Emissionen haben in den vergangenen Jahren die H_2SO_4-Belastung durch Deposition beträchtlich verkleinert (s. Kap. 2).

Wie das Beispiel eines Fichtenbestandes im Solling zeigt, dürften viele Waldböden aber über ein "chemisches Gedächtnis" in Form akkumulierter Al-Sulfate verfügen, deren Auflösung - selbst bei einer Reduktion der S-Einträge - vermutlich längere Zeit zu hohen Säurebelastungen tiefer liegender Bodenschichten und des Grundwassers führen wird.

Auch die Phosphor-Gehalte sind in versauerten Waldbeständen aufgrund des verkürzten Nährstoffkreislaufes meist in der organischen Auflage am höchsten. Phosphate in der Bodenlösung besitzen eine hohe Affinität zur gelösten organischen Substanz (= DOC) (Welp et al., 1983; Helal und Sauerbeck, 1984; Schlinkert, 1992). Die DOC-Gehalte in der Bodenlösung stark bis extrem versauerter Waldböden können, wie zahlreiche Untersuchungen belegen, 150 mg/l erreichen (Brahmer, 1990; Büttner, 1992; Schlinkert, 1992; Feger, 1989, 1993; Weyer, 1993).

Sinken die pH-Werte in der Bodenlösung als Folge einer zu geringen Pufferrate des Bodens auf < 5 ab, werden in steigendem Maße Al-Ionen aus den Silicatgittern freigesetzt (Kap. 7.2). Aufgrund ihrer hohen Eintauschstärke werden unterhalb pH 4,5 zunehmend Alkali- und Erdalkali-Kationen durch Al-Ionen von den Austauschern verdrängt. Es treten daher Nährstoffkationen in steigender Konzentration in der Bodenlösung auf, die zusammen mit den Anionen der einwirkenden Säuren verlagert und aus dem Boden ausgetragen werden. Die Nährstoffverluste bedeuten für das Waldökosystem einen Verlust an Elastizität und Säureneutralisationskapazität (Ulrich, 1982a); gleichzeitig wird mit der Bildung von Kationsäuren in der Bodenfestphase (z.B. verschiedene Al-Spezies) Basenneutralisationskapazität aufgebaut (Meiwes et al., 1984; Prenzel, 1985).

Der Freisetzung von Al aus der Verwitterung und Zerstörung von Silicaten kommt dabei eine besondere Bedeutung zu. Da die Bodenlösung als Hauptnährmedium für die Pflanzen dient, Aluminium aber kein essentielles Element für Pflanzen darstellt und unter Umständen phytotoxisch wirken kann, muß der Einfluß des veränderten Chemismus versauerter Böden mit ihren erhöhten Aluminium-Konzentrationen in den Bodenlösungen auf Gesundheit und Wachstum der Flora betrachtet werden (s. Kap. 10).

Die toxischen Auswirkungen von Aluminium in der Bodenlösung sind nicht allein durch die Gesamt-Konzentrationen bestimmt und erklärbar. Ares (1986) verweist auf die Bedeutung der Aktivität der gelösten Al-Ionen. Untersuchungen von Parker et al. (1988) zeigen, daß die Aktivität von Al^{3+}_{aq} als ein guter Indikator für durch gelöstes Aluminium bedingten Pflanzenstress benutzt werden kann. Wesentlich ist auch der Gehalt anderer gelöster Elemente in Relation zu der sich in Lösung befindenden Aluminium-Konzentration. Dabei beeinflußt die Ionenstärke der Lösung die Aluminium-Mobilität erheblich (Thornton et al., 1987). Rost-Siebert (1985) führte das Ca/Al- wie auch das Mg/Al-Molverhältnis als Beurteilungskriterium für eine potentielle Al-Toxizität der Bodenlösungen ein (s. Kap. 10.1.2).

Von großem Interesse ist jedoch die Frage, welche Aluminium-Spezies überhaupt phytotoxisch wirken. Im allgemeinen werden polymere und chelatisierte Al-Formen als nicht toxisch angesehen (Parker et al., 1989). Dabei gelten vor allem organische Al-Verbindungen als nicht phytotoxisch. Das Vorhandensein gelöster organischer Substanz führt zu einer Detoxifizierung von Aluminium durch Bildung Al-organischer Komplexe (Hue et al., 1986; Evans et al., 1988). Im allgemeinen wird die potentielle Toxizität monomeren Aluminiums durch die Anwesenheit und Zufuhr komplexbildender Liganden wie Sulfat, Fluorid oder auch organischer Säuren (Hue et al., 1986; Parker et al., 1989) herabgesetzt. Ebenso besitzen Calcium und Magnesium eine kompensierende Wirkung hinsichtlich potentieller Al-Toxizität (Parker et al., 1989). Einen erheblichen Einfluß auf Al-Bindungsform und -Transformationen in der Bodenlösung hat die gelöste organische Substanz. Dabei sind die niedermolekularen Fulvosäuren von besonderer Bedeutung; diese sind bis etwa pH 2 gelöst und besitzen eine hohe Säurestärke mit bedeutenden Anteilen an reaktiven Carboxyl- und Hydroxylgruppen. Die Fulvosäuren wie auch andere Huminstoffe entstehen durch den Umbau pflanzlichen und tierischen Materials und werden damit in den Auflage- und Ah-Horizonten gebildet. Die durch ein höheres Molekulargewicht gekennzeichneten Huminsäuren sind dagegen schwer wasserlöslich und meist mit Mineraloberflächen assoziiert, wo sie ebenfalls die Aluminium-Transformationen beeinflussen.

Zusammenfassend läßt sich sagen, daß im pH-Bereich zwischen 4,2 und 5 in humusreichen Horizonten die Löslichkeit von Aluminium durch die Löslichkeit der organischen Substanz gesteuert wird. Das Verhältnis gelösten Aluminiums zu DOC beeinflußt dabei die Bindung organisch komplexierten Aluminiums. Eine zunehmende Dissoziation organischer Säuren hat dabei eine vermehrte Al-Bindung an organische Substanz zur Folge. Dieser Mechanismus scheint vor allem in einem pH-Bereich um pH 4 wirksam zu sein. Durch höheren Protonendruck bei pH-Werten < 3 werden die funktionellen Gruppen der organischen Substanz protoniert. Dabei kann bereits organisch gebundenes Aluminium aus den Komplexbildnern verdrängt werden und liegt dann hauptsächlich als monomeres Al^{3+}-Ion vor (Fuchs, 1992).

Auch die Anteile der verschiedenen anorganischen Al-Spezies in der Bodenlösung werden vor allem vom pH-Wert bestimmt. Die Anteile von Al^{3+}_{aq} am gesamten gelösten anorganischen Aluminium nehmen mit sinkendem pH-Wert in der Bodenlösung zu, während die Anteile der Al-Hydroxo-Polymere gleichzeitig abnehmen. Hydrolysierte polymere Al-Formen sind bei pH-Werten der Bodenlösung unter 4,5 nicht stabil (Huang, 1988; Prietzel und Feger, 1991). Prietzel und Feger (1991) konnten bei der Bestimmung von Al-Spezies im Sickerwasser saurer Waldböden des Schwarzwaldes zeigen, daß in den organischen Auflagen rund 75 - 85 % des gelösten Al als organisch komplexierte Al-Spezies ("stabile Monomere" und "säurelösliches Al") vorliegen. Als "labile Monomere" Al-Spezies treten in den organischen Auflagen ionares Al^{3+} (8 - 20 % von Al_{Gesamt}) und Al-F-Komplexe (ca. 10 %) auf (Abb. 6.38 und Tab. 6.9).

Im Mineralboden nimmt der Anteil organisch komplexierter Al-Ionen deutlich ab, und es treten höhere Anteile an ionarem Al^{3+}- sowie an monomeren Al-OH-Ionen (überwiegend als ($Al(OH)^{2+}$)) auf. $AlSO_4$-Komplexe konnten in der untersuchten Bodenlösung meist nicht oder nur zu sehr geringen Anteilen (unter 5 %) am Al-Gesamt-Gehalt nachgewiesen werden.

Sulfatische Al-Verbindungen existieren in Abhängigkeit vom Angebot des gelösten SO_4^{2-} in der Bodenlösung in Form von Al-SO_4-Spezies bei pH-Werten zwischen 3 und 4,5. In sauren Waldböden wird als Kontrollmechanismus der Al- und Sulfat-Löslichkeit eine sukzessive

Präzipitation bzw. Dissolution von Jurbanit (Al(OH)SO$_4$) (Matzner und Ulrich, 1984; Khanna et al., 1987; Evans und Zelazny, 1990; Matzner und Bürstinghaus, 1990; Evans, 1991) oder auch Alunit (KAl$_3$(SO$_4$)$_2$(OH)$_6$) (Courchesne und Hendershot, 1990, Evans, 1991) und Basaluminit (Al$_4$(SO$_4$)(OH)$_{10}$) (Evans und Zelazny, 1990; Evans, 1991) vermutet.

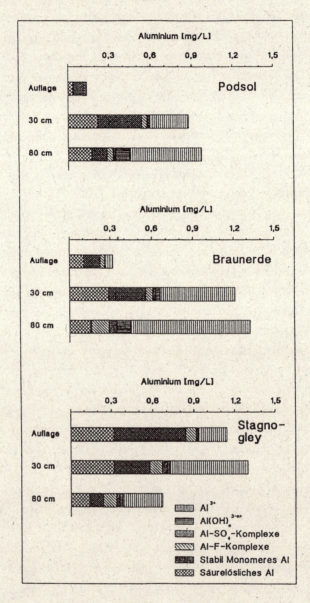

Abb. 6.38: Tiefenverteilung der Konzentrationen verschiedener Al-Spezies im Sickerwasser (Mittelwerte für 1988 - 1989) eines Eisenhumuspodsols aus Bärhaldegranit sowie einer sauren Braunerde und eines Stagnogleys aus oberem Buntsandstein im Schwarzwald (Prietzel und Feger, 1991)

Tab. 6.9: Konzentrationen verschiedener Al-Spezies sowie relevanter Parameter im Sickerwasser (Mittelwerte für 1988 - 1989) eines Eisenhumuspodsols aus Bärhaldegranit sowie einer sauren Braunerde und eines Stagnogleys aus oberem Buntsandstein im Schwarzwald (Prietzel und Feger, 1991)

	Konzentration							relativer Anteil d. Al-Bindungsformen					
	Al_{ges}	DOC	pH	SO_4^{2-}	NO_3^-	F^-	Cl^-	SAL	SMAL	Al-F	Al-SO_4	Al-OH	Al^{3+}
	------------------- (mg/L) -------------------							------------------- (%) -------------------					
					Podsol								
org. Aufl	0,14	20,1	4,2	2,98	0,49	0,02	0,83	25	57	10	0	0	8
-30 cm	0,88	10,5	4,3	2,69	1,77	0,03	0,74	25	37	4	0	1	32
-80 cm	0,97	1,8	4,9	4,95	1,86	0,03	0,69	18	12	4	2	10	54
					Braunerde								
org. Aufl	0,32	25,2	3,7	3,65	0,06	0,03	2,16	33	39	10	0	0	18
-30 cm	1,21	6,m0	4,5	6,07	0,14	0,04	1,54	24	22	4	2	3	45
-80 cm	1,33	0,4	4,7	10,15	0,03	0,09	1,67	12	1	10	4	7	66
					Stagnogley								
org. Aufl	1,14	25,8	3,7	8,54	0,04	0,06	1,44	27	46	7	1	0	19
-30 cm	1,31	11,0	4,2	10,85	0,08	0,06	1,36	24	21	7	3	1	44
-80 cm	0,67	6,0	4,6	12,39	0,03	0,06	1,47	21	15	14	3	4	43

SMAL: stabiles-monomeres Al
SAL: säurelösliches Al
Al-F: $\Sigma[AlF]^{2+} + [AlF_2]^+ + [AlF_3]^0$
Al-SO_4 $\Sigma[AlSO_4]^+ + [Al(SO_4)_2]^-$
Al-OH $\Sigma[Al(OH)]^{2+} + [Al(OH)_2]^+$

Die Bildung des Al-Hydroxosalzes Jurbanit wird im Bereich zwischen pH 3,5 - 4,5 vermutet (Ulrich, 1981c; Matzner und Ulrich, 1984). Im tieferen pH-Bereich wird Jurbanit wieder aufgelöst und kann so gemäß der Reaktion

$$Al(OH)SO_4 + H^+ = Al^{3+} + SO_4^{2-} + H_2O$$

an der Protonenpufferung teilnehmen (Prenzel, 1985). Diese Reaktion führt letztlich zur Al^{3+}-Freisetzung und findet im Bereich von etwa pH 4,0 statt. Die Meinungen über das tatsächliche

Vorkommen von Jurbanit gehen allerdings auseinander, da dessen Bildung im Bereich von pH 3,5 - 4,5 (Ulrich, 1981c) nur aus Löslichkeitsgleichgewichten abgeleitet wird und ein analytischer Befund zur Existenz in sauren Waldböden fehlt (Mulder et al., 1987).

Neben Al und Protonen treten in den sehr stark bis extrem versauerten humosen Oberböden auch zunehmend Mn- und Fe-Ionen an den Austauschern sowie in der Bodenlösung auf. Die Mn-Oxide, als wichtigste nachlieferbare Reserve, stehen mit den Mn^{2+}-Ionen der Bodenlösung in einem pH-abhängigen Gleichgewicht. Neben der Bodenreaktion wird die Mn-Mobilität auch ganz entscheidend vom Redoxpotential und vom Gehalt an organischen Komplexbildnern beeinflußt. Schlinkert (1992) und Weyer (1993) konnten zwischen dem Gehalt an gelöstem organischen Kohlenstoff (DOC) und den Mn-Gehalten in der Bodenlösung eine höchst signifikante Beziehung nachweisen. Die Mn-Gehalte in der Bodenlösung versauerter Waldböden können über 10 mg Mn/l betragen (Geering et al., 1969; Schlinkert, 1992; Büttner, 1992).

Höhere Fe-Gehalte in Bodenlösungen von Waldstandorten treten erst bei pH-Werten unter 3,0 auf. Neben der protolytischen Auflösung von Fe-Oxiden und -Hydroxiden, die erst bei sehr niedrigen pH-Werten (< 3) von Bedeutung ist, wird die Löslichkeit der Fe-Oxide und -Hydroxide im wesentlichen durch Reduktionsprozesse sowie durch die komplexierende Wirkung organischer Substanzen bestimmt. In den humosen Oberböden von Waldstandorten ist von einem gehemmten Streuabbau auszugehen, da durch Nährstoffarmut und sehr stark bis extrem saurer Bodenreaktion die Lebensbedingungen für Bakterien und Aktinomyceten stark eingeschränkt sind (Kap.10.3). An deren Stelle übernehmen weniger leistungsfähige Pilze den Streuabbau (Brümmer, 1981; Rehfuess, 1981). Dadurch treten vermehrt organische Komplexbildner und Reduktoren in der Bodenlösung auf, welche die Löslichkeit von Fe beträchtlich erhöhen und eine verstärkte Verlagerung von Fe^{2+}-Ionen zusammen mit organischen Anionen aus den Oberbodenhorizonten bewirken können. Die Fe-Gehalte in der Bodenlösung aus stark bis extrem versauerten humosen Oberböden liegen meist unter 1 mg Fe/l (Tab. 6.10) können aber, wie Untersuchungen von Schulte-Bisping (1991), Weyer (1993) und Büttner (1993) belegen, bis zu 16 mg Fe^{2+}/l erreichen, die der Al-Konzentration vergleichbar sind. Nach Rorison (1971) kann sowohl Mn^{2+} als auch Fe^{2+} in sauren Bodenlösungen stärker toxisch wirken als äquivalente Mengen an Al.

Es ist bekannt, daß über die Deposition auch Schwermetalle in Waldökosysteme eingetragen werden (Kap. 2.2). Im Bestand findet zunächst eine Akkumulation in der organischen Auflage statt, allerdings stellt dieses Kompartiment oft nur eine temporäre Senke dar (Heinrichs und Mayer, 1977; Mayer, 1981, 1985). Untersuchungen von Mayer (1983), König et al. (1986), Gehrmann (1990) und Krause (1992) belegen für verschiedene Waldstandorte eine deutliche Schwermetallbelastung, wie die nachfolgenden Analysendaten von Sickerwässern aus organischen Auflagehorizonten (Ol+Of+Oh) sowie Ah-Horizonte ausgewählter Waldflächen zeigen (Tab. 6.10).

Wichtig für die ökologische Relevanz von potentiell toxischen Stoffen, wie beispielsweise Cd und Pb, ist vor allem ihre Konzentration in der Bodenlösung. Denn in der Lösungsphase können sie sowohl von Pflanzen aufgenommen als auch mit dem Sickerwasser verlagert werden. Löslichkeit und Verfügbarkeit werden neben den Schwermetall-Gesamtgehalten, dem Stoffbestand des Bodens sowie dem Gehalt an gelösten organischen und anorganischen Komplexbildnern in entscheidendem Maße vom pH des Bodens und der Acidität der Bodenlösung bestimmt. Bereits bei pH-Werten unterhalb 6,0 - 5,5 beginnt - neben der Mn^{2+}-Freisetzung - eine Mobilisierung von Cadmium und Zink, während Kupfer bei pH-Werten < 5,0 - 4,5 und Blei < 4,0 verstärkt freigesetzt werden (Brümmer et al., 1986; Brümmer, 1987). Tab. 6.9 und 6.10 geben eine kurze Übersicht zu den Schwermetallgehalten in Bodenlösungen verschiedener Waldstandorte.

Tab: 6.10: Schwermetallkonzentrationen in Sickerwässern von Fichtenbeständen verglichen mit Konzentrationen, die in Nährmedien zu Schäden an Fichtenkeimlingen führen (Godbold et al., 1985; in Schultz, 1987). Angaben in µmol/l (X: Mittelwert; max: Maximum)

	Kupfer		Zink		Cadmium		Blei	
	x	max	x	max	x	max	x	max
Organische Aufl. (TLP):								
F1	0,06	0,30	3,8	5,5	0,02	0,04	0,16	0,25
Sp1	0,14	0,19	3,6	8,4	0,02	0,05	0,02	0,09
Mineralboden (MLK):								
F1	0,14	0,31	8,0	9,3	0,04	0,06	0,01	0,02
Sp1	0,15	0,20	8,4	8,9	0,03	0,26	0,02	0,09
Wi221	0,08	0,20	4,7	5,9	0,04	0,05	0,16	24,06
We28	0,03	0,04	3,0	3,5	0,04	0,05	< 0,01	0,01
Toxizitäts- erscheinungen	nb		> 10		> 1		> 0,1	

TLP: Trichterlysimeterplatte; MLK: Mineralbodenlysimeterkerze
F1: Solling (Göttingen, Ni); Sp1: Spanbeck (Göttingen, Ni); Wi221: Wingst (bei Cuxhave, Ni); We28: Westerberg (bei Stade, Ni)

Als Folge der zunehmenden Schwermetallverfügbarkeit konnten Brümmer (1987) und Hornburg (1991) erhöhte Gehalte an Mangan, Zink, Cadmium und Blei in der Kraut- und Grasvegetation extrem versauerter Waldstandorte Schleswig-Holsteins feststellen. Die verstärkte Mobilisierung und Verlagerung von Schwermetallen als Folge zunehmender Bodenversauerung kann neben einer

Beeinträchtigung der biologischen Aktivität (Kap. 10.3) und einer Schädigung von Wurzeln, insbesondere von Feinwurzeln der Waldbäume und deren Mycorrhiza-System, zu einer steigenden Belastung von Grundwasser und Oberflächengewässern im Einzugsbereich von Waldgebieten führen (Kap. 8 und 9).

7 Irreversible Veränderungen des Mineralbestandes als Folge von Versauerungsprozessen

Die in die Böden eingetragenen starken Säuren werden, wie bereits in Kap. 5.5 ausführlich geschildert, durch eine Vielzahl verschiedener Puffersubstanzen und Pufferreaktionen weitgehend abgepuffert, bewirken dabei jedoch gravierende negative Veränderungen des Mineralbestandes und des Stoffhaushaltes von Waldböden. Zu qualitativen und quantitativen Veränderungen im Mineralbestand von stark bis extrem versauerten Waldböden als Folge von Versauerungsprozessen wurden bereits verschiedene Untersuchungsbefunde veröffentlicht (Scheffer et al., 1961; Sakr und Meyer, 1970; Niederbudde und Kußmaul, 1978; Mazzarino, 1981; Mazzarino und Fölster, 1984; Guccione, 1985; Grinsven et al., 1986; Olson, 1988; Frank und Gebhardt, 1989; Rampazzo und Blum, 1992; Frank, 1993). Jedoch liegen bislang wenige Befunde über die Veränderungen im Mineralbestand der verschiedenen Tonfraktionen sowie über die Abbauprodukte aus der Silicatverwitterung und -zerstörung vor (Huang und Lee, 1969; Gebhard, 1976; McKeague und Wang, 1980; Stahr und Nakai, 1984; Farmer et al., 1984, 1985; Veerhoff und Brümmer, 1992; Veerhoff, 1992; Veerhoff und Brümmer, 1993).

7.1 Auswirkungen der Bodenversauerung auf den Stoffbestand

Die Auswirkungen der Bodenversauerung auf den Stoffbestand von Waldböden können u.a. anhand von Profilbilanzen ermittelt werden (Kundler, 1961; Niederbudde und Kußmaul, 1978; Stahr, 1979; Mazzarino, 1981; Alaily, 1983; Grenzius, 1984; Frank und Gebhardt, 1989; Tarrrah et al., 1990; Veerhoff, 1992; Dultz, 1993). Im folgenden werden die Veränderungen des Mineralbestandes und Stoffhaushaltes als Folge von Versauerungsprozessen vorwiegend am Beispiel von Profilbilanzen an Böden aus Löß unter Acker und Wald aufgezeigt (Veerhoff, 1992). In den Waldböden aus Löß (Kottenforst bei Bonn) wurde im Vergleich zu einer Acker-Parabraunerde aus dem gleichen Ausgangsmaterial (Klein-Altendorf bei Bonn) eine beträchtliche Verarmung an Alkali- und Erdalkalimetallen (Na, K, Ca und Mg) festgestellt, wobei die stärksten Verluste jeweils in den stark bis extrem versauerten Oberbodenhorizonten auftraten. Die höchsten Elementverluste mit bis zu 56 bzw. 60 % vom Ausgangsgehalt (bezogen auf humus- und carbonatfreie Trockensubstanz) wurden für Ca und Mg ermittelt (Abb. 7.1).

Deutlich weniger abgereichert waren die Elemente Na und K, die maximale Verluste von 10 % aufwiesen. Die starke Verarmung an Alkali- und Erdalkalielementen, insbesondere in den Oberböden der Waldprofile, läßt auf eine intensive Silicatverwitterung und anschließende Verlagerung der Nährstoffkationen schließen. Hiervon sind, wie anhand von Tiefenfunktionen der Na-, K-, Ca- und Mg-Gesamtgehalte in den verschiedenen Kornfraktionen einer Parabraunerde aus Löß unter Wald (Kottenforst bei Bonn) gezeigt werden konnte, im wesentlichen die verwitterungslabilen Feldspäte und Phyllosilicate in der Mittel- und Feinschlufffraktion betroffen. Die Na- und Ca-Freisetzung in diesen Fraktionen ist vor allem auf die Verwitterung von Plagioklasen zurückzuführen. Die K- und Mg-Verluste in den Schlufffraktionen werden hingegen überwiegend durch die

Verwitterung von K-Feldspäten und Glimmern (Muskovit, Biotit) und einer anschließenden Verlagerung dieser Elemente verursacht. Auch Frank und Gebhardt (1989) konnten anhand von Profilbilanzen für podsolierte Waldböden Nordwestdeutschlands aus unterschiedlichen, zumeist sandigen Ausgangsgesteinen eine deutliche Abnahme der Feldspatgehalte in den stark versauerten Oberböden feststellen.

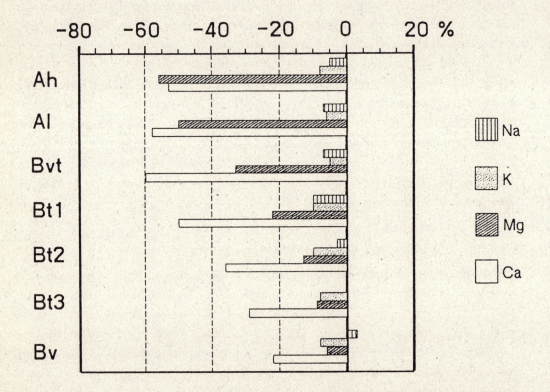

Abb. 7.1: Na-, K-, Ca- und Mg-Bilanzen einer Parabraunerde aus Löß unter Wald (Kottenforst bei Bonn); Gewinne und Verluste in % der Ausgangsgehalte (bezogen auf humus- und carbonatfreie Trockensubstanz) (Veerhoff, 1992)

Ferner lassen die Tiefenfunktionen der Ca- und Mg-Gehalte sowie in geringem Ausmaß auch der K-Gehalt z.T. Elementverluste in den Tonfraktionen der Waldböden aus Löß (Kottenforst bei Bonn) erkennen (Veerhoff, 1992). Jacobi (1986) ermittelte anhand von Profilbilanzen stark versauerter Waldböden aus Geschiebedecksanden Norddeutschlands deutliche Verluste an Alkali- und Erdalkalimetallen in den Sand- und Schlufffraktionen und von wenigen Ausnahmen abgesehen meist geringe Gewinne in den Tonfraktionen. Die hohen Mg- und Ca-Verluste können sowohl auf verwitterungsbedingte Umwandlungs- als auch auf Zerstörungsprozesse Mg- und Ca-haltiger Tonminerale (Mg-Chlorite, Vermiculite, Smectite) zurückgeführt werden. Wie Ergebnisse zu den

Mg-Gesamtgehalten zeigen, weisen stark saure Horizonte der Böden aus Löß bezogen auf den Tongehalt deutlich niedrigere Gehalte an gitterbundenem Mg auf als schwach bis mäßig saure Horizonte (Veerhoff, 1992).

Nach Veith und Schwertmann (1972) werden bei der Protonierung von Ca-Vermiculiten und -Montmorilloniten im pH-Bereich zwischen 4,3 und 6 neben Al und Si auch austauschbar und gitterbundenes Mg und Ca freigesetzt. Von Schwertmann (1976) durchgeführte Feld- und Laborstudien zur Verwitterung mafischer Chlorite zeigen, daß bei der Umwandlung der Chlorite unter sauren bis stark sauren Bedingungen erhebliche Anteile an Fe und Mg gelöst werden. Eine Freisetzung von Mg- und Ca-Kationen aus Silicaten findet ferner bei der Bildung von Al-Chloriten im pH-Bereich unterhalb 5 statt. Hierbei werden durch die Einlagerung von Al-Hydroxo-Kationen in die Zwischenschichten quellfähiger Dreischicht-Tonminerale die zwischenschichtgebundenen Ca- und Mg-Kationen verdrängt und mit der Bodenlösung verlagert.

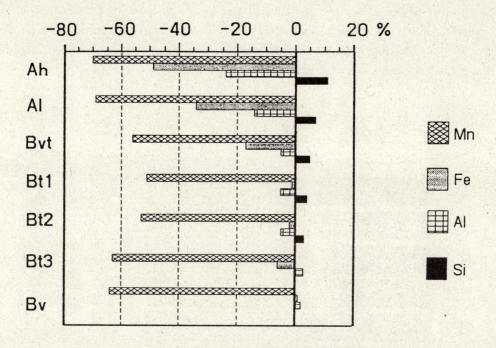

Abb. 7.2: Mn-, Fe-, Al- und Si-Bilanzen einer Parabraunerde aus Löß unter Wald (Kottenforst bei Bonn); Gewinne und Verluste in % der Ausgangsgehalte (bezogen auf humus- und carbonatfreie Trockensubstanz) (Veerhoff, 1992)

Wie Profilbilanzen von Waldböden aus Löß im Bereich des Kottenforstes bei Bonn weiterhin zeigen, konnten in den meisten Horizonten hohe Mn-Verluste, die zwischen 9 und 70 % variierten, festgestellt werden. (In Abb. 7.2 sind exemplarisch die Profilbilanzen für eine Parabraunerde aus Löß unter Wald dargestellt.) Das in den Böden aus Löß noch verbliebene Mn liegt, wie die Ergebnisse von sequentiellen Extraktionen zeigen, überwiegend in oxidischer Bindungsform vor (Abb. 7.3). Hierbei handelt es sich vermutlich um Mn(III)- oder Mn(IV)-Oxide und -Hydroxide, die zumeist mit Fe-Oxiden assoziiert in Form von Fe-Mn-Konkretionen und -Flecken sowie -Überzügen von Tonmineralen und anderen Mineralpartikeln in Böden auftreten. Ihre Bildung erfolgte unter aeroben Bedingungen durch Ausfällung von Mn-Ionen, die während der Verwitterung Mn-haltiger Silicate (z.B. Biotite, Pyroxene, Amphibole) freigesetzt wurden. Die Mn-Oxide besitzen bei neutraler Bodenreaktion eine relativ geringe Löslichkeit, die jedoch bereits bei pH-Werten unter 5,5 und/oder bei geringer Absenkung des Redoxpotentials stark erhöht wird. In humosen Oberböden kann die Reduktion von Mn(III, IV)-Oxiden in Staunässephasen entweder direkt durch Mikroorganismen oder indirekt durch mikrobiell gebildete, reduzierend und komplexierend wirkende lösliche organische Substanzen verursacht werden und zu einer Verlagerung von Mn führen. Schachtschabel (1957) stellte bei Untersuchungen des Mn-Versorgungsgrades in Böden fest, daß unter reduzierenden Bedingungen innerhalb von 3 Tagen bis zu 20 % der Mn-Oxide gelöst werden können und in austauschbares Mn^{2+} übergehen. Die hohen Anteile an austauschbarem Mn in den Oberböden der sehr stark bis extrem sauren Waldböden aus Löß, die bis zu 36 % des Mn-Gesamtgehaltes betragen können, zeigen, daß ein Großteil der Mn-Oxide vor allem durch Säureeinwirkung aufgelöst wurde (Abb. 7.3).

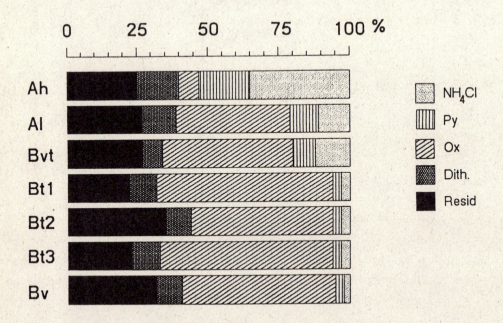

Abb. 7.3: Prozentuale Verteilung verschiedener Mn-Fraktionen (in % vom Mn-Gesamtgehalt) nach sequentieller Extraktion (NH_4Cl-, pyrophosphat-(Py), oxalat-(Ox), dithionitextrahierbare Fraktion (Dith.) und silicatisch gebundenes Mangan (Resid)) im Feinboden einer Parabraunerde aus Löß unter Wald (Kottenforst bei Bonn) (Veerhoff, 1992)

In extrem versauerten Oberböden von podsolierten Waldstandorten lassen hohe silicatisch gebundene Mn-Anteile bei insgesamt niedrigen Mn-Gesamtgehalten darauf schließen, daß die Mn-Oxide nahezu vollständig gelöst und die gebildeten Mn^{2+}-Ionen weitgehend ausgewaschen wurden (Veerhoff, 1992). Das noch vorhandene silicatisch gebundene Mn liegt vermutlich in schwer verwitterbaren Silicaten und Metalloxiden (z.B. Magnetit, Ilmenit, Chromit) vor.

Neben Mn konnte in den Waldböden aus Löß (Kottenforst bei Bonn), insbesondere in den stark bis extrem versauerten Oberböden, auch eine starke Fe-Verarmung festgestellt werden. Mit zunehmender Bodentiefe verringern sich im allgemeinen die Fe-Verluste (Abb. 7.2). Die hohen Fe-Verluste in sehr stark bis extrem versauerten Horizonten treten vor allem in der Sand- sowie in der Grobschluff- und Mittelschlufffraktion auf. Sie betragen bis zu 49 % der Gesamteisengehalte in den Oberböden der Waldstandorte und lassen auf eine intensive Verwitterung durch Protolyse von Fe-haltigen Silicaten (Biotite, Muskovite, Pyroxene und Amphibole) in den gröberen Kornfraktionen schließen. Die dabei freigesetzten Fe^{2+}-Ionen werden zum größten Teil am Ort der Verwitterung oder nach Verlagerung in Form von Fe(III)-Oxiden wieder ausgefällt. In Abhängigkeit von der Konzentration und den Eigenschaften organischer Verbindungen im Boden bzw. in der Bodenlösung können ferner auch lösliche und unlösliche metallorganische Komplexe unterschiedlicher Art und Stabilität entstehen.

Wie zahlreiche Laborversuche belegen, wird nur ein geringer Anteil der bei der Verwitterung freigesetzten Fe^{2+}-Ionen in die Kristallstruktur bzw. in die Zwischenschichten von Tonmineralen eingebaut (Clark, 1964; Carstea, 1968; Veith, 1969). Nach Schwertmann et al. (1987) setzt eine verstärkte Auflösung von Fe-Oxiden und -Hydroxiden, die ein sehr geringes Löslichkeitsprodukt besitzen, erst bei sehr stark bis extrem saurer Bodenreaktion (pH < 3,5) ein. Betroffen sind hiervon jedoch im wesentlichen die schlecht kristallinen Oxide wie z.B. der Ferrihydrit.

Von weitaus größerer Bedeutung für die Auflösung von Fe(III)-Oxiden und -Hydroxiden sind Reduktionsprozesse. Hierbei werden ebenfalls zunächst die schlecht kristallinen Fe(III)-Hydroxide, bei stärkerer Erniedrigung des Redoxpotentials schließlich auch die gut kristallinen Fe(III)-Oxide zu Fe^{2+}-Ionen reduziert bzw. bei höheren pH-Werten zu Fe(II, III)-Hydroxiden und -Oxiden umgewandelt (Brümmer, 1974).

Die Löslichkeit von Fe und anderen Metallen wird ferner in starkem Maße von komplexierend wirkenden organischen Verbindungen beeinflußt. In stark bis extrem sauren, humosen Oberböden von Waldstandorten ist von einem gehemmten Streuabbau auszugehen, da durch Nährstoffarmut und extreme Bodenacidität die mikrobielle Aktivität stark erniedrigt ist. Dadurch treten vermehrt organische Komplexbildner und Reduktoren in der Bodenlösung auf. Durch Komplexierungs- und Chelatisierungsvorgänge wird infolgedessen die Löslichkeit von Fe beträchtlich erhöht, was zu einer verstärkten Verlagerung aus den Oberbodenhorizonten führen kann.

Die starke Versauerung der Waldböden hat - wie für Waldböden aus Löß (Kottenforst bei Bonn) gezeigt werden konnte - zu einer Verarmung an Al besonders in den oberen Horizonten geführt, in denen Al-Verluste von bis zu 24 % nachgewiesen werden konnten (Abb. 7.2; Veerhoff, 1992; Veerhoff und Brümmer, 1993). Die starken Al-Verluste in den oberen 50 bis 100 cm der untersuchten Waldböden sind auf eine intensive Silicatverwitterung und -zerstörung zurückzuführen. Die dabei freigesetzten Al^{3+}-Ionen besitzen eine große Eintauschstärke und ersetzen an Tonmineraloberflächen unterhalb pH 4,5 zunehmend Alkali- und Erdalkalikationen (s. Kap. 7.2). Ein Teil der Al-Ionen kann zu reaktionsfähigen Al-Hydroxo-Verbindungen hydrolisieren, die im schwach sauren bis stark sauren pH-Bereich als amorphe Hydroxide, Al-Hydroxo-Kationen bzw. in Gegenwart von Sulfat-Ionen als Al-Hydroxo-Sulfate vorliegen können (Ulrich, 1981, 1985; Süsser, 1987; Schwertmann et al., 1987; Pritzel und Feger, 1991) (s. Kap. 6.2.3). Die Al-Hydroxo-Kationen können sowohl in die Zwischenschichten aufweitbarer Dreischicht-Tonminerale unter Austausch von Zwischenschicht-Kationen (Ca, Mg) eingelagert als auch an Tonmineraloberflächen adsorbiert werden (s. Kap. 7.2). Im pH-Bereich unterhalb 4,5 werden durch Protonierung der OH-Gruppen die Al-Hydroxo-Verbindungen unter Freisetzung äquivalenter Mengen an Al^{3+}-Ionen wieder gelöst. Diese werden vorwiegend adsorbiert, können aber auch mit der Bodenlösung verlagert, erneut ausgefällt und schließlich ausgewaschen werden. In Anwesenheit organischer Verbindungen wird die Auflösung von Al-Hydroxo-Verbindungen durch die Bildung metallorganischer Komplexe noch verstärkt.

Die geringe Löslichkeit von Si-Oxiden, insbesondere von Quarz, sowie die starke Verarmung an Alkali-, Erdalkali-, Mn-, Fe- und Al-Ionen führen zu einer relativen Anreicherung von Silicium in den stark bis extrem versauerten Horizonten der Waldböden aus Löß (Kottenforst bei Bonn). Die stärksten Si-Anreicherungen treten in den Oberbodenhorizonten auf und betragen maximal 12 % (Abb. 7.2; Veerhoff und Brümmer, 1989; Veerhoff, 1992). In einer Parabraunerde aus Löß vergleichbarer Zusammensetzung unter Acker (Klein-Altendorf bei Bonn) konnten hingegen keine Si-Gewinne festgestellt werden. Auch Frank und Gebhardt (1989) stellten anhand von Profilbilanzen stark versauerter Waldböden Nordwestdeutschlands eine Zunahme der Quarzanteile in den Oberböden der Waldstandorte fest. Ähnlich wie die Si-Gesamtgehalte zeigen auch die laugenlöslichen Si-Gehalte in den Oberböden ein Maximum. Die starke Zunahme von NaOH extrahierbarem Si sowie das weite SiO_2/Al_2O_3-Molverhältnis von 5 - 6 lassen nach Wada (1989) auf eine Extraktion schlecht kristalliner bis amorpher Si-reicher Verbindungen schließen (s. Kap. 7.3.4). Vermutlich handelt es sich hierbei um Abbauprodukte aus der starken Zerstörung von Tonmineralen und anderen Silicaten als Folge der starken bis extremen Bodenacidität.

7.2 Tonmineralumwandlungen als Folge von Versauerungsprozessen

Die Ergebnisse der Bilanzierung von Waldböden aus Löß (s. Kap. 7.1) wurden durch quantitative röntgenographische Analysen der Sand- und Schlufffraktionen von Waldböden aus unterschiedlichen Ausgangsgesteinen bestätigt (Veerhoff, 1992). Sie zeigen in den sehr stark bis extrem versauerten Horizonten eine Abnahme des Feldspatgehaltes sowie eine relative Anreicherung von Quarz. Die Phyllosilicate sind mit geringen Anteilen am Mineralbestand überwiegend auf die Feinschlufffraktion der zumeist geringer versauerten Unterbodenhorizonte beschränkt. In den Oberböden nahezu aller sehr stark bis extrem versauerter Waldstandorte fehlen Phyllosilicate weitgehend in den Sand- und Schlufffraktionen. Erst in weniger stark versauerten Unterbodenhorizonten treten Phyllosilicate wieder zu höheren Anteilen in diesen Fraktionen auf (Tab. 7.1 und 7.2). Bronger und Kalk (1976) stellten in rezenten und fossilen Lößböden aus dem Karpatenbecken ebenfalls eine intensive lösungschemische Feldspatverwitterung fest. Die Autoren ermittelten eine Zunahme der Feldspatgehalte vom Ah- zum C-Horizont zwischen 15 und 43 %. Die Abbaurate der Glimmer lag in den Oberböden bei 24 bis 78 %. Eine Verringerung der Feldspatgehalte in den Oberböden sowie eine Abnahme des Quarz/Feldspat-Verhältnisses vom Ober- zum Unterboden wurden ferner in Böden aus Schwemmlehm (Stremme, 1955), in Braunerde-Lessives aus Geschiebemergel (Blume, 1961) sowie in sauren Braunerden (Ockerbraunerden) aus devonischen Sandsteinen und Schiefern (Sohet et al., 1988) festgestellt. Frank und Gebhardt (1989) konnten anhand von Bilanzierungen des Mineralbestandes eines Gley-Podsols und einer podsoligen Braunerde eine Zunahme der Feldspat- und Muskovitanteile vom Ober- zum Unterboden feststellen. Ferner ergab der Vergleich zwischen dem Mineralbestand von Archivproben aus den Jahren 1968 und 1988, daß innerhalb von 20 Jahren der Muskovitanteil in den einzelnen Schlufffraktionen der A-Horizonte um 50 bis 60 % und die Alkalifeldspatanteile um 21 bis 26 % abgenommen haben (Frank und Gebhardt, 1989). Aufgrund der starken pH-Abnahme im gleichen Zeitraum führen die Autoren die starken Silicatverluste insbesondere im Oberboden auf anthropogene Versauerungsprozesse der letzten zwei Jahrzehnte zurück.

Wie röntgenographische und differentialthermoanalytische Untersuchungen der Mineralbestände versauerter Waldböden belegen, unterliegen nicht nur die gröberen Kornfraktionen (Sand und Schluff) sondern auch die wesentlich weniger verwitterungsstabilen Tonminerale mit zunehmender Versauerung bedeutenden Veränderungen (Scheffer et al., 1961; Sakr und Meyer, 1970; Gebhard, 1976; Niederbudde und Kußmaul, 1978; Mazzarino, 1981; Stahr und Nakai, 1984; Farmer et al., 1984, 1985; Olson, 1988; Frank und Gebhardt, 1989; Rampazzo und Blum, 1992; Veerhoff, 1992; Völkel, 1994). Die Ergebnisse aus Röntgenanalysen der Tonfraktionen stark bis extrem versauerter Waldböden zeigen in nahezu allen Waldböden eine Zunahme der quellfähigen 1,8 nm-Minerale vom Ober- zum Unterboden, während die Al-Chlorite meist in einer Tiefe von 20 - 60 cm ihre höchsten Gehalte aufweisen. Zum Unterboden hin nehmen die Al-Chloritanteile erneut stark ab. In den nicht podsolierten Waldböden aus Löß (Kottenforst bei Bonn) findet bei nahezu gleichbleibenden Illitanteile eine Umwandlung quellfähiger Dreischichttonminerale zu Al-Chloriten statt (Veerhoff, 1992). Die Bildung von Al-Chloriten durch die Einlagerung von Al-Hydroxo-Kationen in die Zwischenschichten aufweitbarer Tonminerale stellt eine charakteristische und bedeutende Veränderung des Tonmineralbestandes als Folge der Bodenversauerung dar.

Horiz. (Tiefe in cm)	Mineralart	S	gU	mU	fU	S+U
Ah (0-7)	Quarz	89	76	75	72	77
	Feldspäte	11	24	25	28	23
	Phyllosilicate	0	0	0	0	0
	Qz/Fsp-V	8.1	2.6	3.0	2.6	3.4
Al (7-30)	Quarz	86	74	75	68	74
	Feldspäte	14	26	25	29	25
	Phyllosilicate	0	0	0	3	1
	Qz/Fsp-V	6.3	2.9	3.0	2.4	3.1
Bvt (30-53)	Quarz	84	75	71	69	75
	Feldspäte	16	25	29	25	24
	Phyllosilicate	0	0	0	6	1
	Qz/Fsp-V	4.0	3.0	2.5	2.8	3.1
Bt1 (53-79)	Quarz	84	72	65	63	71
	Feldspäte	16	28	28	23	26
	Phyllosilicate	0	0	7	14	3
	Qz/Fsp-V	5.1	2.6	2.3	2.7	2.7
Bt2 (79-107)	Quarz	80	71	64	59	69
	Feldspäte	20	29	29	21	27
	Phyllosilicate	0	0	7	20	4
	Qz/Fsp-V	4.0	2.5	2.2	2.8	2.6
Bt3 (107-132)	Quarz	78	72	65	57	70
	Feldspäte	22	28	27	28	27
	Phyllosilicate	0	0	8	15	3
	Qz/Fsp-V	5.6	2.6	2.4	2.0	2.6
Bv (132-160)	Quarz	73	64	63	52	64
	Feldspäte	20	30	28	31	29
	Phyllosilicate	7	6	9	17	7
	Qz/Fsp-V	5.6	2.1	2.3	1.7	2.2

Tab. 7.1: Quarz-, Feldspat- und Phyllosilicatanteil (%) sowie Quarz/Feldspat-Verhältnis (Qz/Fsp-V) in verschiedenen Kornfraktionen (Sand- (S), Grobschluff-(gU), Mittelschluff- (mU), Feinschluff- (fU) und Gesamtfraktion (S+U)) einer Parabraunerde aus Löß unter Wald (Kottenforst bei Bonn) (Veerhoff, 1992)

Horiz. (Tiefe in cm)	Mineralart	S	gU	mU	fU	S+U
Ahe (0-5)	Quarz	86	72	76	77	75
	Feldspäte	14	28	24	23	25
	Phyllosilicate	0	0	0	0	0
	Qz/Fsp-V	6.1	2.6	3.2	3.3	3.0
Bsh (5-11)	Quarz	86	65	76	74	70
	Feldspäte	14	35	24	26	30
	Phyllosilicate	0	0	0	0	0
	Qz/Fsp-V	6.3	1.9	3.2	2.9	2.3
Bhs (11-31)	Quarz	85	66	74	74	69
	Feldspäte	15	34	26	26	31
	Phyllosilicate	0	0	0	6	0
	Qz/Fsp-V	5.7	1.9	2.9	2.9	2.2
BsAl (31-50)	Quarz	80	63	73	69	67
	Feldspäte	20	37	26	25	32
	Phyllosilicate	0	0	1	6	1
	Qz/Fsp-V	4.0	1.7	2.8	2.8	2.1
Al (50-64)	Quarz	77	54	66	61	59
	Feldspäte	23	46	30	25	40
	Phyllosilicate	0	0	4	14	1
	Qz/Fsp-V	3.3	1.2	2.2	2.4	1.5
SBt (64-95)	Quarz	78	54	54	55	59
	Feldspäte	22	43	44	29	40
	Phyllosilic	0	3	2	16	1
	Qz/Fsp-V	3.5	1.3	1.2	1.9	1.5
IIBv (95-130)	Quarz	78	80	73	85	78
	Feldspäte	21	20	27	15	21
	Phyllosilicate	0	0	0	0	0
	Qz/Fsp-V	3.8	4.0	2.7	5.7	3.8

Tab. 7.2: Quarz-, Feldspat- und Phyllosilicatanteil (%) sowie Quarz/Feldspat-Verhältnis (Qz/Fsp-V) in verschiedenen Kornfraktionen (Sand- (S), Grobschluff- (gU), Mittelschluff- (mU), Feinschluff- (fU) und Gesamtfraktion (S+U)) eines Parabraunerde-Podsols aus Sandlöß unter Wald (Reichswald bei Kleve) (Veerhoff, 1992)

Al-Chlorite sind aus Gebieten mit kühl-humidem bis warm wechselfeuchtem Klima in Böden unterschiedlichster Ausgangssubstrate und Genese untersucht und beschrieben worden, so u.a. in sauren Lockerbraunerden und Fahlerden aus Löß (Scheffer et al., 1966; Völkel, 1994), in Parabraunerden, Pseudogleyen, Podsol-Braunerden und Podsolen aus tief entkalktem Geschiebemergel und Geschiebesanden sowie in Marschböden aus marinem und fluviatilem Schlick (Schroeder und Dümmler, 1963). Untersuchungen von Stahr und Gudmundsson (1981) zur Tonmineralbildung und -umwandlung in sauren Braunerden aus periglazialen Schuttdecken im Gneisgebiet des Südschwarzwaldes belegen eine intensive Bildung von Al-Chloriten, die einen Anteil von bis zu 60 % am Mineralbestand erreichen. Rich (1968) gibt als optimale Bildungsbedingungen für Al-Chlorite eine mäßig saure Bodenreaktion (pH 5 - 6), einen geringen Gehalt an organischer Substanz und einen häufigen Wechsel von Durchfeuchtung und Austrocknung des Bodens an. Nach Untersuchungen von Blum (1976) weisen dagegen alle Böden mit Vorkommen von Al-Chloriten eine schwach bis mäßig saure Bodenreaktion und mäßig hohe Humusgehalte auf.

Zur Klärung der Entstehung von Al-Chloriten wurden von zahlreichen Bearbeitern Syntheseversuche unter Laborbedingungen durchgeführt (Frink und Peech, 1963; Hsu und Bates, 1964; Kozak und Huang, 1971, u.a.). Behandlungen von Lagerstättentonen mit $AlCl_3$-Lösungen führten in Abhängigkeit vom OH/Al-Verhältnis zu stabilen Al-Hydroxo-Einlagerungen in den Zwischenschichten von Smectiten und Vermiculiten. Karathanasis (1988) konnte mit Hilfe der Alkylammonium-Methode zeigen, daß es sich bei den chloritisierten 1,4 nm-Mineralen in der Fraktion 2 - 0,2 µm stark versauerter Böden überwiegend um Vermiculite mit Al-Zwischenschichten handelt.

Ausgehend von den Ergebnissen der chemischen, röntgenographischen und elektronenmikroskopischen Untersuchungen wird in Anlehnung an Brümmer (1981) in der folgenden schematischen Darstellung die Umwandlung glimmerbürtiger Dreischichttonminerale am Beispiel des Illits als Folge von Entkalkungs-, Entbasungs- und Versauerungsprozessen aufgezeigt (Abb. 7.4).

Zu Beginn der Bodenentwicklung wie auch in gekalkten Ackerböden werden im $CaCO_3$-gepufferten Milieu große Mengen an Ca^{2+}- und HCO_3^--Ionen im Verlauf von Entkalkungsprozessen freigesetzt. Damit geht eine Mobilisierung von K-Ionen aus den Zwischenschichten von Illiten einher, die vor allem durch hydratisierte Ca-Ionen ersetzt werden (Bild 1 und 2). Dieser Prozeß findet heute noch wahrscheinlich in carbonathaltigen Horizonten statt und ist durch einen hohen Anteil an quellfähigen 1,8 nm-Mineralen am Tonmineralbestand gekennzeichnet. Am Rande der Minerale entstehen so zunächst teilweise aufgeweitete, bei stärkerem K-Verlust auch vollständig aufgeweitete Zwischenschichträume (Bild 2 und 3). Röntgenographisch ist dieses Verwitterungsstadium in den Diffraktogrammen der Tonfraktion (< 2 µm) durch das Auftreten von quellfähigen Illiten sowie durch Illit-Smectit- bzw. Illit-Vermiculit-Wechsellagerungen gekennzeichnet. Bei vollständigem K-Verlust entstehen schließlich vollständig aufweitbare Dreischichttonminerale, die eine hohe Kationenaustauschkapazität besitzen (Bild 3).

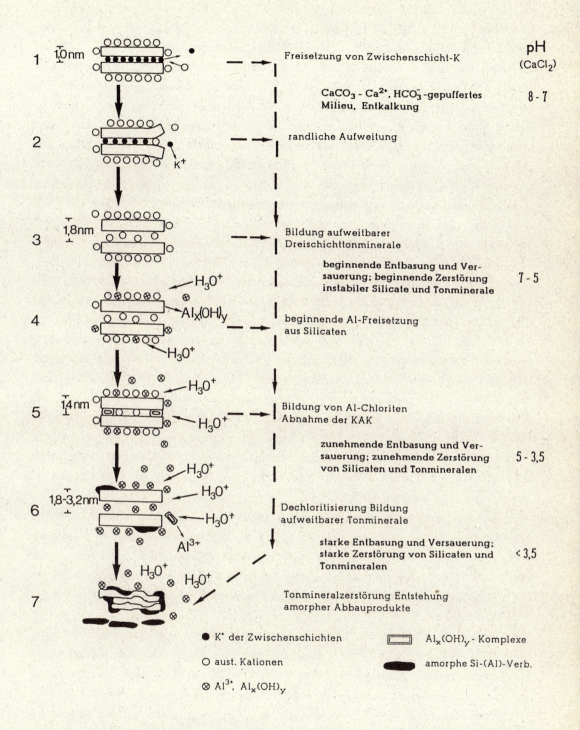

Abb. 7.4: Schematische Darstellung der mit zunehmender Versauerung in Böden einhergehenden Prozesse und Stadien der Tonmineralumwandlung und -zerstörung (Veerhoff, 1992)

Nach Abschluß der Entkalkungsprozesse beginnt die Entbasung und Versauerung von Böden. Im pH-Bereich von 7 - 5 setzt die Zerstörung instabiler Silicate ein (Bild 4). Mit fortschreitender Versauerung findet im pH-Bereich zwischen pH 5 und 3,5 ein verstärkter H_3O^+-Ionen-Angriff auf die Silicatschichten der Tonminerale statt, der zu einer zunehmenden Al-Freisetzung aus dem Kristallgitter führt. Veith und Schwertmann (1972) konnten an Ca-gesättigten Smectiten und Vermiculiten zeigen, daß mit dem Austausch von Ca-Ionen an permanenten Ladungen auch Si, Mg und Al aus dem Silicatgitter freigesetzt werden. Die Al^{3+}-Ionen besitzen wegen ihrer hohen Ladung eine starke Eintauschfähigkeit und ersetzen daher unterhalb pH 5 zunehmend Alkali- und Erdalkali-Kationen an den Austauschern. Ein Teil der freigesetzten Al-Ionen kann zu positiv geladenen Al-Hydroxo-Komplexen hydrolisieren und sowohl an äußeren Oberflächen adsorbiert als auch in Zwischenschichten aufweitbarer Tonminerale eingelagert werden. Letzteres führt, wie in Bild 5 dargestellt ist, zur Bildung von Al-Chloriten.

Die Bildung von Al-Chloriten durch Einlagerung von Al-Hydroxo-Komplexen in die Zwischenschichten aufweitbarer Tonminerale sowie die Adsorption dieser Komplexe auf Tonmineraloberflächen führt zu einer deutlichen Abnahme der effektiven Austauschkapazität (s. Kap. 6.2.2, Tab. 6.4). Ferner weisen die überwiegend nicht austauschbaren Al-Polymere dissoziationsfähige OH-Gruppen auf und wandeln dadurch permanente Ladungen in variable Ladungen um.

Die Al-Chlorit-Bildung stellt jedoch nicht das Endstadium der Tonmineralumwandlung in stark versauerten Waldböden dar. Mit fortschreitender Versauerung findet im sehr stark bis extrem sauren pH-Bereich (pH < 3,5) eine Protonierung und Chelatisierung der Al-Hydroxo-Komplexe statt, und Al-Ionen werden aus den Zwischenschichträumen sekundärer Chlorite gelöst (Abb. 7.4, Bild 6). Es entstehen erneut quellfähige Tonminerale, die auf über 2,0 nm aufweitbar sind. Sie stellen die letzten röntgenographisch nachweisbaren Übergänge zu röntgenamorphen Substanzen dar. Röntgenanalysen der Grob-, Mittel- und Feintonfraktion von Oberböden mit unterschiedlichen pH-Werten lassen den Schluß zu, daß die Dechloritisierung in der Feintonfraktion einsetzt und auf immer gröbere Tonfraktionen übergreift.

Bei pH-Werten unter 3,5 setzt, wie röntgenographische und rasterelektronenmikroskopische Untersuchungen belegen, eine sehr starke Zerstörung der Tonminerale sowie anderer Silicate ein (Abb. 7.4, Bild 7), die zur Entstehung amorpher Si-reicher Abbauprodukte sowie teilweise zu einem sekundären Quarzwachstum führt (s. Kap. 7.3.3). Die Tonzerstörung kombiniert mit einem sekundären Quarzwachstum stellt einen Prozeß der "Versandung" in den stark bis extrem versauerten Oberböden dar.

Der in Abb. 7.4 von oben nach unten gerichtete gestrichelte Pfeil soll verdeutlichen, daß bei der Tonmineralumwandlung als Folge von Versauerungsprozessen nicht immer alle der hier aufgeführten Tonmineralphasen durchlaufen werden. Da die Silicatverwitterung bzw. Silicatpufferung überwiegend unter chemischen Ungleichgewichtsbedingungen abläuft, ist anzunehmen, daß im extrem sauren Milieu direkt eine Tonmineralzerstörung von Illit oder Smectit ohne die Bildung der Al-Chlorit-Phase stattfindet. In sehr stark bis extrem versauerten podsolierten Oberböden aus Löß, Sandlöß und Geschiebemergel ist die Tonmineralzerstörung teilweise bereits soweit fortgeschritten, daß Illit, der im Unterboden noch als Hauptbestandteil mit bis zu 54 % am Tonmineralbestand beteiligt ist, auf Anteile unter 30 % abnimmt (Abb. 7.5). Gleichzeitig ist eine starke Anreicherung amorpher Abbauprodukte in der Tonfraktion festzustellen (Veerhoff, 1992; Veerhoff und Brümmer, 1993).

In Abb. 7.6 sind die Röntgendiagramme der glyceringesättigten und mit Mg-Ionen belegten Tonfraktion (< 2 µm) aus Oberböden von fünf Waldstandorten mit unterschiedlichen $pH(CaCl_2)$-Werten dargestellt. Neben den scharfen, zumeist intensitätsstarken Röntgenreflexen der quellfähigen 1,8 nm-Minerale (niedrig geladener Vermiculit und Smectit) sowie von Chlorit und hochgeladenem Vermiculit (1,4 nm) Illit, Kaolinit und Quarz in den drei oberen Diffraktogrammen tritt eine deutliche Aufwölbung des Untergrundes (schraffierte Fläche) im Bereich zwischen 0,7 und 0,3 nm mit einem Maximum bei 0,36 - 0,4 nm auf (Veerhoff, 1992; Veerhoff und Brümmer, 1993). Ein Vergleich der Röntgendiagramme von der Tonfraktion der Oberböden aller untersuchten Waldstandorte zeigt, daß die Aufwölbung des Untergrundes erst in Oberböden mit $pH(CaCl_2)$-Werten unter 3,6 auftritt. In den Diffraktogrammen der jeweiligen B-Horizonte mit pH-Werten > 3,8 konnten hingegen keine Aufwölbungen des Untergrundes beobachtet werden (Abb. 7.7). Hier liegen neben Illit als Hauptbestandteil der Tonfraktionen mit Anteilen zwischen 40 und 60 % quellfähige 1,8 nm-Minerale, Al-Chlorit, Vermiculit, Kaolinit und Quarz vor.

Stark verbreiterte und intensitätsschwache Röntgenreflexe, die eine Aufwölbung des Untergrundes im Bereich zwischen 0,7 und 0,3 nm verursachen, können auf allophanartige Verbindungen (Wada, 1979) und/oder amorphe Kieselsäure (Wilding und Drees, 1974) zurückgeführt werden. Aus röntgenographischen Untersuchungen der Grob-, Mittel- und Feinschlufffraktion der Waldböden geht hervor, daß die schlecht kristallinen bis amorphen Verbindungen ihre höchsten Anteile in den Grobtonfraktionen (0,2 - 2 µm) aufweisen (Abb. 7.8). Innerhalb der untersuchten Waldprofile nimmt der Anteil schlecht kristalliner bis amorpher Verbindungen in den Tonfraktionen vom Ober- zum Unterboden hin ab. Demgegenüber ist in allen Waldböden ein starker Anstieg der Illitanteile in der Tonfraktion mit zunehmender Bodentiefe zu beobachten (Veerhoff und Brümmer, 1989; Veerhoff, 1992; Veerhoff und Brümmer, 1993).

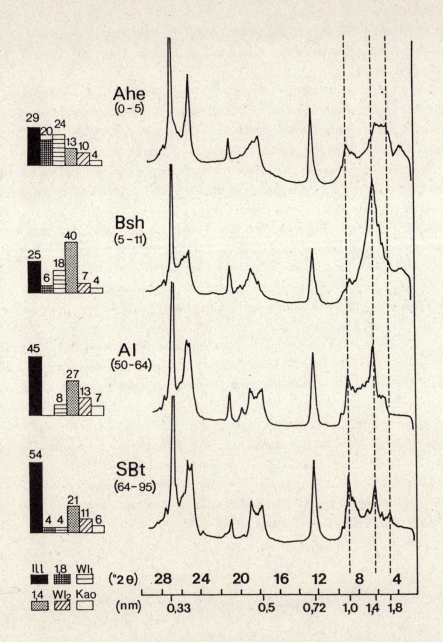

Abb. 7.5: Röntgendiagramme der Mg- und glyceringesättigten Tonfraktionen (< 2 μm) aus vier Horizonten eines Parabraunerde-Podsols aus Sandlöß unter Wald (Reichswald bei Kleve); linker Bildrand: Horizontbezeichnung, -tiefe (cm) sowie prozentuale Anteile der Tonminerale am Mineralbestand; Ill: Illit; 1,8: 1,8 nm-Minerale (Smectit, niedriggeladener Vermiculit); Wl_1: 1,8 - 1,4 nm-Wechsellagerungen; 1,4 nm: 1,4 nm-Minerale (prim./sek. Chlorit, Vermiculit); Wl_2: 1,4 - 1,0 nm-Wechsellagerungen; Kao: Kaolinit (Veerhoff, 1992)

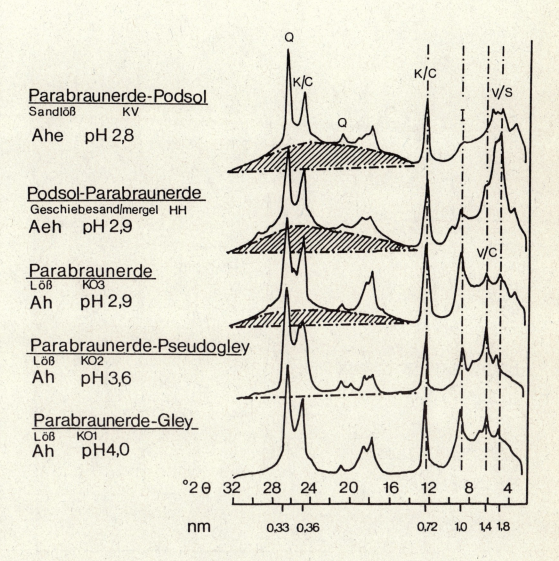

Abb. 7.6: Röntgendiagramme der Mg^{2+}-belegten und glyceringesättigten Tonfraktionen (< 2µm) aus Oberböden von Waldstandorten unterschiedlichen Ausgangsmaterials und unterschiedlicher pH($CaCl_2$)-Werte; schraffierte Fläche: Untergrundaufwölbung, V/S: niedrig geladener Vermiculit und/oder Smectit; V/C: hochgeladener Vermiculit und/oder Chlorit; I: Illit; K: Kaolinit; Q: Quarz (Veerhoff, 1992; Veerhoff und Brümmer, 1993)

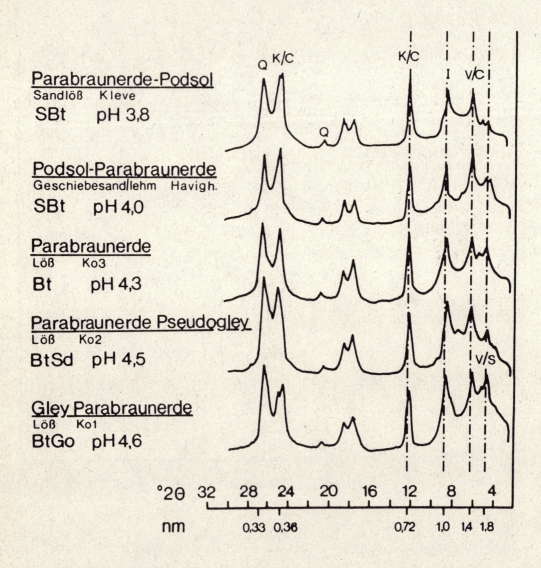

Abb. 7.7: Röntgendiagramme der Mg^{2+}-belegten und glyceringesättigten Tonfraktionen (< 2 μm) aus B-Horizonten von Waldstandorten unterschiedlichen Ausgangsmaterials und mit pH($CaCl_2$)-Werten größer 3,7 (Abkürzungen s. Legende Abb. 7.6) (Veerhoff, 1992; Veerhoff und Brümmer, 1993)

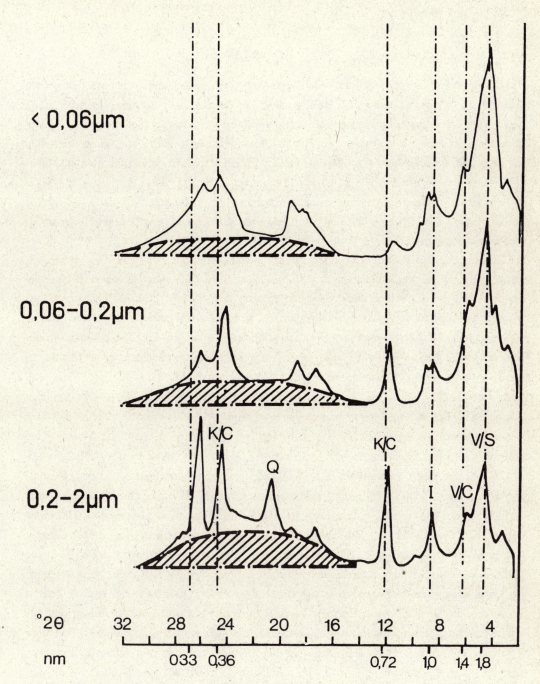

Abb. 7.8: Röntgendiagramme der Mg^{2+}-belegten und glyceringesättigten Fein-(< 0,06 µm), Mittel-(0,06 - 0,2 µm) und Grobtonfraktion (0,2 - 2 µm) aus dem Ahe-Horizont eines Parabraunerde-Podsols aus Sandlöß unter Wald (Reichswald bei Kleve) Abkürzungen s. Legende Abb. 7.6) (Veerhoff, 1992; Veerhoff und Brümmer, 1993)

7.3 Rasterelektronenmikroskopische Analysen zur Mineralumwandlung und -zerstörung

7.3.1 Glimmerverwitterung

Den Glimmern kommt aufgrund ihrer weiten Verbreitung in Gesteinen und Böden eine bedeutende Rolle bei der Tonmineralbildung zu. Über Ausmaß und Mechanismus der Glimmerverwitterung liegen sehr unterschiedliche Erkenntnisse vor. Verschiedene Autoren (Scheffer et al., 1966; Rodenburg und Meyer, 1966) weisen auf eine kryoklastische Zerkleinerung von Glimmerpartikeln hin. Eine mengenmäßig weitaus größere Bedeutung für die Verwitterung von Silicaten, insbesondere von Glimmern und Feldspäten, kommt lösungschemischen Prozessen zu. Die Abb. 7.9 bis 7.11 zeigen rasterelektronenmikroskopische Aufnahmen von unterschiedlich stark veränderten Muskoviten (K-Glimmern) aus den Feinschlufffraktionen (2 - 6,3 µm) verschiedener Horizonte einer Parabraunerde aus Löß unter Wald (Kottenforst, Bonn).

Die Einlagerung hydratisierter Kationen in die Zwischenschichten führt zu einer randlichen Aufweitung und zu Spannungen in den Silicatschichten. Je nach Ausmaß der Teilchendicke bewirken die Spannungen eine Verformung der Minerale (Abb. 7.9) und schließlich ein Zerbrechen in kleinere, unregelmäßig begrenzte Glimmerpartikel. In den stark bis extrem versauerten Horizonten der untersuchten Waldböden konnte an Glimmern der Feinschluff- und Tonfraktionen häufig eine parallel zur Basisfläche (001-Fläche) verlaufende Aufspaltung beobachtet werden (Abb. 7.10 und 7.11), die häufig das Mineral in seiner gesamten Länge durchzieht.

Nach Norrish (1973) tritt die "Lagenverwitterung" (layer weathering), d.h., das vollständige Aufspalten zweier oder mehrerer Glimmerlagen, bevorzugt an Schichtsilicaten der Feinschluff- und Tonfraktion auf. Zu einer randlichen Aufweitung (edge weathering) kommt es hingegen bei größeren Glimmerpartikeln der Schluff- und Sandfraktionen. Neben dem Korngrößeneffekt hat die K-Konzentration einen wesentlichen Einfluß auf die Umwandlungsgeschwindigkeit der Glimmer. Sie verläuft um so schneller, je größer das Konzentrationsgefälle zwischen der Bodenlösung und der K-Konzentration in den Zwischenschichten ist. Für Biotite liegt die K-Gleichgewichts-Konzentration bei 10 bis 15 mg/l, für Muskovite bei 0,01 mg/l (Schachtschabel et al., 1992). Die mit zunehmender Versauerung ansteigenden Gehalte von Al-, untergeordnet auch von Fe-, Mn- und H-Ionen in der Bodenlösung führen zu einer deutlichen Absenkung der K-Konzentration unterhalb der Gleichgewichtskonzentration und somit zu einer verstärkten K-Freisetzung, Aufweitung der Zwischenschichten und Umwandlung der Glimmer zu Vermiculit oder Smectit. Ferner geht aus Laborversuchen hervor, daß sowohl K-entziehende Pflanzenwurzeln als auch K-fixierende Tonminerale die K-Konzentration so stark absenken können, daß Biotite in kurzer Zeit randlich aufweiten und sich partiell in Vermiculite umwandeln (Niederbudde und Fischer, 1980). Aus diesem Grund wurden randlich aufgeweitete Glimmer sowohl in stark versauerten Waldböden als auch in Horizonten einer Acker-Parabraunerde aus Löß (Klein-Altendorf) beobachtet.

Abb. 7.9: Randlich stark aufgeweiteter Muskovit mit wellig verformter Schichtfläche (Parabraunerde aus Löß unter Wald, Kottenforst bei Bonn, Bt1-Horizont) (Veerhoff, 1992)

Abb. 7.10: Muskovit mit aufgeweiteten Rändern; die Schichtflächen sind frei von Lösungsspuren (Parabraunerde aus Löß unter Wald, Kottenforst bei Bonn, Bvt-Horizont) (Veerhoff, 1992)

Abb. 7.11: Vergrößerter Ausschnitt aus Abb. 7.10; auf der Schichtfläche des Muskovits sind amorphe Ausfällungen (Pfeil) sowie anhaftende Tonmineral-Aggregate (T) zu erkennen (Parabraunerde aus Löß unter Wald, Kottenforst bei Bonn, Bvt-Horizont) (Veerhoff, 1992)

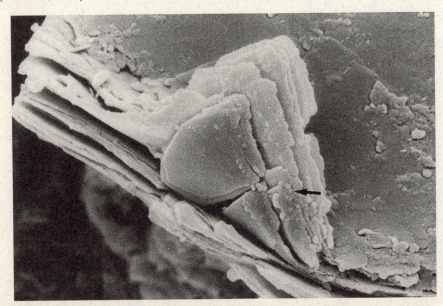

Abb. 7.12: Glimmer mit schichtparalleler Aufspaltung und beginnender Einrollung des Randbereiches; an den aufgebogenen Glimmerrändern sind kleine kugelige Strukturen erkennbar (Pfeil), (Parabraunerde aus Löß unter Wald, Kottenforst bei Bonn, Bv-Horizont) (Veerhoff, 1992)

Neben einer Aufweitung der Glimmerlagen tritt in stark versauerten Mineralbodenhorizonten häufig auch eine Einrollung der Randbereiche der Schichtsilicate auf (Abb. 7.12). Die eingerollten Glimmerränder sind meist korrodiert und lassen feinschuppiges Abschelfern erkennen. Untersuchungen von Ghabru et al. (1987) zeigen, daß Einrollung und Abschuppung (Exfoliation) der Randbereiche von Glimmern auf stark versauerte Al- und Bt-Horizonte beschränkt ist und in den tieferen, weniger versauerten Mineralböden sowie in den C-Horizonten fehlt.

Es fällt auf, daß die Verwitterungsstrukturen bei Muskoviten im wesentlichen an den Rändern auftreten (Abb. 7.9 und 7.12), während die zentralen Bereiche der Schichtflächen geringe Korrosionserscheinungen aufweisen (Abb. 7.10). Ähnliche Beobachtungen von stark korrodierten, aufgeweiteten Glimmerrändern und unverwitterten Oberflächen machten Meyer und Kalk (1964) bei phasenkontrastmikroskopischen Untersuchungen an Sand- und Schlufffraktionen von Böden aus verschiedenen Lockersedimenten. Die Autoren führen das Auftreten von unverwitterten Oberflächen in stark versauerten Horizonten auf die Abschelferung der Glimmeroberfläche als Folge stärkerer Säure-, Reduktoren- und Komplexoren-Aktivität zurück. Auf den durch Abschuppung exponierten "frischen" Glimmerlagen finden sich somit nach diesen Autoren nur beginnende Anwitterungsstrukturen.

Vereinzelt sind auf den Außen- (Abb. 7.11) und Innenflächen aufgeweiteter Glimmer (Abb. 7.13) sowie in den Randbereichen der Schichtsilicate (Abb. 7.11 und 7.12) kleine, nur wenige μm im Durchmesser messende, kugelige bis ovale, z.T. auch unregelmäßig begrenzte Aufwachsungen zu beobachten. Hierbei handelt es sich, wie EDAX-Analysen zeigen (s. Kap. 7.3.4), vorwiegend um amorphe Si-reiche Ausfällungen aus der Silicatverwitterung, seltener um schlecht kristallisierte Fe-Oxide. Letztere treten insbesondere auf Oberflächen von Biotiten auf. Amorphe Si-Oxid-Ausfällungen auf Biotitoberflächen wurden von Mehmel (1938) nach der Behandlung von Biotiten mit 1M H_2SO_4-Lösung beobachtet. Nach Gastuche (1963) zeigten sich nach Behandlung von Biotiten mit 1 - 3M HCl Bleichungszonen auf den (001)-Flächen. Chemische Analysen belegen, daß dabei eine kongruente Lösung von Fe-, Al- und K-Ionen als Folge der Säurebehandlung stattgefunden hat (Gastuche, 1963). Die zu Beginn der Auflösung linear ansteigende Freisetzungsrate sank mit zunehmenden Ausfällungen und Umhüllungen durch amorphe Si-Oxide ab. Auch für die Glimmerverwitterung in sauren Waldböden ist anzunehmen, daß die weitere Auflösungsgeschwindigkeit ganz wesentlich von den amorphen Si-Oxid-Ausfällungen verändert wird.

Bei der Oxidation von Biotiten werden Fe^{2+}- und Mg^{2+}-Ionen aus den Oktaederpositionen freigesetzt und meist unmittelbar am Ort der Verwitterung in Form von Fe(III)-Oxiden ausgefällt oder im Falle der Mg-Kationen austauschbar gebunden bzw. ausgewaschen. Die an Struktureisen verarmten Biotite weisen häufig gebleichte Zonen auf, die teilweise von schwarzbraunen Fe(III)-Oxidsäumen umgeben sind. Nach Scott und Amonette (1983) verlangsamen bzw. verhindern die Fe-Oxid-Ausfällungen eine weitere Auflösung der Biotite. Aus Oxidationsversuchen an Biotiten (Farmer und Wilson, 1970; Vincent-Hernandez et al., 1983; Gras, 1985) geht hervor, daß die Fe-Freisetzung bevorzugt im Randbereich der Oktaederschichten und an Gitterfehlstellen stattfindet. In Bt-Horizonten stark versauerter Waldböden konnten Fe-Oxid-Ausfällungen an den aufgeweiteten und korrodierten Rändern von Glimmern mit Hilfe von EDAX-Analysen (nicht dargestellt) nachgewiesen werden. In den humosen Oberböden stark bis extrem versauerter Waldprofile fehlen hingegen Fe(III)-Oxid-Ausfällungen auf Glimmeroberflächen und -rändern. Vermutlich wird die Ausfällung von Fe-Oxiden durch Reduktions- und/oder Komplexierungsvorgänge verhindert, oder Ausfällungen werden wieder gelöst. Untersuchungen von Martell und Smith (1981) zeigen, daß die Ausfällung von Fe(III)-Oxiden auf den Oberflächen von Biotiten durch organische Komplexbildner, insbesondere Fulvosäuren, verhindert wird.

Insgesamt bestätigen die REM-Untersuchungen die Ergebnisse aus der Röntgendiffraktometrie. Sie zeigen, daß die Umwandlung der Glimmer in den Sand- und Schlufffraktionen stark bis extrem versauerter Horizonte von Waldböden bereits weit fortgeschritten ist. In den am stärksten versauerten Oberböden dokumentiert sich die Zerstörung der Glimmer durch deren Fehlen im Mineralbestand (s. Kap. 7.2, Tab. 7.1 und 7.2).

Abb. 7.13: Randlich aufgeweiteter Muskovit mit Si-Ausfällungen auf der aufgebogenen Schichtfläche sowie in den aufgeweiteten Zwischenschichten (s. Pfeil), (Parabraunerde aus Löß unter Wald, Kottenforst bei Bonn, Bvt-Horizont) (Veerhoff, 1992)

7.3.2 Feldspatverwitterung

Auch die Feldspäte unterliegen bei starker bis extremer Bodenacidität einer intensiven Verwitterung und Zerstörung. Aufgrund ihrer Häufigkeit und weiten Verbreitung in Böden stellen Feldspäte neben Glimmern wichtige Nährstofflieferanten für K, aber auch für Ca und Na dar. Untersuchungen von Huang et al. (1968) zeigen, daß die K-Freisetzungsrate von Glimmern um das 10- bis 100fache höher ist als die von Feldspäten. Nach Song und Huang (1988) wird jedoch die Auflösung der Feldspäte, insbesondere der leicht verwitterbaren Plagioklase, durch organische Säuren erheblich beschleunigt und kann dann zu einer deutlichen Erhöhung der Freisetzungsrate von Kalium und Calcium führen. Die Autoren stellten für die K-haltigen Silicate unter Einwirkung von Oxal- und Citronensäure folgende, nach abnehmender K-Freisetzungsrate geordnete Reihenfolge auf:

$$\text{Biotit} > \text{Mikroklin} > \text{Orthoklas} > \text{Muskovit}$$

In Anwesenheit organischer Komplexbildner wird die Höhe der Lösungsrate außer durch den pH-Wert und die Ligandenkonzentration auch von den Dissoziationskonstanten der funktionellen Gruppen der organischen Liganden bestimmt.

Die Verwitterung von Feldspäten in natürlichen Wässern stellt einen vorwiegend kongruenten Lösungsprozeß dar, der durch gleichzeitig ablaufende Lösungs- und Fällungsreaktionen der Primärminerale und der Sekundär-Phasen bestimmt wird. Ergebnisse von Lösungsversuchen aus der Anfangsphase des Lösungsprozesses von Feldspäten zeigen eine deutliche pH-Abhängigkeit der Lösungsraten im Bereich zwischen pH 2,3 und 8,0 (Chou und Wollast, 1984; Blum und Lasaga, 1987; Petersen et al., 1988). Bei der Protolyse von Feldspäten gehen vor allem Na-, K- und Ca-Ionen in Lösung. So werden bei Kalifeldspäten zu Beginn der Verwitterung K-Ionen aus den Silicatschichten durch den Austausch gegen H_3O^+-Ionen freigesetzt. Die Anlagerung eines Protons an den Sauerstoff der Si-O-Al-Bindung führt zur Spaltung der Al-O-Brücke. Entsprechend werden die Si-O-Si-Brückenbindungen durch die Anlagerung von OH^--Ionen gesprengt. Die Stabilität dieser Bindung und somit die Verwitterungsresistenz von Feldspäten ist u.a. von der Art der benachbarten Metallkationen im Silicatgitter abhängig.

Der Lösungsangriff erfolgt im Anfangsstadium zumeist an winzigen, länglichen Mikrorissen, die an Spaltflächen, Entmischungslamellen und Zwillingsbildungen entstanden sind. Die REM-Aufnahme eines K-Feldspates aus dem wenig verwitterten, kalkhaltigen Cv-Horizont einer Parabraunerde unter Acker (Klein-Altendorf bei Bonn) zeigt eine nahezu unverwitterte Oberfläche mit einzelnen kleinen, unregelmäßig begrenzten Lösungsgruben im Randbereich des Feldspates sowie an Mikrorissen (Abb. 7.14).

Abb. 7.14: Gering verwitterter Feldspat mit einzelnen Lösungsgruben und Rissen (Parabraunerde aus Löß unter Acker, Klein-Altendorf bei Bonn, Cv-Horizont) (Veerhoff, 1992)

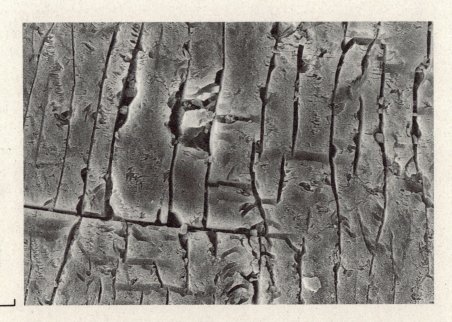

Abb. 7.15: K-Feldspat mit beginnender Lösung entlang der Hauptspaltrichtungen (Parabraunerde aus Löß unter Acker, Klein-Altendorf bei Bonn, Bt-Horizont) (Veerhoff, 1992)

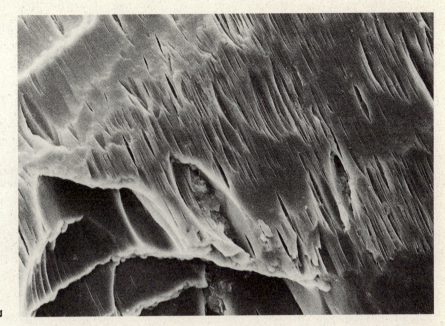

Abb. 7.16: Perthitisch entmischter K-Feldspat mit Lösungsspuren in den Entmischungslamellen (Parabraunerde aus Löß unter Wald, Kottenforst bei Bonn, Bv-Horizont) (Veerhoff, 1992)

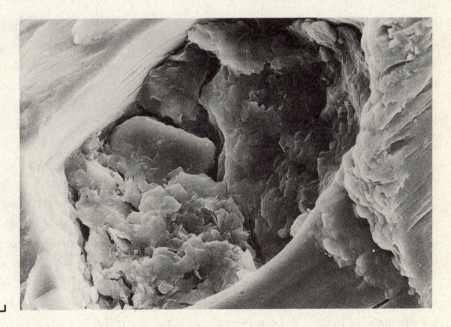

Abb. 7.17: Vergrößerter Ausschnitt aus Abb. 7.16; rechteckig erweiterte Lösungsgrube mit plättchenförmigen Mineralen (Parabraunerde aus Löß unter Wald, Kottenforst bei Bonn, Bv-Horizont) (Veerhoff, 1992)

Ein fortgeschritteneres Verwitterungsstadium ist in REM-Aufnahmen aus dem Bt2-Horizont einer Parabraunerde aus Löß unter Acker und aus dem Bv-Horizont einer Parabraunerde aus Löß unter Wald (Kottenforst bei Bonn) zu erkennen (Abb. 7.15 und 7.16). Abb. 7.15 zeigt ein charakteristisches Lösungsmuster eines K-Feldspates mit oberflächlichen Lösungsspuren, die entlang der Hauptspaltrichtung des Minerals verlaufen. Bei dem perthitisch entmischten K-Feldspat (Abb. 7.16) treten die Lösungsspuren in den Entmischungslamellen aus leichter verwitterbarem Plagioklas auf. Vereinzelt sind die länglichen Risse zu rechteckigen Lösungsgruben erweitert, in denen bei starker Vergrößerung plättchenförmige Minerale zu beobachten sind (Abb. 7.17). Nach Eggelton und Buseck (1980) kommt es innerhalb der Lösungsgruben häufig zu Ausfällungen amorpher, ringförmiger Strukturen mit einem Durchmesser von 2 - 5 nm. Diese Ringstrukturen kristallisieren mit zunehmender Alterung zu Mineralphasen mit einem Basisabstand von ca. 1,0 nm, die aus gewellten Illit- oder dehydratisierten Montmorillonitplättchen bestehen.

Eine stärkere Verwitterung zeigen die Feldspäte aus mittel bis stark versauerten Mineralbodenhorizonten der untersuchten Waldböden. Die Feldspäte weisen häufig rechteckige, seltener quadratische Lösungskavernen auf, die unterschiedlich in das Mineral hineinragen (Abb. 7.17 und 7.18). Vergleichbare Ätzgruben wurden in REM-Untersuchungen nach Lösungsversuchen an Feldspäten durch die Behandlung mit starken Säuren (HF, H_2SO_4) von verschiedenen Autoren beobachtet (Berner und Holtgren, 1979; Keller, 1978). Nach Eggelton und Busek (1980) sowie Wilson und Hardy (1980) entstehen derartige Lösungskavernen in den Zwischenräumen unverzwillingter wie auch verzwillingter Bereiche sowie an den Schnittkanten der Hauptspaltrichtungen von Feldspäten.

In den stark bis extrem versauerten Ober- und Unterbodenhorizonten der Waldböden wurden häufig Feldspäte beobachtet, deren Strukturen nahezu vollständig aufgelöst sind (Abb. 7.20 und 7.21). Eine Identifizierung dieser stark verwitterten Silicate erfolgte meist durch die in den Randbereichen vereinzelt noch erkennbaren, charakteristischen Spaltwinkel der Feldspäte (Abb. 7.21) sowie mit Hilfe von EDAX-Analysen, die an weniger stark verwitterten Flächen durchgeführt wurden. Die stark korrodierten, kavernösen Oberflächen waren häufig mit gelartigen Si-Oxid-Ausfällungen überzogen (s. Kap. 7.3.4).

Insgesamt haben die REM-Untersuchungen an Feldspäten gezeigt, daß - deutlicher als bei den Glimmern - Intensität und Strukturen der Korrosion eine enge Abhängigkeit vom pH-Wert des Horizontes aufweisen. In den neutral bis schwach sauren Horizonten des Ackerstandortes traten vorwiegend oberflächliche Mikrorisse und Lösungsspuren auf. Mit steigender Bodenacidität waren in weniger stark versauerten Unterbodenhorizonten der Waldstandorte mit pH-Werten zwischen 5,5 und 4,5 erste flache Lösungskavernen zu beobachten. Deutlich ausgeprägte, tief in das Mineral eingreifende Lösungskavernen wurden erst in Horizonten mit pH-Werten unterhalb 4,5 festgestellt. Stark korrodierte und weitgehend zerstörte Feldspäte mit Si-reichen Überzügen traten ausschließlich in sehr stark bis extrem versauerten Horizonten (pH < 3,5) auf.

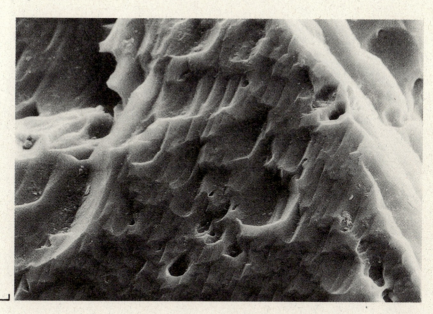

Abb. 7.18: K-Feldspat mit flachen Lösungskavernen (Parabraunerde-Pseudogley aus Löß unter Wald, Kottenforst bei Bonn, SwAl-Horizont) (Veerhoff, 1992)

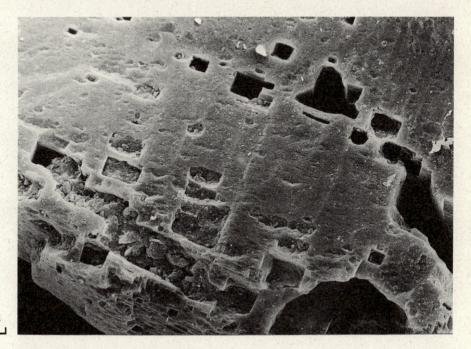

Abb. 7.19: K-Feldspat mit tiefen Lösungskavernen an den Kreuzungspunkten der Hauptspaltrichtungen (Parabraunerde aus Löß unter Wald, Kottenforst bei Bonn, Bvt-Horizont) (Veerhoff, 1992)

Abb. 7.20: Stark verwitterter Feldspat mit nahezu vollständig aufgelöster Struktur, Oberfläche partiell mit kugeligen Aufwachsungen (Pfeil) bedeckt (Parabraunerde aus Löß unter Wald, Kottenforst bei Bonn, Al-Horizont) (Veerhoff, 1992)

Abb. 7.21: Stark verwitterter Feldspat; vereinzelt sind Spaltflächen mit charakteristischen Spaltwinkeln der Feldspäte zu beobachten (Pfeil) (Podsol-Parabraunerde aus Geschiebesand/-lehm unter Wald, Havighorst bei Kiel, AlBhs-Horizont) (Veerhoff, 1992)

7.3.3 Lösungsstrukturen an Quarzoberflächen

In den Sand- und Schlufffraktionen der meisten Waldböden ist Quarz das dominierende Mineral. In Böden aus Löß weist Quarz z.B. in diesen Fraktionen Anteile zwischen 52 und 91 % auf. Trotz seiner hohen Verwitterungsresistenz, die sich aus den allseitigen, starken Si-O-Bindungen der Gerüststruktur, der hexagonalen dichtesten Kugelpackung sowie der hohen Kristallisationsenergie erklärt, wurden in den stark bis extrem versauerten Oberböden häufig Quarzoberflächen mit Lösungsspuren beobachtet. Die Lösungskavernen und Risse weisen meist unregelmäßige, seltener dreieckige Umrisse auf (Abb. 7.22 und 7.23).

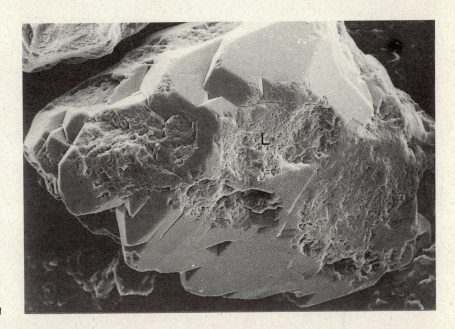

Abb. 7.22: Quarzkorn mit idiomorphen Flächen sowie Bereiche mit Lösungsspuren (L) (Parabraunerde aus Löß unter Wald, Kottenforst bei Bonn, Al-Horizont) (Veerhoff, 1992)

Lösungsstrukturen an Quarzoberflächen als Folge von chemischen Verwitterungsprozessen werden ausführlich von Crook (1968), Austin (1974) sowie Asumadu et al. (1988) beschrieben. Nach Lidstrom (1968) ist die Löslichkeit von Quarz wesentlich von der Korngröße abhängig und steigt mit abnehmender Partikelgröße, insbesondere in der Fraktion < 2 µm, stark an. Die Löslichkeit von Quarz wird ferner durch die Konzentration von Al- und Fe-Ionen in der Bodenlösung beeinflußt, die nach Beckwith und Reeve (1964) bei ihrer Ausfällung als Oxide Si in ihrer Gitterstruktur binden. Die Löslichkeit von Quarz ist in einem weiten pH-Bereich zwischen 2 und 8 sehr gering (1,4 - 3,3 mg/l (25° C)) und annähernd pH-unabhängig (Lewin, 1961). In Böden wird nach Crook (1968) die Lösungsrate von Quarz jedoch im wesentlichen von der Konzentration der organischen

Komplexbildner beeinflußt. So konnten Cleary und Conolly (1972) nachweisen, daß die Lösungsraten von Quarz im Wurzelraum am höchsten sind. Die Ausscheidung organischer Verbindungen durch die Wurzeln führt zur Komplexierung der Orthokieselsäure und einem Absinken der ionaren Si-Konzentration unter 3 mg/l in der Bodenlösung, was einen deutlichen Anstieg der Lösungsrate von Quarz zur Folge hat.

Diese Beobachtungen stehen im Einklang mit den REM-Untersuchungen der stark bis extrem versauerten Waldböden. Lösungsstrukturen an Quarzoberflächen waren überwiegend in den humosen Oberböden zu beobachten. In den tieferen Mineralbodenhorizonten treten hingegen vorwiegend Quarzkörner mit intakten Oberflächen auf, obwohl die H_3O^+-Konzentration in diesen Horizonten nur geringfügig unter der der humosen Oberböden liegt.

Abb. 7.23: Vergrößerter Ausschnitt aus Abb. 7.22; unregelmäßig begrenzte Lösungsgruben und Risse (Parabraunerde aus Löß unter Wald, Kottenforst bei Bonn, Al-Horizont) (Veerhoff, 1992)

7.3.4 Amorphe Ausfällungen auf Aggragat- und Mineraloberflächen sowie sekundäres Quarzwachstum

In REM-Aufnahmen von Bodenaggregaten stark bis etxrem versauerter Horizonte von Waldböden konnten sowohl auf einzelnen Mineraloberflächen als auch flächig über einen größeren Aggregatbereich hinweg gelartige Überzüge von einigen 100 nm bis maximal 5 µm Dicke beobachtet werden. Meist sind die unter den Überzügen liegenden Minerale noch schemenhaft zu erkennen, wie die REM-Aufnahme einer partiellen Aggregatoberflächenverkrustung aus dem Bvt-Horizont einer Parabraunerde unter Wald zeigt (Abb. 7.24). Bei stärkerer Vergrößerung löst sich die zuvor weitgehend strukturlose Oberfläche in zahlreiche blumenkohlartige Strukturen auf (Abb. 7.25 A). Diese setzten sich wiederum aus sehr kleinen, meist kugelig bis ovalen Gebilden zusammen. EDAX-Analysen dieser blumenkohlartigen Strukturen ergaben, daß diese zu 80 - 90 % aus SiO_2 und zu geringen Anteilen aus Al und Fe aufgebaut sind (Abb. 7.25 B).

Neben den flächig auftretenden Verkrustungen der Aggregatoberflächen wurden vereinzelt auf Glimmer- (Abb. 7.11) sowie auf Feldspatoberflächen (Abb. 7.20) meist unregelmäßig begrenzte, seltener kugelig bis ovale Ausfällungen beobachtet. EDAX-Messungen an diesen Ausfällungen zeigen auch hier sehr hohe Si- und nur geringe Al- und Fe-Anteile. Die REM-Aufnahmen von Glimmerpartikeln machen wahrscheinlich, daß Si-Abscheidungen auch in aufgeweiteten Zwischenschichten eingelagert werden können (Abb. 7.13). In den stark verwitterten Randbereichen von Biotiten treten ferner kugelige Ausfällungen auf, die überwiegend aus Fe aufgebaut sind.

Das Auftreten der Si-reichen Verkrustungen beschränkt sich in den untersuchten Profilen auf einen sehr geringmächtigen Tiefenbereich, der im wesentlichen die sehr stark bis extrem versauerten A-Horizonte sowie die unmittelbar darunter liegenden B-Horizonte betrifft (Veerhoff, 1992). In den tieferen Horizonten der Waldböden sowie in allen Horizonten der Parabraunerde aus Löß unter Acker (Klein-Altendorf bei Bonn) fehlen derartige Überzüge.

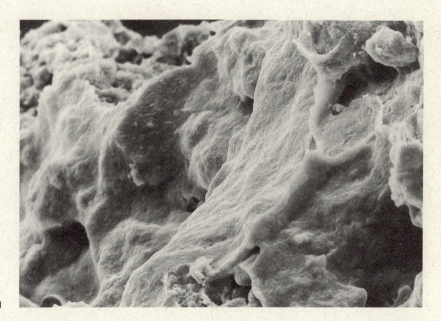

Abb. 7.24: Gelartige Verkrustung einer Aggregatoberfläche; die Umrisse der darunterliegenden Minerale sind noch schemenhaft zu erkennen (Parabraunerde aus Löß unter Wald, Kottenforst bei Bonn, Bvt-Horizont) (Veerhoff, 1992)

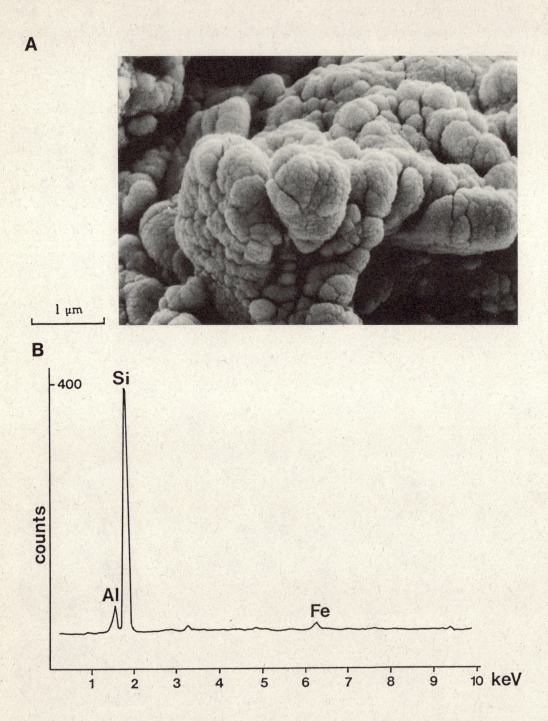

Abb. 7.25: Vergrößerter Ausschnitt (A) und EDAX-Analyse (B) aus dem Randbereich der Oberflächenverkrustung in Abb. 7.24 (Parabraunerde aus Löß unter Wald, Kottenforst bei Bonn, Bvt-Horizont) (Veerhoff, 1992)

In den Horizonten mit den im Mikrobereich flächenmäßig höchsten Anteilen an Si-Verkrustungen (meist in 0 - 20 cm Tiefe) wurden sowohl die höchsten Si-Gesamtgehalte als auch die höchsten laugenlöslichen Si-Gehalte im Feinboden innerhalb der Waldprofile beobachtet (Abb. 7.26; Veerhoff, 1992; Veerhoff und Brümmer, 1993).

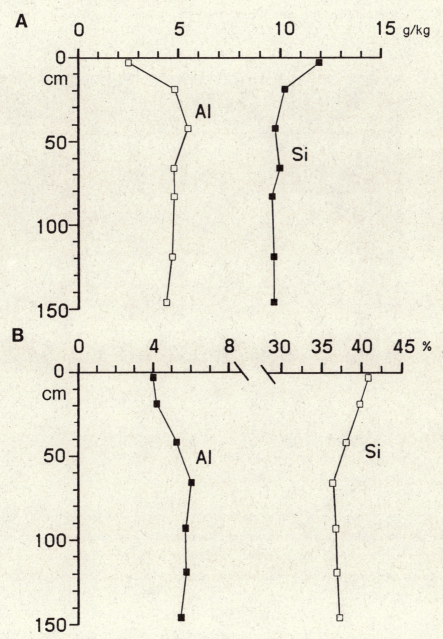

Abb. 7.26: NaOH-lösliche Al- und Si-Gehalte (A) sowie Al- und Si-Gesamtgehalte im humusfreien Feinboden (< 2 mm) einer stark bis extrem versauerten Parabraunerde aus Löß unter Wald (Kottenforst bei Bonn) (Veerhoff, 1992)

Nach Schlichting und Blume (1966) sowie Wada und Greenland (1970) werden bei der NaOH-Extraktion überwiegend wasserreiche, amorphe und kristalline pedogene Si- und Al-Oxide sowie Kieselsäuregele gelöst. Auch das $SiO_2 : Al_2O_3$-Molverhältnis der NaOH-löslichen Si- und Al-Anteile in den stark bis extrem versauerten Oberböden (Abb. 7.26, 0 - 10 cm Tiefe) von 5 - 6 läßt nach Wada (1989) auf eine Extraktion schlecht kristalliner bis amorpher, Si-reicher Verbindungen schließen.

30 µm

Abb. 7.27: Detritisches Quarzkorn mit orientierten Aufwachsungen kleiner Quarzkristalle (Q) (Podsol-Parabraunerde aus Geschiebesand/-lehm unter Wald, Havighorst bei Kiel, AlBhs-Horizont) (Veerhoff, 1992)

Die REM-Untersuchungen sowie die chemischen Analysen zeigen, daß die bei der Si-Verwitterung und -Zerstörung freigesetzte Kieselsäure nur wenig vertikal im Profil verlagert und meist in unmittelbarer Nähe des Lösungsortes wieder ausgefällt wurde. Die Abscheidung von Si-Kristalliten aus den Suspensionen erfolgte vermutlich an Suspensionskeimen und führte im Anfangsstadium zur Bildung ovaler bis rundlicher Aggregate. Das weitere Wachstum um diese Keime wird im wesentlichen von der Aggregations- und Orientierungsgeschwindigkeit der abgeschiedenen Kristallite bestimmt. Übersteigt die Aggregationsgeschwindigkeit, z.B. durch eine hohe Übersättigung der Lösung, die Orientierungsgeschwindigkeit, so bilden sich amorphe Ausfällungen. Eine hohe Konzentration an Silicium und anderen Elementen kann vermutlich lokal durch starke

Lösungsprozesse an Silicaten bei hoher Protonenaktivität in sehr stark bis extrem versauerten Oberböden auftreten. Wie die REM-Aufnahmen in Kombination mit den chemischen Analysendaten zeigen, wird Si nur über kurze Strecken vertikal im Profil transportiert und dann offenbar aus übersättigten Lösungen ausgefällt. Dabei wirken die Oberflächen von Silicaten und Quarzkörnern als Kondensationskeime, an denen eine bevorzugte Abscheidung erfolgt. So wurden an detritischen Quarzkörnern häufig orientierte Quarzaufwachsungen beobachtet (Abb. 7.27).

Insgesamt findet mit der Zerstörung der Silicate ein irreversibler Degradierungsprozeß in den Waldböden statt, der zu einer starken Abnahme der Kationenaustauschkapazität, zu hohen Verlusten an basisch wirkenden Kationen und zu einer beträchtlichen Zunahme an mobilem Si, Al, Mn und Fe sowie an mobilen Schwermetallen führt. Damit werden gravierende Veränderungen in den Elementkreisläufen von Waldökosystemen ausgelöst. Das Ausmaß der Bodendegradierung steigt mit dem Grad der Versauerung der Waldböden. Durch die bei der Silicatzerstörung erfolgende Si-Freisetzung findet gleichzeitig ein sekundäres Quarzwachstum und damit ein Prozeß der "Versandung" in den stark bis extrem sauren Oberbodenhorizonten der Waldböden statt. Weitere negative Einflüsse der Si-Abscheidungen auf Silicatoberflächen werden in Kap. 12 näher beschrieben.

8 Auswirkungen der Säurebelastung auf Grundwässer

Wasser aus Waldgebieten spielt für die Trinkwasserversorgung eine immer größere Rolle (Brechtel, 1989; Brahmer, 1990). Waldwasser, das bisher als chemisch besonders einwandfrei galt, wird seit der europaweiten Einführung des Nitratgrenzwertes von 50 mg/l für Trinkwasser teilweise zur Verdünnung von nitrat- und pestizidbelasteten Grundwässern aus landwirtschaftlich genutzten Gebieten verwendet. Alle großen Talsperren beziehen ihr Wasser aus bewaldeten Einzugsgebieten. Böden im Bereich von Trinkwassergewinnungsanlagen werden z.T. aufgeforstet. Seit einiger Zeit wird jedoch eindringlich darauf hingewiesen, daß sich die starke Belastung der Waldökosysteme durch die anthropogene Luftverschmutzung erheblich auf die Qualität des Grundwassers und der die Waldgebiete entwässernden Bäche auswirkt (Hauhs, 1985a, 1985b; Benecke, 1987; Brechtel, 1988, 1989; Bücking, 1988; Brahmer, 1990). Auf die Auswirkung der sauren Deposition auf die Oberflächengewässer wird in Kap. 9 eingegangen.

Die Niederschläge nehmen bei der Kronenpassage infolge der hohen Filterwirkung des Kronenraumes für Luftschadstoffe (Interceptionsdeposition) erhebliche Stoffmengen - insbesondere SO_4^{2-} und andere S-Verbindungen, z.T. auch NO_X, Schwermetalle und organische Schadstoffe - auf und transportieren sie in wesentlich höherer Konzentration als die Freilandniederschläge in den Waldboden (Brechtel, 1989; Schoen, 1989). Hier bewirken sie die in Kapitel 5.3 beschriebenen chemischen Veränderungen. Mit dem vertikal perkolierenden sauren Sickerwasser findet eine in die Tiefe fortschreitende Bodenversauerung statt (Ulrich und Malessa, 1989; Veerhoff und Brümmer, 1989), die in zunehmendem Maße zu einer Mobilisierung von Schadstoffen wie Aluminium-, Blei-, Cadmium- und anderen Schwermetallkationen und -verbindungen führt. Diese Schadstoffe beeinflussen den Chemismus von Grund- und Oberflächengewässern erheblich (Brahmer, 1990).

Grundwasser entsteht durch die Tiefenversickerung des in den Boden infiltrierenden Niederschlagswassers. Alle Daten des Wasserumsatzes sind für kleine Einzugsgebiete so schwer erfaßbar, daß manche von ihnen auch bei größtem Aufwand nur näherungsweise ermittelt werden können. Aus diesem Grund wurde im Solling ein mathematisches Modell zur Berechnung der einzelnen Wasserhaushaltskomponenten entwickelt (Ellenberg et al., 1986). Mit Hilfe der Messungen des Freiland- und Bestandes-Niederschlags und der Matrixpotentiale des Bodens in abgestuften Tiefen sowie des entwickelten Modells wurde es möglich, Wasserbilanzen von relativ kleinflächigen Waldbeständen auf annähernd ebenen Flächen zu errechnen. Die in einem Hainsimsen-Buchenwald und Siebenstern-Fichtenforst gelegenen Probeflächen wurden in einem Zeitraum von 1969 - 1981 untersucht. Die jährlich in die Tiefe sickernde Wassermenge, die sich aus dem Zusammenspiel von Freiland-Niederschlag, Bestandes-Niederschlag, Interception und Evapotranspiration ergibt, variiert von allen Wasserhaushaltskomponenten am stärksten. Zur Grundwasserneubildung trugen im Fichtenforst pro Jahr 232 - 882 mm bei, im Buchenwald 304 - 1.057 mm. Montane Wälder im humiden Klima sind somit wesentliche Quell- und Grundwasserspender (Ellenberg et al., 1986).

Der Wasserverbrauch der Waldbestände wird sich - hauptsächlich infolge verringerter Transpiration durch Schädigung des Wurzelsystems (Murach, 1984) - rückläufig entwickeln (Hauhs, 1985a, 1985b; Liebscher, 1985).

Caspary (1989) entwickelte hierzu aufgrund einer Analyse der Abflußbilanzen des Einzugsgebietes der Eyach im Nordschwarzwald ein ökohydrologisches Systemmodell für einen Fichtenforst auf puffer- und nährstoffarmem Buntsandstein. Die durch die Bodenversauerung verursachte Auswaschung der Nährstoffkationen Calcium, Magnesium und Kalium bewirkte in Kombination mit der zunehmenden Freisetzung toxischer Metallionen, insbesondere von Aluminiumionen, vermutlich den Rückzug der Baumfeinwurzeln aus den tieferen Schichten des Mineralbodens. Die Abnahme der Durchwurzelungstiefe führte zu einer Verringerung der ohnehin nur geringen nutzbaren Feldkapazität und damit zu einer unzureichenden Wasserversorgung des Bestandes in niederschlagsarmen Zeiten der Vegetationsperiode. Die durch "Wasserstreß" des Bestandes verursachte drastische Transpirationsminderung spiegelte sich in einer signifikanten Zunahme der Abflußsummen während der Vegetationsperiode wider.

Aufgrund des ab pH < 5 infolge zunehmenden Nährstoffmangels bei gleichzeitig zunehmender Al-Toxizität auftretenden Rückzugs der Wurzeln aus dem Unterboden (Murach, 1983; Matzner et al., 1984) treten Gefügeveränderungen auf, da die gefügeerhaltende Wirkung eines sich permanent erneuernden Wurzelsystems abnimmt. Kommt es infolgedessen auf schluffig-lehmigen Böden zu einer Kollabierung des Aggregatgefüges, ist auch eine Abnahme der Sickerdurchlässigkeit der Böden zu befürchten (Brechtel, 1985). Die Folge einer Gefügeverschlechterung wären vernäßte Böden mit verringertem Wasseraufnahmevermögen, die in Verbindung mit der Verschlechterung des bodenchemischen Zustandes nur noch anspruchslosen Vegetationsformen wie Heide oder Moor einen Standort bieten würden (Ulrich, 1983c).

Die Veränderung der Grundwasserqualität ist neben der Höhe der Säurebelastung von der Schichtdicke der puffernden Boden- und Gesteinskörper, von der Rate der Pufferung und von der Verweilzeit des Wassers im Boden abhängig (Ulrich und Matzner, 1982). Der häufig beobachtete Anstieg der Säurefracht im Vorfluter mit zunehmender Abflußhöhe (Johannessen et al., 1980; Sharpe et al., 1984; Görtz et al., 1985) weist darauf hin, daß bei höherer Strömungsgeschwindigkeit des Sicker- bzw. Grundwassers die Kontaktflächen und -zeiten nicht mehr ausreichen, um die kinetisch begrenzten Pufferprozesse bis zur Gleichgewichtseinstellung ablaufen zu lassen. Nach der Sicker- und Fließgeschwindigkeit des Wassers im Untergrund unterscheidet man Porenaquifere, Kluftaquifere und Karstaquifere. In den Porenaquiferen, die man beispielsweise in Sand- und Kiesschichten findet, liegen die Sickergeschwindigkeiten bei weniger als 1 m d^{-1} bis zu mehreren m d^{-1}. In sehr grobkörnigen Sedimenten können auch mehr als 10 m d^{-1} durchsickert werden (Matthess, 1984). In Kluftaquiferen (mit Fließgeschwindigkeiten von bis zu 8.000 m d^{-1}) und Karstaquiferen (mit Fließgeschwindigkeiten von bis zu 26.000 m d^{-1}) ist die Ausnutzung der im Gestein vorhandenen Pufferkapazität stark eingeschränkt (Matthess, 1984; Krieter, 1984).

Untersuchungen von Waldböden in Schweden und Mitteleuropa ergaben, daß aufgrund der Säuredeposition der pH-Wert und die Basensättigung in den meisten Waldböden geringer Säureneutralisationskapazität (SNK) bis in tiefere Bodenhorizonte stark abgenommen haben (Malessa und Ulrich, 1989; Rastin und Ulrich, 1988, u.a.). Ulrich (1985a, 1989) geht von der Modellvorstellung einer als Folge der sauren Deposition in die Tiefe vordringenden "Versauerungsfront" aus. Die in Begleitung von "mobilen" Anionen aus dem weitgehend versauerten Solum ausgetragenen Protonen und Kationsäuren führen demnach entlang des Transportweges zu einer Desorption von Basen bzw. einem Verbrauch verwitterbarer Silicate, also einer zunehmenden Versauerung des tieferen Untergrundes. Als Hinweis für eine depositionsbedingt weit fortgeschrittene "Versauerungsfront" werden der chemische Zustand, insbesondere pH-Wert und Ca- und Mg-Sättigung tieferer Bereiche von Hangschuttdecken im Harz (Ulrich und Malessa, 1989) sowie der Chemismus kleiner Oberflächengewässer in Waldlandschaften (z.B. Puhe und Ulrich, 1985; Zöttl et al., 1985) herangezogen. Auch Matzner (1989) leitet aus der Austauscherbelegung bis zu 2 m tief gelegener Bodenschichten im Solling eine starke depositionsbedingte Versauerung des Untergrundes ab.

Angesichts der in Mitteleuropa verbreiteten Entstehung von Mittelgebirgsböden aus periglazial umgelagerten Hangschuttdecken mit reliktischem Verwitterungsmaterial können tiefere Bodenschichten eine erhebliche Entbasung durch bodenbildende Prozesse früherer Zeiten aufweisen. Deshalb führt der Schluß vom aktuellen chemischen Zustand tieferer Bodenschichten auf das Ausmaß eines sehr jungen, vertikal gerichteten Versauerungsprozesses zur Überschätzung des Depositionseinflusses (Fiedler und Hoffmann, 1991). Außerdem können ökosystemintern gebildete Mineralsäuren (besonders NO_3^--Verluste aus dem Ökosystem infolge von Nutzungseingriffen und durch den Abbau von "reliktischem" Humus) die Versauerung über das durchwurzelte Solum hinaus in tiefere Bodenschichten vorantreiben (Feger, 1993) (s. Kap. 5.3). Auf Standorten, die durch kühl-perihumide Klimaverhältnisse und nährstoffarme Streu liefernde Vegetation geprägt sind, ist bei entsprechender Durchlässigkeit des Untergrunds auch mit einer Beteiligung dissoziierter organischer Säuren an der Versauerung über den Wurzelraum hinaus zu rechnen (Feger, 1988, 1993; Zeitvogel und Feger, 1990).

Gewässerversauerung kann auch ohne Versauerung des tieferen Untergrundes auftreten. Voraussetzung dafür sind nach Feger (1993) neben weitgehend entbasten Oberböden sowie der Präsenz "mobiler" Anionen in der Sickerlösung vorherrschende oberflächennahe Fließwege in den Einzugsgebieten.

Feger (1993) vergleicht Netto-Verluste an Kationen und Säureneutralisationskapazität (SNK) der Böden verschiedener Waldökosysteme mit den Netto-Verlusten an Kationen und SNK der entsprechenden Wassereinzugsgebiete. Aus diesem Vergleich geht hervor, daß der tiefere Untergrund durch Freisetzung größerer Mengen basischer Kationen meist über beträchtliche H^+- und Al-Pufferkapazitäten verfügt. Jedoch kann diese Pufferkapazität nur wirksam werden, wenn das Wasser überwiegend vertikalen Sickerwegen folgend in den Gesteinskörper eindringt und dort genügend Zeit hat, mit der mineralischen Festphase zu reagieren (Bricker, 1987; Feger, 1989).

Für die Prognose weiterer Versauerungsentwicklungen ist die Quantifizierung der Pufferraten im Untergrund entscheidend. Durch die Silicatverwitterung werden Protonen verbraucht, Alkali- und Erdalkali-Ionen freigesetzt und - je nach pH-Bereich - z.T. auch Hydrogencarbonate gebildet. Die

Rate des H^+-Verbrauchs bei der Silicatverwitterung ist abhängig vom Silicatgehalt des Bodens und der Verwitterbarkeit der Silicate (s. Kap. 5.5). Die Angabe von Verwitterungsraten für komplexe Systeme, wie sie Wassereinzugsgebiete darstellen, ist mit großen Problemen verbunden (Feger, 1989). Eine Quantifizierungsmöglichkeit besteht in den Ein- und Austragsbilanzen von Wassereinzugsgebieten (Balazs, 1989; Brahmer und Feger, 1989; Einsele et al., 1990; Hauhs, 1985a; Feger, 1989). In diese Art der Bilanzierung gehen jedoch sämtliche kurzfristigen, sich aus den ökosysteminternen Elementkreisläufen ergebenden Schwankungen mit ein. Bedingt durch die sich mit zunehmendem Bestandesalter verändernden Prozesse wie Nährstoffaufnahme, Ernteentzug, Mineralisierung oder Kationenaustausch bzw. -umtausch im Boden wird der Basenaustrag mehr oder weniger stark variieren. Der Netto-Austrag (= Austrag - Eintrag) kann deshalb nicht mit der Silicatverwitterung gleichgesetzt werden. Die Frage nach der wirklichen Höhe von Silicatverwitterungsraten muß offen bleiben (Feger, 1989).

Tab. 8.1: Netto-Austrag basischer Kationen sowie atmogener Eintrag und Austrag von Protonen (in kmol IÄ ha^{-1} a^{-1}) in verschiedenen Einzugsgebieten (Feger, 1989)

	Basen-Netto-Austrag	H^+-Eintrag	H^+-Austrag
Schluchsee (Schwarzwald)	2,17	0,36	0,09
Villingen (Schwarzwald)	0,53	0,40	0,21
Lange Bramke (Harz)	2,34	1,17	0,01

Tabelle 8.1 zeigt den Basen-Netto-Austrag für zwei Einzugsgebiete im Schwarzwald und die Lange Bramke im Harz. Der Basen-Netto-Austrag übersteigt in jedem Fall den atmogenen Protoneneintrag. Die Protonen werden demnach nahezu vollständig im Einzugsgebiet gepuffert. Eine Ausnahme stellt das Einzugsgebiet Villingen im Schwarzwald dar. Aufgrund der überwiegend oberflächennahen Entwässerung in den stark verwitterten sauren Böden ist der Basen-Netto-Austrag mit 0,5 kmol IÄ ha^{-1} a^{-1} deutlich geringer als bei den übrigen Einzugsgebieten, bei denen vorzugsweise eine vertikale Versickerung stattfindet. Feger (1989) führt den höheren Protonenaustrag auf die geringe Puffermöglichkeit und die Mobilisierung dissoziierter organischer Säuren entlang der oberflächennahen Fließstrecke zurück.

Krieter (1984) entwickelte für Quarzit-Kluftaquifere im Hunsrück und Taunus eine Modellvorstellung über wirksame Filter- und Puffersysteme, die sich auf Analysen von aus verschiedenen Tiefen gewonnenem Grundwasser gründet. Danach kommt die höchste Pufferkapazität dem Boden zusammen mit der Schuttdecke zu. Die Basenarmut und Verwitterungsresistenz des Quarzitgesteins sowie die bis in den Al-Pufferbereich fortgeschrittene Bodenversauerung führen aber bereits zum Auftreten saurer Hangwässer mit SO_4^{2-}-Konzentrationen bis zu 40 mg/l. Krieter (1984) unterscheidet zwei Stockwerke abnehmender Pufferkapazität. Im oberflächennahen Stockwerk füllen tonige, z.T. auch basenreichere Sedimente und Bodenabtragsreste die Klüfte aus. Sowohl die von Krieter als hoch eingeschätzte Pufferkapazität des Füllmaterials als auch deren hohe Pufferrate infolge der Verzögerung des Fließvorganges in den Klüften liefern Erklärungsmöglichkeiten für die beobachtete Verringerung der Säurefracht. In dem tieferen Stockwerk vermutet Krieter nur noch geringe Pufferkapazitäten durch Reaktion der eingetragenen Säuren mit den Kluftbelägen.

Um eine Versauerung des Grundwassers zu quantifizieren oder bereits im Frühstadium zu identifizieren, ist der pH-Wert allein kein geeigneter Parameter. Bereits bevor es zu pH-Wert-Absenkungen kommt, treten charakteristische Veränderungen in der Ionenzusammensetzung des Grundwassers auf, die einen Verlust an Säureneutralisationskapazität (SNK) und damit eine Versauerung signalisieren (Jacks et al., 1984).

Die Bicarbonatbildung unterbleibt in sauren Lösungen, da eine Dissoziation von Kohlensäure bei pH-Werten < 5 nicht mehr möglich ist (s. Kap 5.1). Deshalb führt Henriksen (1979) als Versauerungsindikator die stetige Abnahme der Hydrogencarbonatanteile an der Anionensumme eines Gewässers auf.

Nach Jacks et al. (1984) kann das Verhältnis der Gesamthärte zur Carbonathärte zur Quantifizierung der Versauerung und zur Ausweisung von Versauerungstendenzen im Grundwasser herangezogen werden. Für Grundwasser, dessen Chemismus nur durch das CO_2 - $CaCO_3$-System reguliert wird, ist ein Quotient aus Härte und Alkalinität von 1 charakteristisch. Eine stetige Abnahme der Bicarbonate bei einer anhaltenden Zunahme der Erdalkaliionen weist auf Versauerungstendenzen des Grundwassers hin (Linkersdörfer und Benecke, 1987).

Taylor et al. (1986) verwenden den Calcitsättigungsindex (CSI) nach Kraemer (1976) zur Klassifizierung der Grundwassersensitivität gegenüber Versauerung. Ein CSI < 1 zeigt eine Sättigung des Grundwassers mit $CaCO_3$ an und damit eine hohe Resistenz gegenüber Säureeintrag. Steigende Indices signalisieren zunehmende Empfindlichkeit; bei CSI < 4 - 5 ist die Neutralisationsfähigkeit weitgehend erschöpft.

Aluminium spielt sowohl als Puffersubstanz als auch als Kationsäure eine entscheidende Rolle im Grundwasserchemismus (s. Kap. 5.5 und 6.2.2). Die heute erhöhten SO_4^{2-}- und NO_3^-- Konzentrationen ermöglichen in der Bodenlösung auch höhere Al-Konzentrationen, sobald der pH-Wert des Bodens unter pH 4,5 absinkt (Matzner, 1989). Dabei liegt ein großer Teil des in der Lösung befindlichen Aluminiums in Form monomerer toxischer Al-Ionen vor. Die Verlagerung von Al-Ionen in tiefere Bodenschichten bzw. in die Gewässer führt dort zu einer Säurebelastung (vgl. Kap. 6.2.2 und 6.2.4).

Die klimatischen Bedingungen, insbesondere die Niederschlagsverhältnisse und die räumliche Variabilität in der Zusammensetzung der Böden und Gesteine im Sicker- und Grundwasserleiter sowie in der Landnutzung führen zu großen jahreszeitlichen und mehrjährigen Fluktuationen in der

Ionenzusammensetzung des Grundwassers (Jacks et al., 1984; Grimvall et al., 1986). Diese Faktoren erschweren die Auswertung der Ergebnisse von Grundwasseranalysen im Hinblick auf Versauerungstendenzen. Auch eine erhöhte Wasserentnahme aus Brunnen kann z.B. zur Folge haben, daß tiefes, älteres und damit stärker mit Basen angereichertes Grundwasser zu zirkulieren beginnt und einen Anstieg der Alkalinität verursacht (Jacks et al., 1984).

Gewässerversauerung als Folge tiefreichender Bodenversauerung und Transport von Säuren mit dem Sickerwasser ist seit vielen Jahren in Skandinavien beobachtet worden (Jacks et al., 1984; Grimvall et al., 1986). Die pedologisch-geologischen Eigenarten der Landschaften (flachgründige Böden mit geringer effektiver Kationaustauschkapazität) (Drablos und Tollan, 1980a) und die hydrologischen Verhältnisse haben die negativen Effekte dort - trotz relativ geringer Einträge von SO_4^{2-}- zuerst auftreten lassen (Matzner, 1989).

Veränderungen in der Grundwasserqualität, die sich auf die saure Deposition zurückführen lassen, sind in der Zwischenzeit auch in der Bundesrepublik Deutschland in zahlreichen Untersuchungen dokumentiert (Lehmann et al., 1985; Kußmaul et al., 1987; Krieter, 1988; Haarhoff und Knorr, 1989; Quadflieg, 1990, u.a.). Von der Versauerung betroffen ist v.a. das oberflächennahe Grundwasser in carbonatfreien bis carbonatarmen Gebieten, die bevorzugt in Waldgebieten der Mittelgebirgslandschaft und in der Norddeutschen Tiefebene zu finden sind (Lehmann et al., 1989).

Kußmaul et al. (1987) untersuchten den langfristigen Einfluß der sauren Niederschläge auf die Beschaffenheit der Grundwässer punktuell an Brunnen-, Quell- und Stollenstandorten ausgewählter Taunusgemeinden. Die Beschaffenheit der Grundwässer des Taunus variiert aufgrund der regionalen Einflüsse und der Tiefenlage des Aquifers. Die Grundwässer des vorderen Taunus, die in sehr pufferungsarmen klüftigen Festgesteinen aus Quarziten, Grauwacken und Schiefern zirkulieren, sind sehr weich. Die Deckschichten bestehen hier aus Gehängeschutt und kalkfreien Lehmen. Grundsätzlich sind Wasserproben aus Tiefenbrunnen mineralreicher als aus oberflächennahen Aquiferen. Im Gegensatz zu den Grundwässern des vorderen Taunus sind die Wasserproben zahlreicher Entnahmestellen aus den nordwestlichen und westlichen Gebieten des Taunus höher mineralisiert. Zwar besteht der Untergrund auch hier aus Schiefern und Quarziten, die Deckschichten sind jedoch teilweise kalkhaltiger. Durch die Darstellung wasserchemischer Zeitreihen von bis zu 25 Jahren konnte festgestellt werden, daß vor allem die weichen Grundwässer aus den pufferungsarmen Waldstandorten des vorderen Taunus seit den 70er Jahren Veränderungen erfahren haben. Eine stetige Zunahme der Anionen starker Säuren sowie von Calcium, begleitet von einer abnehmenden Tendenz der Hydrogencarbonat-Gehalte kennzeichnet bei zahlreichen Beispielen nicht nur die Beschaffenheit der oberflächennahen Grundwässer, sondern auch die der Grundwässer aus bis zu 100 m tiefen Brunnen. Als Extrem ist ein Tiefbrunnen (96 m) zu erwähnen, dessen Sulfatgehalte zwischen 1978 und 1984 von 3 mg/l auf 30 mg/l anstiegen. Bei den härteren Grundwässern konnte keine deutliche Veränderung in der Anionenzusammensetzung festgestellt werden. Hier spielen lokale Besonderheiten eine wesentliche Rolle. Die Aluminiumgehalte, die 1986 in einer umfangreicheren Analyse untersucht wurden, lagen bei allen untersuchten Grundwässern stets unter 0,2 mg/l.

Auch aus einer regionalen Auswertung ehemaliger Wasseranalysen von Grund- und Quellwässern des nord- und osthessischen Buntsandsteingebietes sowie des südlichen Taunus kann auf eine Beeinflussung des oberflächennahen Grundwassers infolge einer Bodenversauerung durch Luftschadstoffe geschlossen werden (Anonymus, 1990). Die Versauerungsempfindlichkeit des Grundwassers wurde in Form von Isolinienkarten für die pH-Werte sowie die HCO_3^--Gehalte dargestellt. Bei der Auswertung zeigte sich, daß andere Parameter, wie Na^+, K^+, Cl^- und NO_3^-, für eine Regionalisierung ungeeignet sind. Sie geben nur lokale, rein zufällige Informationen und sind nicht für eine großräumige Darstellung geeignet. Für die Parameter Ca^{2+}, Mg^{2+} und SO_4^{2-} war die erforderliche Datendichte nicht vorhanden. In dem ersten zwischen Kassel und Fulda gelegenen 1.200 km^2 großen Untersuchungsgebiet sind 6 % der Grundwässer lokal anthropogen versauert. Mit 60 % ist der Anteil der versauerungsempfindlichen Gewässer flächenhaft sehr ausgedehnt. Die geohydrochemische Kartierung des südlichen Taunus ergab, daß ca. 1 % (entspricht 10 km^2) der Grundwässer immissionsbedingt versauert sind und 10 % der Gewässer in die Rubrik "stark bis sehr stark versauerungsempfindlich" fallen. Aus dem Vergleich von Daten aus dem Jahr 1989 mit Daten aus dem Jahr 1975 wurde das mögliche Versauerungsmaß als Differenzwertdarstellung abgebildet. Bereits 1975 waren Grundwässer aus Unterem und Mittlerem Buntsandstein stark bis sehr stark versauerungsempfindlich. Eine flächenhafte Änderung der pH-Werte oder eine flächenhafte Abnahme der HCO_3^--Gehalte konnte in diesem Zeitraum (1974 - 1989) nicht festgestellt werden.

Die statistische Auswertung älterer chemischer Grundwasseranalysen im ost- und nordhessischen Buntsandsteingebiet zeigte, daß das Voranschreiten der Versauerung von einem ursprünglich natürlich sauren Erdalkali-Hydrogencarbonat- zu einem Erdalkali-Sulfat-Grundwasser in verschiedenen aufeinanderfolgenden Phasen nachvollziehbar ist und in einigen Quellen bereits gegen Ende der 60er Jahre abgeschlossen war (Quadflieg, 1989). Untersuchungen zur Quellwasserversauerung im nord- und osthessischen Buntsandsteingebiet (Quadflieg, 1989) sowie im Oberen Buntsandstein des nördlichen Schwarzwaldes (Einsele et al., 1990) zeigen, daß vorwiegend der Deckschichtenabfluß und flachgründig erfaßte Quellen in Abhängigkeit von den Standortfaktoren unterschiedlich stark versauern, während sich alle tieferen Quellen im HCO_3^--Pufferbereich befinden.

Einsele et al. (1990) stellten im Buntsandstein-Schwarzwald deutlich regionale Unterschiede im Grundwasserchemismus sowie im Chemismus von Trinkwasserversorgungsquellen fest. Sowohl die SO_4^{2-} als auch die NO_3^--Gehalte sind im nördlichen Bereich deutlich erhöht. Eine Abnahme der SO_4^{2-}-Konzentrationen ist auch in östlicher Richtung zu erkennen. Analog hierzu wurde ein Nord-Süd-Gefälle und West-Ost-Gefälle der Immissionsbelastungen festgestellt. Der Sulfat-Gehalt des Grundwassers im Nordschwarzwald scheint von 1975 bis 1986 zu sinken. Nach den Autoren kann sich aufgrund des relativ geringen Alters des Grundwassers im Buntsandstein-Schwarzwald eine veränderte Immissionssituation - der Anteil an HNO_3 gegenüber H_2SO_4 erhöht sich im Niederschlag ständig (Gietl, 1982; Kreutzer, 1984; Einsele et al., 1990) - rasch auf den Grundwasserchemismus auswirken.

Grundwasseranalysen aus Bayern von 1983/84 (Röder et al., 1984) belegen, daß in dem durch die

Säuredeposition stark geschädigten Fichtelgebirge Aluminiumgehalte im Grundwasser erreicht werden, die die zulässige Höchstkonzentration für Trinkwasser (WHO 1983: 0,2 mg/l) überschreiten. Analysen des ungesättigten Sickerraumes und des Grundwassers liegen außerdem von Haarhoff und Knorr (1989) vor, die ebenfalls erhöhte Al-Gehalte anzeigen. Im Spessart, wo überwiegend wenig pufferfähige Ausgangsgesteine (vorw. Buntsandstein) auftreten, weisen pH-Werte im Grundwasser zwischen pH 5 und 6 sowie Sulfatkonzentrationen von 14 - 21 mg/l ebenfalls auf Immissionseinflüsse hin. Das Sickerwasser ist über die gesamte Profiltiefe von 2 m sauer (pH-Werte bis 4). Im Gesamtprofil werden Metallionenkonzentrationen im Sickerwasser registriert (Al bis 7 mg/l, Cd bis 20 µg/l), die aus Sicht der Trinkwasserversorgung bedenklich werden, wenn sie ins Grundwasser gelangen. Das Kalkschotterwasser des Ebersberger Forstes bei München ist nach Haarhoff und Knorr (1989) nicht durch Säuren, sondern durch die Zufuhr von Nitrat, Sulfat und Chlorid aus der Atmosphäre und aus dem Grundwasserzustrom einer Belastung ausgesetzt.

Böttcher et al. (1985) untersuchten die Grundwasserinhaltsstoffe in einem Lockergesteins-Grundwasserleiter aus 20 - 30 m mächtigen und kiesigen Sanden über Festgesteinen der Kreide in einem Nadelwaldgebiet bei Hannover (Fuhrberger Feld). Sie fanden als eindeutiges Indiz eines Versauerungseinflusses extrem hohe Al-Konzentrationen, die etwa in 3 m Tiefe über 8 mg/l erreichen. Die Autoren schlossen aus den hohen SO_4^{2-}- Konzentrationen im Sickerwasser, daß vor allem Schwefelsäureeinträge in diese Waldökosysteme die Mobilisierung und Auswaschung von Aluminium verursacht haben.

Ähnlich hohe Aluminium-Konzentrationen fanden Lückewille et al. (1984) in Sickerquellen in der Senne, einem von eiszeitlichen Sanden geprägten Landschaftsraum, der sich vom Nordhang des Teutoburger Waldes in südöstlicher Richtung erstreckt und zu den wichtigsten Trinkwassergewinnungsgebieten Nordrhein-Westfalens gehört (Lückewille et al., 1984). Das Grundwasser staut sich in diesem Gebiet auf einer oberflächennahen, tonigen Grundmoränenschicht und tritt vielerorts in Sickerquellen zutage. Seit 1976 wurden in diesen Quellhorizonten von o.g. Autoren weißliche Ausflockungen von Aluminiumhydroxiden beobachtet. Die seit 1983 durchgeführten Quellwasseranalysen ergaben Al^{3+}-Konzentrationen von bis zu 7,3 mg/l bei pH-Werten von z.T. unter 3,8 und hohen Nitrat- und Sulfatgehalten. Diese Ergebnisse verdeutlichen die extreme Basenarmut und die Anfälligkeit der sandigen Sickerwasserleiter gegenüber sauren Depositionen.

Brechtel (1989) stellte Meßergebnisse der Niederschlagsdeposition aus den "alten" Bundesländern für die Jahre 1982 - 1986 zusammen. Hohe bodenbürtige Mangangehalte, die beispielsweise im Durchschnitt bei 16 beprobten Fichtenaltbeständen 12fach über der Jahresdeposition von Mangan im Freiland liegen, signalisieren ebenfalls gewässerschädliche Auswirkungen der durch die Luftschadstoffe verursachten Bodenversauerung. Nach Brechtel (1988) können auf solchen Waldstandorten heute schon im gesamten über dem Ausgangsgestein liegenden Waldboden im Sickerwasser Stoffkonzentrationen auftreten, die als Jahresmittelwerte bei Mangan bis über 200fach und bei Aluminium bis zu 40fach über den EG-Grenzwerten für Trinkwasser liegen (European Community Council (ECC), 1980 in Brechtel, 1988).

Die zunehmende Belastung der Sickerwässer mit Schwermetallen (s. Kap. 6.2.3) führt auch zu einer Belastung der Grundwässer. Schultz (1987) ermittelte für die von ihm untersuchten nordwestdeutschen Waldökosysteme negative Bilanzen für die Schwermetalle Cobalt (Co), Cadmium (Cd) und Zink (Zn). Für diese Schwermetalle ist der Austrag mit dem sauren Sickerwasser größer als der Eintrag aus der Atmosphäre. Die Senkenfunktion der Böden ist durch die drastische Veränderung des Säure-/Basenhaushaltes in eine Quellfunktion für potentiell toxische Verbindungen umgeschlagen. Schäfer (1994) beobachtete in Gewässern des Kottenforstes bei Bonn erhöhte Cadmium-, Mangan- und Eisengehalte, teilweise erhöhte Aluminiumgehalte sowie eine Verarmung an basischen Kationen. Die Pufferraten der Böden sind geringer als der anhaltende Säureeintrag, so daß auch in diesem Untersuchungsgebiet die Gefahr eines zukünftigen Versauerungsschubes in die Gewässer besteht.

Andreae und Mayer (1989) untersuchten den Tiefengradienten des mobilisierbaren Anteils an Schwermetallen im nordwestlichen Einzugsgebiet der Sösetalsperre im Harz (Abb. 8.1).

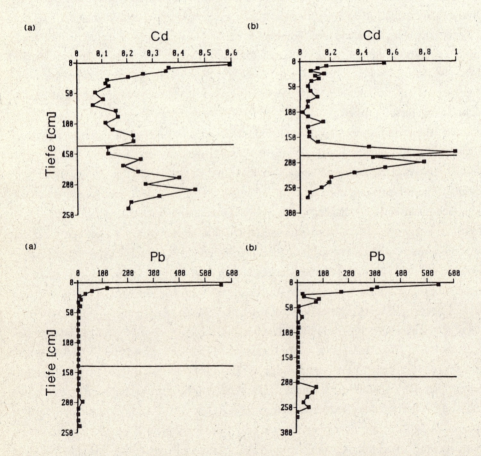

Abb. 8.1: Tiefenverteilung der EDTA-extrahierbaren Anteile der Elemente Cd und Pb für Böden aus Diabas (a) und Tonschiefer (b) (Bodenfraktion < 2 mm) (Andreae und Mayer, 1989)

Die Tiefenverteilung des mobilisierbaren Schwermetallpools ist im wesentlichen abhängig von den Standortbedingungen, dem pH-Wert und dem Löslichkeitsverhalten der einzelnen Elemente (vgl. 6.2.2). Vor allem bei Cd und z.T. bei den anderen Schwermetallen stellten Andreae und Mayer (1989) einen depositionsbedingten Akkumulationsbereich im Hauptwurzelraum, eine Verarmungszone im versauerten Bodenbereich oberhalb der Versauerungsfront sowie eine Anreicherungszone im Bereich bzw. unterhalb der Versauerungsfront durch Austausch infiltrierter Schwermetalle mit K, Ca, Mg und Na (Austauschpufferbereich) fest.

Nach Matschullat et al. (1989) besteht auch in den Sedimenten der in den Sösestausee mündenden Bächen eine Versauerungszone ("Makroversauerungsfront"), deren Verhalten der Versauerungsfront in den Böden vergleichbar ist. Matschullat et al. (1989) rechnen bei anhaltenden Säureeinträgen mit einem Vorschieben der Versauerungsfront in Richtung Sösetalsperre. Sie befürchten eine Rücklösung von Schwermetallen aus dem Seesediment bei Versauerung des Seewassers.

Groth (1989) vergleicht die Metallgehalte in sauren Quellwässern im Einzugsgebiet des Sösestausees, im sauren Wasser des Eckerstausees, im neutralen Wasser des Sösestausees und in den Trinkwässern, die aus diesen Wässern gewonnen werden, mit den Grenzwerten der Trinkwasserverordnung (Abb. 8.2).

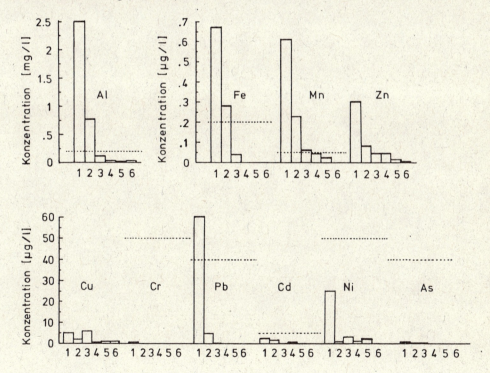

1 Quellwasser Söse 2 Eckertalsperre 3 Sösetalsperre 4 WW Ecker 5 WW Söse I 6 WW Söse II
...... TwVO-Grenzwerte

Abb. 8.2: Metallkonzentrationen in verschiedenen natürlichen Gewässern und Trinkwässern (Groth, 1989)

Die Konzentrationen von Aluminium, Eisen, Mangan und Blei liegen in sauren Bachwässern und im sauren Eckerwasser nicht bei Blei über den Grenzwerten der Trinkwasserverordnung. Eine Gewässerversauerung und die daran gekoppelte Erhöhung der Gehalte an potentiell toxischen Metallen in natürlichen Gewässern stellen nach Groth (1989), solange die technischen Aufbereitungsverfahren der Flockung und Filtration angewandt werden, für große zentrale Trinkwassergewinnungsanlagen keine reale Bedrohung der Trinkwasserqualität dar. Die Trinkwasseraufbereitung verkommt jedoch zunehmend zu einem Reparaturbetrieb für Schäden und Versäumnisse, die andernorts aus Kostengründen bei den erforderlichen Maßnahmen zur Schadensvermeidung eingespart wurden. Viele Grund- und Oberflächengewässer werden so ohne den massiven Einsatz von Aufbereitungstechnik mit entsprechend hohen Kosten in Zukunft nicht mehr für den menschlichen Genuß geeignet sein (Groth 1989). Benecke (1989) bezweifelt, daß sich bei kleinen Versorgungsanlagen und dezentralen Hausbrunnen die wirtschaftlichen und technischen Probleme, ein chemisch gereinigtes "Trinkwasser" herzustellen, lösen lassen und ob dies überhaupt ein zu verantwortender Weg ist.

9 Einfluß der Säure- und Schadstoffeinträge auf Oberflächengewässer

9.1 Veränderungen der chemischen Zusammensetzung von Oberflächengewässern

Die Belastungsgrenze, bis zu der eingetragene und ökosystemintern gebildete Säuren abgepuffert werden können, ist letztlich durch die Rate der Silicatverwitterung bzw. durch das Vorhandensein abpuffernder Carbonate gegeben (Lehmann und Hamm, 1988). Das Auftreten der Gewässerversauerung ist an von Natur aus kalk- und basenarme Einzugsgebiete sowie an hohe Säuredepositionen gebunden. Landwirtschaftliche Einflüsse - wie Düngung - und Siedlungsabwässer führen zu einer Abpufferung niedriger pH-Werte in Oberflächengewässern.

Lehmann und Hamm (1988) kartierten im Maßstab 1 : 2.000.000 die in der Bundesrepublik Deutschland zu einer Oberflächengewässerversauerung neigenden Gebiete. Auf der Grundlage der Basenausstattung der Böden (Tab. 9.1) und dem Carbonatgehalt der Gesteine (Tab. 9.2) wurden die wichtigsten Puffersysteme erfaßt und hinsichtlich der Pufferkapazität eine Unterteilung in drei geogene Gefährdungsstufen vorgenommen (Tab. 9.3). Auf dieser Grundlage und unter Berücksichtigung der Landnutzung wurden dann eine Karte der zur Gewässerversauerung neigenden Gebiete erstellt (Abb. 9.1) und die Flächenanteile der unterschiedlich gefährdeten Gebiete in den alten Bundesländern planimetrisch ermittelt (Tab. 4). Die Waldgebiete der Mittelgebirgslandschaften mit überwiegend sandigen Locker- und Festgesteinen sowie magmatischen und metamorphen Ausgangssubstraten (Bayerischer Wald, Schwarzwald u.a.) und die durch glaziofluviatile Sedimente geprägte Norddeutsche Tiefebene sind demnach besonders versauerungsgefährdet. "Die Karte weist somit Gebiete aus, die infolge der geologischen und pedologischen Gegebenheiten sowie der aufgrund der Landnutzung verschieden sensibel auf den Eintrag von versauernd wirkenden Luftschadstoffen reagieren und letztlich eine unterschiedlich starke Gewässerversauerung erwarten lassen" (Lehmann und Hamm, 1988). Ein Vergleich der Karte der zur Gewässerversauerung neigenden Gebiete mit der Karte zum aktuellen Stand der pH-Werte < 6,0 von Oberflächengewässern in der Bundesrepublik Deutschland (UBA, 1987) zeigt eine gute Übereinstimmung hinsichtlich der regionalen Verteilung versauerter Oberflächengewässer (nicht dargestellt; UBA, 1987). Für die Kartendarstellung der pH-Werte von Oberflächengewässern wurden aufgrund von gewässerökologischen Aspekten nur die in den Gewässern gemessenen niedrigsten pH-Werte verwendet, denn bereits kurzfristig auftretende Säureschübe können eine Biozönose schädigen. Eine Schwierigkeit der Darstellung der aktuellen pH-Wert-Situation in den Gewässern besteht nach Lehmann et al. (1989) darin, daß die Erfassung solcher Minimalwerte bei den zeitlich oft wenig dichten Untersuchungsreihen z.T. zufallsbedingt ist. Es gibt einige schwach saure bis saure Seen im Bayerischen Wald, im Schwarzwald und in Norddeutschland. Im allgemeinen sind jedoch meist Fließgewässer, v.a. die Bäche der Mittelgebirge, von der Gewässerversauerung betroffen. Manche Gewässer des Fichtelgebirges weisen in Bezug auf das Ausmaß der Gewässerversauerung - mißt man sie an den minimalsten pH-Werten - extreme Versauerungsschübe auf. Der niedrigste pH-Wert von pH 2,9 wurde nach einem kurzfristigen Starkregenereignis im Steinbach (Fichtelgebirge) gemessen (Lehmann et al., 1985).

Ein Kriterium für die große Bedeutung der S-Deposition bilden die Veränderungen der Sulfatgehalte im Wasser. In den pufferungsschwachen Quarzitgebieten des Taunus stiegen die SO_4^{2-}-Gehalte innerhalb von 60 Jahren um das 5 - 10fache auf 25 - 50 mg/l an (Krieter, 1987).
Schoen et al. (1983, 1984) verglichen die Versauerung kleiner Fließgewässer zur Zeit der Schneeschmelze, gemessen an der Summe der Konzentrationen der SO_4^{2-}- + NO_3^--Ionen (Wright, 1983), mit der S-Deposition in der Bundesrepublik Deutschland. Die höchsten Gehalte dieser Anionen in Fließgewässern wurden in einem Gürtel quer durch Mitteldeutschland gefunden (Kaufunger Wald, Knüll, Taunus, Hunsrück), der auch die höchsten S-Depositionsraten aufwies Tab. 9.1 bis 9.4

Tab. 9.1: Basenversorgung der Böden

geringe Basenversorgung	(1)
gering - mittlere Basenversorgung	(2)
mittlere - gute Basenversorgung	(3)
gute Basenversorgung	(4)

Tab. 9.2: Carbonatgehalt der Gesteine

carbonatfreie - carbonatarme Gesteine	(1)
carbonathaltige Gesteine	(2)
carbonatreiche Gesteine	(3)

Tab. 9.3 Gefährdungsstufen

Boden (Basenversorgung)		Gestein (Carbonatgehalt)		Gefährdungsstufen
gering	(1)	carbonatfrei - arm	(1)	stark gefährdet
gering	(1)	carbonathaltig	(2)	gefährdet
gering - mittel	(2)	carbonatfrei - arm	(1)	
gering	(1)	carbonatreich	(3)	leicht gefährdet
gering - mittel	(2)	carbonathaltig	(2)	

Tab. 9.4 Prozentualer Flächenanteil der geogen gefährdeten Gebieten

stark gefährdet	gefährdet	leicht gefährdet
~ 38 %	~ 8 %	~ 8 %

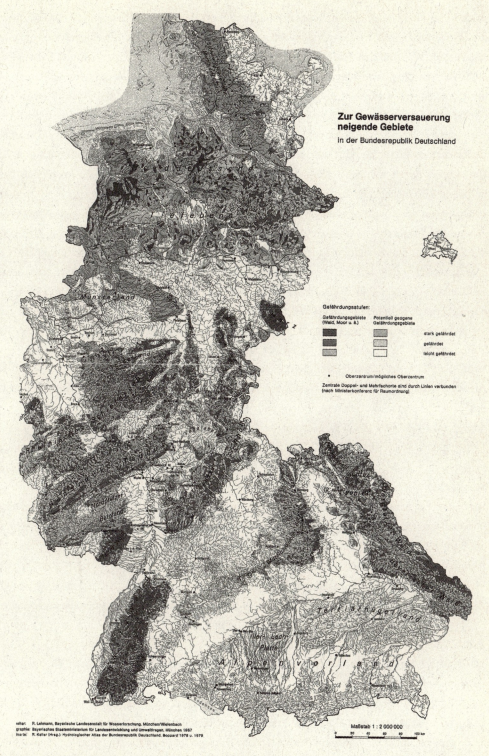

Abb. 9.1: Karte zur Gewässerversauerung neigende Gebiete
(Wiedergabe mit Genehmigung der Bayerischen Landesanstalt für Wasserforschung, München)
siehe Farbtafel im Anhang

Auch Feger (1993) stellte einen bedeutenden Einfluß der deponierten Säuren und Säurebildner auf die Hydrosphäre fest. Dieser wird jedoch erheblich durch die in den Einzugsgebieten in unterschiedlicher Weise wirkenden hydrologischen und biogeochemischen Prozesse modifiziert. Feger (1989) betont die große Bedeutung der verschiedenen Fließwege des Wassers im Einzugsgebiet, der Kontaktzeit des Wassers mit dem Boden und damit der Art der Abflußbildung. Nach Feger (1993) treten saure Oberflächengewässer vor allem bei oberflächennahem Wasser- und Stofftransport in stark versauerten Oberböden auf. Dieser Gewässertyp tritt in dem von ihm untersuchten Buntsandstein-Schwarzwald (Nordschwarzwald) häufig dort auf, wo die Infiltration in den Unterboden durch lithogene (Tonhorizonte des oberen Buntsandstein) oder pedogene Stauhorizonte (Eisenbändchen im mittleren Buntsandstein) beeinträchtigt ist (Feger und Brahmer, 1987; Feger, 1989). Auch Fiedler und Katzschner (1989) wiesen bezüglich der Azidität von Bächen des Tharandter Waldes (untere Lagen des Erzgebirges) auf die entscheidende Bedeutung des Fließweges hin. Besonders sauer sind demnach Bäche aus Einzugsgebieten mit oberflächennah lateral entwässernden Böden (Pseudogleye, Stagnogleye). Im Bayerischen Wald mit seinem weitflächig verbreiteten Deckschichtenaufbau (Völkel, 1994) sind saure Gewässer an Gebiete mit oberflächennah anstehender dichter Basisfolge gebunden (Förster, 1988). Bei entsprechend tiefer vertikaler Versickerung besitzt der Untergrund in Form verwitterbarer Silicate eine große H^+-Pufferkapazität. Im Schwarzwald haben vor allem Gneisgebiete mit lehmigen, tiefgründig verwitterten Solifluktions-Schuttdecken diese Eigenschaften (Feger und Brahmer, 1987; Feger, 1989). Als weitere Einzugsgebiete in Mitteleuropa mit Tiefenversickerung und weitgehender Aufbasung des Sickerwassers im tieferen Untergrund sind Lange Bramke/Harz (Hauhs, 1985), Krofdorf/Hessen (Führer, 1989) sowie Aubure/Vogesen (Probst et al., 1992) zu nennen. Für die Feststellung der jeweiligen Anteile der einzelnen H^+-Quellen in Wassereinzugsgebieten und die Planung möglicher Gegenmaßnahmen ist somit eine genaue Prüfung der jeweiligen Standortverhältnisse unerläßlich (Feger, 1993).

Besonders bei Schneeschmelzabflüssen wird die Belastung der Böden mit Säuren und Schwermetallen aus der Luft deutlich. Der Schneeschmelzabfluß kann den normalen Abfluß bis um das 100fache übersteigen (Linkersdörfer und Benecke, 1987) und weist gegenüber dem normalen Abfluß meist deutlich höhere Säure- und Schwermetallkonzentrationen auf.

Während der Schneeschmelze fanden Jacks et al. (1986) im Djurvasslan Catchment (USA) pH-Absenkungen von Werten > 7 auf Werte < 5. In den entsprechenden Böden der Einzugsgebiete ist dagegen häufig nur eine relativ geringe Versauerung um 0,2 - 0,5 pH-Einheiten im gleichen Zeitraum nachweisbar (Steinberg und Lenhart, 1986).

Nach Untersuchungen von Bauer et al. (1987, 1988) können in NO-bayerischen Fließgewässern plötzliche pH-Wert-Absenkungen um 2 - 3 Einheiten im Zusammenhang mit der Schneeschmelze oder Starkregenereignissen auftreten. Ähnliche Ergebnisse fanden Katschner und Fiedler (1987) und Fiedler und Katschner (1989) in Wassereinzugsgebieten des Erzgebirges.

In Untersuchungen zur Limnochemie von sechs Karseen im Nordschwarzwald wurden während der Schneeschmelze pH-Wert-Absenkungen bei gleichzeitiger Abnahme des HCO_3^--Gehaltes beobachtet, die von erhöhten Konzentrationen an Sulfat und Nitrat begleitet wurden (Thies und Hoehn, 1989). Mit einer starken Abnahme des pH-Wertes nach einem spätsommerlichen Starkregenereignis beobachteten die Autoren auch einen offenbar jahreszeitlich bedingten Anstieg organischer Verbindungen (Huminsäuren) in den Oberflächengewässern.

Die Pufferung der im Schmelzwasser enthaltenen Schadstoffe ist von der Verweilzeit des Schmelzwassers im Boden und Sickerwasserleiter sowie von der Art und der Kapazität der im Boden und Untergrund vorherrschenden Puffersysteme abhängig. In sehr durchlässigen Böden bleibt infolge der raschen Infiltration des Schmelzwassers die Wirkung der meisten Puffersysteme aufgrund der im allgemeinen reaktionskinetisch langsam ablaufenden Pufferreaktionen im Boden und Untergrund gering; nur austauschbar gebundene Kationen werden infolge schneller Pufferreaktionen (Süsser, 1987) mit hohen Raten ausgewaschen. In Wassereinzugsgebieten mit Böden hoher Basensättigung steigt mit dem Schneeschmelzabfluß daher die Konzentration an basischen Kationen im Abflußwasser an, während aus sauren Böden vorwiegend Protonen und Aluminium freigesetzt werden (Linkersdörfer und Benecke, 1987).

Nach Kaupenjohann (1989) sind die deutlichen pH-Absenkungen in den Fließgewässern zur Zeit der Schneeschmelze nach dem weiter unten beschriebenen Modell von Reuss und Johnson (1985) auf hohe SO_4^{2-}-Einträge bei gleichzeitig niedriger CO_2-Konzentration zurückzuführen, was zu einem Alkalinitätsrückgang führt. Starkregenereignisse sind dagegen nicht mit hohen SO_4^{2-}-Einträgen verbunden. Bei rascher Infiltration, primär in den Grobporen des Bodens, steht das Sickerwasser des Starkregens nicht mit der Festphase des gesamten Bodens, sondern nur mit den Austauscheroberflächen der Grobporenwände im Gleichgewicht, der im Vergleich zu der Aggregatinnen- und Bodenmatrixfraktion nur eine geringe Ca-Sättigung aufweist. Unter diesen Bedingungen kann die volle Pufferkapazität des Bodens nicht ausgenutzt werden, und bereits geringe Anionen-Konzentrationen führen zu einer drastischen pH-Absenkung im Vorfluter (Kaupenjohann, 1989).

Um den Einfluß der Schneeschmelze auf die hydrochemische Beschaffenheit von Quellwässern des nord- und osthessischen Buntsandsteingebietes zu untersuchen, stellt Quadflieg (1989) die Stoffkonzentrationen in den Quellen während der Schneeschmelze denen nach einer Trockenwettersituation gegenüber (Abb. 9.2). Die Untersuchungsergebnisse korrelieren mit den hydraulischen Eigenschaften des Grundwasserleiters. Die Schneeschmelze bewirkt in den stark sauren Hang- und Deckschuttquellen (Quelle Kaufmannsborn) einen zusätzlichen Versauerungsschub, der sich in bis um 30 mg/l erhöhten SO_4^{2-}-Gehalten sowie in einer verstärkten Mobilisierung der Schwermetalle Zn^{2+} und Mn^{2+} zeigt. Vermehrt eingetragene Säure wird fast ausschließlich durch eine erhöhte Mobilisierung von Al^{3+}, dessen Gehalte um fast das Doppelte ansteigen, abgepuffert. In den flachgründigen Quellen (Hutweidquelle) schlägt sich die Schneeschmelze in einer deutlichen Erhöhung der SO_4^{2-}- und Ca^{2+}-Austräge nieder. In den tiefgründigen Quellen (Quelle Hasenborn) ist der Einfluß der Schneeschmelze überhaupt nicht oder nur in stark gedämpfter Form sichtbar.

Veränderungen im chemischen Zustand der Fließgewässer lassen sich nur über langfristige Meßreihen erfassen, die bisher kaum vorliegen. So zeigen kontinuierliche pH-Messungen an einem

Fließgewässer im Fichtelgebirge, das als Rohwasser für die Wasserversorgung einer Stadt verwendet wird, ab Mitte der 60er Jahre eine deutliche pH-Wert-Abnahme. In der Zeit von 1957 bis 1964 betrug der pH-Wert etwa 5,5, sank von 1965 bis 1972 auf etwa 5,2 und erniedrigte sich von 1974 bis 1983 weiter auf etwa 4,7 (Umweltbundesamt, 1984).

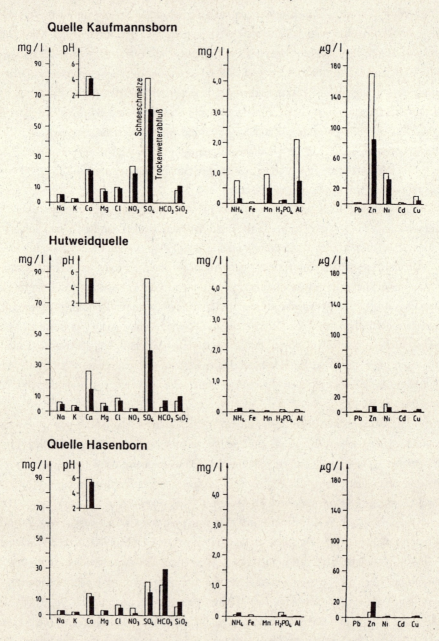

Abb. 9.2: Vergleich der Ionenkonzentrationen von Haupt- und Nebenbestandteilen in Quellwässern während der Schneeschmelze und bei Trockenwetterabfluß; Untersuchungszeitraum: Hydrologisches Jahr 1988 (Quadflieg, 1989)

Solange Fließgewässer nur von episodischen Säureschüben betroffen sind, erfahren sie während des sommerlichen Niedrigwasserabflusses eine Anhebung des pH-Wertes. Krieter (1984) berichtet jedoch von Bächen im Hunsrück, die bei Jahresdurchschnitts-pH-Werten von 3,8 - 4,0 auch während der sommerlichen Trockenwetterabflüsse keine pH-Anhebung mehr zeigen. Hamm (1985) fand solche Bäche im Bereich der Granitmassive des Fichtelgebirges, des Oberpfälzer Waldes und des Hinteren Bayerischen Waldes. Einige im Buntsandsteingebiet des Kaufunger Waldes und des Reinhardswaldes entspringende Bäche führen ebenfalls ganzjährig saures Wasser (Balazs et al., 1989). Im extremsten Fall schwankten die pH-Werte lediglich zwischen 3,9 und 4,1. Art und Ausmaß der Gewässerversauerung können ganz allgemein mit Hilfe der Alkalinität (= Säureneutralisationskapazität (SNK)) der Wässer beschrieben werden. Hiermit wird - ähnlich wie bei der SNK der Böden (s. Kap. 6.2.3) - die Differenz zwischen der Summe basisch wirkender Kationen und der Summe der Anionen von Mineralsäuren bzw. die Differenz zwischen der Summe der OH^-- plus HCO_3^--Ionen und den sauer wirkenden Kationen verstanden (David et al., 1988).

$$\begin{aligned} \text{ALK (µmol/l)} &= HCO_3^- + OH^- - H^+ - 3\,Al^{3+} - 2Al(OH)^{2+} - Al(OH)_2^+ \\ &= 2Ca^{2+} + 2Mg^{2+} + K^+ + Na^+ - 2SO_4^{2-} - NO_3^- - Cl^- \end{aligned}$$

Die Alkalinität wird nach dem Prinzip der Elektroneutralität auch als Differenz aller nicht protolytischen Kationen und Anionen berechnet (Stumm et al., 1983 in Balazs et al., 1989).
Ein positives Bilanzergebnis zeigt, daß Anionen des Kohlensäure/Hydrogencarbonat-Puffersystems (OH^-, CO_3^{2-} und HCO_3^-) (oder organische Anionen) im Wasser vorhanden sind und eine dementsprechende SNK vorliegt. Bei einem negativen Bilanzergebnis erfolgt die Abpufferung der luftbürtigen Säuren zunehmend durch neu zugeschaltete Puffersysteme von Mangan, Aluminium und Eisen im Boden oder Sediment und Abgabe von Mn-, Al- und Fe-Ionen an das Wasser. Ferner geht die NH_4^+-Konzentration mit in die Berechnung ein. Von dieser Art Pufferung geht lediglich ein Verzögerungseffekt auf die Ausbreitung der Versauerung aus (Balazs et al., 1989).
Die Gewässerversauerung stellt demnach einen Verlust an Alkalinität (bzw. Säureneutralisationskapazität) dar. In dem von David et al. (1988) entwickelten Modell kontrollierten vor allem der Sulfat- und Nitrat-Eintrag die pH-Absenkung im Fließgewässer. Bereits geringe pH-Erniedrigungen, die z.B. als "Salzeffekt" infolge des Eintrags von $2SO_4^{2-}$-Ionen auftreten, können dazu führen, daß CO_2 weitgehend aus der Bodenlösung ausgetrieben wird. Ohne die Anwesenheit der durch atmogene Deposition gelieferten "mobilen" Anionen wird aufgrund des hohen CO_2-Partialdruckes im Boden eine große CO_2-Menge im Wasser gelöst zur Quelle transportiert, wo sich nach CO_2-Abgabe durch Einstellung auf den CO_2-Partialdruck der Atmosphäre der pH-Wert des Wassers unter Bildung von HCO_3^- deutlich erhöht. Durch diesen Prozeß geht die dem Boden bzw. dem tieferen Untergrund verlorengegangene Säureneutralisationskapazität in SNK des abfließenden Wassers über. In natürlich sauren Gewässern besteht bei relativ konstanten pH-Werten eine 1 : 1 Proportionalität zwischen der Gesamthärte ($Ca^{2+} + Mg^{2+}$) und der Alkalinität (als HCO_3^-) (Henriksen, 1980; Quadflieg, 1989). Für die Quantifizierung der Versauerungsemp-

findlichkeit wird daher häufig die Carbonat-Alkalinität (ein Ausdruck für den Gehalt an HCO_3^--, CO_3^{2-}- und OH^--Ionen im Wasser) verwendet. Die graduelle Verdrängung von CO_2 aus der Lösung stark saurer Böden durch entsprechende Anteile von "mobilen" Anionen starker Säuren äußert sich im Gewässer somit in einem Alkalinitätsverlust, der von tiefen pH-Werten und hohen Konzentrationen ionarer Al-Komponenten begleitet sein kann (Reuss und Johnson, 1985).

In nicht versauerten Fließgewässern stellt das Kohlensäure/Hydrogencarbonat-System das wichtigste Puffersystem dar. Bei pH-Werten < 6 übernehmen zunehmend Al- und organische Verbindungen die Abpufferung eingetragener Säuren. Eine sehr effektive Protonenpufferung erfolgt durch Überführung von Al-Hydroxiden in hochwertige Al-Ionen im pH-Bereich um und unter 5 (Johannessen, 1980). Dabei werden unter pH 4,5 in zunehmendem Maße Al^{3+}-Ionen freigesetzt.

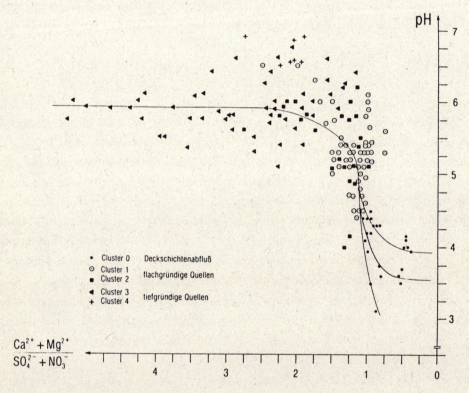

Abb. 9.3: Abhängigkeit des pH-Wertes vom Äquivalenzverhältnis $(2Ca^{2+} + 2Mg^{2+})/(2SO_4^{2-} + NO_3^-)$; Untersuchungszeitraum: Hydrologisches Jahr 1988

Die Identifizierung der vorhandenen Puffersysteme wie auch der Nachweis einer fortschreitenden Gewässerversauerung kann mit Hilfe des Ionenverhältnisses $(2Ca^{2+} + 2Mg^{2+})/(NO_3^- + 2SO_4^{2-})$ durchgeführt werden (Schoen, 1985). Quadflieg (1989) unterscheidet drei verschiedene Entwicklungsstufen von einem natürlich sauren zu einem immissionsbedingt versauerten Quellwasser (Abb. 9.3). Bei einem Äquivalentverhältnis > 1,5 überwiegt das Bicarbonat-Puffersystem, wobei eine

Abnahme des Ionenverhältnisses von > 4 in Richtung 1,5 eine zunehmende Versauerungsgefährdung der Quellwässer signalisiert. Die eigentliche Versauerung setzt bei einem Ionenverhältnis < 1,5 ein und ist mit einer sprunghaften pH-Abnahme verbunden. Bei einem Ionenverhältnis kleiner 1 werden die sauren Depositionen zunehmend durch Al-Verbindungen abgepuffert. In stark versauerten Quellen dominiert ganzjährig bei negativen Alkalinitäten das Al-Puffersystem.

Balazs et al. (1989) untersuchten Bäche in Nordhessen. Die mit Luftschadstoffen stark belasteten Einzugsgebiete des Kaufunger Waldes und besonders des Reinhardswaldes besitzen nur eine sehr geringe positive Alkalinität. Die Autoren fanden für die Beziehung zwischen der Alkalinität und der Summe aus Sulfat und Nitrat eine hohe negative Korrelation (r = -0,90). Eine sehr hohe positive Korrelation besteht zwischen der Alkalinität und dem Quotienten $(2Ca^{2+} + 2Mg^{2+})/(2SO_4^{2-} + NO_3^-)$ (r = 0,96).

Der Alkalinitätsverlust nach Wright (1983) ermittelt aus Korrelationsberechnungen, definiert als

$$\Delta Alk. = 0{,}91\,(Ca^{2+} + Mg^{2+}) + H^+ + Al^{x+} - HCO_3^- \quad (\mu mol\ I\ddot{A}/l),$$

kennzeichnet wichtige chemische Prozesse einer Versauerung durch Mineralsäuren. Schoen (1985) wendet diese Gleichung auf Fließgewässer-Datensätze aus der Bundesrepublik Deutschland an und findet für seine vor 1985 durchgeführten Untersuchungen, daß der Netto-Sulfatgehalt der Proben (abgezogen werden der geogene und der meerbürtige Anteil) am besten mit $\Delta Alk.$ korreliert. Folglich sind S-haltige Depositionen als Hauptverursacher des Alkalinitätsverlustes anzusehen. Nitrat kann ebenfalls relevante Anteile an den durch Schneeschmelze ausgelösten Versauerungsschüben erreichen (Schoen, 1985). Im Vergleich zu Skandinavien ist der Anteil der bisher in der Bundesrepublik von der Versauerung betroffenen Gewässer relativ gering. Die ökologischen Schäden sind jedoch recht gravierend, da es sich bei den versauerten Gewässern vor allem um die Oberläufe kalkarmer Gebirgsbäche handelt, die bisher von anthropogener Belastung verschont blieben und für zahlreiche stenöke Quell- und Fließgewässerarten Refugialräume darstellten (Heitkamp und Leßmann, 1990).

9.2 Einfluß der Versauerung auf den Organismenbesatz der Oberflächengewässer

Versauerte Gewässer sind durch die Einwirkungen relativ hoher Protonen-, Aluminium- und Schwermetallkonzentrationen durch einen Arten- und Bestandesrückgang sowie durch Bestandesverschiebungen bei der Organismenbesiedlung gekennzeichnet. Daraus resultiert eine starke Herabsetzung der Artenvielfalt sowie eine Veränderung der trophischen Struktur und der funktionellen Abläufe in den Gewässerökosystemen (Hamm et al., 1989; Heitkamp et al., 1989; Heitkamp und Leßmann, 1990). Besonders gelöstes Aluminium ruft toxische Effekte hervor (Muniz und Leivestad, 1980); gelöste Aluminiumionen sind bereits in Konzentrationen von < 0,1 mg/l toxisch für aquatische Organismen (Driscoll et al., 1980; Overrein et al., 1980). Die fortgeschrittene Gewässerversauerung kann daher auch durch Bioindikation festgestellt werden (Burton et al., 1982; Lehnhart und Steinberg, 1984; Lehmann et al., 1985; Meijering, 1989 u.a.). Da Fische bei niedrigen pH-Werten verstärkt Metalle anreichern, können sie als Akkumulationsindikatoren für eine versauerungsbedingte Metallbelastung von Gewässern dienen (Gebhardt et al., 1988).

Aus Skandinavien und Nordamerika liegen zahlreiche Untersuchungen zur Gewässerversauerung und deren Auswirkung auf die Lebensgemeinschaften der Gewässer vor, die in den 70er und der ersten Hälfte der 80er Jahre durchgeführt wurden (z.B. Overrein et al., 1980; Burton et al., 1982). Während dort jedoch schwerpunktmäßig Seen untersucht wurden, sind in Mitteleuropa besonders Fließgewässer von starker Versauerung betroffen. Intensivere Untersuchungen sind in der Bundesrepublik Deutschland im Kaufunger Wald (z.B. Matthias, 1983), Bayerischen Wald, Oberpfälzer Wald und Fichtelgebirge (z.B. Bauer und Fischer-Scherl, 1987; Bauer et al., 1988; Hamm et al., 1989), Schwarzwald (z.B. Schoen und Kohler, 1984; Gebhardt et al., 1989) sowie im Harz (z.B. Heitkamp et al., 1989; Heitkamp und Leßmann, 1990) durchgeführt worden.

Bei den von Hamm et al. (1989) im nord- und nordostbayerischen Grundgebirge durchgeführten Untersuchungen zur Gewässerversauerung zeigt sich ein deutlicher Gradient der Versauerung vom Fichtelgebirge und nördlichen Oberpfälzer Wald in Richtung Bayerischer Wald. Der Anstieg der Sulfatkonzentrationen in Abhängigkeit vom pH-Wert beginnt etwa bei pH < 6,0 und verläuft annähernd linear. Im Bayerischen Wald liegen die Sulfatkonzentrationen der Oberflächengewässer mit wenigen Ausnahmen < 10 mg/l. In den sehr sauren Gewässern des Fichtelgebirges und des nördlichen Oberpfälzer Waldes liegen die Sulfatgehalte teilweise weit über 50 mg/l, meist zwischen 15 und 30 mg/l und sind damit gegenüber dem geogenen Hintergrund um etwa das 10fache erhöht. Die höchsten Al-Konzentrationen wurden im Oberpfälzer Wald und Fichtelgebirge bis ca. 3 mg/l und im Frankenwald bis zu 9 mg/l gemessen. Dies führt zu sichtbaren Aluminiumhydroxidausflockungen am Gewässerboden. In Abhängigkeit vom pH-Wert treten erhöhte Konzentrationen an gelöstem Cadmium (bis zu 1 µg/l) auf. Bei der geologischen Einheitlichkeit des Gebietes des nord- und nordostbayerischen Grundgebirges ist die von NW nach SE abnehmende Gewässerversauerung auf Unterschiede in den Protonen- und Sulfatdepositionen zurückzuführen, die im nordbayerischen Raum relativ hoch sind. Die Flora versauerter Gewässer setzt sich lediglich aus Diatomeen, Chlorophyceen und Bryophyten in reduzierter Artenzahl zusammen; Phanerogameen fehlen weitgehend. Bei der Diatomeenflora sind hauptsächlich acidobionte und acidophile Arten nachzuweisen (Hamm et al., 1989). Diatomeen, die aufgrund ihres Arten- und Individuenreichtums zu den häufigsten Algen unserer Gewässer zählen, eignen sich aufgrund der unterschiedlichen Valenz der einzelnen Arten für bestimmte Wasserstoffionenkonzentrationen als pH-Indikatoren (Coring und Heitkamp, 1989). Die Taxazahlen der Makroinvertebraten in stark versauerten Gewässern des Bayerischen Waldes, Oberpfälzer Waldes und Fichtelgebirges liegen unter 25, während naturnahe, nicht versauerte Gewässer dieser Mittelgebirge Taxazahlen über 38 aufweisen. Zu den säuretoleranten Makroinvertebraten gehören Larven verschiedener Plecopteren (Steinfliegen)- und Trichopteren (Köcherfliegen)-Arten, der Tricladide Polycelis felina, einige Dytisciden (Schwimmkäfer), Dicranota, Simuliiden (Kriebelmücken), Chironomiden (Zuckmücken), Hydracarinen (Wassermilben), der Oligochaet Stylodrilus heringianus u.a. Zu den säuresensiblen Makroinvertebraten-Arten gehören Mollusken, Gammarus fossarum, Ephemeropterenlarven (Eintagsfliegen) sowie einige Trichopteren- und räuberische Plecopterenlarven. Die Abundanzen sind i.d.R. in versauerten Gewässern deutlich verringert (Hamm et al., 1989). Die beschriebenen negativen Auswirkungen der Gewässerversauerung zeigen, daß die bisherige Güteeinstufung versauerter Fließgewässer, die wegen des Fehlens von gegenüber organischer Verschmutzung unempfindlichen Organismen bei Güteklasse I und I - II liegt, nicht mehr gerechtfertigt ist und dringend einer Korrektur bedarf (Hamm et al., 1989).

Im Harz wurden die versauerte Große Söse (pH 3,7 - 7,4) und als Referenzbach die nicht versauerte Alte Riefensbeek (pH 6,9 - 8,3) ausgewählt, um die Auswirkung der Gewässerversauerung auf die Lebensgemeinschaften der Bäche zu untersuchen (Heitkamp et al., 1989; Heitkamp und Leßmann, 1990). In der Alten Riefensbeek ließ sich kein gelöstes Aluminium nachweisen, während an einer Probestelle der Großen Söse, die ständig im stark sauren Bereich lag (pH 3,7 - 5,1), bis zu 0,92 mg Al/l gemessen wurden. Tricladiden (Strudelwürmer), Gastropoden (Süßwasserschnecken) und Gammariden fehlen in der Großen Söse (Tab. 9.5). Deutlich niedrigere Artenzahlen sind bei den übrigen Taxa (Diatomeen, Insekten, Fische etc.) zu verzeichnen, wobei sich in den versauerten Abschnitten Abundanzen und Dominanzen zugunsten weniger Arten verschieben.

Tab. 9.5: Artenzahlen der an den Beprobungsstellen von Großer Söse (S1 - S3) und Alter Riefensbeek (R1 - R3) nachgewiesenen Taxa (Heitkamp et al., 1989)

	S1	S2	S3	R1	R2	R3
Tricladida	0	1	0	1	2	2
Gastropoda	0	0	0	0	1	1
Amphipoda	0	0	0	1	1	1
Ephemeroptera	0	2	2	7	7	9
Plecoptera	11	14	19	18	21	17
Coleoptera	2	4	3	6	6	7
Trichoptera	14	24	25	42	39	44
Risces	0	(1)	1	1	2	2
Gesamtzahl	27	46	50	76	79	81
∅ pH-Wert	4,2	6,4	7,0	7,8	7,5	7,6

Im Harz wurden 1987 die Zooplankton- und Zoobenthon-Zönose zweier Talsperren, der Sösetalsperre und des Oderteiches, untersucht (Heitkamp et al., 1989; Heitkamp und Leßmann, 1990). Beide Stauseen sind oligotrophe Gewässer mit deutlich unterschiedlichen Protonen- und Metallkonzentrationen. Der vorwiegend neutrale Sösestausee (pH-Wert 6,5 - 8,3) weist niedrige Metallkonzentrationen im freien Wasser, jedoch hohe Konzentrationen von Blei, Kupfer und Zink im Sediment auf. Im stark sauren Oderteich (pH-Wert um 3,1 - 4,6) sind hohe Konzentrationen von Zink (bis 100 µg/l) und Aluminium (bis 640 µ/l) im Seewasser zu finden.

Die niedrigen pH-Werte und hohen Aluminiumgehalte des Oderteichs haben im Vergleich zur nicht versauerten Sösetalsperre eine starke Veränderung der Zoozönose zur Folge (Tab. 9.6 und 9.7). Im versauerten See fallen einige Taxa völlig aus, bei anderen ist die Artenzahl stark reduziert. Die Abundanzen liegen im Oderteich insgesamt wesentlich niedriger als in der nicht versauerten Talsperre.

Beispielsweise fehlen Fische im Oderteich, dafür treten in den Uferbereichen einige zoophage Insektenarten häufig auf. Sie üben die Rolle der Endkonsumenten in der Nahrungskette aus. In der Sösetalsperre leben mindestens neun Fischarten. Räuberische Insekten kommen in wesentlich höherer Artenzahl als im Oderteich, jedoch i.d.R. in geringen Dichten vor (Heitkamp und Leßmann, 1990).

Tab. 9.6: Zahl der Zooplankton-Species im versauerten Oderteich und dem nicht versauerten Sösestausee (Heitkamp et al., 1989)

	Oderteich	Sösestauseee
Rotatoria	3	15
Cladocera	4	17
Copepoda	1	7
Summe	8	39

Tab. 9.7: Zahl der benthischen Taxa (Art- bis Familienniveau) in Oderteich und Sösestausee (Heitkamp et al., 1989)

	Oderteich	Sösestauseee
Hydrozoa	0	1
Nematoda	0	4
Oligochaeta	2	1
Tardigrada	0	1
Acari	0	2
Crustacea	4	15
Chironomidae	9	17
Bivalvia	0	1
Summe	15	42

Auch bei Grasfrosch (Rana temporaria Linnaeus, 1758) und Erdkröte (Bufo bufo Linnaeus, 1758) zeichnen sich in Gebieten mit verwitterungsresistenten, quarzhaltigen und kalkarmen Ausgangsgesteinen (wie Odenwald, Nordschwarzwald und Hunsrück) repressive Bestandesentwicklungen aufgrund der Gewässerversauerung ab (Linnenbach, 1989).

Durch laborexperimentelle Untersuchungen lassen sich in Ergänzung zu Freilanduntersuchungen einzelne Faktoren aus dem komplexen Wirkungsgefüge, das zu Veränderungen in den Lebensgemeinschaften führt, gezielt untersuchen.

Die in hohen Abundanzen in den Mittelgebirgsbächen vorkommenden Gammariden (Flohkrebse) sind wichtige Fallaubdestruenten und Nahrungsgrundlage für zahlreiche räuberische Folgekonsumenten. Laborversuche zur Empfindlichkeit von Gammarus fossarum gegenüber Säure- und Metalltoxizität zeigten, daß die Überlebensraten der Tiere in erster Linie von der Protonenkonzentration bestimmt werden (Hamm et al., 1989). Bei einem pH-Wert von 5,5 und einem Zusatz von 3 mg Al^{3+}/l halbierte sich die Überlebensrate. Bei tieferen pH-Werten hatte der Al-Zusatz jedoch keine toxissteigernde Wirkung mehr. Zu Beeinträchtigungen scheinen nach Hamm et al. (1989) auch Zusätze von Zink (200 µg/l) und Cadmium (1 µg/l) zu führen.

Erste Larvenstadien und sich häutende ältere Larven der gestreiften Quelljungfer (Cordulegaster bidentatus Selys, 1843) werden bei pH-Werten von 4,0 - 4,5 letal geschädigt (Heitkamp und Leßmann, 1990). Bei Gewässerversauerung besonders gefährdet sind die ersten Larvenstadien dieser bedrohten Art, deren Eiablageplätze die häufig zuerst von der Versauerung betroffenen Quellbereiche sind. Beeinträchtigungen für die Larven von C. bidentatus bei in Laborversuchen subletalen pH-Werten > 4,5 könnten nach den Autoren im Freiland durch ein insgesamt verringertes und verändertes Nahrungsangebot infolge der Gewässerversauerung gegeben sein. Bevorzugte Beute der älteren Larvenstadien sind säuresensible Gammariden und köcherlose Trichopteren.

Erdkrötenlarven (Bufo bufo Linnaeus, 1758) wiesen im Laborversuch bereits nach 12 Stunden bei pH 3,0 - 5,0 erhebliche Schädigungen auf, die im stark sauren Bereich (pH 3,0 - 3,2) bei 100 % der Individuen lagen (Linnenbach, 1989). Im Freiland wurden bei pH 4,2 noch lebende Larven angetroffen, die allerdings ein gestörtes Verhalten (taumelnde, unkoordinierte Schwimmbewegungen) zeigten. Für Erdkrötenlaich konnte in Laichgewässern eine 100 %ige Verlustrate bei pH 4,2 festgestellt werden. Auch für Grasfroschlaich (Rana temporaria Linnaeus, 1758) hatte eine pH-Wert-Abnahme auf 4,2 nahezu vollständig letale Konsequenzen. Im Gegensatz zu der schnurförmigen Gelegestruktur der Bufoniden besitzen Raniden eine ballenförmige Gelegestruktur, die das Einwirken von Protonen erschwert. So überlebten nur im Innern der Laichballen gelegentlich wenige Embryonen (Linnenbach, 1989).

Feuersalamanderlarven (Salamandra salamandra Linnaeus, 1758) zeigten nach einer 20tägigen Versuchsdauer, in der sie sehr niedrigen pH-Werten (pH 3,5) ausgesetzt waren, keine letalen Schädigungen. Wie bei den Erdkrötenlarven wurden jedoch auch hier Verhaltensänderungen (Lethargie, keine Reaktion auf Berührung) beobachtet (Heitkamp und Leßmann, 1990). Linnenbach (1989) konnte ebenfalls bei pH-Werten zwischen 3,3 und 4,0 keine Verluste feststellen. Erst bei pH-Werten von 3,0 und 3,2 trat nach 72 Stunden eine 100 %ige Mortalitätsrate auf. Im Freiland konnten Salamanderlarven bis pH 4,3 nachgewiesen werden. Hier traten ein vermindertes Reaktionsvermögen und histologische Veränderungen an den äußeren Kiemen auf (Linnenbach, 1989). Hohe Aluminiumkonzentrationen verringern nach kurzer Zeit die Toleranz gegenüber hohen subletalen Protonenkonzentrationen (Tab. 9.8) (Heitkamp und Leßmann, 1990 (Marthaler,

1989)). Weitere Ergebnisse zeigen nach einer Versuchsdauer von insgesamt 3 x 72 Stunden bei 2,29 mg Al^{3+}/l und einem pH-Wert von 3,5 eine Mortalitätsrate von 50 %. Trotz der Beeinträchtigungen besitzen Feuersalamanderlarven in versauerten Gewässern eine höhere Überlebensrate, da sich die Forelle als Fressfeind bei pH-Werten unter 4,7 nicht mehr erfolgreich fortpflanzen kann und somit aus dem Ökosystem verschwindet (Linnenbach, 1989).

Die Aluminiumtoxizität wurde eingehend an Fischen untersucht. Sie ist abhängig von der Fischart, dem Entwicklungsstadium, dem pH-Wert des Wassers sowie der Konzentration Al-komplexierender bzw. ausfällender Substanzen (Baker und Schofield, 1982).

Ein erhöhter Säuregrad (bis pH 4,0) ohne Aluminiumbelastung hat in dem von Marthaler (1989) untersuchten Zeitraum (120 h) auf 8 - 11 Tage alte Bachforellenlarven keine letalen Auswirkungen. Ein kombinierter Säure/Aluminium-Streß wirkt hingegen bereits bei der niedrigsten eingesetzten Aluminiumdosis von 0,4 mg/l in hohem Maße toxisch (Tab. 9.8). Bei Larven von Bachsaiblingen führen Aluminiumgehalte von 0,2 mg/l zu einer verminderten Überlebensrate und zu einem reduzierten Wachstum (Baker und Schofield, 1982). Diese Konzentration wird in den meisten deutschen Mittelgebirgsbächen zur Zeit der Schneeschmelze weit überschritten (Schoen et al., 1983).

Die Toxizität des Aluminiums wird nur durch die anorganische Form hervorgerufen (s. Kap. 6.2.3). Die Komplexierung mit organischen Liganden schaltet die Giftwirkung aus (Driscoll et al. 1980). Die stärkste toxische Wirkung des Aluminiums wurde bei pH 5,1 - 5,5 (Muniz und Leivestad, 1980) bzw. 5,2 - 5,4 (Baker und Schofield, 1982) beobachtet (s.a. Tab. 9.8). Die in diesem pH-Bereich verstärkt gebildeten Al-Hydroxo-Kationen besitzen damit offenbar eine stärkere toxische Wirkung als Al^{3+}-Ionen, die unterhalb von pH 4 dominieren. Von Bedeutung für die Toxizität des Aluminiums ist auch die Wasserhärte. Eine Erhöhung der Calciumkonzentration führt zu einer verminderten Toxizität (Muniz und Leivestad, 1980; Brown, 1983). Die im pH-Bereich 5,0 - 5,5 zunehmende Toxizität von Aluminium kann die Wirksamkeit von Kalkungsmaßnahmen zur Regeneration von Fließgewässern und Seen erheblich beeinträchtigen (Lenhart et al., 1985).

Charakteristisch für Fische aus sauren Gewässern sind Kiemenschäden, z.B. Schwellungen und Verklebungen der 2. Kiemenlamellen (Linnenbach et al., 1987; Fischer-Scherl und Hoffmann, 1988). Die Ausfällung von Aluminium führt zusätzlich zu starken Verschleimungen, wodurch der Ionen- und Gasaustausch erheblich behindert wird (Segner et al., 1988).

Marthaler (1989) bestimmte in acht Mittelgebirgsbächen im Schwarzwald und Hunsrück die Metallkonzentrationen in Kiemen, inneren Organen und Muskulatur. Während die Metallanreicherung in Kiemen nur kurzfristig stattfindet, werden Metalle in den inneren Organen (z.B. Leber und Niere) längerfristig akkumuliert. In den versauerten Bächen (pH 3,9 - 7,5) treten in Abhängigkeit vom pH-Wert zeitweise erhöhte Metallgehalte auf (110 - 262 µg Al/l, 8 - 55 µg Zn/l, 0,04 - 0,17 µg Cd/l). Die Lebern von Forellen aus versauerten Bächen sind signifikant höher mit Metallen belastet als die von Fischen aus Kontrollgewässern (pH 7,2 - 7,8). Im neutralen Gewässer betragen die Konzentrationen in den Fischlebern 4 - 93 mg/kg Aluminium, 70 - 113 mg/kg Zink, und 0,8 - 5,4 mg/kg Cadmium, in versauerten Bächen 17 - 291 mg/kg Aluminium, 58 - 204 mg/kg Zink und 1,2 - 20,1 mg/kg Cadmium. Die Fischmuskulatur ist vergleichsweise gering mit Metallen belastet (Marthaler, 1989).

Tab. 9.8: Mortalität von Bachforellenlarven unter kombiniertem Säure/Aluminium-Streß (Marthaler, 1989)

	Nominale Werte	Gesamtmortalität (%) nach		
pH	Al (mg/l)	24 h	72h	120h
7,2	0	1	1	1
5,0	0	0	1	1
4,5	0	0	1	2
4,0	0	0	0	2
3,5	0	16	100	100
5,0	0,4	4	57	92
4,5	0,4	0	75	100
4,0	0,4	0	0	100
3,5	0,4	40	100	100
5,0	0,8	46	100	92
4,5	0,8	0	99	100
4,0	0,8	1	31	100
3,5	0,8	40	100	100
5,0	1,6	82	100	100
4,5	1,6	2	100	100
4,0	1,6	1	63	100
3,5	1,6	100	100	100

Die Kalkung der Gewässer - besonders der Fließgewässer - ist nach Hamm et al. (1989) skeptisch zu bewerten, da es kaum möglich erscheint, die raschen, aber versauerungskritischen Abflußspitzen und Versauerungsstöße abzufangen. Auf der anderen Seite gibt es jedoch kaum eine andere Möglichkeit, die Schäden und ökologischen Folgen der Versauerung zu kompensieren, als durch eine Zufuhr langsam wirkender Kalke. Untersuchungen an einer Teichwirtschaft ergaben, daß die Kalkung nicht ausreichte, um eine hinreichende Abpufferung im Hauptbach bei den stark sauren Schneeschmelzabflüssen herbeizuführen. Nach Hamm et al. (1989) ist nur die konsequente Weiterführung der Luftreinhaltemaßnahmen erfolgversprechend, um die anthropogen bedingte Gewässerversauerung zurückzudrängen. Untersuchungen im Kottenforst bei Bonn zeigten jedoch, daß eine Kalkung versauerter Waldböden im Einzugsbereich von Fließgewässern neben einer Verbesserung des chemischen Zustandes der Böden gleichzeitig einen Versauerungsschutz für die Oberflächengewässer darstellt (Schäfer, 1994).

10 Veränderung der Mikro- und Makroflora von Waldböden als Folge der Säurebelastung

10.1 Waldschäden in der Bundesrepublik Deutschland

Wegen der Langlebigkeit von Waldbäumen sind anhaltende Einwirkungen von Schadstoffen und damit ihre kumulativen Effekte grundsätzlich von besonderer Bedeutung (Brandt, 1983). Wälder stocken häufig auf nährstoffarmen Böden und sind damit gegenüber von außen wirkenden Einflußfaktoren besonders empfindlich. Insbesondere können Zufuhr und Abfuhr von Nährstoffen zu gravierenden Änderungen der Wachstumsbedingungen führen. Schließlich weisen Waldstandorte infolge ihrer weiten Verbreitung in Gebirgslagen oft besonders hohe Niederschläge auf, die damit auch zu besonders hohen Depositionen verschiedener Luftschadstoffe führen. Diese Depositionen werden noch verstärkt durch die hohe Filterwirkung des Kronenraumes, insbesondere bei Koniferenbeständen (s. Kap. 3.3).

Unter dem Begriff "neuartige Waldschäden" versteht man eine Reihe von Schadmerkmalen, die bei verschiedenen Baumarten auf den unterschiedlichsten Standorten seit Mitte der 70er, vermehrt aber seit Beginn der 80er Jahre beobachtet werden, sich meist rasch ausbreiten, großflächig auftreten und lang andauern. Weiterhin werden diese Waldschäden mit den negativen Einwirkungen von Luftschadstoffen in Zusammenhang gebracht (FBW, 1989).

Seit Mitte der 70er Jahre werden die "neuartigen Waldschäden" in Deutschland beobachtet. Dem Tannensterben (Abies alba) im Bayerischen Wald sowie im Schwarzwald folgten schon bald Schäden bei Fichte (Picea abies), Kiefer (Pinus sylvestris) und Buche (Fagus sylvatica). In letzter Zeit wird vermehrt ein Eichensterben (Quercus spp.) beobachtet. 1984 wurden in allen Bundesländern zum ersten Mal Waldschadensinventuren auf statistisch repräsentativer und vergleichbarer Basis durchgeführt. Zur Bestimmung des Schädigungsgrades werden der Kronenzustand der Bäume, d.h. Nadel- und Blattverluste sowie Verfärbungssymptome als maßgebliche Kriterien herangezogen (Tab. 10.1).

Tab. 10.1: Schadklassen nach prozentualem Anteil von Nadel-/Blattverlusten; gültig für Zentraleuropa (aus BMELF, 1993); Verfärbungen können die Schadstufe erhöhen

Stufe	Nadel-/Blattverlust	Bezeichnung	
0	0 - 10 %	ohne Schadensmerkmale	
1	11 - 25 %	schwach geschädigt	(Warnstufe)
2	26 - 60 %	mittelstark geschädigt	deutlich geschädigt
3	61 - 99 %	stark geschädigt	"
4	100 %	abgestorben	"

Fortsetzung Tab. 10.1

Kombinierte Schadstufen aufgrund von Verlust und Vergilbung der Nadeln/Blätter			
Nadel-/Blatt- verluststufe	Vergilbungsstufe (Anteil der vergilbten Nadel-/Blattmasse)		
	1 (11 - 25 %)	2 (26 - 60 %)	3 (61 - 100 %)
0	0	1	2
1	1	2	2
2	2	3	3
3	3	3	3

Nach der Waldschadensinventur von 1993 (BMELF, 1993) sind in der Bundesrepublik Deutschland 24 % aller Bäume deutlich geschädigt (Schadstufen 2 - 4) und 40 % leicht geschädigt (Schadstufe 1); 36 % der Bäume zeigen keine Schadmerkmale (Schadstufe 0) (Tab. 10.2).

Tab. 10.2: Waldschäden von 1991 bis 1993 in der Bundesrepublik Deutschland (aus BMELF, 1993)

Bundesrepublik Deutschland [1]	Anteil der Schadstufen (in %)				
	0 ohne Schad- merkmale	1 schwach geschädigt (Warnstufe)	2 - 4 deutlich geschädigt	2 mittelstark geschädigt	3 + 4 stark geschädigt u. abgestorben
1991 *	36	39	25	23,0	2,2
1992	32	41	27	24,5	2,2
1993	36	40	24	22,0	2,4

* 1991 = Beginn einer neuen Zeitreihe

Betrachtet man die Waldschäden getrennt nach Baumarten, Alter und Schadstufen, so ergeben sich bei der Entwicklung der Schäden deutliche Differenzierungen (Tab. 10.3). Bundesweit weisen heute etwa jede fünfte Fichte (22 %), jede fünfte Kiefer (20 %), jede dritte Buche (32 %) und fast jede zweite Eiche (45 %) deutliche Schäden (Schadstufe 2 - 4) auf. Ältere Bäume (über 60jährig) sind im Durchschnitt aller Baumarten dreifach stärker geschädigt als jüngere. Im Vorjahresvergleich stieg bei den Eichen der Anteil der deutlichen Kronenschäden unter Mitwirkung von Insektenfraß um 13 % an.

Tab 10.3: Waldschäden nach Baumarten, Alter und Schadstufen 1993 (BMELF, 1993)

Baumart	Anteil an der Waldfläche (Mio ha)	Anteil der Schadstufen (in %)								
		bis 60jährig			über 60jährig			Gesamt		
		0	1	2 - 4	0	1	2 - 4	0	1	2 - 4
Fichte	3,5	64	28	8	13	47	40	42	36	22
Kiefer	2,9	45	39	16	24	50	26	36	44	20
so. Nadelb. [1]	0,6	60	32	8	12	32	56	45	32	23
Nadelb. ges.	**7,1**	**57**	**32**	**11**	**18**	**47**	**35**	**40**	**39**	**21**
Buche	1,5	45	41	14	12	49	39	22	46	32
Eiche	0,9	40	36	24	9	37	54	19	36	45
so. Laubb. [2]	1,2	53	34	13	32	44	24	47	37	16
Laubb. ges.	**3,7**	**48**	**36**	**16**	**14**	**44**	**42**	**29**	**41**	**30**
alle Baumarten	**10,8**	**54**	**34**	**12**	**17**	**46**	**37**	**36**	**40**	**24**

[1] z.B. Lärche, Douglasie, Tanne;   [2] z.B. Ahorn, Linde, Roteiche, Pappel

Gliedert man die Waldschäden nach Bundesländern (Tab. 10.4), so zeigt sich, daß das Schadniveau regional sehr unterschiedlich ist. Vergleichsweise gering ist der Anteil der deutlich geschädigten Bäume (Stufe 2 - 4) in den nordwestdeutschen Ländern mit im Durchschnitt 16 % (1993). Hoch ist er in den süddeutschen Ländern mit 25 %. Am stärksten sind die Wälder in den ostdeutschen Ländern geschädigt, hier beträgt der Anteil der deutlichen Schäden 29 %. Besonders hoch ist er mit 50 % in Thüringen. Regionale Unterschiede ergeben sich auch bei der Differenzierung nach Baumarten (BMELF, 1993).

Die Symptome der "neuartigen Waldschäden" wurden in den vergangenen Jahren in zunehmendem Umfang auch in den europäischen Nachbarländern sowie in Nordamerika beobachtet. Die europäischen Staaten führen seit 1986 Waldschadenserhebungen nach einem einheitlichen Stichprobenverfahren durch. Besonders hoch ist der Anteil der Bäume mit deutlichen Schäden (Schadstufen 2 - 4) in Großbritannien (58 %), der Tschechischen Republik (56 %) und Polen (49 %). Gering ist der Anteil der Bäume mit deutlichen Schäden in der Russischen Föderation (5 %), in Österreich (7 %) und in Frankreich (8 %) (UN/ECE in BMELF, 1993). Die in Europa durchgeführten Waldschadensinventuren wurden von Anfang an kontrovers diskutiert (z.B. Rehfuess, 1983; Kandler, 1985; Hüttl, 1985; Innes, 1987). Sie orientieren sich an den Merkmalen Nadel-/Blattverluste und Nadel-/Blattverfärbungssymptome. Da Verfärbungserscheinungen häufig nur auf den Oberseiten der Nadeln/Blätter auftreten, dient zur Beurteilung des Ausmaßes und der Verteilung der Schäden fast ausschließlich das Merkmal Nadel-/Blattverlust.

Tab. 10.4: Waldschäden nach Ländern von 1984 bis 1993: Anteile der Bäume ohne Schadmerkmale sowie mit schwachen und deutlichen Schäden (BMELF, 1993)

Jahr	Anteil der Schadstufen (in %)								
	Nordwestdeutsche [1)] Länder			Ostdeutsche [2)] Länder			Süddeutsche [3)] Länder		
	0	1	2 - 4	0	1	2 - 4	0	1	2 - 4
1984	62	28	10	.	.	.	45	35	20
1985	64	26	10	.	.	.	43	35	22
1986	61	28	11	.	.	.	41	37	22
1987	60	27	13	.	.	.	43	38	19
1988	51	38	11	.	.	.	44	39	17
1989	58	30	12	.	.	.	43	40	17
1990	52	33	15	34	30	36	.	.	.
1991	57	32	11	27	35	38	34	42	24
1992	50	36	14	25	41	34	29	44	27
1993	50	34	16	31	40	29	33	42	25

. = Keine Ergebnisse für diese Ländergruppe verfügbar
[1)] HB, HH, NRW, SH   [2)] BB, BE, MV, SN, ST, TH   [3)] BW, BY, HE, RP, SL

Die Benadelung gesunder Koniferen weist jedoch in Abhängigkeit vom Standort (Hüttl, 1985; Wachter, 1985; Fink, 1988) und von der genetischen Veranlagung (Burger, 1927; Priehäuser, 1958) eine erhebliche Schwankungsbreite auf (Schröter und Aldinger, 1985). Auch stärkere Beschattung, Wind, Schnee, Frost, Hitze, Eis, Insekten- und Pilzbefall sowie eine Reihe weiterer Faktoren können Kronenverlichtungen hervorrufen (Hartmann et al., 1988). Desweiteren werfen verschiedene Fichtenarten (Picea abies, Picea sitchensis, Picea rubens) das ganze Jahr über Nadeln ab, ohne eine Hauptabwurfperiode im Herbst aufzuweisen (McKay, 1988). Die jährliche Streufallmenge kann gerade bei Kiefer und Fichte stark variieren (Ebermayer, 1876). Es ist jedoch unbestritten, daß neben den natürlichen Faktoren auch Luftschadstoffe zu Nadel-und/oder Blattverlusten führen können (vgl. Materna, 1989). Der Parameter Nadel-/Blattverlust ist somit unspezifisch und zur Bestimmung spezifischer Ursachen ungeeignet (Rehfuess, 1988; Hüttl, 1993). Die Begutachtung der Bäume orientiert sich ausschließlich an oberirdischen Merkmalen. Eine vollständige Bewertung des Schadausmaßes erfordert zusätzlich die Erfassung der nicht sichtbaren Schädigungen (Ulrich und Matzner, 1983b), wie die Vitalitätsminderung, die aus ertragskundlichen Messungen nachgewiesen wurde (Athari, 1983; Bauch, 1983; Franz, 1983; Röhle, 1986) sowie Wurzelschädigungen (Murach, 1983; Rost-Siebert, 1983; Gehrmann, 1983; Blaschke, 1985; Puhe et al., 1986), die in geschädigten Waldbeständen festgestellt wurden (Blaschke, 1981; Bauch und Schröder, 1982; Reiter et al., 1983; Schütt et al., 1983; Murach, 1984).

10.1.1 Schadsymptome

Der Forschungsbeirat Waldschäden/Luftverunreinigungen (FBW) hat in seinem 2. Bericht (1986) für die Baumart Fichte folgende Schadtypen angegeben, die sich jeweils durch bestimmte Symptomkombinationen auszeichnen und für die besondere Ursachenkomplexe verantwortlich sind:

- Nadelvergilbung in den höheren Lagen der Mittelgebirge
- Kronenverlichtung in mittleren Höhenlagen der Mittelgebirge
- Nadelröte älterer Bestände in Süddeutschland
- Vergilbung in den höheren Lagen der Kalkalpen
- Kronenverlichtung in Küstennähe

Bei der Buche können drei Schadtypen unterschieden werden (FBW, 1986):

- "vorzeitige Seneszenz" mit Wuchsanomalien
- Degeneration ohne Wuchsanomalien
- Wurzelkrankheit auf staunassem Boden

Bei der Eiche wurden z.T. ähnliche Symptome gefunden (Balder und Dujesiefken, 1989; Hartmann et al., 1989):

- "Eichensterben" mit Kronenverlichtung und Triebsterben durch Bastnekrosen am Stamm bzw. nur an Ästen in der Krone und am oberen Stamm
- Eichenvergilbung auf Standorten mit unausgeglichenem Nährstoffangebot

Die neuartigen Waldschäden beruhen häufig auf akuten Ernährungsstörungen (FBW, 1989). Liegt akuter Nährstoffmangel vor, so sind die betroffenen Bäume in der Regel durch typische Mangelsymptome gekennzeichnet, die Hüttl (1993) näher beschreibt:

Mg-Mangel verursacht Gelbspitzigkeit an Koniferennadeln und damit verbunden Wachstumsstörungen. Da Magnesium ein in der Pflanze mobiles Element ist, beginnt die Vergilbung an den älteren Nadeln, meist im mittleren bis unteren Kronenbereich der Bäume. Die Verfärbungssymptome treten nur an Nadeln bzw. Zweigseiten auf, die direkt der Lichteinstrahlung ausgesetzt sind. Die stärksten Nadelverluste finden sich häufig im mittleren Kronenbereich und führen zum Bild des "subtop-dying". Schließlich können die Bäume, häufig in Zusammenhang mit Frost, Trockenblätter bekommen.

Ähnlich wie der Mg-Mangel beginnt der K-Mangel bei Nadelbäumen zunächst an den Spitzen der älteren Nadeln. Diese werden zunächst grüngelb bis schmutziggrün, später blaßgelb. Auch bei K-Mangel spielt Belichtung bzw. Beschattung für die Symptomausbildung eine entscheidende Rolle. Rascher als bei Mg-Mangel werden die Nadeln nekrotisch und sterben ab. Schließlich kann der ganze Baum absterben. Bei starkem K-Mangel beginnt die Verfärbung, besonders bei der Fichte, an den Zweigenden sowie im Bereich der Gipfeltriebknospe, die sich in trockenen, warmen Sommern oder im Verlauf strenger Winter röten und abfallen. K-Mangel bei Laubbäumen führt zur Ausbildung heller bis dunkler Nekrosen entlang der Blattspitze und der Blattränder (Bergmann, 1988). Neben den Spitzen- und Randnekrosen können sich chlorotische Aufhellungen zwischen den Adern zeigen. Stark geschädigte Blattränder können sich nach oben rollen. Anders als bei Mg-Mangel können die Blätter noch längere Zeit an den Zweigen bleiben.

Auch P-, Mn- und Ca-Mangel führen zu typischen Verfärbungssymptomen an Nadeln bzw. Blättern (Hüttl, 1993).

Zur Erklärung der Ursachen der "neuartigen Waldschäden" sind verschiedene Hypothesen formuliert worden. Das Phänomen der "neuartigen Waldschäden" geht auf eine Vielzahl von biotischen und abiotischen Faktoren zurück, die in der Summe und an den einzelnen Standorten mit unterschiedlichem Gewicht zusammenwirken (z.B. Matzner et al., 1985). Anthropogene Luftverunreinigungen (v.a. SO_2, NO_x und NH_3) werden ebenso zu den Ursachen gezählt wie die Nährstoffverarmung der Waldböden aufgrund früherer Wirtschaftsweisen (z.B. Waldweide und Streugewinnung), Versauerung und Nährstoffverarmung durch Einträge von Säuren, überhöhte Stickstoffernährung durch N-Einträge aus der Luft, extreme Witterungsereignisse und mikrobielle Schadformen. Allein der Komplex Luftverunreinigungen, dem eine Schlüsselrolle bei der Entstehung der "neuartigen Waldschäden" zuerkannt wird, umschließt ein ganzes Bündel direkter und indirekter Wirkungen (FBW, 1986).

Durch die direkte Einwirkung gasförmiger Luftschadstoffe wie SO_2, NO_x, NH_x und O_3 als Einzelfaktoren oder in Kombination mit additiver bzw. synergistischer Wirkung können direkte Schäden an Nadeln und Blättern der Bäume ausgelöst werden. Außerdem begünstigen saure Niederschläge die Auswaschung von Kationen aus dem Kronenraum (Leonardi und Flückinger, 1988; Kaupenjohann et al., 1988; Krause und Prinz, 1989) (s.Kap. 3.3).

Indirekte Wirkungen auf das Wachstum der Waldbäume werden vor allem durch Versauerungs- und Düngungseffekte der Luftschadstoffe auf die Waldböden ausgelöst (z.B. Ulrich, 1982a, 1985a; Matzner et al., 1985; Nihlgard, 1985).

10.1.2 Nähr- und Schadstoffgehalte in Nadeln und Blättern

Eine wesentliche Bedeutung der natürlichen und anthropogen bedingten Bodenversauerung liegt in der verstärkten Auswaschung von Pflanzennährstoffen aus den Böden (s. Kap. 6.2.1). Akute Ernährungsstörungen wurden schon bald bei den Waldbäumen im Zusammenhang mit den großflächig auftretenden "neuartigen Waldschäden" gefunden. Wichtige Indikatoren für Ernährungsstörungen sind die phloemmobilen Nährionen Mg und K, aber auch die Elemente Ca, P, Zn und Mn (Hüttl, 1993).

Die Nährelementgehalte in Blättern und Nadeln geben den Ernährungszustand der Waldbäume zuverlässig wieder (z.B. Zöttl, 1973). Tab. 10.5 zeigt in Anlehnung an Hüttl (1993) Grenzbereiche mangelhafter, ausreichender und optimaler Nährelementversorgung für Fichte, die mit Hilfe zahlreicher nadelanalytischer Untersuchungen von Bäumen in Kultur- und Düngungsexperimenten erarbeitet wurden.

Tab. 10.5: Makronährelementgehalte (mg/g T.S.) für 1jährige Nadeln zur Beurteilung des Ernährungszustandes bei Fichte (Hüttl, 1993)

		Wehrmann (1963)	Binns et al. (1980)	Knabe (1984)	Hüttl (1986)	van den Burg (1988)	Zöttl (1990)
N	mangel.	< 11(-12)	< 12		< 12 - 13	< 10 - 13	< 12 - 13
	ausr.	12 - 20	12 - 15		13 - 15	13 - 15	13 - 15
	opt.	> 20	> 15		> 15	17 - 21	> 15
P	mangel.	< 0,8(-1,1)	< 1,4	< 0,9 - 1,2	< 1,1 - 1,2	< 0,1 - 1,4	< 1,1 - 1,2
	ausr.		1,4 - 1,8	1,2 - 1,5	1,2 - 1,5	1,4 - 2,0	1,2 - 1,5
	opt.		> 1,8	> 1,5 - 1,8	> 1,5	> 2,0	> 1,5
K	mangel.	< 2,4(-3,3)	< 5,0	< 3,5 - 5,0	< 4,0 - 4,5	< 4,0 - 6,0	< 4,0 - 4,5
	ausr.		5,0 - 7,0	5,0 - 6,5	4,5 - 6,0	6,0 - 8,0	4,5 - 6,0
	opt.		> 7,0	> 6,5 - 8,0	> 6,0	> 8,0	> 6,0
Ca	mangel.	< 1,0		< 1,5	< 1,0 - 2,0	< 1,0(- 2,0)	< 1,0 - 2,0
	ausr.			1,5 - 3,5	2,0 - 3,0	2,0 - 4,0	2,0 - 3,0
	opt.				> 3,0	> 4,0	> 3,0
Mg	mangel.	< 0,4(-0,7)		< 0,5 - 0,7	< 0,7 - 0,8	< 0,4 - 0,7	< 0,6 - 0,8
	ausr.			0,7 - 0,9	0,8 - 1,0	0,7 - 1,0	0,8 - 1,0
	opt.			> 0,9 - 1,1	> 1,0	> 1,0	> 1,0
S	mangel.						
	ausr.						
	opt.			> 1,9 - 2,2			

Es wurden häufig die jüngsten Nadeln des ersten bis siebten Wirtels herangezogen. Vergleicht man die Nadeln unterschiedlichen Alters eines Wirtels, so nehmen in der Regel die Gehalte phloemmobiler Nährelemente wie N, P, K, Mg und Zn in den älteren Nadeln ab, während sich immobile Ionen wie Ca und Mn anreichern (z.B. Reemstma und Ahrens, 1972; Hüttl, 1985).

Ein guter Ernährungszustand ist neben der Aufnahme adäquater Nährelementmengen auch von einem ausgewogenen Verhältnis der Nährionen in der Pflanzenlösung abhängig (Ingestad, 1989). In Laborexperimenten war optimales Wachstum von Fichte, Kiefer und anderen Baumarten nur dann zu erreichen, wenn die einzelnen Nährelemente in einem bestimmten Verhältnis zu N aufgenommen wurden. Zur Beschreibung harmonischer Ernährung und zur Diagnose von Ernährungsstörungen benutzt man deshalb Nährelementquotienten (Tab. 10.6). Da erhöhte Gehalte an mobilem

Aluminium (Kennzeichen für Säuretoxizität) die Mg- und Ca-Aufnahme verringern können, werden als weitere Hinweise auf den Ernährungszustand auch die Quotienten von Ca : Al verwendet (Hüttl und Zött, 1985; Zöttl, 1987; Ulrich, 1989).

Tab. 10.6: Nährelementquotienten zur Beurteilung harmonischer Ernährung bei Fichten bezogen auf den Elementgehalt 1-jähriger Nadeln (Hüttl, 1993)

Quotient	Bereich harmonischer Ernährung	Autor
N : P	6 - 12 *	Wittich, 1958; Strebel, 1960; Fiedler und Höhne, 1984; Ingestad, 1986 **
N : K	1 - 3	Hüttl, 1988; Flückiger, 1988
N : Ca	2 - 20 ***	Hüttl, 1988
N : Mg	8 - 30	Hüttl, 1988; Weissen, 1988
N : S	> 8	Zech et al., 1985
P : Zn	30 - 150	Zech und Popp, 1983
K : Ca	0,8 - 2,4	Tamm, 1953; Strebel, 1960
K : Mg	2,2 - 6,4	Rehfuess, 1967
Ca : Al	> ****	Hüttl, 1985
Mg : Al	> ****	Hüttl, 1985

*   Comerford und Fisher (1984): kritischer N : P-Quotient: 14 - 15
**   Ingestad (1986): für optimale Ernährung: N : P = 5; N : K = 2; N : Ca = 20; N : Mg = 20
***   da Ca-Grenzwert unklar, nur vorläufige Werte
**** je größer, desto günstiger

Zur Beschreibung des aktuellen chemischen Bodenzustandes werden der pH-Wert, die austauschbaren Kationen, die effektive Kationenaustauschkapazität (KAK_e) und die Basensättigung (BS) bestimmt. Rost-Siebert (1983) hat unter besonderer Berücksichtigung der Säuretoxizität als Parameter zur Kennzeichnung der Elastizität der Böden kritische Ca/Al- und Ca/H-Verhältniswerte eingeführt.

Hinweise auf Zusammenhänge zwischen Blattspiegelwerten und bodenchemischen Parametern liefert der Vergleich von Quotienten austauschbarer Kationen im Boden, wie die Mg/Al-, Ca/Al- bzw. K/Ca-Verhältnisse, mit den Mg-, Ca- bzw. K-Blattgehalten (Hüttl und Zöttl, 1985; Zöttl und Hüttl, 1985). Die Bestimmung der Ionengehalte in der Bodenlösung ist eine geeignete Methode zur Charakterisierung des Nährelementangebotes, da hiermit derjenge Anteil der Nährionen erfaßt wird, der den Wurzeln zur Verfügung steht (s. Kap. 6.2.3). Matzner et al. (1988) ermittelten die o.g. Quotienten in der Bodenlösung.

Kaupenjohann et al. (1987) konnten mit Hilfe der chemischen Analyse natürlich gelagerter Bodenproben, die von Hildebrand (1986, 1988) und Hantschel et al. (1986) entwickelt wurde, signifikante Korrelationen zwischen chemischem Bodenzustand und Blattanalyseergebnissen nachweisen. Dabei wurden die ungestörten Bodenproben mit Extraktionsmitteln perkoliert, die der Säurekonzentration der Bestandesniederschläge der untersuchten Waldstandorte entsprachen. Horn (1987) und Hildebrand (1988, 1990) wiesen darauf hin, daß der chemische Bodenzustand und im besonderen die Nährelementverfügbarkeit von K und Mg von der Gefügestruktur des Bodens beeinflußt wird. Hildebrand (1988) konnte strukturgebundene Ungleichgewichte im Boden für akute K- und Mg-Ernährungsstörungen in geschädigten Waldbeständen verantwortlich machen, wobei vor allem die unterschiedliche Versauerung und die damit einhergehende Nährionenverarmung von Aggregatoberflächen die entscheidende Rolle zu spielen scheinen. Liu und Trüby (1989) bestimmten einen vorläufigen Grenzwert für mangelhafte Mg-Versorgung (2µg/g) im Mineralboden.

Hüttl (1993) teilt die mit Ernährungsstörungen (Nährelementmangel, -ungleichgewichte) gekoppelten Waldschäden in Abhängigkeit von Standortfaktoren und Bestandesbedingungen in verschiedene Schadtypen ein. Dabei dominieren **Mg-Mangel** und **schwache Ca-Versorgung** der Fichte auf sauren, basenarmen, aber häufig K-reichen Substraten. Dieses Syndrom, häufig als Fichten-Hochlagenerkrankung oder montane Vergilbung bezeichnet, findet sich in zahlreichen deutschen Waldgebieten (z.B. Schwarzwald, Bayerischer Wald, Fichtelgebirge, Harz und Thüringer Wald), in Österreich (z.B. Böhmer Wald), Frankreich (z.B. Vogesen), Belgien (z.B. Ardennen), CSFR (Erzgebirge) und in Polen (Isergebirge).

In Tab. 10.7 ist der Ernährungszustand einiger süddeutscher Fichtenbestände dieses Schadtyps aufgelistet. Die Schädigung der Bäume ist primär auf Mg-Mangel zurückzuführen. Auch die Ca- und Zn-Gehalte nehmen mit stärkerer Gelbspitzigkeit deutlich ab. Die N : Mg-Werte der geschädigten Bäume liegen meist deutlich über dem Grenzwert von 30, bei dessen Überschreitung und ausreichender N-Ernährung mit sichtbaren Mg-Mangelsymptomen zu rechnen ist. In der Regel kommen gesunde Bäume direkt neben kranken vor. Dies dürfte nach Hüttl (1993) mit kleinstandörtlichen Unterschieden in der Wasserversorgung und dem Mg-Angebot sowie mit genetischen Unterschieden im Mg-Aufnahmevermögen zusammenhängen. Mg-Mangel tritt bei Fichte nur dann auf, wenn im durchwurzelten Solum Mg-Mangel herrscht. Bei unzureichendem Mg-Angebot können hohe Al^{3+}-Gehalte in der Bodenlösung die Mg-Aufnahme zusätzlich behindern. Mg-Mangel ist vor allem in solchen Waldbeständen anzutreffen, die durch geringe atmosphärische Mg-Einträge in meeresfernen Landschaften gekennzeichnet sind.

Tab. 10.7: Elementgehalte 1jähriger Nadeln von gesund erscheinenden (g) und gelbspitzigen (k) bzw. stark gelbspitzigen (kk) Fichten unterschiedlichen Alters (n = 10)* in Süddeutschland (Hüttl, 1993)

Standort/Bestand	Gesundheitszustand	N	P	K	Ca	Mg	Mn	Zn	Al	N:Mg
		mg g^{-1} T.S.					µg g^{-1} T.S.			
Staufen, Schwarzwald,	g	14,0	2,8	11,6	1,8	0,5	420	17	85	28
Granit, saure Braunerde,	k	14,0	2,1	9,0	1,5	0,3	510	11	105	47
620 m ü. NN; 10jährig	kk	12,6	2,5	9,1	1,3	0,2	370	9	100	63
Elzach, Schwarzwald,	g	18,1	3,2	8,8	3,8	0,7	660	26	95	26
Granit, saure Braunerde,	k	15,9	2,3	7,9	3,1	0,4	1020	18	80	40
900 m ü. NN, 12jährig										
Forbach, Schwarzwald,	g	14,5	2,5	8,8	4,2	0,9	570	40	55	16
mittl. Buntsandst., Podsol,	k	14,5	2,3	9,9	2,7	0,5	360	32	60	30
810 m ü. NN; 15jährig										
Baden-Baden, Schwarzwald,										
Granit, saure Braunerde,	k	17,3	2,9	9,1	1,9	0,5	500	25	65	35
600 m ü. NN; 35jährig	kk	16,0	1,9	10,1	0,9	0,4	450	16	115	40
Luchsplatzl, Bayer. Wald, **	g	15,9	2,0	5,4	1,5	0,7	191	20	100	23
Paragneis, pods. Braunerde,	k	15,0	1,6	5,6	0,8	0,3	110	11	80	50
1.200 m ü. NN; 100jährig										

* Anzahl der beprobten Bäume; wird nachstehend nur angegeben, wenn n < 10
** aus Bosch (1986; Probennahme: Herbst 1983)

K-Mangel ist ein seit langem bekanntes Phänomen und tritt bei verschiedenen Baumarten natürlicherweise sowohl auf kalkreichen Mineralböden als auch auf organischen Substraten auf. Dieser Schadtyp hat sich seit Beginn der 80er Jahre räumlich ausgebreitet (z.B. in süddeutschen Juragebieten, Kalkalpen, Pyrenäen, Schweizer Jura). Seit Beginn der 80er Jahre wird K-Mangel auch auf entkalkten schluffig lehmreichen Böden angetroffen, die sich bislang als gut mit K ausgestattet erwiesen hatten (Zöttl und Hüttl, 1985; Foerst, 1989) (Tab. 10.8).
Es fallen die zum Teil extrem niedrigen K-Spiegelwerte ins Auge. Bei Gehalten unter 4 mg g^{-1} T.S. liegt eine mangelhafte K-Versorgung vor (s. Tab. 10.5). Gut sind dagegen die P-, N-, Ca- und Mg-Versorgung. Die N : K-Quotienten zeigen ein Ungleichgewicht zwischen den K- und N-Gehalten.

Tab. 10.8: Elementgehalte in verschieden alten Nadeln auf Jung- und Altmoränenstandorten im südwestdeutschen Alpenvorland vom Herbst 1983 (Hüttl, 1993)

Forstbezirk	Quirl	Nadel-jahrgang	N	P	K	Ca	Mg	Mn	Zn	N:Mg
			mg·g^{-1} T.S.				µg·g^{-1} T.S.			
Ravensburg	1	1983	14,8	1,8	2,4	4,4	1,5	670	17	6,2
75jährige Fichte;	4	1983	16,6	1,7	2,7	3,9	1,4	620	20	6,2
Jungmoräne		1981	13,0	1,6	2,8	6,8	1,5	840	12	4,6
		1980	10,5	1,0	2,1	8,2	1,1	570	7	5,0
Ravensburg	1	1983	13,3	1,9	2,8	3,1	1,3	795	15	4,8
55jährige Fichte;	4	1983	13,7	1,8	3,8	2,1	1,1	720	13	3,6
Jungmoräne		1981	11,8	1,6	3,2	2,8	0,9	890	9	3,7
		1980	9,3	1,2	2,7	3,5	0,8	620	7	3,4
Bad Waldsee	1	1983	14,9	1,9	3,7	4,0	0,9	1220	16	4,0
90jährige Fichte;	4	1983	17,1	2,0	2,8	2,8	1,0	960	23	1,6
Jungmoräne		1981	12,6	1,4	2,3	6,4	1,2	2270	14	5,5
		1980	9,8	1,2	1,8	9,5	1,1	3200	8	5,4
Biberach	1	1983	14,5	1,4	2,5	5,7	1,5	2115	29	5,8
78jährige Fichte;	4	1983	15,9	1,3	3,2	5,6	1,4	2110	27	5,0
Altmoräne		1981 *	13,9	1,1	3,4	8,8	0,9	3330	19	4,1
Biberach	1	1983	12,7	1,8	2,9	4,0	1,2	2170	22	4,4
82jährige Fichte;	4	1983	14,2	1,4	2,3	4,0	1,1	2040	30	6,2
Altmoräne		1981 *	12,6	1,2	2,4	6,9	0,9	3330	15	5,3
Biberach	1	1983	13,2	1,6	3,0	6,1	1,1	1760	34	4,4
85jährige Fichte;	4	1983	13,6	1,5	2,9	5,9	1,0	1980	40	4,7
Altmoräne		1981 *	12,6	1,1	2,6	9,0	0,8	2630	19	4,9

* 4jährige Nadeln abgeworfen

Auf sauren, basenarmen Standorten kommt es zu kombinierten **K- und Mg-Ernährungsstörungen** (Tab. 10.9). Die Nadelanalyse belegt den akuten Mg-Mangel und eine unzureichende K-Ernährung der untersuchten Fichten (s. Tab. 10.5). Dieser Schadtyp wird in Mittel- und Norddeutschland beobachtet (Taunus, nordosthessisches Bergland, Rhön, Saarland, Pfälzer Wald, Eifel, nordwesthessisches Tiefland und Schleswig-Holstein).

Die ständig steigenden **N-Depositionen** (NH_x, NO_x) werden ebenfalls als einer der ursächlichen Faktoren des Waldsterbens diskutiert (Nihlgard, 1985, Hadwiger-Fangmeier et al., 1992). Durch die N-Deposition kommt es zu einer Anreicherung des einstigen Mangelelements Stickstoff in Boden und Pflanze und damit zu einer Überdüngung des Systems. Durch die **einseitige N-Zufuhr** kann es für Bäume, besonders auf armen und versauerten Standorten, zu Nährstoffdisharmonien (K-, Mg-, Ca- und P-Mangel) kommen. Die Bäume steigern ihre Biomasse, oft jedoch nur im oberirdischen Bereich. Das Sproß-/Wurzelverhältnis wird größer, der N-Gehalt im Gewebe nimmt zu. Als Folge werden die Pflanzen empfindlicher gegenüber Trockenstreß und Froststreß sowie gegenüber Schadinsekten. Darüber hinaus können Veränderungen in der Stickstoffumsetzung im Boden zusätzlich zur Versauerung und zur verstärkten Auswaschung von Nährelementen führen und damit diese Effekte verstärken.

Tab. 10.9: Elementgehalte in 1jährigen Nadeln aus dem oberen Kronenbereich eines geschädigten Fichtenbestandes im Forstbezirk Königsstein am Kleinen Feldberg/Taunus vom Herbst 1985 (N=9) (Rothe et al. 1988 in Hüttl, 1993)

K	Ca	Mg	Mn	Zn	Fe	Al
\multicolumn{3}{l|}{mg x g^{-1}T.S.}	\multicolumn{4}{l}{µg x g^{-1}T.S.}			
3,6	2,2	0,4	689	22	46	46

Untersuchungen im Fichtelgebirge zur Ursache der dort auftretenden Fichten-Schädigung führten u.a. zu dem Ergebnis, daß die Bäume vor allem aufgrund von NH_4^+- und NO_3^--Depositionen unter Nährstoffmangel leiden (Schulze, 1989).

Auch in norddeutschen Kiefernforsten Brandenburgs und Mecklenburg-Vorpommerns führen erhöhte N-Depositionen über Versauerungsprozesse zu Nährstoffdisharmonien in Pflanze und Boden, Vitalitätsminderungen und Schadsymptomen (Hofmann und Heinsdorf, 1990; Hoffmann et al., 1990; Heinsdorf und Krauß, 1991). Die Schäden sind besonders hoch in direkter Emittentennähe (z.B. Massentierhaltungsanlagen). Sie beruhen hier nicht nur auf den extrem hohen Belastungen der Böden mit Stickstoff, sondern auch auf den direkten toxischen Wirkungen des NH_3 auf die Vegetation.

Nach Eichhorn (1992) scheint Stickstoff auch in Beziehung zum Schadzustand der Buche zu stehen. In einem nordhessischen Buchenaltbestand, der insgesamt als schwach geschädigt einzustufen ist, weisen einige Buchen trotz guter Nährstoffversorgung bis zu 50 % Blattverlust auf. Die Nitratgehalte im Ast-Xylemsaft von kranken Buchen sind im Sommer etwa doppelt so hoch wie diejenigen der gesunden Bäume (Ebben und Glavac, 1991).

Bauer (1993) untersuchte die Zusammenhänge zwischen den Gehalten an Si und anderer Elemente in Fichtennadeln von Waldstandorten im Kottenforst bei Bonn. Einjährige Fichtennadeln wiesen **Si-Gehalte** bis über 8.000 mg/kg auf (Tab. 10.10). Eine hohe Si-Akkumulation mit zunehmendem Nadelalter vom 1. zum 2. bis zum 4. Nadeljahrgang war auf allen untersuchten Standorten zu beobachten. Die extrem hohen Si-Nadelgehalte der Fichten, die auf Standorten mit pH ($CaCl_2$)-Wert < 3,5 im Ah-Horizont stockten, können als Folge der dort stattfindenden intensiven Silicatzerstörung und Si-Mobilisierung angesehen werden. Rasterelektronenmikroskopische und wellendispersive Untersuchungen (Abb. 10.1 und 10.2) ergaben für eine 2jährige, durch extrem hohe Si-Gehalte gekennzeichnete Fichtennadel (22.940 mg/kg) eine deutliche Si-Anreicherung im Bereich des Zentralzylinders. Auch Godde et al. (1988) konnten anhand von REM- und Elektronenmikrostrahl-Analysen von Nadeln aus gering bis stark geschädigten Fichtenbeständen (Schadstufe 1 - 3) auf Waldstandorten im Eggegebirge zeigen, daß geschädigte Fichtennadeln im Vergleich zu gesunden Nadeln deutlich höhere Si-Gehalte aufweisen. Erhöhte Si-Gehalte in Fichtennadeln treten nach Knabe (1986) erst dann auf, wenn die Fichten auf Oberböden mit pH-Werten unter 4,8 stocken. Godde et al. (1988) konnten anhand von EMA-Elementverteilungsbildern von Nadeln aus einem Fichtenbestand mit pH-Werten im Oberboden von unter 3 belegen, daß der Zentralzylinder geschädigter Fichtennadeln nahezu vollständig mit Si ausgefüllt war. Gesunde Fichtennadeln zeigten hingegen im Nadelquerschnitt eine gleichmäßige Si-Verteilung. Aufgrund dieser Befunde nehmen die Autoren an, daß durch die Anreicherung von Si-, aber auch von Al-Verbindungen im Zentralzylinder der Nadeln der Wasser- und Assimilattransport nicht mehr gewährleistet ist. Dies kann zu Stoffwechselstörungen der Bäume sowie zu beträchtlichen Nadelverlusten führen.

Tab. 10.10: Si-Gesamtgehalte von 1-, 2- und 4jährigen Fichtennadeln (in mg/kg TS) von Fichtenstandorten im Kottenforst bei Bonn (Bauer, 1993)

Wirtel/Jahrgang Standort	1W/1J	2W/1J	2W/2J	4W/1J	4W/2J	4W/4J
Buschhoven 1	7474	8877	22940	8550	18127	35974
Buschhoven 2	6634	6588	12895	7989	13315	22099
Venne	7335	7709	18361	7849	14437	27705
Kitzburg	81176	4345	9787	5933	13268	18360

Nach Hüttl (1993) ist die histologische Untersuchung geschädigter Nadeln eine geeignete Methode, um zwischen direkten und indirekten Schädigungen zu differenzieren. Phytotoxische Konzentrationen gasförmiger Luftschadstoffe (SO_2, NO_2 oder O_3) führen in Koniferennadeln zu direkten Schäden (Ruetze et al., 1988; Fink, 1988). Davon ist primär das Mesophyllgewebe im Bereich der Stomata betroffen. Dagegen führt akuter Mg- oder K-Mangel zum Kollaps der Phloemzellen im zentralen Leitbündel der Nadeln (Fink, 1989). Tritt K- und Mg-Mangel bei Koniferen kombiniert auf, bleibt häufig infolge einer sehr früh einsetzenden Schädigung des Nadelgewebes die Ausbildung typischer Mangelsymptome (Gelbspitzigkeit) aus, da nur wenig Mg verlagert werden kann, und es kommt zum Abwurf grüner Nadeln (Schmitt et al., 1986; Hüttl und Fink, 1989).

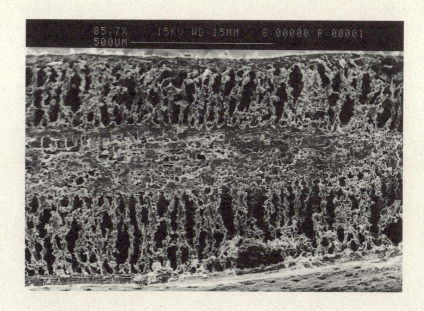

Abb. 10.1: Rasterelektronenmikroskopische Aufnahme des Längschnittes einer zweijährigen Fichtennadel (Bauer, 1993)

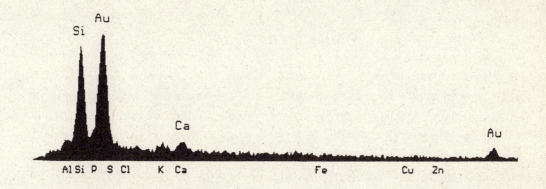

Abb. 10.2: Halbquantitative Analyse der Si-Gehalte des auf Abb. 10.1 gezeigten Ausschnitts einer Fichtennadel (Bauer, 1993)

Histologische und cytologische Untersuchungen von Nadeln geschädigter Fichten aus dem Eggegebirge in Nordrhein-Westfalen im Vergleich zu Nadeln von ungeschädigten Fichten aus dem Rothaargebirge (Rosenkranz et al., 1990) machen den Einfluß gasförmiger Luftschadstoffe, besonders des **Ozons**, für die Schädigung der Fichten im Eggegebirge deutlich. Beispielsweise reichern die wahrscheinlich durch Ozon vorgeschädigten Endodermiszellen das mit dem Wasserstrom mitgeführte Silicium in ihren Zellwänden an. Der unter anderem dadurch bedingte Kollaps der Endodermiszellen führt zu einem sekundären Wasserstreß in den übrigen Nadelgewebsregionen. Die Folge ist, daß die noch grünen Nadeln abfallen. Dieser Effekt kommt im Eggegebirge zu dem Phänomen "Nadelverlust nach Vergilbung" hinzu, das nach Schulze et al. (1989) auf das unausgewogene Nährstoffangebot im Boden zurückzuführen ist. Weiterhin weisen Rosenkranz et al. (1990) auf eine starke Veränderung der Gasaustauschregion in Nadeln geschädigter Fichten hin, die sie ebenfalls auf den Einfluß von Ozon zurückführen. Hier finden sich signifikant vermehrt beschädigte Wachsdeckel und kollabierte Stomata sowie ein um 50 % vergrößertes Verhältnis von Interzellularraum zu Parenchymraum. Denkbar ist, daß die Nadeln ihren durch weniger und zusätzlich häufiger defekte Stomata bedingten verringerten Gasaustausch durch eine Vergrößerung der inneren Gasaustauschfläche zu kompensieren versuchen.

10.1.3 Auswirkungen der Bodenversauerung auf die Wurzeln von Waldbäumen und deren Mycorrhiza-System

Mit der zunehmenden Freisetzung von Aluminium infolge der starken Silicatverwitterung und -zerstörung nimmt im pH-Bereich unter 4 auch die Al-Konzentration in der Bodenlösung stark zu. Die Folge sind toxische Wirkungen auf die Feinwurzeln der Waldbäume und deren Mycorrhiza-System (Rost-Siebert, 1983; Jorns und Hecht-Buchholz, 1985; Hantschel, 1987; Wenzel, 1989). Zur Beurteilung einer möglichen Al-Toxizität ist es entscheidend, in welcher Form das Aluminium im Boden bzw. in der Bodenlösung vorliegt (Prietzel et al., 1989) (s. Kap. 6.2.3). Ein hohes phytotoxisches Potential besitzen nahezu ausschließlich die monomeren Al-Ionen (Ulrich, et al., 1979; Meiwes et al., 1984, Ulrich, 1985b; Kördel et al., 1989), die, wie licht- und elektronenmikroskopische Untersuchungen zeigen, zu Veränderungen der Wurzelspitzen und zur Hemmung des Wurzelwachstums führen (Jorns und Hecht-Buchholz, 1985). Nach Matzner (1987) scheint daher der chemisch aktive monomere Al-Anteil in der Bodenlösung ein besseres Beurteilungskriterium hinsichtlich Al-Toxizität zu sein, als die Gesamtgehalte löslichen und austauschbaren Aluminiums im Boden. Die Abnahme der Wurzelmasse, insbesondere der Feinwurzelmasse, hat weitreichende Konsequenzen für die Stabilität von Waldökosystemen wie auch für den Bodenwasserhaushalt (Ulrich, 1986) und führt zu einer erhöhten Anfälligkeit gegenüber Windwurf, Trockenheit, Frost sowie Schädlingsbefall der ober- und unterirdischen Pflanzenteile.

Neben einer direkten Schädigung durch phytotoxisches Aluminium hängt die Wurzelschädigung auch vom Mg/Al- bzw. Ca/Al-Verhältnis in der Bodenlösung sowie an den Austauschern ab.

Anhand von Gefäßversuchen beobachtete Rost-Siebert (1984) eine Abstufung der Wurzelschäden in Abhängigkeit vom Ca/Al-Verhältnis in der Bodenlösung. Demnach tritt bei Ca/Al-Verhältnissen unter 1 ein reduziertes Wurzelwachstum bei nicht-mycorrhizierten Fichtenkeimlingen auf (Ulrich et al., 1984a; Rost-Siebert, 1985). Eine ähnliche Grenze fand Jorns (1988) für Fichtensämlinge. Für das Mg/Al-Verhältnis stellte er fest, daß Wurzelschädigungen bei Werten unter 0,18 auftreten.

Eine Erhöhung der Ca- bzw. Mg-Gaben führte bei den Gefäßversuchen zu erhöhter Al-Toleranz der Fichtenkeimlinge.

Die Bedeutung der Al-Toxizität in natürlichen Systemen ist umstritten und wurde von Anfang an kontrovers diskutiert (Evers, 1979, 1981; Rehfuess, 1981, 1987, 1988; Bauch, 1983; Zöttl, 1983; Kaupenjohann, 1989; Ulrich, 1989; Hüttl, 1993). Die o.g. Relationen stammen aus Hydrokulturversuchen mit nicht-mycorrhizierten Fichten- und Buchenkeimlingen. Es bleibt offen, inwieweit sie auf Freilandverhältnisse übertragbar sind, wo eine Reihe modifizierender Faktoren zu erwarten sind (Förster, 1990; Rehfuess, 1989; Raspe, 1992; Hüttl, 1993). Ferraz (1985) und Liu (1988) wiesen bei Fichtenbeständen auf basenarmen, sauren Böden Südwestdeutschlands eine positive Beziehung zwischen den Al-Spiegelwerten und dem Wachstum der Bäume nach. Zöttl (1990) weist darauf hin, daß die Wurzeln alter Fichten selbst bei einem sehr niedrigen Ca/Al-Verhältnis (0,06) in der Bodenlösung ungeschädigt bleiben. Ebben (1989) stellte bei Altbuchen im Solling erst bei einem mittleren Ca/Al-Verhältnis von 0,014 eine deutliche Reduktion des Wurzellängenwachstums fest. Rehfuess (1981) und Zöttl (1983) halten es für möglich, daß Pflanzenarten, die in Mitteleuropa auf sauren Standorten häufig vorkommen, wie Fichte und Tanne sowie Kiefer, Birke, Eiche und Buche, gegenüber hohen Al- und Mn-Konzentrationen sowie Schwermetallen in der Bodenlösung grundsätzlich durch Adaption weniger empfindlich sind. Nach Kreutzer (1991) resultiert die Toleranz der Fichte gegenüber hoher Al-Aktivität in der Bodenlösung des Wurzelraumes aus physiologischen Abwehrmechanismen. Entscheidend ist hierfür jedoch eine ausreichende Ausstattung mit Nährstoffen, Wasser, Wärme u.a. Bedeutsam für die Beurteilung von Al-Streß im Freiland ist auch, ob und inwieweit tiefere nährstoffreichere Bodenzonen von den Wurzeln erschlossen werden können. Außer Zweifel steht aber, daß Al die Aufnahme von Kationen wie Mg und Ca im Sinne eines Antagonismus behindern kann (z.B. Rost-Siebert, 1985; Förster, 1990; Kreutzer, 1991; Hüttl, 1993).

Aus Untersuchungen von Weyer (1993) geht hervor, daß Mn- und Fe-Ionen in der Bodenlösung versauerter Waldböden aus unterschiedlichem Ausgangsgestein Konzentrationen erreichen können, die der Al-Konzentration vergleichbar sind. Dies gilt insbesondere für sehr stark bis extrem versauerte humose Oberböden (Standort Kottenforst bei Bonn), wo die Mn- und Fe-Gehalte in der Bodenlösung bis zu 13 bzw. 8 mg/l erreichen. Nach Rorison (1971) kann sowohl Mn^{2+} als auch Fe^{2+} in sauren Nährlösungen stärker phytotoxisch wirken als äquivalente Mengen an Aluminium. In manchen Waldgebieten werden heute toxische Mn-Konzentrationen von mehreren Tausend mg/kg in Fichtennadeln gemessen (Schöne, 1987; Lindner, 1988; Hölzer, 1993). Im Gegensatz dazu stellte Aldinger (1987) anhand von Nadel- und Bodenanalysen verschieden stark geschädigter Fichten- und Tannenbestände im Schwarzwald einen Mangan-Mangel fest. Aldinger (1987) führt diese Beobachtung auf die starke Mn-Auswaschung mit dem Sickerwasser als Folge der starken Bodenversauerung zurück.

Untersuchungen zum Mycorrhizierungsstatus der Wurzeln von unterschiedlich geschädigten Fichten im Nordschwarzwald zeigten, daß die Gesamtvitalität der Mycorrhizen und damit deren Funktionsfähigkeit von der individuellen Lebensdauer (jahreszeitliche Schwankungen) der Mycorrhizatypen, der Wurzelproduktionsrate, den Mycorrhizatypen (Artenvielfalt) und den Rhizoplanepilzen abhängig ist (Ritter et al., 1989). An drei Standorten in Nordrhein-Westfalen mit unterschiedlicher Höhenlage, unterschiedlichen geologischen und klimatischen Bedingungen sowie unterschiedlichem Gesundheitszustand des Bestandes (Velmerstot/Eggegebirge, Glindfeld/Rothaargebirge, Haltern/Haard) wurden Untersuchungen zur Vitalität der Mycorrhizen von Fichten und den Mikropilzen der Rhizoplane durchgeführt (Kottke et al., 1992) (Abb. 10.3). Es ergaben sich Unterschiede bezüglich der prozentualen Verteilung der Vitalitätsstufen der Mycorrhizen. Der Standort Velmerstot (Braunerde-Podsol mit einer 10 cm starken Rohhumus-Auflage) wies eine Dominanz der absterbenden Mycorrhizen auf, während am Standort Glindfeld (podsolige Braunerde mit Moderhumus) die voll und weitgehend vitalen Mycorrhizen überwiegen. Mit einem hohen Anteil eingeschränkt vitaler Mycorrhizen (in Abb. 10.3 nicht dargestellt) nimmt der Standort Haltern (Haard) (tiefgründiger, sandiger und basenarmer Boden mit einer 5 - 10 cm mächtigen rohhumusartigen Moderauflage) eine Mittelstellung ein. Für den schlechten Zustand der Mycorrhizen am Standort Velmerstot ist neben der geringen Nährstoffverfügbarkeit im podsolierten Ahe-Horizont und in der Rohhumusauflage auch der Wechsel von Staunässe und Austrocknung der Humusauflage verantwortlich zu machen.

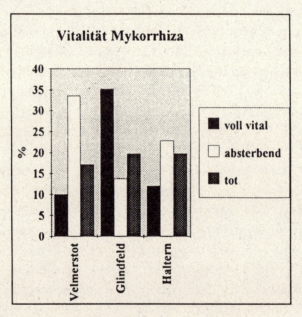

Abb. 10.3: Durchschnittliche Mycorrhiza-Vitalität an den drei Standorten Velmerstot (Eggegebirge), Glindfeld (Rothaargegirge) und Haltern (Haard)

Der Mycorrhiza-Status spiegelt im wesentlichen die Boden- und mikroklimatischen Verhältnisse der Standorte wider. Eine stärkere Beeinflussung der Mycorrhiza durch den hohen Schädigungsgrad der Bäume ist jedoch für den Standort Velmerstot im Eggegebirge ebenfalls in Betracht zu ziehen. Die nachteiligen Bodenbedingungen und daraus resultierende Beeinträchtigungen der

Mycorrhizaentwicklung wirken sich andererseits mit Sicherheit auch wiederum auf den Gesundheitszustand des Bestandes nachteilig aus. Auch auf die Mikropilzflora wirkt sich die deutliche Bodenzonierung von Velmerstot aus. Die Dominanz der potentiellen Pathogene T. viridis und T. hamatum läßt auf einen negativen Einfluß auf die Mycorrhiza schließen.

Die Feinwurzelbiomasse reagiert sehr empfindlich auf Unterschiede und Veränderungen des Milieus (Murach 1984; Eichhorn, 1987). Neben der Verteilung der Feinwurzelbiomasse wurden die Mineralstoffgehalte der Wurzeln der Waldbäume untersucht. Ökologische Faktoren, die das Feinwurzelwachstum direkt beeinflussen, sind das Nährstoffangebot (Eichhorn, 1987; Raspe und Feger, 1990; Feger und Raspe, 1992), der Bodenwasserhaushalt (Göttsche, (1972), die Durchlüftung (Köstler et al., 1968), die Bodentextur (Röhrig, 1966), die Mycorrhiza-Pilze (Frank, 1885), wurzelpathogene Pilze (Courtois, 1990), potentielle toxische Schwermetall- und Al-Konzentrationen (Rost-Siebert, 1983). Indirekte das Wurzelwachstum über die oberirdischen Teile der Pflanzen beeinflussende Faktoren wie Licht, Temperatur, Feuchte (Göttsche, 1972), CO_2-Partialdruck und die auf die Assimilationsorgane schädigend wirkenden Gase wie Ozon (Prinz et al., 1982) und SO_2 (Keller, 1978) stehen in enger Beziehung zu der Menge der in der Pflanze gebildeten Assimilate und damit der Photosyntheseleistung.

Die direkten und indirekten Umweltfaktoren für das Wurzelwachstum sind über die Nährstoffversorgung miteinander gekoppelt. Infolge Mg-Mangels wird die Photosynthesekapazität reduziert (Mehne, 1989) und die Assimilattranslokation aus den Nadeln in die Wurzeln durch einen Phloemkollaps in den Nadeln behindert (Fink, 1983). Infolge der Assimilatunterversorgung wird dann die Feinwurzelbiomasse reduziert, und es kommt zu einem weiteren Rückgang der Nährstoffaufnahme aus dem Boden (Hüttl, 1991). In vielen Waldbeständen, die Symptome einer Erkrankung im Kronenbereich zeigten, konnten Wurzelschäden beobachtet werden (Blaschke, 1981; Hauhs, 1985b).

Der in sauren Böden des Hils (podsolige Braunerden und Podsol-Braunerden) beobachtete weitgehende Rückzug der Feinwurzelmasse in den Oberboden von Buchen- und Fichtenaltbeständen läßt die starke Gefährdung des Feinwurzelsystems im Unterboden erkennen (Raben, 1988). Kleinräumig auftretende Versauerungsschübe führen hier zu kurzfristigen Anstiegen der Al-Konzentration in der Bodenlösung mit Spitzenkonzentrationen von bis zu 50 mg Al/l. Parallel dazu treten wurzelschädigende Ca/Al-Verhältnisse und die Nährstoffaufnahme stark beeinträchtigende Mg/Al-Verhältnisse besonders im Unterboden auf bzw. sind bereits permanent vorhanden. Mit steigender Bodentiefe wird ein Akkumulationseffekt von Aluminium in den Feinwurzeln deutlich. Darin ist möglicherweise eine Hauptursache für die zunehmend flachgründige Durchwurzelung auch in anderen vergleichbaren Ökosystemen des Hils zu sehen (Raben, 1986, 1988). Die Heterogenität in der raumzeitlichen Entwicklung chemischer Streßparameter in der Bodenlösung versauerter Waldböden scheint dabei entscheidend zu dem Phänomen der Einzelbaum-Schädigung in Waldbeständen beizutragen.

Häußling (1990) fand eine deutliche Ahängigkeit der Tiefenverteilung der Feinwurzeln in Fichtenforsten in Baden-Württemberg auf Standorten, die sich im Al-Pufferbereich befinden, vom molaren

Ca/Al-Verhältnis in den Feinwurzeln sowie vom oberirdisch sichtbaren Schädigungsgrad der Fichten. Bei besonders stark geschädigten Fichten verlagert sich das Feinwurzelsystem gegenüber schwach geschädigten in die oberen Bodenhorizonte, in denen die freigesetzten Al-Ionen durch organische Komplexbildner gebunden und damit in eine nicht toxische Form überführt werden.

Raspe (1992) untersuchte die Durchwurzelungsverhältnisse in zwei Fichtenökosystemen im Schwarzwald (Schluchsee und Villingen). Eine intensive Feindurchwurzelung ist auf beiden Standorten auf die obersten 10 cm beschränkt. Dies ist in Villingen (pseudovergleyte Braunerde bzw. Stagnogley) durch den starken periodischen Wechsel von Staunässe und Austrocknung sowie das nur in der Auflage höhere N-Angebot bedingt. Hingegen kommt auf dem Granit-Standort Schluchsee (gut durchlässiger lehmig-grusiger Podsol) der mangelhaften Mg-Versorgung eine Schlüsselstellung zu. Die Tiefenfunktion der Mg-Gehalte weist hier auf einen extrem kurzgeschlossenen Kreislauf hin. Al-Toxizität ist nach Raspe (1992) als Ursache für die flache Ausrichtung des Wurzelsystems auszuschließen.

Aus einer Fülle von Untersuchungen, die in Nordrhein-Westfalen im Zusammenhang mit dem Forschungsprogramm "Luftverunreinigungen und Waldschäden" durchgeführt wurden, konnten Schlußfolgerungen hinsichtlich der Ursachen der "neuartigen Waldschäden" gezogen werden (Prinz und Köth, 1990). Betrachtet wurde dabei vornehmlich die montane Nadelvergilbung - das typische Schadbild der Fichte in den höheren Mittelgebirgslagen. Hierbei werden mehrere schadensdifferenzierende Faktoren diskutiert (Abb. 10.4). Als eine wesentliche Voraussetzung für die Entstehung der neuartigen Schäden wird nährstoffarmer Boden angesehen. Diese Nährstoffarmut kann geogen bedingt sein oder als Folge spezifischer Waldbewirtschaftungsformen bzw. säurehaltiger Niederschläge auftreten. Allein aufgrund der Tatsache, daß die Bäume schon immer auf nährstoffarmen Böden wuchsen, führt diese Voraussetzung nach Prinz und Köth (1990) höchstens zu einem potentiellen Nährstoffmangel in den Nadeln. Ein verstärkter Eintrag von Stickstoffverbindungen führt zu einem aktuellen Nährstoffmangel. Dieser ist noch ohne weitere Folgen, solange nicht ein Streßfaktor infolge der Höhenlage hinzukommt. Dieser Faktor kann klimatischer Art sein, als wesentlich wird jedoch die dort anzutreffende hohe Ozonbelastung sowie die Exposition gegenüber säurehaltigem Nebel angesehen (s. Kap. 2 u. 3).

Auch diese Faktorenkonstellation muß noch nicht unbedingt schadensrelevant sein, wie unterschiedliche Schädigungsgrade selbst an entsprechend exponierten Standorten der Mittelgebirge zeigen (Prinz und Köth, 1990; Hüttl, 1993). Es wird daher angenommen, daß Trockenheitsstreß, vor allem zu Beginn der Vegetationsperiode, eine weitere wichtige Bedingung darstellt, um aus der potentiellen Gefährdung einen aktuellen Schadensfall mit Chlorophyllabbau und Nadelabfall zu machen. Dies führt dann als Ergebnis aller einwirkenden Faktoren zu dem Bild der "neuartigen Waldschäden".

Aus Sicht des Umweltschutzes stellen die gegenwärtigen/heutigen Emissionen von Stickstoffoxiden und Kohlenwasserstoffen nach wie vor eine wesentliche Gefahrenquelle für den Wald dar (Köth-Jahr und Köllner, 1993). Die Gruppe der Stickstoffoxide führt zu Nährstoffungleichgewichten, wäscht als Säureeintrag basische Nährstoffe aus und verschlechtert somit weiterhin die Nährstoffsituation (s. Kap. 4). Schließlich führt sie zusammen mit der Komponentengruppe der organischen Luftverunreinigungen über photochemische Umsetzung in der Atmosphäre zu phytotoxisch bedeutsamen Ozonbelastungen, v.a. in den höheren Lagen der Mittelgebirge. Hinzu kommt als weitere wichtige Komponente das Ammonium, das z.T. als Säureeintrag wirkt, z.T. aber auch das Nährstoffungleichgewicht zusätzlich verstärkt. Die hauptsächlichen Quellengruppen, die diese Luftverunreinigungen freisetzen, sind zum einen der Kraftfahrzeugverkehr und zum anderen mit Bezug auf Ammonium die Landwirtschaft, insbesondere die Tierintensivhaltung (s. Kap. 2.2.3).

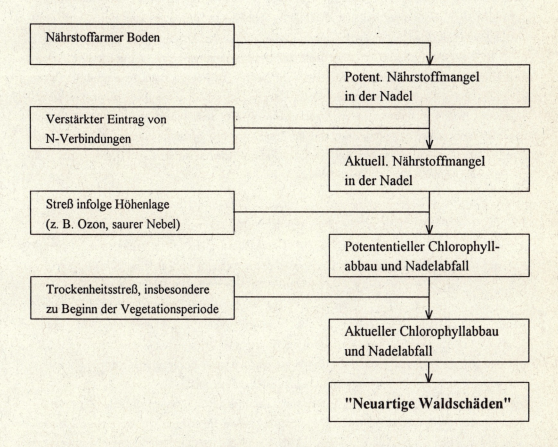

Abb. 10.4: Schematisierter Schädigungsablauf bei Bäumen, ausgelöst durch das Zusammenwirken von nährstoffarmen Böden, Luftverunreinigungen (insbesondere Stickstoffoxide, Ozon) und Trockenheitsstreß (MURL, 1993)

Die Wirkung der Luftschadstoffe wird häufig von wachstumsfördernden Impulsen (besonders durch N-Einträge) begleitet und z.T. überlagert (Hadwiger-Fangmeier et al., 1992). So wachsen viele Wälder selbst bei verringerter Nadel-/Blattmasse stärker als noch vor 50 Jahren. Durch die fortgesetzten N-Einträge sind bereits viele Waldökosysteme N-gesättigt (FBW, 1989; Eichhorn,

1991; Balazs, 1991). Sie geben den Überschuß - zum Teil in umweltbelastender Form - u.a. als Nitrat in das Grundwasser ab, was zu einer Beeinträchtigung der Trinkwasserqualität führen kann (s. Kap. 8).

Auch nach Hüttl (1993) ist das schwache Nährelementangebot der Waldstandorte, das durch vielfältige anthropogene Einflüsse mitverursacht wurde, der entscheidende prädisponierende Faktor. Die anthropogene Beeinflussung der Athmosphäre, die daraus resultierenden Stoffeinträge in die Waldökosysteme sowie die damit verbundenen ökosystemaren Prozesse und Mechanismen (verstärkte Bodenversauerung, erhöhte N-Einträge, reduzierte Mg- und Ca-Deposition als Folge des Rückgangs der Staubemissionen, verstärktes Kronen-Leaching, insgesamt veränderte Stoffkreisläufe) stellen einen maßgeblichen mitwirkenden Faktor dar. Ungünstige Witterungsbedingungen (z.B. Trockenheit) besitzen sowohl auslösenden als auch mitwirkenden Charakter. Erkrankungen durch die verschiedensten Schadorganismen werden als Folgewirkungen eingestuft. Da die Konstellation der Kausalfaktoren in der Regel komplex ist, sich diese Einflüsse zumindest partiell gegenseitig bedingen oder miteinander rückgekoppelt sind und zudem standortspezifisch sind, können die jeweiligen Schadursachen nur am Standort selbst bestimmt werden. Globale Erklärungsansätze für die teilweise regional unterschiedlichen Schadphänomene sind deshalb nach Hüttl (1993) wenig sinnvoll.

10.2 Veränderung der Moos- und Krautschicht

Einzelne Pflanzenarten und -gesellschaften sind unter sonst gleichen Bedingungen nur innerhalb einer gewissen Schwankungsbreite bodenchemischer Faktoren konkurrenzfähig. Stoffeintrag durch Emissionen führt zu gerichteten Veränderungen im Bodenchemismus. Rost-Siebert (1988) untersuchte die Veränderungen im Artenspektrum der Bodenvegetation verschiedener Waldgesellschaften, die als Folge von Stoffeinträgen während der letzten Jahrzehnte interpretiert werden können. Es wurde keine stärkere Beteiligung der Säurezeiger an der Artenkombination festgestellt, während N-Zeiger sowohl auf ursprünglich N-armen (und mehr oder weniger sauren) als auch in geringerem Umfang auf N-reichen Standorten hinzugekommen sind.

Veränderungen in der Waldbodenvegetation von Kiefernforsten in Brandenburg und Mecklenburg-Vorpommern werden auf die düngende Wirkung N-haltiger Immission (v.a. NH_3/NH_4^+) zurückgeführt, die mit einer Reduktion der Artenvielfalt, Veränderungen der Artenzusammensetzung und oft mit der einseitigen Förderung einer einzigen dominanten Art einhergehen (Hofmann und Heinsdorf, 1990; Hofmann et al., 1990; Heinsdorf und Krauß, 1991). In Gebieten mit niedrigen N-Einträgen wird, v.a. auf nährstoffarmen Standorten, ein Vegetationswandel zu der hinsichtlich des N-Bedarfs ökologisch nächst anspruchsvolleren Vegetationseinheit beobachtet. In Regionen mit erhöhten N-Einträgen kommt es auf nährstoffreichen Böden (auch bei gleichzeitigen Einträgen von kalkhaltigen Stäuben) zu Massenentfaltungen des Sandrohres (Calamagrostis epigeios), während auf von Natur aus ärmeren Sanden Decken der Drahtschmiele (Avenella flexuosa) entstehen. Der in den letzten Jahren vermehrt beobachtete Bewuchs von Nadelbäumen durch Algen, Pilze und Bakterien ist ebenfalls auf die düngende Wirkung der N-haltigen Immission zurückzuführen.

Flechten- und Blattpilzpopulationen reagieren auf die direkte Einwirkung von NH_3 mit einer Veränderung der Artenzusammensetzung. Insbesondere Flechten reagieren meist sehr empfindlich auf Luftverschmutzungen.

Im Solling hat sich der Artenbestand der alten Buchenwälder und Fichtenforste, in denen sich die Bestände der höheren Pflanzen im Fließgleichgewicht befinden, von 1967 bis 1986 nicht verändert (Ellenberg et al., 1986). Die einzige gerichtete Veränderung im Artengefüge der Wälder und Forstbestände war das Schwinden der epiphytischen Flechten an Baumstämmen und Ästen und die Ausbreitung der Grünalgen an ihrer Stelle. Anhaltende SO_2-Immisionen werden als Hauptursache des Flechten-Rückgangs verantwortlich gemacht.

Nach Eichhorn (1992) stellen für das von ihm untersuchte, stickstoffangereicherte nordhessische Buchenwaldökosystem die anthropogenen N-Einträge einen wesentlichen Standortfaktor dar. Unter dem fast geschlossenen Schirm der 140jährigen Altbuchen hat sich eine flächendeckend geschlossene Urtica dioica (Brennessel)-Schicht entwickelt. Die einzelnen Pflanzen erreichen Höhen bis zu 2 m. Roloff und Hubeney (1991) konnten nachweisen, daß das Vorkommen von Urtica dioica eng mit dem Nitratgehalt der Bodenlösung des Wurzelraumes korreliert ist.

Am Versuchsstandort Höglwald im Alpenvorland nordwestlich von München wurde die Auswirkung einer Säureapplikation durch direktes Aufregnen von schwefelsaurem Wasser untersucht. Im Gegensatz zu den an diesem Standort stockenden Fichten erfuhr die Bodenvegetation im Höglwald-Projekt durch die Säureapplikation drastische Veränderungen (Rodenkirchen, 1991). Die im Deckungsgrad dominante Moosart (Thuidium tamariscinum) wie auch weniger häufige Moose (Eurhynchium striatum und Mnium affine) erlitten akute, direkte Schäden bereits im ersten Beregnungsjahr und verschwanden z.T. völlig. Von den Gefäßpflanzen zeigte die dominante Art Oxalis acetosella einen starken, kontinuierlichen Rückgang des Deckungsgrades und der Frequenz. Dies ist vermutlich durch ein vermindertes Ca-Angebot im Of-Horizont, dem Hauptwurzelraum von Oxalis, als Folge verstärkter Ca-Verluste durch saure Beregnung bedingt. Die übrigen, etwas tiefer wurzelnden Gefäßpflanzen, erlitten keine Schäden.

10.3 Pilze, Bakterien, Abbauleistung

Zur Bodenflora gehören Bakterien, Actinomyceten, Pilze und Algen. Veränderungen der Bodenacidität können einen wesentlichen Einfluß auf die von Mikroorganismen gesteuerten Prozesse im Boden haben (Alexander 1980a,b; Coleman, 1982; Francis, 1982).

Änderungen des pH-Werts führen innerhalb der Mikrobenpopulation nicht unbedingt zu einer Verringerung der Gesamtzahl, sondern vor allem zu einer Verschiebung der Dominanz einzelner Gruppen.

Grünalgen gedeihen auf schwach sauren Böden gut, während blaugrüne Algen auf die Bodenversauerung sehr empfindlich reagieren. In Beregnungsversuchen mit Wasser von < pH 4 wurde die N_2-Fixierung durch den blaugrünen Algensymbiont der Flechten Lobaria pulmonaria und Lobaria oregana stark herabgesetzt (Denison et al., 1977).

Im allgemeinen gewinnen Pilze in sauren Böden relativ an Bedeutung im Vergleich zu neutralen und basischen Böden. Die oft beobachtete Dominanz von Pilzen gegenüber Bakterien in sauren Böden führt Alexander (1980b) auf die höhere Empfindlichkeit der heterotrophen Bakterien gegenüber erhöhten H^+-Ionenkonzentrationen und dadurch entstandene Konkurrenzverschiebungen zurück. In Beregnungsversuchen mit stark saurem Wasser konnten Baath et al. (1978, 1980) feststellen, daß die aktive Pilzbiomasse zurückging, während die gesamte Pilzbiomasse (aktive und tote Hyphen) anstieg. Die reduzierte Bakterien- und Pilzaktivität führte zu einer Abnahme der Streuzersetzung. Den Anstieg der gesamten Pilzbiomasse führen die Autoren auf eine reduzierte Zersetzung der Pilzhyphen durch Mikroarthropoden zurück. Auch streuzersetzende Großpilze reagieren insgesamt negativ auf Säureapplikation (Agerer, 1991). Allerdings zeigen sich deutliche Speziesunterschiede.

Säurehaltige Niederschläge können die Anzahl und/oder die Artenzusammensetzung von Bodenbakterien beeinflussen. Francis (1982) und Francis et al. (1980) zeigten, daß bei zunehmender Bodenacidität von pH 4,6 auf pH 3 durch Zufuhr von H_2SO_4 die Anzahl von Bakterien, Pilzen und Actinomyceten im allgemeinen reduziert wird. Baath et al. (1980) stellten einen Rückgang der Anzahl von Bakterien sowie eine überproportionale Abnahme der Bakterienbiomasse in 6jährigen Beregnungsversuchen fest. Im Vergleich zur Kontrolle war die Größe der Bakterienzellen um 50 % kleiner, die Biomasse um 75 % geringer. Weiterhin wurde eine Zunahme der sporenbildenden Bakterienarten in den sauren Böden festgestellt. Im Höglwald-Projekt führte die saure Beregnung zu einer drastischen Reduktion aerober, heterotropher Bakterien (Papen et al., 1991) sowie zu einer Verringerung der CO_2-Produktion und der Nitrifikation und induzierte eine NH_4-Freisetzung (Rodenkirchen und Forster, 1991).

Am Abbau organischer Substanz in Böden sind eine Vielzahl verschiedener Organismen beteiligt. Verringerung von Mikroorganismenwachstum, -aktivität oder -menge kann die Umsetzung organischer Substanz, die Profilbildung und die Nährstoffverfügbarkeit in Böden wesentlich beeinflussen. Obwohl die meisten Zersetzer säureempfindlich zu sein scheinen (Evans et al., 1981), ergeben Untersuchungsergebnisse über Einflüsse einer zusätzlichen Versauerung kein eindeutiges Bild. Stimulation (Abrahamsen et al., 1980; Roberts et al., 1980), Hemmung (Baath et al., 1980; Lohm, 1980; Francis, 1982; Rodenkirchen und Forster, 1991) und fehlende Auswirkung auf die Zersetzung (Abrahamsen et al., 1980) wurden beobachtet. Die verschiedenen Versuchsbedingungen wie Streuzusammensetzung, Art der Vegetation, Bodentyp, Temperatur und Feuchte können die Zersetzung z.T. stärker beeinflussen als die Bodenversauerung.

11 Veränderung der Bodenfauna unter dem Einfluß zunehmender Versauerung am Beispiel der Makro- und Mesofauna

11.1 Ökologische Bedeutung der Bodenfauna in Waldökosystemen

Die Zersetzung des Bestandesabfalls im Wald ist ein komplexer Vorgang, bei dem die Bodentiere und Mikroorganismen komplementär zusammenwirken. Ein ungestörtes Zusammenwirken der verschiedenen Gruppen der Bodenorganismen im Waldboden garantiert einen schnellen Abbau der anfallenden Streu und eine Einarbeitung dieser in den Mineralboden (Graefe, 1982).

Während die Mikroorganismen hauptsächlich für die chemische Zersetzung verantwortlich sind, zerkleinern die Bodentiere durch ihre Fraßtätigkeit den Bestandesabfall und durchmischen den Mineralboden mit organischer Substanz (Bioturbation) (Graff und Makeschin, 1979; Lee, 1985). Die Zusammensetzung der Bodenfauna übt einen entscheidenden Einfluß auf die Ausbildung der Waldhumusformen aus (Kubiena, 1955; Zachaire, 1965; Babel, 1972). Biologisch aktive Waldböden sind gekennzeichnet durch die Humusform Mull; Standorte mit reduzierter Aktivität der Bodenfauna zeichnen sich durch Humusformen wie Moder oder Rohhumus aus.

Die Bodenfauna beeinflußt die physikalischen Eigenschaften des Bodens. Die Makrofauna ist am Aufbau des Bodenporensystems maßgeblich beteiligt (biogenes Porensystem) (Makeschin, 1991). Stabile Ton-Humuskomplexe, die eine hohe Wasser- und Nährstoffspeicherkapazität aufweisen, werden während der Passage im Darm der Lumbriciden gebildet (Dunger, 1983). Die Enchytraeiden besiedeln die Streuschicht und den Ah-Horizont, nehmen Detritus auf und vermischen die unverdauten Bestandteile mit dem Mineralboden (Mellin, 1988). Durch die Fraßtätigkeit der Enchytraeiden kommt es zur Ausbildung einer sehr feinkörnigen Krümelstruktur (Heimann et al., 1992). In Wäldern, die unter starkem Einfluß von Säureeintrag stehen, haben die Enchytraeiden eine große Bedeutung für den Streuabbau und die Bodenbildungsprozesse.

Eine weitere entscheidende Rolle der Bodenfauna liegt in ihrer Kontrolle der Abbauleistung der Mikroorganismen (Beck, 1989).Vertreter der Bodenmesofauna (z.B. einige Collembolenarten) weiden selektiv Bakterienbelag und Pilzhyphen ab und bewirken somit ein dynamisches Gleichgewicht der Mikroflora (Beck et al., 1988). Enchytraeiden bremsen nach Wolters (1988) als Antagonisten der Mikroflora die Mineralisation und verhindern so Nährstoffverluste durch Auswaschung.

Insgesamt gilt, daß eine arten- und individuenreiche Bodenfauna Voraussetzung für viele Abbau-, Durchmischungs- und Gefügebildungsvorgänge in Böden sowie für viele Stoffkreislaufprozesse in Ökosystemen ist.

11.2 Natürliche Bodenfauna unter Laub- und Nadelwald

In biologisch aktiven Waldökosystemen leben ca. 1.000 Tierarten unterschiedlichster Lebensweise (Andersson, 1975). In intakten Waldböden können bis zu einer Billion Bodentiere pro m^2 vorkommen (Dunger, 1983). Im Folgenden wird am Beispiel der Annelidenfauna (Lumbriciden,

Enchytraeiden) die Besiedlung der Waldböden unter natürlichen Bedingungen dargestellt. Die Lumbriciden wie auch die Enchytraeiden leben als dünnhäutige Bodentiere in direktem Kontakt zur Bodenlösung und sind somit unmittelbar von Veränderungen in der chemischen Zusammensetzung der Bodenlösung betroffen (Graefe, 1982).

Lumbricidenfauna

Die Besiedlung der Waldböden von Lumbriciden ist in starkem Maße abhängig von der Bestockung und der Azidität des Waldbodens. In Nadelwaldböden oder Sauerhumus-Buchenwäldern sind die Abundanz, Biomasse und Artendichte der Lumbriciden meist gering, während Laubwaldböden mit der Humusform Mull durch eine hohe Individuenzahl, Biomasse und Artendichte gekennzeichnet sind (Dunger, 1983; Makeschin, 1991). Die Abundanz der Lumbriciden kann in Kalkbuchenwäldern 500 Individuen/m^2 betragen, unter Fichtenwäldern schwankt sie nach Angaben von Märrkel und Bösner (1969), Abrahamsen (1972), Schauermann (1986), Makeschin (1991) und Ammer (1992) in Abhängigkeit vom Standort und Zeitpunkt der Aufsammlung von 0 - 267 Individuen/m^2, die Biomasse von 0,4 - 77 g/m^2. Das Artenspektrum in Nadelwäldern wird häufig bestimmt durch eine Dendrobaena octaedra-Lumbricus rubellus-Assoziation (Nordström und Rundgren, 1974), die charakterisiert wird durch das Auftreten weniger epigäischer Formen (Makeschin, 1990). Anözische und endogäische Formen sind nur vereinzelt nachzuweisen (Abrahamsen, 1972; Bäuml, 1988).

In Laubwäldern mit der Humusform Mull, die sich durch leicht abbaubare Streu auszeichnen, treten sowohl epigäische als auch endogäische und anözische Formen der Lumbriciden auf, wobei die anözischen Formen dominieren (Makeschin, 1990). Graefe (1993) bezeichnet eine derartige Zersetzergesellschaft Lumbricion, die gekennzeichnet ist durch eine artenreiche Lumbriciden- und Enchytraeidenfauna mit hoher Abundanz und Diversität.

Enchytraeidenfauna

Die Besiedlung der Waldböden durch Enchytraeen ist stark abhängig vom jeweiligen Standort, der Bestockung und der Humusform. Saprophage Enchytraeiden sind nach Ellenberg et al. (1986) Charaktertiere von Moderprofilen der Buchen- und Fichtenwälder. Mellin (1988) konnte in einem Mull-Buchenwald 37 Enchytraeenarten nachweisen mit einer durchschnittlichen Abundanz von 12.000 Individuen/m^2 und einer Biomasse von 420 mg/m^2. Römbke (1988) wies in einem Moderbuchenwald nur 13 meist azidophile Arten nach mit einer mittleren Abundanz von 46.000 Individuen/m^2 und einer Biomasse von 8,8 g/m^2. Graefe (1993) gliedert die Zersetzergesellschaften der Enchytraeiden anhand ihres Vorkommens an unterschiedlichen Standorten. In Mullhumuswäldern beschreibt er z.B. ein Stercuto-Lumbricetum, das durch eine artenreiche Lumbriciden- und Enchytraeidenfauna charakterisiert ist, in Sauerhumuswäldern ein Achaeto-Cognettietum, das durch wenige Arten mit hohen Abundanzen beschrieben wird.

11.3 Auswirkungen der Versauerung auf ausgewählte Tiergruppen

Um die Effekte der Bodenversauerung auf die Bodenfauna zu beschreiben, sind verschiedene Versuchsansätze gewählt worden. Schauermann (1987) und Graefe (1989) führten Langzeituntersuchungen zu den Veränderungen der Lumbriciden- und Enchytraeidenfauna aufgrund von erhöhtem Säureeintrag aus der Luft durch. Derartige Langzeituntersuchungen liegen bisher nur in sehr geringem Umfang vor. Ein anderer Versuchsansatz, der die Veränderungen der Tiergesellschaften unter dem Einfluß von künstlichem Säureeintrag in Modellversuchen betrachtet, ist zunehmend Gegenstand der Forschung (Schauermann, 1987; Weber und Makeschin, 1991; Ammer, 1992).

Lumbricidenfauna

Während auf intakten Standorten eine Zersetzergemeinschaft lebt, die sich aus einer Vielzahl von Arten zusammensetzt, sind versauerte Standorte durch das Auftreten einiger weniger Arten charakterisiert. An versauerten Standorten überleben die epigäischen Formen der Lumbriciden am längsten. Sie sind am ehesten in der Lage, in körpereigenen Kalkdrüsen Protonen zu neutralisieren (Makeschin, 1993). Hopkin (1989) konnte nachweisen, daß Lumbricus rubellus befähigt ist, Schwermetalle aus der Bodenlösung mit Hilfe eines epidermalen Schleimfilms zu binden und somit die cuticuläre Aufnahme zu reduzieren. In Mikroökosystemversuchen stellte Makeschin (1991) eine enge Korrelation zwischen abnehmender Persistenz und Fortpflanzungsrate von Aporrectodea caliginosa und sinkendem pH-Wert bzw. steigender Konzentration von Al-Ionen in der Bodenlösung fest, während Lumbricus rubellus nur mit einer Reduktion der Kokonablage reagierte. Bengtsson et al. (1986) wiesen im Laborversuch synergistische Effekte von sinkendem pH-Wert und steigenden Konzentrationen von Kupfer, Blei und Cadmium auf die abnehmende Reproduktionsrate und steigende Mortalität von Dendrobaena rubida nach.

Die epigäischen Formen der Lumbriciden können extrem ungünstige Bodenzustände in modernden Baumstümpfen überdauern und von dort aus unter verbesserten Bedingungen sofort wieder in die Böden einwandern (Wolters und Schauermann, 1989). Im Freiland tolerieren epigäische Formen pH-Werte bis 3,7, endogäische und anözische Formen pH-Werte bis 4,5 (Wallwork, 1970). In den heute weitverbreitet und flächenhaft auftretenden Waldböden mit pH-Werten unter 3,4 - 4 (s. Kap. 6.1) sind deshalb kaum noch Lumbriciden vorhanden (Brümmer, 1981). Beim Anstehen von Kalk im Unterboden sind auch anözische Formen befähigt, bei niedrigeren pH-Werten zu existieren, sofern sie Zugang zum kalkhaltigen Unterboden haben.

Fehlen anözische und endogäische Arten, so ist die Bioturbation gestört, die Streu verbleibt auf dem Mineralboden (Wolters und Schauermann, 1989). Die Bildung von Moder- und Rohhumusauflagen sowie negative Auswirkungen auf das Bodengefüge, insbesondere eine stark verringerte Anzahl oder das Fehlen biogener Makroporen, und eine dadurch bedingte Zunahme der Staunässe sind u.a. Folge des Verschwindens dieser Formen der Lumbriciden. Insgesamt wird die Bioturbation als Maß für die Leistungsfähigkeit der anözischen Lumbriciden durch erhöhten Protoneneintrag reduziert, wie Wolters und Scheu (1987) für Aporrectodea caliginosa im Mikrokosmosversuch nachweisen konnten. Schreitet die Versauerung bis auf pH-Werte unter 3,7 fort, so ist auch mit einem Verschwinden der epigäischen Formen zu rechnen; aus einer ehemals durch Lumbriciden geprägten Zersetzergesellschaft entwickelt sich eine Mikrofauna-Mesofauna-Tiergesellschaft (Schauermann, 1987).

Enchytraeidenfauna

Zunehmende Bodenversauerung in Waldökosystemen ermöglicht azidophilen, konkurrenzschwachen Enchytraeenarten eine starke Vermehrung. Mesophile und calciphile Arten reagieren auf Versauerung mit einer Abnahme der Individuendichte bis zum Verschwinden. Graefe (1991) ermittelte für den mesophilen Enchytraeus lacteus eine starke Verkürzung der Lebenszeit bei einem pH-Wert unterhalb von 3,9. In einem für calci- oder mesophile Enchytraeiden- und Lumbricidenarten ungeeigneten Habitat entwickelt sich aufgrund des fehlenden Konkurrenzdrucks eine individuenreiche, artenverarmte Enchytraeiden-Fauna (Healy, 1980; Funke et al., 1988). Vieles deutet darauf hin, daß eine derartige Enchytraeiden-Zönose das Ende einer bodenfaunistischen Sukzession darstellt (Ellenberg et al., 1986; Mellin, 1988; Beck, 1989). Graefe (1987) wies in Langzeituntersuchungen an einem Buchenstandort im Solling über 10 Jahre einen Rückgang der Arten von 17 auf 10 nach, wobei sich das Artenspektrum von mesophilen zu azidophilen Arten verschob. Krobok (1993) konnte in einem stark versauerten Buchenbestand nur sieben azidophile Enchytraeidenarten mit extrem hohen Abundanzen nachweisen. Unter dem Einfluß der Versauerung bilden sich Rohhumusauflagen aus ehemaligen Moderprofilen. Es entwickelt sich eine artenarme Variante des Achaeto-Cognettietums (Graefe, 1993), in der Cognettia sphagnetorum eudominant mit Dominanzanteilen von bis zu 90 % auftritt (Funke, 1991). Diese Art ist extrem azidophil; ihr pH-Optimum liegt zwischen pH 3,6 und 3,8, wie Standen und Latter (1977) im Laborversuch ermittelten.

Insgesamt nimmt damit die Diversität der Enchytraeidenfauna vom pH-neutralen Auenwald zum extrem versauerten Fichtenstandort stark ab (Funke, 1991).

Tab. 11.1 stellt die Zersetzergesellschaften der Lumbriciden- und Enchytraeidenzönose nach Graefe (1993) an unterschiedlichen Standorten dar.

11.4 Schlußfolgerungen

Die Versauerung von Waldböden führt zu einer starken Abnahme der Abundanzen der Lumbriciden, wobei die epigäischen Formen aufgrund von physiologischen Schutzmechanismen die höchsten Säuretoleranzen aufweisen. In vielen Waldböden mit pH-Werten unter 3,5 - 4 sind heute flächenhaft kaum noch Lumbriciden vorhanden.

Die Enchytraeidenfauna reagiert auf steigende Säuregehalte in Waldböden mit einer Steigerung der Individuendichte einiger weniger konkurrenzschwacher, azidophiler Arten.

Tab. 11.1: Übersicht der Zersetzergesellschaften an unterschiedlichen Standorten (Graefe, 1993)

Ordnung	Verband	Assoziation
Lumbricetalia *mäßig saure bis kalkreiche Standorte*	1.1 Lumbricion *ungestörte Böden mit ausreichender Durchlüftung*	1.11 Stercuto-Lumbrietum *Mullhumuswälder*
		1.12 Fridericio-Lumbricetum *Grünland, gedüngte Moorwiesen, Parkrasen, Gärten*
	1.2 Enchytraeion *gestörte Böden und Orte mit Nährungsungleichgewichten*	1.21 Fredericio-Enchytraeetum *Acker*
		1.23 Buchholzio-Enchytraeetum *urban belastete Standorte (verdichtete Böden mit Auflagehumus)*
		1.23 Eisenietum *Kompostplätze*
	1.3 Eiseniellion *durchnäßte, luftarme Böden*	1.31 Octolasietum tyrtaei *nährstoffreiche Niedermoore und Anmoore*
		1.32 Eiselletum *Gewässerufer*
Cognettietalia *Standorte mit sauren Humusauflagen oder Torf*	2.1 Achaeto-Cognettion *saure Böden mit terrestrischen Humusformen*	2.11 Achaeto-Cognettietum *Sauerhumuswälder, Calluna-Heiden*
	2.21 Cognettio sphagnetorum *nährstoffarme Moore*	2.21 Cognettietum sphagnetorum *Birkenbruchwälder, Hochmoore*

Insbesondere die starke Schädigung der Lumbriciden führt zu Störungen in der Nahrungskette von Bodenflora und -fauna, was sich im reduzierten Abbau der anfallenden Streu sowie in mangelnder Bioturbation äußert. Aus Mull- und Moderprofilen entwickeln sich unter derartigen Bedingungen Rohhumusauflagen. Infolge abnehmender biogener Gefügebildung, insbesondere abnehmender Makroporenbildung, können auch Veränderungen im Luft- und Wasserhaushalt der Waldböden (zunehmende Staunässe) auftreten.

Die Veränderungen in der Zusammensetzung und Aktivität der Bodenfauna sind - wie auch die Aktivitätsabnahmen der Bodenflora (s. Kap. 10.3) und teilweise die Schäden an höheren Pflanzen (s. Kap. 10.1.1) - mit einer zunehmenden Versauerung, Nährstoffverarmung und Veränderung der Stoffkreisläufe von Waldböden verknüpft, die damit insgesamt eine fortschreitende Degradierung der Waldökosysteme zur Folge haben. Es ist zu erwarten (und auch schon zu beobachten), daß diese Ökosystemveränderungen ebenfalls Rückwirkungen auf die Lebensgemeinschaften höherer Tiere in Waldgebieten besitzen.

12 Auswirkung der Bodenversauerung auf Stoffbestand und Stoffkreisläufe in Waldböden und deren ökologische Konsequenzen

Die durch natürliche Prozesse und anthropogene Einflüsse bedingte starke bis extreme Versauerung der Waldböden führt, wie die Ergebnisse chemischer Analysen sowie röntgenographischer und elektronenmikroskopischer Untersuchungen zeigen, zu gravierenden Veränderungen des Mineralbestandes und des Stoffhaushaltes. Die Auswirkungen der starken Versauerung auf die Mineralverwitterung und -zerstörung und die sich daraus ergebenden Konsequenzen können wie folgt zusammengefaßt werden (Abb. 12.1):

Zu Beginn der Bodenentwicklung, wie auch in gekalkten Ackerböden, werden im $CaCO_3$-gepufferten Milieu große Mengen an Ca^{2+}- und HCO_3^--Ionen im Verlauf von Entkalkungsprozessen freigesetzt. Damit geht eine Freisetzung von K-Ionen aus den Zwischenschichten von Glimmern und glimmerbürtigen Dreischichttonmineralen (Illiten) einher, die vor allem durch hydratisierte Ca-Ionen ersetzt werden. Nach Abschluß der Entkalkungsprozesse erfolgt - auch ohne den Einfluß des Menschen - die Verwitterung der Silicate. Mit zunehmender Versauerung - insbesondere als Folge anthropogen erhöhter Säureeinträge - steigt die Intensität der Silicatverwitterung. Durch Protonierung von Si-O-M- und Si-O-Si-Bindungen werden Mg-, Fe-, Mn- und Al-Ionen sowie mobile Si-Verbindungen aus den Oktaeder- und Tetraederschichten der Glimmer freigesetzt.

Neben den Schichtsilicaten unterliegen auch die Feldspäte mit steigender Bodenacidität einer verstärkten Verwitterung und Zerstörung. Bei der Feldspatverwitterung durch Protolyse werden vor allem Na-, K- und Ca-Ionen freigesetzt. REM-Untersuchungen an Feldspäten haben gezeigt, daß Intensität und Strukturen der Korrosion eine enge Abhängigkeit vom pH-Wert des jeweiligen Horizontes aufweisen (s. Kap. 7.3.2). Während im neutralen bis schwach sauren pH-Bereich meist nur geringe oberflächliche Lösungsspuren auftreten, können in stark bis extrem versauerten Horizonten tiefe Lösungskavernen und eine weitgehende Zerstörung der Feldspatstruktur beobachtet werden.

Als Folge der intensiven Silicatverwitterung und -zerstörung ist, wie röntgenographische Untersuchungen belegen, in den sehr stark bis extrem versauerten Horizonten der Waldböden eine starke Abnahme der Glimmer- und Feldspatgehalte sowie eine relative Anreicherung von Quarz, teilweise verknüpft mit einem sekundären Quarzwachstum, festzustellen (s. Kap. 7.3.4). Dieser Prozeß kann als "Versandung" der Oberböden bezeichnet werden.

Die bei dem Protonenangriff auf die Silicate freigesetzten Alkali- und Erdalkali-Kationen werden bei schwach bis mäßig saurer Bodenreaktion vorwiegend von den negativ geladenen Oberflächen der Tonminerale sowie von der organischen Substanz austauschbar gebunden. Die freigesetzten Fe^{2+}-Ionen werden in diesem pH-Bereich unter oxidierenden Bedingungen vollständig hydrolysiert und als Oxide ausgefällt (Schwertmann et al., 1987). Auch freigesetzte Al^{3+}-Ionen hydrolysieren im schwach bis mäßig sauren pH-Bereich zu polymeren Al-Hydroxo-Komplexen oder zu Al-Hydroxiden und werden ausgefällt.

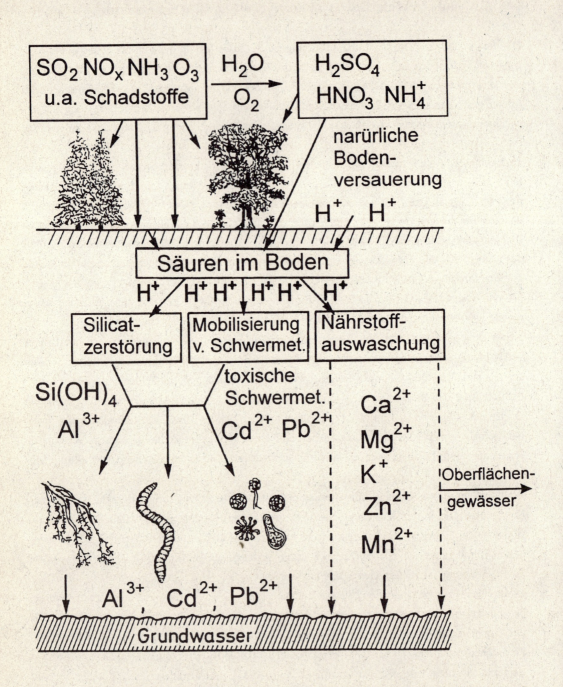

Abb. 12.1: Direkte und indirekte Wirkungen der emittierten Luftschadstoffe auf Stoffhaushalt und Stoffkreisläufe in Waldböden und deren ökologische Konsequenzen (Erläuterung im Text) (Brümmer, 1987)

Mit steigender Bodenacidität setzt bei pH < 5 ein verstärkter Säureangriff auf die Tetraeder- und Oktaederschichten der Tonminerale und Glimmer ein, der zu einer zunehmenden Freisetzung von Al^{3+}-Ionen aus den Silicatschichten führt. Ein Teil der Al^{3+}-Ionen kann zu Al-Hydroxo-Kationen hydrolysieren, die wie Al^{3+}-Ionen aufgrund ihrer hohen Eintauschfähigkeit an Tonmineralen unterhalb pH 5 zunehmend Alkali- und Eralkali-Kationen von den Austauschern verdrängen. Die Folge ist eine starke Auswaschung von Nährstoffkationen mit dem Sickerwasser, die zu einer Abnahme der Nährelementgehalte, insbesondere von Ca, Mg und K, in sauren Waldböden führt. Wie Profilbilanzen belegen, ist häufig eine starke Verarmung an Alkali- und Erdalkali-Elementen in stark bis extrem versauerten Horizonten von Waldböden zu beobachten (s. Kap. 7.1). In Waldböden aus Löß wurden für Ca und Mg Elementverluste der Silicate gegenüber dem Ausgangsmaterial von bis zu 60 % ermittelt (Veerhoff, 1992).

Auch Mangan unterliegt bereits bei pH-Werten unter 6 einer verstärkten Auswaschung. Neben der Bodenreaktion wird die Mn-Mobilität auch ganz entscheidend vom Redoxpotential und vom Gehalt an organischen Komplexbildnern beeinflußt. Demzufolge treten häufig die höchsten Mn-Verluste mit bis zu 70 % des Ausgangsgehaltes in den stark versauerten humosen Oberböden der Waldprofile sowie in den Horizonten mit Stauwassereinfluß auf (s. Kap. 7.1).

Die bei der Freisetzung von Al^{3+}-Ionen aus den Silicatgittern gebildeten Al-Hydroxo-Kationen können sowohl an äußeren Oberflächen von Tonmineralen adsorbiert als auch in die Zwischenschichten aufweitbarer Tonminerale eingelagert werden. Letzteres führt zur Bildung von Al-Chloriten, die dann in Waldböden aus Löß einen Anteil von nahezu 30 % am Tonmineralbestand erreichen können (s. Kap. 7.2). Mit der Blockierung der Zwischenschichträume aufweitbarer Dreischichttonminerale und deren äußeren Oberflächen durch Al-Hydroxo-Komplexe nimmt die effektive Kationenaustauschkapazität der Tonminerale und damit deren Speicherkapazität für Nährstoffkationen in starkem Maße ab.

Mit fortschreitender Versauerung findet bei pH-Werten unter 3,5 verstärkt eine Zerstörung der Tonminerale sowie anderer Silicate statt. Dies führt langfristig zu einer irreversiblen Degradierung der Böden. Gleichzeitig ist eine Anreicherung amorpher Si-reicher Verbindungen zu beobachten, die sowohl einzelne Mineraloberflächen als auch größere Aggregatbereiche flächig überziehen (s. Kap. 7.3.4). Solche Aggregatverkrustungen können unter anderem die Zugänglichkeit der Austauscheroberflächen und als Folge davon die Kationenaustauschkapazität deutlich erniedrigen. Bei Zufuhr von Alkali- und Erdalkali-Kationen durch Walddüngungs- und -kalkungsmaßnahmen, die bei den üblicherweise ausgebrachten Mengen die niedrigen pH-Werte kaum verändern, ist damit die Bindung von Nährstoffkationen an den Austauscheroberflächen nur noch in deutlich verringertem Maße möglich, so daß eine erhöhte Verlagerung und Auswaschung der zugeführten Kationen die Folge ist.

Die verstärkte Freisetzung von Kieselsäure als Folge einer intensiven Silicatverwitterung und -zerstörung kann neben der Bildung Si-reicher Aggragatüberzüge und anderer Neubildungsprodukte auch zu einer Anreicherung von Silicium in Pflanzen führen. Godde et al. (1988) konnten anhand von REM- und Elektronenmikrostrahl-Analysen (EMA) von Nadeln aus gering bis stark geschädigten Fichtenbeständen (Schadstufe 1 - 3) auf Waldstandorten im Eggegebirge zeigen, daß geschädigte Fichtennadeln im Vergleich zu gesunden Nadeln deutlich höhere Si-Gehalte aufweisen. Erhöhte Si-Gehalte in Fichtennadeln treten nach Knabe (1986) erst dann auf, wenn die Fichten auf Böden mit pH-Werten unter 4,8 im Oberboden stocken. Godde et al. (1988) und Bauer (1993) konnten anhand von EMA-Elementverteilungsbildern von Nadeln aus einem Fichtenbestand mit pH-Werten im Oberboden von unter 3 belegen, daß der Zentralzylinder geschädigter Fichtennadeln nahezu vollständig mit Si ausgefüllt war. Gesunde Fichtennadeln zeigten hingegen im Nadelquerschnitt eine gleichmäßige Si-Verteilung. Aufgrund dieser Befunde nehmen die Autoren an, daß durch die Anreicherung von Si-, aber auch von Al-Verbindungen im Zentralzylinder der Nadeln der Wasser- und Assimilationstransport nicht mehr gewährleistet ist. Dies kann zu Stoffwechselstörungen der Bäume sowie zu beträchtlichen Nadelverlusten führen. Bauer (1993) konnte im Bereich des Kottenforstes bei Bonn hohe Si-Gehalte von bis zu 8.000 mg/kg in geschädigten Fichtennadeln nachweisen.

Durch die Anreicherung schlechtkristalliner bis amorpher Si-Verbindungen in extrem versauerten Oberböden kann es ferner zu einer Verkittung der Bodenaggregate und einer zunehmenden Bodenverdichtung kommen, die wiederum zu einer erhöhten Staunässebildung führen kann. Braun (1991) konnte anhand gefügekundlicher Untersuchungen, die mit REM- und Elektronenmikrostrahl-Analysen kombiniert wurden, zeigen, daß eine intensive Verkittung der Bodenaggregate durch amorphe Si-Ausfällungen zu einer Abnahme der Porosität und damit zu einer Verdichtung sowie nach Austrocknung zu einer extremen Verhärtung führt.

Mit der zunehmenden Freisetzung von Aluminium infolge der starken Silicatverwitterung und -zerstörung steigt bei pH-Werten unter 4,5 bis 4,0 die Al-Sättigung an den Austauschern stark an und erreicht in den sehr stark bis extrem versauerten Horizonten über 90 % der effektiven Kationenaustauschkapazität. Neben Al-Ionen und Protonen treten in den sehr stark bis extrem versauerten humosen Oberböden auch zunehmend Mangan- und Eisen-Ionen am Kationenbelag auf. Insbesondere in den extrem sauren Oberböden, in denen die Fe- und Mn-Mobilität zusätzlich durch Reduktionsvorgänge und Komplexbildung erhöht wird, können die Fe- bzw. Mn-Anteile bis zu 10 % an der Summe der austauschbaren Kationen betragen (s. Kap. 6.2.1).

Mit dem Anstieg des austauschbaren und damit potentiell pflanzenverfügbaren Aluminiums im Boden nimmt im pH-Bereich unter 4 auch die Al-Konzentration in der Bodenlösung stark zu. Die Folge sind toxische Wirkungen auf die Wurzeln, insbesondere auf die Feinwurzeln der Waldbäume und deren Mycorrhiza-System (Abb. 12.1; s. Kap. 10.1.3). Ein hohes phytotoxisches Potential besitzen nahezu ausschließlich die monomeren Al^{3+}-Ionen (Ulrich et al., 1979; Meiwes et al., 1984; Ulrich, 1985; Kördel et al., 1989; Fuchs, 1992), die zu Veränderungen der Wurzelspitzen und zur Hemmung des Wurzelwachstums führen können (Jorns und Hecht-Buchholz, 1985) (s. Kap. 10.1.3). Die Abnahme der Wurzelmasse hat weitreichende Konsequenzen für die Stabilität von Waldbeständen (erhöhte Anfälligkeit gegenüber Windwurf sowie Trockenheit und Frost) und den Bodenwasserhaushalt (Ulrich, 1986).

Neben einer direkten Schädigung durch phytotoxisches Aluminium hängt die Wurzelschädigung auch vom Mg/Al- bzw. Ca/Al-Verhältnis in der Bodenlösung sowie an den Austauschern ab. Nach den Ergebnissen von Gefäßversuchen ist bei einem molaren Ca/Al-Verhältnis von < 1 eine Gefährdung durch Al-Toxizität und eine Schädigung des Feinwurzelsystems gegeben (Rost-Siebert, 1984). Ferner treten nach Zöttl und Hüttl (1985) Nadelschäden bei Fichten durch Mg-Mangel auf, wenn das Mg/Al-Verhältnis der austauschbaren Bodenfraktionen unter 0,05 absinkt (s. Kap. 10.1.2). Mg/Al-Quotienten von unter 0,05 treten in nahezu allen sehr stark bis extrem versauerten Horizonten von Waldböden auf (Hüttl, 1991; Feger, 1993 u.a.).

Daneben wirkt Aluminium auch toxisch auf die Bodenflora und -fauna, was eine Abnahme der biologischen Aktivität zur Folge hat (Abb. 12.1). Von den Mikroorganismen sind Bakterien, die die höchsten Abbauleistungen bei der Streuzersetzung aufweisen, bei pH-Werten unter 4,0 - 3,5 kaum noch aktiv, und pilzliche Organismen treten milieubeherrschend auf (Brümmer, 1981, 1987; s. Kap. 10.3). Die Hemmung der Mikroorganismentätigkeit führt zur Bildung von organischen Auflagehorizonten und ungünstigen Humusformen. Dadurch werden wiederum bodeninterne Protonenquellen in Gang gesetzt, die die Bodenversauerung noch verstärken können (Ulrich, 1985).

Al-Toxizität bei pH-Werten unter 4,0 - 3,5 hat ferner dazu geführt, daß Bodenwühler, insbesondere Lumbriciden, die wesentlich an der Lockerung und Belüftung der Böden beteiligt sind, heute in vielen Waldböden weitgehend fehlen (Brümmer, 1981, 1987) (s. Kap. 11). Dies kann zu einer zunehmenden Bodenverdichtung und damit zu einer erhöhten Staunässebildung führen.

Wie aus Untersuchungen von Weyer (1992), Büttner (1993) u.a. hervorgeht, können Mn- und Fe-Ionen in der Bodenlösung versauerter Walstandorte Konzentrationen erreichen, die der Al-Konzentration vergleichbar sind. Dies gilt insbesondere für sehr stark bis extrem versauerte humose Oberböden (z. B. Standort Kottenforst), wo die Mn- und Fe-Gehalte in der Bodenlösung bis zu 13 bzw. 8 mg/l erreichen (s. Kap. 6.2.3). Nach Rorison (1971) kann sowohl Mn^{2+} als auch Fe^{2+} in sauren Nährlösungen stärker toxisch wirken als äquivalente Mengen von Aluminium. In manchen Waldgebieten werden heute toxische Mn-Konzentrationen von mehreren Tausend mg/kg in Fichtennadeln gemessen (Schöne, 1987; Lindner, 1988). Im Gegensatz dazu stellte Aldinger (1987) anhand von Nadel- und Bodenanalysen verschieden stark geschädigter Fichten- und Tannenbestände im Schwarzwald einen Mangan-Mangel fest. Aldinger (1987) führt diese Beobachtung auf die starke Mn-Auswaschung mit dem Sickerwasser als Folge der starken Bodenversauerung zurück. Damit weisen die Mn-Gehalte von Nadeln regional deutliche Unterschiede auf. Der Mn-Ernährungszustand der Waldbäume kann offenbar in Abhängigkeit von den regional unterschiedlichen Bodeneigenschaften den gesamten Bereich zwischen Mangel und Toxizität abdecken.

Neben Mangan, Eisen und Aluminium werden auch Schwermetalle mit abnehmenden pH-Werten zunehmend mobilisiert und somit pflanzenverfügbar. Bereits bei pH-Werten unterhalb 6,0 - 5,5 beginnt - neben der Mn^{2+}-Freisetzung - eine Mobilisierung von Cadmium und Zink, während Kupfer bei pH-Werten < 5,0 - 4,5 und Blei unter 4,0 verstärkt freigesetzt werden (Brümmer et al.,

1986; Brümmer, 1987). Als Folge der zunehmenden Schwermetallverfügbarkeit konnten Brümmer (1987) sowie Hornburg (1991) erhöhte Gehalte an Mangan, Zink, Cadmium und Blei in der Kraut- und Grasvegetation extrem versauerter Waldstandorte Schleswig-Holsteins feststellen. Ebenso wurden von anderen Autoren erhöhte Cd- und Hg-Gehalte in Waldpilzen festgestellt. Es ist anzunehmen, daß die erhöhte Mobilität potentiell toxischer Schwermetalle in versauerten Waldböden und deren erhöhter Transfer in die Vegetation eine der wesentlichen Ursachen für die immer wieder festgestellten Schwermetallanreicherungen in Niere und Leber von Wildtieren ist.

Die verstärkte Verlagerung und Auswaschung von Mn, Fe und Al sowie von verschiedenen anderen Schwermetallen im Boden führt dazu, daß Grundwasser und Oberflächengewässer im Einzugsbereich von Waldgebieten steigenden Belastungen mit diesen Metallen ausgesetzt sind (Abb. 12.1; s. Kap. 8 u. 9). Großflächige Versauerungserscheinungen von Oberflächengewässern werden in Skandinavien bereits seit den 70er Jahren beobachtet (Jacks et al., 1984). In der Bundesrepublik Deutschland konnten Veränderungen im Chemismus von Oberflächengewässern (z.B. pH-Absenkung, Anstieg der Al-, Fe-, Mn-, Zn-, Cd-, SO_4-Konzentration) während der letzten zehn Jahre festgestellt werden, die in einem engen Zusammenhang mit sauren Depositionen sowie der weitflächig auftretenden starken Bodenversauerung von Waldgebieten stehen (Lehnert und Steinberg, 1984; Zöttl et al., 1984; Lehmann et al., 1985; Puhe und Ulrich, 1985).

Die beschriebenen Bodenschäden, wie sie heutzutage in sehr stark bis extrem versauerten Waldböden auftreten, sind ganz wesentlich eine Folge des stark erhöhten Eintrages atmosphärischer Luftverunreinigungen während der letzten 40 Jahre. Neben den direkten Wirkungen der Luftschadstoffe auf Organismen hat die Schadstoffdeposition durch Beschleunigung der Versauerung, Silicatzerstörung und Nährstoffverarmung zu ganz wesentlich veränderten Stoffkreisläufen in Waldböden geführt, mit denen Degradierungsphänomene der gesamten Waldökosysteme verbunden sind. Neben den negativen Auswirkungen auf Bodenflora und -fauna sowie auf die höheren Pflanzengesellschaften der Wälder sind auch Rückwirkungen auf die Lebensgemeinschaften der höheren Tiere in Waldgebieten zu erwarten (und auch schon zu beobachten). Die stetig zunehmende Anzahl gefährdeter Pflanzen- und Tierarten (s. Rote Liste) ist nicht nur als Folge einer intensiven Landwirtschaft, sondern auch als Folge einer znehmenden Degradierung von Waldökosystemen zu sehen (Brümmer, 1993).

Um weitere negative Auswirkungen zu vermeiden, ist es unumgänglich, eine weitere Minderung der Schadstoffemissionen vorzunehmen und gleichzeitig Maßnahmen zur Kompensation der bereits eingetretenen Versauerung und Nährstoffverarmung (vor allem an Ca und Mg) der Waldböden durchzuführen. Aus diesem Grund haben zahlreiche Forstverwaltungen Schutzmaßnahmen zur Erhaltung der Funktionsfähigkeit der Waldböden im wesentlichen in Form von Kalkungsmaßnahmen eingeleitet. Beese (1985) faßt die Ziele von Kalkungsmaßnahmen wie folgt zusammen:

1. Erhöhung der Ca^{2+}- und Mg^{2+}-Gehalte in der Bodenlösung und am Bodenaustauscher;
2. Verminderung der Protonen- und Kationsäurebelastung im Wurzelraum;
3. Verbesserung des Wurzelwachstums und Vergrößerung des Wurzelraumes;
4. Schaffung eines Bodenmilieus, in welchem Bodenwühler aktiv sind;

5. Aufbau einer Krautschicht;
6. Veränderung der Humusform in Richtung "Mull";
7. Verbesserung der Wasser- und Basenversorgung von Blättern und Nadeln. Dadurch besseres Puffervermögen gegenüber Säuren im Kronenraum und Stabilisierung des Ionenhaushalts.

Die Auswirkungen von Kalkdüngungsversuchen in Labor- und Feldexperimenten wurden von zahlreichen Bearbeitern untersucht (Matzner, 1985; Kreutzer u. Bittersohl, 1986; Hantschel, 1987; Feger et al., 1989; Kaupenjohann, 1989; Wenzel, 1989; Gehrmann, 1990; Hildebrand, 1991; Sauter, 1991; Weyer, 1993). Die Wirkungsgeschwindigkeit und -tiefe, die Nachhaltigkeit der Kalkwirkung und auch potentiell negative Auswirkungen sind von Art, Mahlfeinheit und Menge der verwendeten Kalke abhängig. Eine feinere Vermahlung kann die Tiefenwirkung fördern sowie die Wirkungsgeschwindigkeit steigern (Weyer, 1993). Grobe Kalke wirken dagegen langsamer und nachhaltiger (Matzner, 1985; Beese et al., 1987; Schröder, 1988; Wenzel, 1989).

In einem Freilandexperiment im Höglwald (Wuchsbezirk Oberbayerisches Tertiärhügelland) wurden die Auswirkungen eines feinvermahlenen Dolomits (4 t/ha) geprüft. Dabei stellte sich heraus, daß Mg bedeutend schneller als Ca in den Mineralboden transportiert wurde (Schierl u. Kreutzer, 1989). Die Bedeutung des Magnesiums bei der Waldkalkung wird in den Ergebnissen diagnostischer Düngungsversuche deutlich. In jungen bis mittelalten Beständen konnten durch Zufuhr von Mg-Sulfat und Mg-Carbonat die spezifischen Mangelsymptome behoben und damit eine Vitalisierung der Bäume erreicht werden (Zech, 1983; Hüttl, 1985; Horn und Zech, 1987; Kaupenjohann, 1987; Zöttl und Hüttl, 1987).

1988 erfolgten u.a. im Kottenforst bei Bonn (Betriebsbezirk Buschhoven und Venne) Kompensationskalkungen. Auf einer Fläche von 600 ha wurden jeweils 30 dt/ha kohlensaurer Magnesiumkalk per Hubschrauber ausgebracht. Bodenchemische Untersuchungen zur Auswirkung der oberflächlichen Ausbringung von Kalk (Veerhoff und Brümmer, unveröffentlichte Ergebnisse, 1994) führten nach sechs Monaten lediglich in der humusreichen obersten Schicht von 0 - 2 cm zu einer Anhebung des pH($CaCl_2$)-Wertes von durchschnittlich 3,6 auf 3,9 unter Laubwald und von 2,9 auf 3,1 unter Fichtenwald. In 23 - 25 cm Tiefe konnte kein Einfluß des Kompensationskalkes auf den pH-Wert mehr festgestellt werden. Positive Effekte zeigten sich vor allem in einer deutlichen Anhebung der Basensättigung in 0 - 2 cm Tiefe von im Mittel 13 auf 20 % in Böden unter Fichte und von 20 auf 45 % unter Laubwald, die vor allem auf einen Anstieg der Gehalte an austauschbarem Calcium und Magnesium zurückzuführen waren. Ein Rückgang war bei den austauschbaren, sauer wirkenden Kationen - vor allem bei Aluminium, aber auch bei Eisen und Mangan - festzustellen. Dennoch bilden Al-Ionen mit durchschnittlich 50 % nach wie vor den Hauptanteil an austauschbaren Kationen.

Die Ergebnisse zeigen, daß die einmalige Kompensationskalkung zwar eine deutliche Verbesserung des bodenchemischen Zustandes in den obersten 2 cm erbrachte, jedoch nicht ausreicht, um die Gefahren der Al-Toxizität und des Nährstoffmangels im gesamten Intensivwurzelbereich (bis 50 cm Tiefe) von stark bis extrem versauerten Böden zu beseitigen. Der Haupteffekt in der Kompensationskalkung liegt somit vorrangig in der oberflächennahen Pufferung der anthropogenen Einträge an Säuren und Säurebildnern und in einer Stabilisierung bzw. geringen Verbesserung des gegenwärtigen bodenchemischen Zustandes. Aus diesem Grund ist eine Kalkung mit 30 dt/ha gemahlenem Dolomit - je nach Ausmaß der Bodenversauerung - in 3- bis 5-jährigen Abständen zu wiederholen.

Zur Verminderung weiterer irreparabler Silicatzerstörungen ist eine Anhebung und langfristige Einstellung des pH-Wertes auf 4 - 4,5 erforderlich. Gleichzeitig könnte hierdurch die Verfügbarkeit und Mobilität toxisch wirkender Al-Ionen sowie einiger Schwermetalle, insbesondere Mn-Ionen, drastisch herabgesetzt werden. Auch eine Wiederbesiedlung der Böden mit Lumbriciden und eine Erhöhung der gesamten biotischen Aktivität könnte damit erreicht werden. Aus Kalkbedarfsbestimmungen an Oberbodenhorizonten von Fichtenstandorten im Bereich des Kottenforstes bei Bonn mit Ausgangs-pH($CaCl_2$)-Werten zwischen 3,2 und 3,5 geht hervor, daß für einen 5 cm mächtigen Oberboden 90 - 110 dt/ha $CaCO_3$ notwendig sind, um den pH von 3,2 auf 4,5 anzuheben (Veerhoff und Brümmer, unveröffentlichte Ergebnisse, 1994). Wenn die Kalkung im Verlauf längerer Zeit bis in einige dm Tiefe wirken soll, sind wesentlich höhere Kalkgaben erforderlich. Derart hohe Kalkmengen können nur in mehrfachen Gaben über längere Zeiträume ausgebracht werden. Eine einmalige Gabe der Gesamtmenge würde erhebliche Eingriffe in das Waldökosystem bedeuten, und die negativen Auswirkungen, wie z.B. starker Humusabbau und beträchtliche Stickstoffverluste, wären nur schwer kalkulierbar.

Da auch eine langristige pH-Anhebung im Intensivwurzelbereich, d.h. bis in eine Tiefe von 50 cm, anzustreben ist, muß der Kalkdünger möglichst gleichmäßig in die gesamte zu beeinflussende Bodentiefe eingemischt werden. Derartige Meliorationskalkungen sind jedoch nur vor der Verjüngung auf Kahlflächen möglich und verursachen selbst dann noch hohe Kosten.

Für eine Minderung von Schäden in Waldökosystemen ist außerdem anhand von Boden- sowie Nadel-/Blattuntersuchungen zu prüfen, ob neben Mg- und Ca-Mangel bei gleichzeitigem Al- und z.T. auch Fe- und Mn-Überschuß weiterer Mangel an Nährelementen (z.B. K, P, Mo) vorliegt. Im Falle eines absoluten Mangels einzelner Nährelemente sind auch diese gezielt und der jeweiligen regionalen Situation angepaßt den Waldböden durch Düngung zuzuführen.

Zur Vermeidung weiterer Bodenzerstörung durch Versauerung mit den beschriebenen ökologischen Konsequenzen ist eine Kalkung und eventuell auch Düngung der Waldböden dringend erforderlich, auch wenn die Kosten hierfür als Folgekosten der Luftverschmutzung erheblich sein werden.

Die Größenordnung der durch die Kalkung anfallenden Kosten in der BRD läßt sich nur grob abschätzen. Legt man die in Kap. 6.1 aufgezeigte Häufigkeitsverteilung der pH($CaCl_2$)-Werte in den Tiefenstufen 0 - 10 und 10 - 50 cm von Waldböden in der BRD für eine Kostenkalkulation zu Grunde, so liegen über 50 % der pH-Werte unter 4,0. Der Medianwert für beide Tiefenstufen beträgt 3,8. Geht man anhand dieser Daten davon aus, daß ca. 50 % der Waldflächen in der BRD gekalkt werden müssen, so entspricht dies einer Fläche von ca. 5 Mio. ha. Für die Anhebung der pH($CaCl_2$)-Werte bis in 50 cm Bodentiefe von durchschnittlich 3,8 auf das Kalkungsziel 4,5 sind nach groben Abschätzungen aus den vorliegenden Literaturdaten (Neck, 1989; Hantl, 1990;

Weyer, 1993 u.a.) ca. 100dt/ha notwendig. Für die derzeitig übliche Ausbringung von 30 dt/ha kohlensaurem Magnesiumkalk per Hubschrauber müssen Kosten von ca. 300 - 400 DM veranschlagt werden. Für die Ausbringung von 100 dt/ha würden folglich Kosten in Höhe von etwa 1.000 DM/ha anfallen. Multipliziert man diese Zahl mit der zu kalkenden Waldfläche in der BRD von ca. 5 Mio. ha, würden somit Kosten von insgesamt 5 Mrd. DM entstehen. Die Ausbringung von 100 dt/ha Magnesiumkalk würde nach der derzeitig üblichen Kalkungspraxis in einem Zeitraum von 9 - 15 Jahren erfolgen, so daß die jährlichen Kosten allein für die Kalkung auf etwa 300 - 500 Mio. DM zu beziffern wären. Die berechneten Kosten stellen nur grobe Abschätzungen dar, da sowohl die Folgekosten der zukünftigen Säureeinträge als auch die weiteren Schäden in der Forstwirtschaft (Wiederaufforstung u.a.) unberücksichtigt bleiben. Brabänder (1987) beziffert die als Folge der neuartigen Waldschäden verursachten Kosten für Sanierungsmaßnahmen, z.B. Kalkung und Düngung, Wiederaufforstungen u.a. mit durchschnittlich 5.000 DM pro ha Waldfläche. Nach Evers et al. (1986) betragen die durch die Waldschäden in der Bundesrepublik Deutschland entstandenen volkswirtschaftlichen Gesamtschäden jährlich zwischen 5,5 (Trend-Szenario) und 8 Mrd. DM (Status-quo-Szenario). Selbst wenn die von der Bundesregierung ergriffenen Maßnahmen zur Reduzierung der Schadstoffemissionen wirksam werden, nehmen die Autoren bis zum Jahr 2060 Gesamtkosten in Höhe von ca. 874 Mrd. DM an.

13 Prognosen zur künftigen Entwicklung von Bodendegradierungsprozessen in Waldböden als Folge von Säurebelastung

Die internationale Zusammenarbeit auf dem Gebiet der Luftreinhaltung führte auch in Europa zu veränderten Zielstellungen und neuen Strategien bei der Luftreinhaltung. Diese konzentrieren sich heute nicht mehr allein darauf, zulässige Höchstgrenzen von Schadstoffemissionen festzulegen, sondern versuchen mit einem ökosystemaren Ansatz, der die tatsächlichen Belastungsgrenzen unterschiedlicher Biotope berücksichtigt, Sensitivitätsbereiche von Ökosystemen aufzuzeigen. Ein solcher ökosystemarer Ansatz ist die Bestimmung von ökologischen Belastungsgrenzen für wichtige natürliche Rezeptoren (z.B. Pflanzen bzw. Pflanzengemeinschaften u.a.) und definierte Schadstoffe (Critical Loads & Levels-Konzept).

13.1 Critical Levels für Luftschadstoffe in der Bundesrepublik Deutschland

Der methodische Ansatz zur Kartierung kritischer Immissionsbelastungen, der sogenannten Critical Levels, basiert auf den Ergebnissen und Empfehlungen des vom Umweltbundesamt organisierten UN ECE-Workshops in Bad Harzburg 1988 (UN ECE, 1988). Aufgrund neuester Forschungsergebnisse hinsichtlich der Dosis-Wirkungsbeziehung gasförmiger Schadstoffe gegenüber definierten Rezeptoren wurden Grenzwerte festgelegt, die eine Schädigung ausschließen. Das Ziel der Kartierung ist die Erfassung von Gebieten, in denen die Critical Levels überschritten werden.

Der UN ECE-Workshop in Bad Harzburg definierte die zu ermittelnden Grenzwerte oder Critical Levels als "die Konzentration von Schadgasen in der Atmosphäre, bei deren Überschreitung nach derzeitigem Wissensstand direkte Schädigungen an Rezeptoren wie Pflanzen, Ökosystemen oder Materialien (z.B. Gebäude, Brücken u.a.) auftreten können" (UN ECE 1988).

Hierbei umfaßt der Begriff "Konzentration" sowohl hohe als auch niedrige Konzentrationen von Luftschadstoffen in Abhängigkeit von der Dauer ihres Auftretens (kurzzeitig, unter 24h oder langanhaltend, über 24h). Als Schadgase werden SO_2, NO_x, NH_x und O_3 sowohl einzeln als auch in Kombination betrachtet. Die Intention der Kartierung ist jedoch die Erfassung weitreichender grenzüberschreitender Schadstofftransporte.

Anhand einer Verschneidung der SO_2-Immissionskarten, welche die mittlere Immissionsbelastungen für SO_2 in den Jahren 1988 und 1990 in der BRD wiedergeben (nicht dargestellt), mit Karten der Waldflächenverteilung (NOAA-Waldkarte, s. Köble et al., 1993) wurden die Waldflächen mit Über- bzw. Unterschreitung des Critical Levels von 20 µg/m³ erfaßt (Kölbel et al., 1993). Regional treten die höchsten Überschreitungen des Critical Levels für Waldgebiete im Saarland, im Ruhrgebiet und mit Ausnahme des nördlichen Teils von Mecklenburg-Vorpommern im gesamten Gebiet der östlichen Bundesländer auf (Abb. 13.1), wobei für das Saarland und das Ruhrgebiet deutliche Verbesserungen der Luftqualität hinsichtlich der SO_2-Konzentration im Jahr 1990 zu verzeichnen sind.

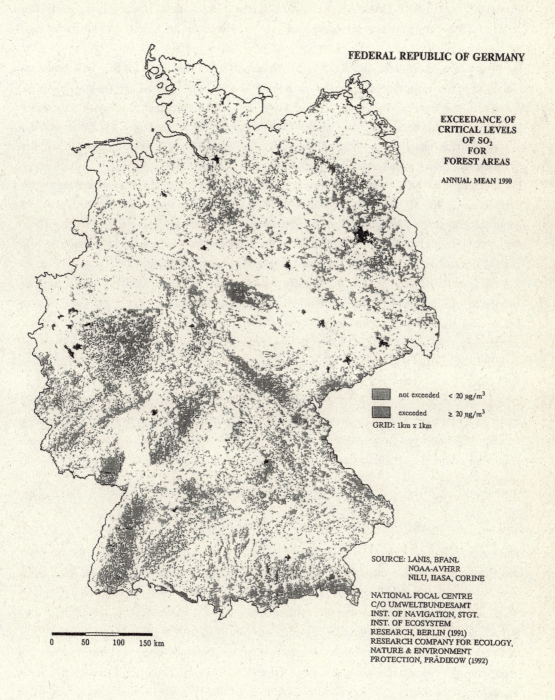

Abb. 13.1: Überschreitung der Critical Levels für SO_2 in Wäldern (1990) (Köble et al., 1993)

siehe Farbtafel im Anhang

Dagegen verschlechterte sich die Immissionssituation in Mecklenburg-Vorpommern, so daß auch hier 1990 der Critical Level für landwirtschaftliche Nutzpflanzen überschritten wird. Die geringsten SO_2-Werte weisen das Alpengebiet sowie Teile von Oberbayern und Oberschwaben mit < 10 µg/m³ auf.

Ein Vergleich der Karte hinsichtlich der Überschreitung der Critical Levels für SO_2 in Wäldern im Jahr 1988 (nicht dargestellt) mit der für das Jahr 1990 zeigt, daß 1988 noch etwa auf der Hälfte der Fläche des Bundesgebietes der Critical Level für Waldgebiete und Areale mit natürlicher Vegetation überschritten wird, während dies 1990 nur noch etwa für ein Drittel der Fläche zutrifft. Nur im Bereich ohnehin sehr hoher Immissionsbelastungen konnte eine Verschlechterung der Situation von 1990 gegenüber 1988 festgestellt werden.

Für die Schadgase NO_x treten mit Ausnahme von Berlin und Umgebung Überschreitungen des Critical Levels von 30 µg/m³ vorwiegend in Ballungsgebieten der alten Bundesländer auf (nicht dargestellt). Deutlich korreliert das Auftreten hoher Immissionswerte mit den Gebieten größter Verkehrsdichte, da in den alten Bundesländern etwa 2/3 der NO_x-Emissionen (Angaben für das Jahr 1989) auf den Kraftfahrzeugverkehr zurückzuführen sind (Umweltbundesamt, 1992). Im süddeutschen Raum sind vor allem der Mittlere Neckarraum, die Region Karlsruhe Mannheim, der Großraum München sowie Nürnberg betroffen, wo eine Überschreitung des Critical Level-Wertes um bis zu 100 % ermittelt wurde (Köble et al., 1993). Nach Norden setzen sich die Gebiete mit starker Belastung über Frankfurt, Kassel, Hannover bis nach Hamburg fort. Auch im Ruhrgebiet wird der Critical Level in weiten Teilen überschritten. Insgesamt weisen sowohl 1988 als auch 1990 ca. 30 % der Fläche des Bundesgebiets eine Immissionsbelastung von > 30 µg/m³ NO_x auf. Sehr geringe Stickstoffoxidwerte (< 10 µg/m³) wurden 1988 im Alpenraum, im Thüringer Wald sowie im Raum Neubrandenburg, Rostock einschließlich der Insel Rügen gemessen. In allen gering belasteten Gebieten war jedoch 1990 eine Zunahme der Immissionswerte zu verzeichnen. Dagegen konnte allgemein ein Rückgang der Immissionen im Bereich höherer Konzentrationen festgestellt werden.

13.2 Erfassung von Critical Loads (CL) in der Bundesrepublik Deutschland

Die Bestimmung und Kartierung der Critical Loads in Deutschland steht in Übereinstimmung mit der Vorgehensweise, die die Task Force on Mapping Critical Loads/Critical Levels für Europa einheitlich vorgeschlagen und ausführlich in mehreren Veröffentlichungen dargestellt hat (UN ECE, 1990). Nach der allgemeinen Definition lassen sich Critical Loads für den Säureeintrag (CL_{AC} in IÄ ha^{-1} a^{-1}) folgendermaßen beschreiben (UN ECE, 1991):

"Critical Loads sind die quantitativen Abschätzungen des Eintrages eines oder mehrerer versauernd wirkender Schadstoffe, die nach heutigem Stand des Wissens keine signifikanten Schäden am Rezeptorsystem verursachen. Signifikante Schäden eines Waldökosystems sind zu erwarten, wenn kritische chemische Werte der Bodenlösung über- oder unterschritten werden, von denen bekannt ist, daß dies zu einer Destabilisierung der Bodenprozesse oder zu Schäden an der Vegetation führt" (UN ECE, 1991).

Als kritische chemische Werte sind die Protonen- und Aluminiumkonzentration sowie ein kritisches Ca+Mg/Al-Verhältnis in der Bodenlösung anzusehen (Hütterman und Ulrich, 1984; Rost-Siebert, 1985; UN ECE, 1991). Das Ca+Mg-/Al-Verhältnis fließt in die Berechnungen mit seinem Kehrwert ein. Die kritischen chemischen Grenzwerte sind in Tab. 13.1 dargestellt.

Tab. 13.1: Kritische chemische Werte in der Bodenlösung von Waldböden

Parameter	Einheit	Wert
(Al)	mol IÄ m^{-3}	0,2
Al/Ca +Mg	mol IÄ m^{-3}/ mol IÄ m^{-3}	1,5
pH	-	4,0

Quelle: Hettelingh und de Vries, 1991

Critical Loads können somit auch als die maximale Deposition beschrieben werden, bei deren langfristigem Eintrag sich die Verhältnisse in der Bodenlösung nicht dahingehend ändern, daß einer der in Tab. 13.1 aufgeführten kritischen chemischen Werte überschritten wird. Die Zusammensetzung der Bodenlösung bildet somit das Grenzkriterium, das angelegt wird, um die kritische Grenze des Eintrags festzusetzen.

Zur Berechnung wird ein Massenbilanzansatz verwendet. Wie auf einer Waage werden dabei die Quellen der Acidität gegen die Quellen der Alkalinität aufgewogen. Die Einstellung des Gleichgewichtes erfolgt durch die Depositionsrate in Wechselwirkung mit der Pufferrate der Böden. Critical Loads entsprechen damit der Säuredeposition pro Zeiteinheit, die von der gesamten Säureneutralisationskapazität des Systems pro Zeiteinheit (ANC) (= Pufferrate) neutralisiert werden kann (UN ECE, 1990; UN ECE, 1991). Die gesamte ANC des Systems setzt sich aus der ANC der Festsubstanz (Boden bzw. Gestein) und der ANC der Bodenlösung zusammen. Letztere ist von den Raten der kationenliefernden Prozesse im Boden abhängig (s. Kap. 5.1 und 9).

Bei gesamtheitlichen Ökosystembetrachtungen spiegelt die ANC der Bodenlösung die Veränderung der ANC in der Festsubstanz wieder und wird deshalb bei der Modellierung von Massenbilanzen verwendet. Die Berechnungen erfolgen auf einer einfachen Stufe mit steady state-Modellen (nicht dynamischen Modellen). Diese werden als einfaches Gleichungssystem (Simple Mass Balance, SMB) oder als Modell mit computergestützten iterativen Berechnungen der protonenkonsumierenden bzw. -produzierenden Prozesse formuliert (Modell Profile, Sverdrup et al., 1990). Beide beschreiben die Massenbilanz als Gleichgewicht, von dem angenommen wird, daß es sich über einen langen Zeitraum einstellt. Diese protonenkonsumierenden bzw. -produzierenden Prozesse sind in Gleichung 1 zusammengefaßt (Köble et al., 1993)

$$CL_{AC} = ACN = BC_w + BC_d + ANC_{ex} - BC_u - AC_N - ANC_{L(crit)} \tag{1}$$

wobei:

CL_{AC}	- Critical Load für den Säureeintrag (IÄ ha^{-1} a^{-1})
ACN	- Säureneutralisationskapazität der Bodenlösung pro Zeiteinheit (IÄ ha^{-1} a^{-1})
BC_w	- Verwitterungsrate (IÄ ha^{-1} a^{-1})
BC_d	- Deposition basischer Kationen (IÄ ·a^{-1} a^{-1})
ANC_{ex}	- Pufferungsrate durch Prozesse am Austauscherkomplex des Bodens (IÄ ha^{-1} a^{-1})
BC_u	- Aufnahme basischer Kationen durch die Vegetation (IÄ ha^{-1} a^{-1})
AC_N	- Bodeninterne Säureproduktion durch stickstoffumsetzende Prozesse (IÄ ha^{-1} a^{-1})
$ANC_{L(crit)}$	- Kritischer Austrag der SNK der Bodenlösung (IÄ ha^{-1} a^{-1})

Alle Simple-Mass-Balance (SMB)-Gleichungen basieren, neben der rechnerischen Vereinfachung, auch auf einigen vereinfachenden Annahmen, die die im Ökosystem herrschenden Randbedingungen betreffen (Köble et al., 1993).

1. Die Berechnungen gelten nur für saure Waldböden (d.h. pH < 5).
2. Die Kationenbelegung am Austauscher befindet sich im stationären Zustand (steady state), es findet keine Nettozu- oder -abnahme des Basenvorrats statt.
3. Die Nettofestlegung von Kationen und Stickstoff in der Biomasse wird als Funktion von Bestandesalter und Landnutzungsmaßnahmen nicht in die Berechnung einbezogen.
4. Der Stickstoffkreislauf befindet sich im stationären Zustand; N-Fixierung und Denitrifikation werden nicht berücksichtigt oder heben sich auf.
5. Alle Raten können als Jahresmittelwerte angegeben werden; saisonale Prozesse haben keinen Einfluß.
6. Es findet keine Nettoänderung der Sulfatkonzentration innerhalb des Systems statt.
7. Alle Wasserflüsse verlaufen in vertikaler Richtung.
8. Das Modell betrachtet nur eine Bodenschicht, für die die Verhältnisse des Mineralbodens angenommen werden. Die Prozesse in der Humusauflage werden vernachlässigt.

Einen komplexeren Ansatz bietet die Verwendung von dynamischen Modellen. Mit diesen werden die an der Bodenversauerung oder Eutrophierung beteiligten Prozesse in ihrer zeitlichen Dynamik modelliert. Die zu berücksichtigenden Prozesse gliedern sich dabei in die Bereiche Bodendynamik und Wachstums- bzw. Vegetationsdynamik. Die Modellierung der Bodendynamik erfordert Berechnungen über eine Reihe von Gleichgewichtsprozessen, in die ebenfalls die kritischen Werte der Bodenlösung eingehen (Tab. 13.1). Hier ist es möglich, die Pufferungsprozesse am Bodenaustauscher zu berücksichtigen, die in den statischen Modellen bislang vernachlässigt wurden. Bei der Berechnung von Szenarien, in die auch forstwirtschaftliche Praktiken (Nutzungseingriffe) eingehen sollen, ist die Verwendung von Wachstumsmodellen und ihre Verknüpfung mit den entsprechenden Bodenmodellen wünschenswert. Aufgrund ihrer höheren zeitlichen und regionalen

Auflösung benötigen dynamische Modelle eine höhere Anzahl von Parametern. Deren mangelnde Verfügbarkeit in einem größeren Maßstab verhinderte bislang eine flächendeckende Anwendung (Köble et al., 1993).

13.2.1 Depositionen von Säurebildnern und basischen Kationen

Um den politischen Handlungsbedarf hinsichtlich der Begrenzung der Emissionen von Luftschadstoffen abschätzen zu können, müssen neben der Kenntnis der Critical Loads auch Angaben über die geographische Lage der Gebiete vorliegen, in denen die kritischen Werte überschritten werden. Darüber hinaus sind vor allem die Höhe der Überschreitung der Critical Loads sowie die damit verbundenen ökologischen und wirtschaftlichen Folgen von großer Wichtigkeit. Die Ermittlung der Gebiete mit einer Überschreitung der Critical Loads erfolgt durch die Überlagerung der Critical Loads-Karten mit entsprechenden Depositionskarten der sauer wirkenden Ionen (SO_4^{2-}, NO_3^-, NH_4^+) und basisch wirkenden Kationen (Ca^{2+}, Mg^{2+}, K^+, Na^+). Die Datenaquisition im Rahmen des Critical Loads/Critical Levels-Projektes für die Ermittlung der Depositionsbelastung erfolgte durch die Forschungsgesellschaft für Ökologie, Natur- und Umweltschutz (ÖNU). Grundlage für die Berechnung der Deposition luftbürtiger Schadstoffe mit Hilfe von Ausbreitungsmodellen bilden primär Daten zur Emission und der Landnutzung sowie meteorologische Parameter. Neben den Ergebnissen aus Schadstoffdistributionsmodellen wurden Depositionsmessungen von kontinuierlich betriebenen Meßstationen, z.B. des Meßnetzes des Umweltbundesamtes sowie Literaturdaten von Bulk-Messungen im Freiland (Meßzeitraum mindestens ein Jahr) in den Jahren 1979 bis 1989 für die Ermittlung der Depositionsbelastung im gesamten Bundesgebiet verwendet.

"Um bei der Verwendung von Depositionsdaten aus dem Freiland einen Wert für die gesamte, den Bestand beeinflußende Deposition zu erhalten, sind für verschiedene Bestandestypen Filterungsfaktoren bestimmt worden. Danach sind die Depositionen in Buchenbeständen um Faktoren zwischen 1,1 und 2,0, in Fichtebeständen dagegen um Faktoren zwischen 2,1 und 3,6 gegenüber der Freilanddeposition erhöht. Die Validierung der Modellergebnisse erfolgt in der Regel durch den Vergleich mit Meßdaten an ausgewählten Stationen" (Köble et al., 1993).

Eine flächendeckende Darstellung der Säuredeposition im Freiland als Summe der SO_4^{2-}-, NO_3^-- und NH_4^+-Deposition in kmol IÄ ha^{-1} a^{-1} wurde durch die Interpolation der Emissionswerte aus 160 Meßstationen erreicht. Abb. 13.2 zeigt die Ergebnisse der Bestandesdeposition von Säuren im Wald (Mittel der Jahre 1979 - 1989) nach der Korrektur für Nadel- und Laubwaldbestände in der Bundesrepublik Deutschland (Köble et al., 1993). Für einen Großteil der Waldflächen in der Bundesrepublik Deutschland wurde eine Gesamtsäuredeposition von 6 kmol IÄ ha^{-1} a^{-1} ermittelt. In weiten Teilen des Bergischen Landes, des Sauerlands, der norddeutschen Tiefebene, des Thüringer Waldes, Fichtelgebirges, Oberpfälzer Waldes und großflächig in den östlichen Bundesländern werden diese Beträge noch deutlich überschritten.

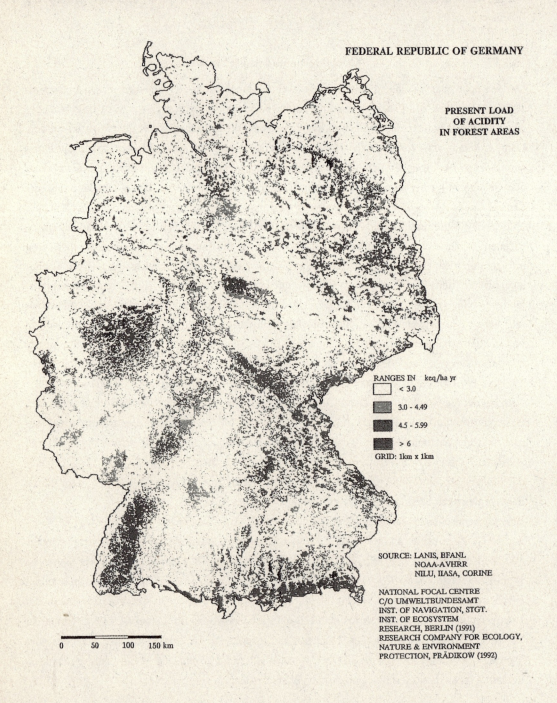

Abb. 13.2: Depositionsraten von Säuren in Waldgebieten (Köble et al., 1993)

siehe Farbtafel im Anhang

Auch in emissionsfernen Lagen, z.B. im Schwarzwald, Harz oder im Alpenraum, ist von einer deponierten Gesamtsäuremenge im Bestand von 4,5 - 6 kmol IÄ ha^{-1} a^{-1} auszugehen. Vergleicht man die Depositionsraten der Säurebildner SO_4^{2-}, NO_3^- und NH_4^+ im einzelnen, so zeigen sich hier deutliche regionale Unterschiede. Während die SO_4^{2-}-Depositionswerte im Mittel für das Bundesgebiet bei 0,9 kmol IÄ ha^{-1} a^{-1} (Medianwerte aus 204 Meßstationen) liegen, treten extrem hohe Depositionswerte von über 3 kmol IÄ ha^{-1} a^{-1} nur an wenigen Meßstationen vor allem in den Bundesländern Thüringen, Sachsen und Sachsen-Anhalt auf. Hier beträgt der Schwefelanteil an der Säuredeposition für Laub- und Nadelwald meist über 80 %.

Die Verteilung der NO_3^- und NH_4^+-Depositionen ist im Vergleich zu den SO_4^{2-}-Depositionen wesentlich gleichmäßiger. Sehr hohe Depositionswerte von über 1 kmol IÄ ha^{-1} a^{-1} für NO_3^- (Median 0,43 kmol IÄ ha^{-1} a^{-1} (n = 198)) bzw. NH_4^+ (Median 0,57 kmol IÄ ha^{-1} a^{-1} (n = 169)) werden in den Bereichen mit intensiver Landwirtschaft (Münsterland, Emsland, Fläming) gemessen (s. Kap. 3.2 und 5.4)

13.2.2 Critical Loads für den Säureeintrag in Waldböden

Wie in Kap. 13.2 kurz beschrieben, können die Critical Loads mit verschiedenen Massenbilanz-Gleichungen bestimmt werden (UN ECE, 1988, 1990, 1991; de Vries, 1991). Die Eingabevariablen für alle Berechnungen stammen aus der Datenbasis der gemeinsamen Geometrie der miteinander verschnittenen Grundkarten (Köble et al., 1993). Die Karte der Critical Loads für Säureeintrag in Waldböden (Abb. 13.3) ist aus der Überlagerung der anhand der modifizierten Simple-Mass-Balance-Gleichung (SMB_{mod}) berechneten Critical Loads-Werte und der Karte der Waldflächenverteilung (NOAA-AVHRR-Satellitendaten) entstanden (Köble et al., 1993). Für jedes 1 x 1 km Pixel ist der Critical Load-Wert für den dort vorherrschenden Waldtyp dargestellt.

Nach der Berechnung mit der SMB_{mod}-Gleichung liegen ca. 23 % der deutschen Waldflächen im Bereich niedriger Critical Loads-Werte, d.h. unter 0,5 kmol IÄ ha^{-1} a^{-1}. Bei 45 % werden Depositionsraten von 0,5 - 2,0 kmol IÄ ha^{-1} a^{-1} noch toleriert. Für weitere 30 % der Waldfläche wurde ein Critical Loads-Wert von über 2,0 kmol IÄ ha^{-1} a^{-1}ermittelt (Köble et al., 1993). Die Karte der Critical Loads für den Säureeintrag in Waldböden zeigt, daß großflächig niedrige Werte zwischen 0,2 und 1,0 kmol IÄ ha^{-1} a^{-1} vor allem im Gebiet der norddeutschen Tiefebene aber auch im Ostharz, Solling, Thüringer Wald, Erzgebirge, Oberpfälzer Wald, Bayerischen Wald, Pfälzer Wald, Odenwald, Spessart und Hunsrück/Taunus sowie untergeordnet im Rheinischen Schiefergebirge zu finden sind. Sensitive Bereiche mit sehr niedrigen Critical Loads-Werten von < 0,2 kmol IÄ ha^{-1} a^{-1} treten nur kleinräumig im Bereich der norddeutschen Tiefebene, in der Acker-Bruchberg Zone (Harz), im Fichtelgebirge, im nördlichen Bayerischen Wald, im Bereich der oberbayerischen Jungmoräne und Molassevorberge, im Schwarzwald, im südlichen Hunsrück sowie im Rothaargebirge auf. Es handelt sich bei den Bereichen mit niedrigen Critical Loads-Werten < 1,0 kmol IÄ ha^{-1} a^{-1}) überwiegend um podsolierte Waldböden aus quarzreichen Lockergesteinen (Geschiebedecksande u.a.) sowie aus quarzreichen metamorphen und magmatischen Gesteinen (Gneisen, Quarziten, Graniten u.a.) (s. Abb. 13.3 und Abb. 6.17 in Kap. 6.1).

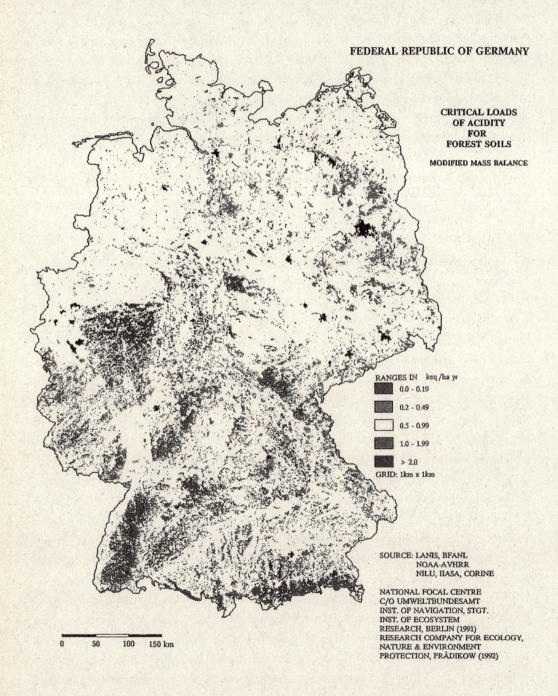

Abb. 13.3: Critical-Loads für den Säureeintrag in Waldböden (Köble et al., 1993)

siehe Farbtafel im Anhang

Ferner wurden auch für Hochmoore und untergeordnet auch für Niedermoore sehr geringe Critical Loads-Werte berechnet (Abb. 13.3). Die übrigen Bereiche der Mittelgebirge weisen hauptsächlich Werte über 1,0 kmol IÄ ha^{-1} a^{-1} auf. Die Böden in Gebieten mit carbonatreichem Ausgangsmaterial (Kalkalpen, Schwäbisch-Fränkische Alb u.a. (s. Abb. 6.17 in Kap. 6.1)) sind hingegen vorwiegend durch hohe Critical Loads-Werte von über 2,0 kmol IÄ ha^{-1} a^{-1} gekennzeichnet (Abb. 13.3).

13.2.3 Überschreitung der Critical Loads

Von noch größerer Bedeutung als die Darstellung der Flächenverteilung von Critical Loads ist für eine Beurteilung der zukünftigen Entwicklung von Bodendegradierungsprozessen als Folge von Versauerungsvorgängen die Ermittlung der Gebiete mit einer Überschreitung der Critical Loads für Waldböden. Die Berechnung der Überschreitung der Critical Loads für den Säureeintrag aufgrund der derzeitigen Deposition von Schwefel- und Stickstoffverbindungen erfolgt nach folgender Gleichung (UN ECE, 1991):

$$CL_{AC_{ex}} = D(SO_4^{2-}) + D(NH_4^+) + D(NO_3^-) + (BC_u - BC_d - N_u - N_i) - CL_{AC_{act}}$$

wobei:

$CL_{AC_{ex}}$	- Überschreitung der Critical Loads für den Säureeintrag (kmol IÄ ha^{-1} a^{-1})
$D(SO_4^{2-})$	- SO$_4^{2-}$-Deposition im Bestand
$D(NH_4^+)$	- NH$_4^+$-Deposition im Bestand
$D(NO_3^-)$	- NO$_3^-$-Deposition im Bestand
BC_u	- Aufnahme basischer Kationen durch die Vegetation (kmol IÄ ha^{-1} a^{-1})
BC_d	- Deposition basisch wirkender Kationen (kmol IÄ ha^{-1} a^{-1})
N_u	- Aufnahme von Nitratstickstoff durch die Vegetation (kmol IÄ ha^{-1} a^{-1})
N_i	- Stickstoffimmobilisierung (kmol IÄ ha^{-1} a^{-1})
$CL_{AC_{act}}$	- Critical Loads für den Säureeintrag (kmol IÄ ha^{-1} a^{-1})

Aus Abb. 13.4 geht hervor, daß für über 85 % der Waldflächen die nach der modifizierten Simple-Mass-Balance-Gleichung (SMB$_{mod}$) berechneten Critical Loads für den Säureeintrag überschritten werden. Bei mehr als 50 % der Flächen werden die Critical Loads-Werte sogar um über 3 kmol IÄ ha^{-1} a^{-1} überschritten; dieser Wert beträgt z.B. im Schwarzwald oder im Harz das bis zu 6fache, in den sensitivsten Bereichen dieser Waldgebiete sogar das 15 - 30fache des ermittelten Critical Loads-Wertes. Dies gilt auch für die gesamte norddeutsche Tiefebene, für die fast flächendeckend Critical Loads-Werte zwischen 0,2 und 0,99 kmol IÄ ha^{-1} a^{-1} berechnet wurden und die aktuelle Säureeinträge zwischen 3 - 6 kmol IÄ ha^{-1} a^{-1} aufweist.

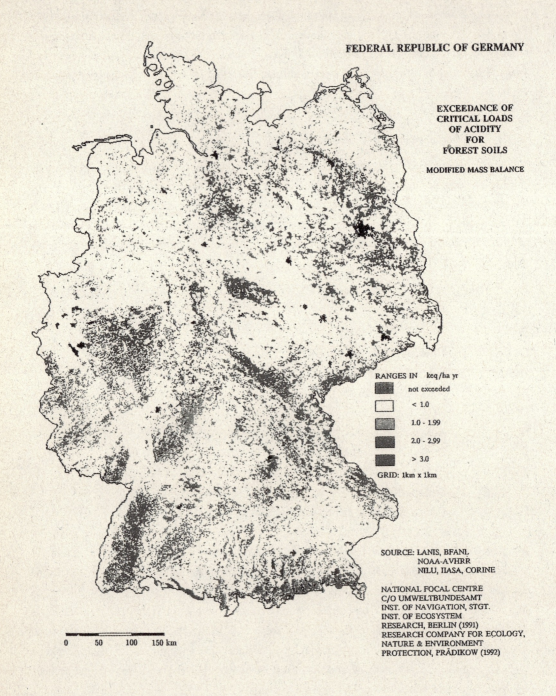

Abb. 13.4: Überschreitung der Critical Loads für den Säureeintrag in Waldböden

siehe Farbtafel im Anhang

Bei Gebieten, in denen die Critical Loads nicht überschritten werden, handelt es sich um Waldböden aus überwiegend carbonathaltigen Ausgangsgesteinen. Nach Köble et al. (1993) wurden für diese Gebiete jedoch z.T. zu hohe Verwitterungsraten (Pufferungsraten) berechnet, da diese sich stets auf einen durchwurzelbaren Raum von 50 cm beziehen. Es hat sich jedoch gezeigt, daß insbesondere in weiten Teilen des Alpenraumes lediglich die Humusauflage bzw. die obersten Zentimeter des Oberbodens den Hauptwurzelraum darstellen, d.h. die Nachlieferung von basisch wirkenden Kationen aus dem Ausgangsgestein trägt nur zu einem geringen Teil zur Pufferung des Säureeintrages im Wurzelraum bei. Deshalb müssen nach Köble et al. (1993) die sehr hohen Critical Loads-Werte und die damit verbundenen Überschreitungen für diese Regionen sehr vorsichtig interpretiert bzw. auch kritisch hinterfragt werden.

Für die Critical Loads für Schwefel ergaben die Berechnungen ebenfalls eine Überschreitung bei 85 % der Waldflächen in der BRD (nicht dargestellt). Wie ein Vergleich mit den Überschreitungen der Critical Loads für den Säureeintrag zeigt, tragen in den westdeutschen Waldgebieten im wesentlichen die Stickstoffverbindungen, in den ostdeutschen Bundesländern überwiegend die Schwefelverbindungen zur Überschreitung der Critical Loads-Werte bei (Köble et al., 1993).

Die Darstellung der Überschreitung von Critical Loads (Abb. 13.4) zeigt, daß die kritischen Grenzwerte für den Eintrag säurebildender Schadstoffe weit unter dem aktuellen Eintrag liegen und somit großflächig mit einer hohen Gefährdung der Waldökosysteme zu rechnen ist (Köble et al., 1993). Dies wird um so deutlicher, wenn man die in Abb. 13.4 dargestellte Überschreitung der Critical Loads für den Säureeintrag mit der Verteilung der pH-Werte von Waldböden in der BRD in den Tiefenstufen 0 - 10 cm (Abb. 6.1, Kap. 6.1) und 10 - 50 cm (Abb. 6.2, Kap. 6.1) vergleicht. So weisen die Gebiete mit hohen Überschreitungen der Aciditätsgrenzwerte (> 3 kmol IÄ ha^{-1} a^{-1}) überwiegend pH-Werte in den Oberböden von unter 3,6 auf. Betroffen hiervon sind vor allem die Waldgebiete der Norddeutschen Tiefebene, der Nordharz, nahezu alle Waldgebiete in Nordrhein-Westfalen, das Fichtelgebirge, der Thüringer und Bayerische Wald, die Molasse Vorebene und der Nordschwarzwald. Die Waldböden dieser Gebiete sind, wie in Kap. 6.2.2 geschildert, durch sehr niedrige Basensättigung (< 5 %) sowie durch hohe H+Al-Anteile von bis zu 95 % an der Summe der austauschbaren Kationen gekennzeichnet. Zwar führen die weiteren Säureeinträge nur noch zu geringfügigen Veränderungen der bodenchemischen Kennwerte (z.B. pH-Wert, Basensättigung u.a.), da bereits ein außerordentlich schlechter Zustand erreicht ist, jedoch ist in diesen Böden mit einer weiter zunehmenden Zerstörung von Tonmineralen und anderen Silicaten (s. Kap. 7.2) und mit einer fortschreitenden irreversiblen Degradierung zu rechnen. Ferner nimmt die Fähigkeit der Oberböden sowie der sich unmittelbar in die Tiefe anschließenden Horizonte weiter ab, zusätzliche Protonen durch rasch wirksame Pufferreaktionen zu neutralisieren. Die Folge ist eine Verlagerung der Versauerungsfront in immer größere Bodentiefen, bis schließlich auch eine zunehmende Versauerung des Grund- und Oberflächenwassers eintritt (s. Kap. 8). Waldflächen, in denen eine fortgeschrittene Tiefenversauerung festgestellt wurde und die hohe Überschreitungen der Critical Loads für den Säureeintrag aufweisen, finden sich vor allem in Schleswig-Hostein, gebietsweise auch in Niedersachsen und Nordrhein-Westfalen, im Fichtelgebirge, Bayerischen Wald, Odenwald und lokal auch im Schwarzwald. Dies deuten auch die pH(CaCl$_2$)-Werte in der Tiefenstufe 10 - 50 cm an, die in diesen Gebieten meist unter 3,9 liegen (vgl. Abb. 6.2, Kap. 6.1).

Besonders gravierende Veränderungen der Bodeneigenschaften durch Säurebelastungen werden sich in Zukunft vor allem in den Gebieten einstellen, für die zum einen sehr hohe Überschreitungen der Critical Loads ermittelt wurden, und die zum anderen in den Tiefenstufen 0 - 10 cm und 10 - 50 cm mit pH-Werten zwischen 3,9 und 4,4 noch nicht so stark versauert sind. Es sind dies vor allem die Waldflächen im südlichen Harz, Thüringer Wald, Erzgebirge, südlicher Bayerischer Wald, südlicher Schwarzwald sowie im Odenwald. Die hohen Einträge von Säuren und Säurebildnern werden in diesen Böden zu einer weiteren starken Abnahme der Basensättigung von durchschnittlich 10 - 30 % auf unter 10 % und zu einer Zunahme der sauer wirkenden Kationen, insbesondere von Aluminium, auf Anteile von über 70 % an der Summe der austauschbaren Kationen führen. Einhergehend mit der fortschreitenden Silicatverwitterung und -zerstörung werden Al-Ionen in zunehmendem Maße aus den Silicatgittern freigesetzt, was zu einem Anstieg der Al-Konzentration im Sickerwasser führt (s. Kap. 6.2.3). Das sich ständig verändernde Ca/Al- bzw. Mg/Al-Verhältnis zugunsten einer Al-Dominanz hat eine stetige Abnahme der Stabilität des Waldökosystems hinsichtlich Säuretoxizität und eine zunehmende Schädigung des Feinwurzelsystems durch Al-Toxizität zur Folge. Es ist daher anzunehmen, daß in den Gebieten, in denen die Waldböden sich im Übergangsbereich vom Ca + Mg-dominierten Milieu (d.h., einem Bereich, in dem die Pufferung von Protonen im wesentlichen unter Freisetzung von Alkali- und Erdalkalikationen erfolgt) zum Al-dominierten Milieu (d.h., die Pufferreaktionen führen überwiegend zur Freisetzung von Al-Ionen) befinden, in Zukunft wahrscheinlich die höchsten Zunahmen der Waldschäden (Hessen, Thüringen, Sachsen-Anhalt, Baden-Württemberg) auftreten werden.

Die Gebiete, in denen die Critical Loads-Werte für den Säureeintrag nicht überschritten werden, weisen auch häufig hohe pH-Werte in beiden Tiefenstufen auf. Hierbei handelt es sich, wie bereits zu Anfang erwähnt, um Waldböden aus carbonatreichem Ausgangsmaterial. Vereinzelt treten jedoch bei dieser Bodengruppe deutliche Diskrepanzen zwischen den aktuellen pH-Werten (Abb. 6.1 und 6.2, Kap. 6.1) und der infolge Überschreitung von Critical Loads für den Säureeintrag zu erwartenden Acidität von Waldböden auf. Dies ist auf die z.T. ungenauen Schätzwerte der für die Modellrechnung verwendeten Parameter, insbesondere der Verwitterungsraten, zurückzuführen. Ferner treten vor allem Probleme bei der Validierung und Verifizierung der Modellrechnungen auf, da für die Waldgebiete in der BRD bislang noch nicht ausreichend, nach einem einheitlichen Verfahren erhobene bodenchemischen Daten flächendeckend zur Verfügung stehen. Dies wird vermutlich erst nach Abschluß der bundesweiten Bodenzustandserfassung im Wald möglich sein.

Im folgenden wird versucht, die im Rahmen des Critical Loads/Critical Levels-Projektes erstellten Karten anhand von vier Fallbeispielen ausgewählter Waldgebiete, in denen eine hohe Informationsdichte bezüglich bodenchemischer und -mineralogischer Kennwerte vorliegen, zu überprüfen. Ähnliche Fallstudien wurden auch von Haber et al. (1991) und Bachhuber et al. (1991) durchgeführt.

13.3 Auswirkungen der Säurebelastungen sowie der Überschreitung kritischer Grenzwerte für Säureeinträge auf Waldökosysteme ausgewählter Regionen Deutschlands

13.3.1 Fallbeispiel Schleiden

Das Gebiet befindet sich in der nördlichen Eifel und umfaßt einen ca. 140 km^2 großen Ausschnitt auf der topographischen Karte TK 50 Blatt 5504 Schleiden (Abb. 13.5). Die Morphologie ist durch ein stark wechselndes Relief mit meist schmalen Höhenrücken und engen Tälern gekennzeichnet. Die Höhen variieren zwischen 450 und 650 m ü. NN. Die gesamte Nordeifel liegt im Bereich subatlantischen Klimas in abgestufter Ausprägung. Die mittleren Jahrestemperaturen (1951 - 1980) betragen 7,5 - 8,5 °C, die jährlichen Niederschlagshöhen schwanken zwischen 700 und 1.000 mm. Die langjährige Zahl der Nebeltage beträgt ca. 100 Tage. Die Windrichtungsverteilung von Nürburg, die als Abschätzung für die nördlichen Eifel verwendet werden kann, zeigt eine Hauptwindrichtung aus südlicher bis südwestlicher Richtung. Im Monatsbericht des Landesamtes für Umweltschutz und Gewerbeaufsicht für Immissionsmessungen in Rheinland-Pfalz werden für die Meßstation Prüm-Nord Windrichtungen mit ca. 36 % aus überwiegend nordwestlicher bis südwestlicher Richtung angegeben (Anonymus, 1991). Aufgrund seiner Höhenlage ist das Gebiet der Fallstudie Schleiden zwar als emissionsferner Reinluft-Standort jedoch in exponierter Immissionslage einzuordnen. Die Schadstoffeinträge erfolgen hier ausschließlich über den Ferntransport. Das Gebiet der Fallstudie Schleiden gehört aus regionalgeologischer Sicht zum nördlichen Teil der Eifeler Kalkmuldenzone. Der tektonische Bau in diesem Bereich wird überwiegend durch SW-NE streichende Großfalten im 100 m-Bereich bestimmt (Ribbert, 1992). Die Faltenachsen sind im allgemeinen nach Nordosten in Richtung auf die Achsendepression der Kalkmuldenzone geneigt. Im Nordosten ragen das südwestliche Ende der Sötenicher Mulde zwischen den Ortschaften Schleiden und Nettersheim, im Südosten südlich der Ortschaft Blankenheim die Ausläufer der Blankenheimer Mulde in das Blattgebiet hinein (Abb. 13.6). Die beiden Mulden werden durch den SW-NE streichenden Nettersheimer Sattel getrennt. Die Schichtenfolge wird im wesentlichen aus den Ablagerung des Unter- (Ems-Stufe) und Mitteldevons (Eifel- und Givet-Stufe) aufgebaut. Die Schichten des Ems setzen sich aus einer Wechselfolge von Quarziten, quarzitischen Sandsteinen, Siltsteinen und Tonschiefern zusammen. Die Mitteldevon-Schichten sind auf die Sötenicher und Blankenheimer Mulde beschränkt und sind im unteren Abschnitt (Eifel-Stufe) noch stärker klastisch ausgebildet (Kalksandsteine, Mergel, mergelige Kalke). Zum Hangenden hin treten zunehmend häufiger Kalksteine auf. Die jüngsten Mitteldevon-Schichten werden von dem über 20 m mächtigen Muldenkern-Dolomit aufgebaut. Im Norden (östlich von Schleiden) und im südöstlichen Teil (Ripsdorfer Wald) von Blatt Schleiden werden die gefalteten Schichtenfolgen des Unter- und Mitteldevons diskordant von flach nach NW bzw. E einfallenden Sandsteinen und Konglomeraten des Mittleren Buntsandsteins überlagert. Ferner treten im Bereich der Sötenicher Kalkmulde eozäne bis oligozäne Sande und Kiese als Dolinenfüllungen in den mitteldevonischen Massenkalken auf. Als jüngste Ablagerungen finden sich neben kleinflächigen Lößvorkommen vor allem weit verbreitet pleistozäne, unter periglazialem Klima entstandene tonig-schluffige Solifluktionsdecken sowie holozäne Talauensedimente.

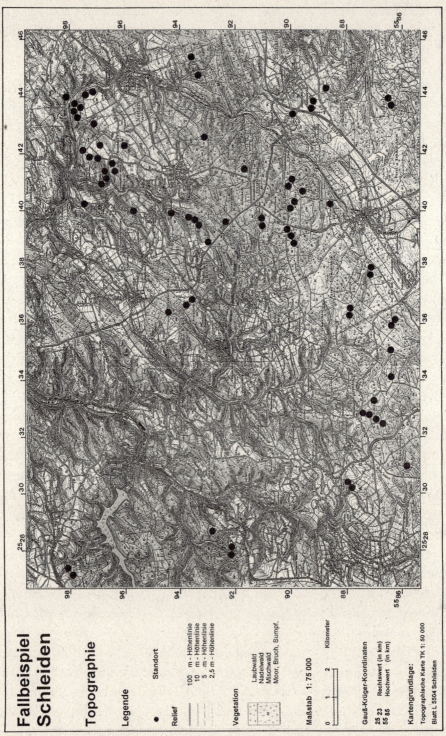

Abb. 13.5: Topographische Karte mit der Lage der Bodenprofile für das Fallbeispiel Schleiden (Ausschnitt aus der Topographischen Karte 1 : 50.000, vervielfältigt mit Genehmigung des Landesvermessungsamtes Nordrhein-Westfalen vom 22.06.1994; Nr. 265/94)

siehe Farbtafel im Anhang

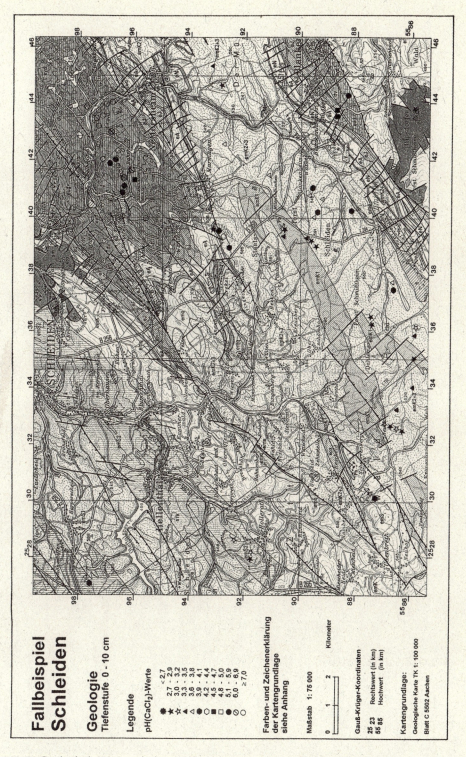

Abb. 13.6: Geologische Karte mit den pH(CaCl$_2$)-Werten in der Tiefenstufe 0 - 10 cm
der Waldböden im Fallbeispiel Schleiden (Legende s. nächste Seite)
(Quelle: Geologisches Landesamt Nordrhein-Westfalen)   *siehe Farbtafel im Anhang*

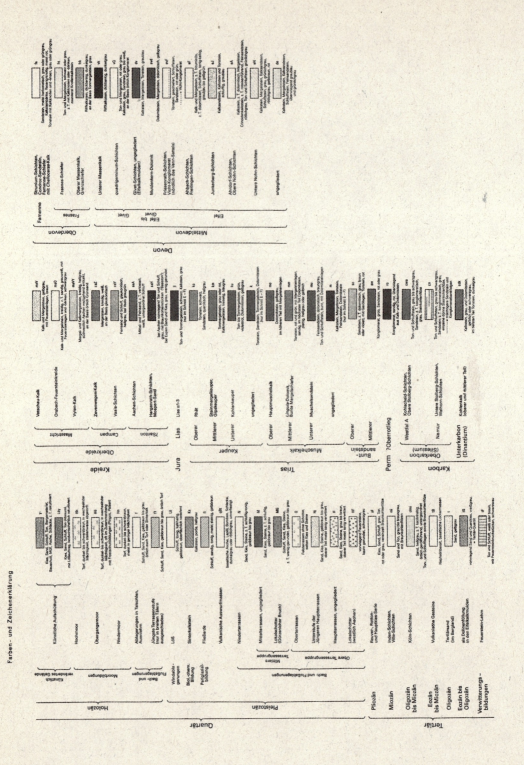

Legende

siehe Farbtafel im Anhang

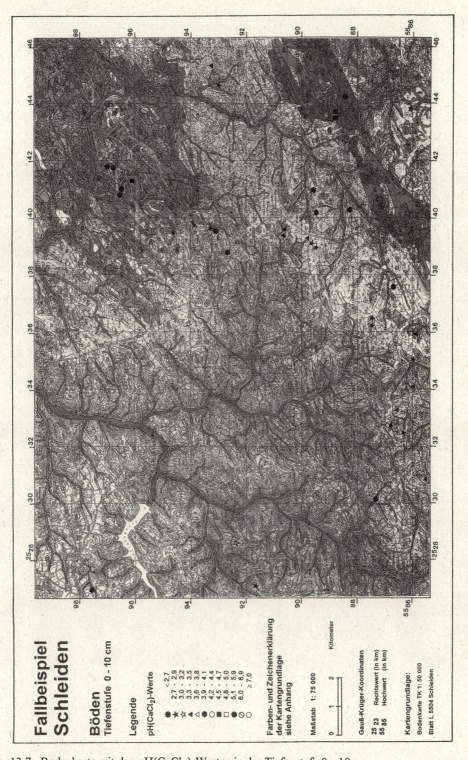

Abb. 13.7: Bodenkarte mit den pH(CaCl$_2$)-Werten in der Tiefenstufe 0 - 10 cm der Waldböden im Fallbeispiel Schleiden (Legende s. nächste Seite)
(Quelle: Geologisches Landesamt Nordrhein-Westfalen) *siehe Farbtafel im Anhang*

Legende

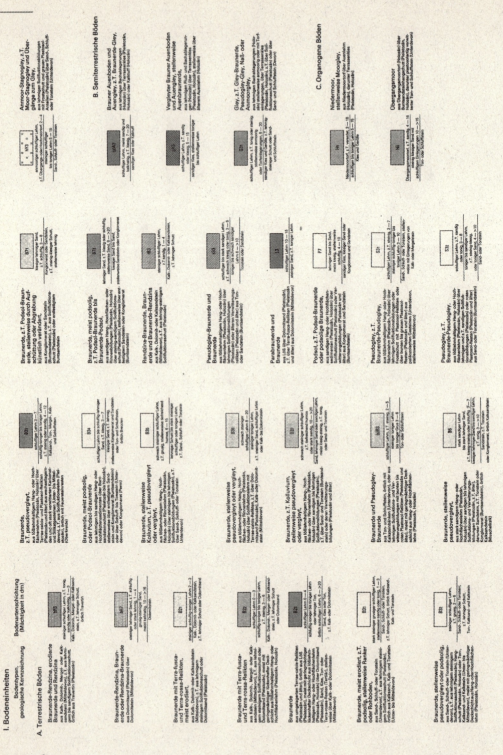

siehe Farbtafel im Anhang

Bedingt durch das unterschiedliche geologische Ausgangsmaterial zeigen die pH(CaCl$_2$)-Werte sowohl in den Oberböden (0 - 10 cm) als auch in der Tiefenstufe 10 - 50 cm eine bimodale Verteilung (Abb. 8). Die Schwerpunkte liegen in der Tiefenstufe 0 - 10 cm zum einen im stark bis sehr stark sauren pH-Bereich zwischen den Intervallklassen 2,7 - 2,9 und 3,9 - 4,1 sowie im mäßig sauren bis neutralen Bereich in den Intervallen 5,1 - 5,9 und > 7,0. In der Tiefenstufe 10 - 50 cm ist die zweigipflige Verteilung der pH-Werte mit einem Maximum bei 3,9 - 4,1 und > 7 noch deutlicher ausgeprägt als in den Öberböden. Die Basensättigung liegt sowohl in den Oberböden als auch in der Tiefenstufe 10 - 50 cm überwiegend unter 20 %, wobei nahezu ein Drittel der Waldstandorte in beiden Tiefenstufen Basensättigungen unter 5 % aufweisen (Abb. 13.9).

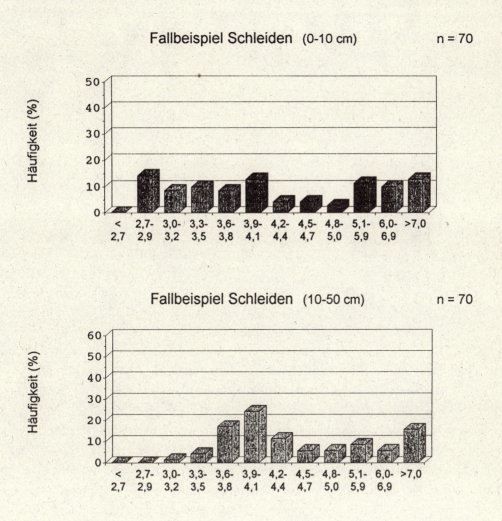

Abb. 13.8: Häufigkeitsverteilung der pH(CaCl$_2$)-Werte in den Tiefenstufen 0 - 10 cm und 10 - 50 cm von Waldböden im Fallbeispiel Schleiden

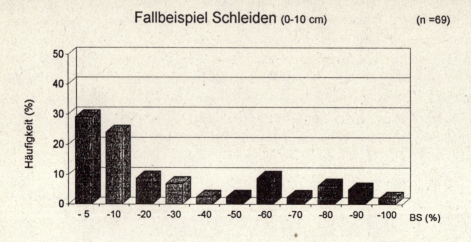

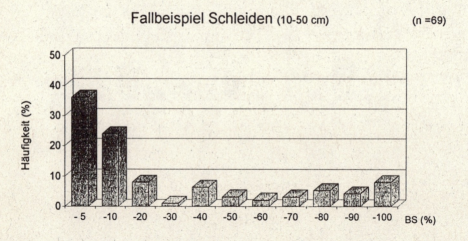

Abb. 13.9: Häufigkeitsverteilung der Basensättigung von Waldböden (Fallbeispiel Schleiden) in den Tiefenstufen 0 - 10 cm (A) und 10 - 50 cm (B)

Den unterschiedlichen Ausgangsgesteinen entsprechend treten auf Blatt Schleiden im wesentlichen drei Bodeneinheiten auf (Abb. 13.7). Aus den unterdevonischen Quarziten, quarzitischen Sandsteinen, Siltsteinen und Tonschiefern bzw. deren Verwitterungsprodukten haben sich überwiegend Pseudogleye, Braunerde-Pseudogleye sowie vereinzelt Braunerden entwickelt. Bei dem Ausgangssubstrat handelt es sich um schluffige bis tonige, z.T. stark sandige und steinige Lehme, die häufig als Solifluktionsdecken mit Plastosolrelikten über zumeist dichtem unterdevonischem Ausgangsgestein lagern. Die Böden sind unter Wald stark versauert und weisen im Oberboden (0 - 10 cm) überwiegend pH-Werte unter 3,5 auf (Abb. 13.7). Auch in der Tiefenstufe 10 - 50 cm liegen die pH-Werte nur unwesentlich höher und erreichen maximal pH 3,9 (nicht dargestellt). Entsprechend niedrig ist auch die Basensättigung, die in beiden Tiefenstufen meist unter 10 % liegt. Die Anteile an H+Al-Ionen an der Summe der austauschbaren Kationen beträgt zwischen 75 und 92 % (nicht dargestellt).

Auf den mitteldevonischen Kalksteinen, Mergeln, Dolomiten und Kalksandsteinen sowie aus den überlagernden schluffig bis tonigen Solifluktionsdecken haben sich vorwiegend Braunerden mit Terrafusca- und Terrarossa-Relikten, Braunerde-Rendzinen, Rendzinen und Rendzina-Braunerden entwickelt (Abb. 13.7). Die pH-Werte liegen in den Oberböden unter Wald meist über 5 (Abb. 13.7), in der Tiefenstufe 10 - 50 cm (nicht dargestellt) über 6. Lediglich die Böden aus Kalksandstein der unteren Eifel-Stufe sind z.T. im Oberboden bereits entkalkt und weisen pH-Werte unter 4,5 auf. Die Basensättigung erreicht in den Braunerde-Rendzinen und Rendzinen Werte über 90 %, in den Braunerden mit Terrafusca- und Terrarossa-Relikten liegen die Werte niedriger und variieren zwischen 40 und 85 %.

Podsolierte Böden treten auf Blatt Schleiden ausschließlich auf Sandsteinen und Konglomeraten des mittleren Buntsandsteins auf (Abb. 13.7). Die pH-Werte liegen in diesen Böden in beiden Tiefenstufen meist unter 3,8, die Basensättigung bei unter 5 %. Neben den Böden auf Emsquarziten (Unterdevon) weisen die Podsole und Braunerde-Podsole auf Buntsandstein die niedrigsten Kationenaustauschkapazitäts-Werte auf.

Wie aus Abb. 13.6 hervorgeht, lassen die pH-Werte sowie andere bodenchemische Parameter eine sehr enge Beziehung zum Ausgangsgestein bzw. zu den überwiegend aus diesem hervorgegangenen Deckschichten erkennen. Sowohl das Relief als auch die Bestockung haben demgegenüber einen vergleichsweise geringen Einfluß auf die bodenchemischen Verhältnisse. Der Vergleich zwischen den bodenchemischen Kennwerten der Waldböden auf Blatt Schleiden und den anhand von Modellen ermittelten Critical Loads-Werten für den Säureeintrag (s. Abb. 13.3) lassen z.T. eine große Übereinstimmung, aber auch Widersprüche hinsichtlich der Gefährdung der Waldgebiete gegenüber Säurebelastung erkennen. Nach Modellrechnungen im Rahmen des Critical Loads/ Critical Levels-Projektes werden für den Bereich der unterdevonischen Quarzite, quarzitischen Sandsteine, Siltsteine und Tonschiefer Freisetzungsraten basisch wirkender Kationen durch Mineralverwitterung von 0,5 - 0,75 kmol IÄ ha^{-1} a^{-1}, für die mitteldevonischen Kalke, Dolomite und Mergel hingegen 1,5 - 2,5 kmol IÄ ha^{-1} a^{-1} angegeben. Die Critical Loads-Werte liegen für die klastischen Unterdevon-Schichten zwischen 0,5 und 1,99 kmol IÄ ha^{-1} a^{-1}, für die Mitteldevon-Carbonate bei > 2,0 kmol IÄ ha^{-1} a^{-1}. Ausgehend von den Säureeinträgen von im Mittel unter 4,5 kmol IÄ ha^{-1} a^{-1} und den berechneten Critical Loads-Werten werden diese im Bereich der Waldgebiete mit unterdevonischen Ausgangsgesteinen auf Blatt Schleiden um 1 - 3 kmol IÄ ha^{-1} a^{-1}, im Bereich der mitteldevonischen Kalkmulden hingegen nicht überschritten. Die Modellrechnungen und die bodenchemischen Parameter weisen somit eine gute Übereinstimmung hinsichtlich einer Beurteilung der Sensitivität der Waldflächen im Fallbeispiel Schleiden auf. Unter den gegenwärtigen Säureeinträgen und den gegebenen Standortfaktoren ist auf allen Waldflächen, die auf unterdevonischem Ausgangsgestein stocken, mit einer nachhaltigen Verschlechterung und mit

pH-Werte nur unwesentlich höher und erreichen maximal pH 3,9 (nicht dargestellt). Entsprechend niedrig ist auch die Basensättigung, die in beiden Tiefenstufen meist unter 10 % liegt. Die Anteile an H+Al-Ionen an der Summe der austauschbaren Kationen beträgt zwischen 75 und 92 % (nicht dargestellt).

Auf den mitteldevonischen Kalksteinen, Mergeln, Dolomiten und Kalksandsteinen sowie aus den überlagernden schluffig bis tonigen Solifluktionsdecken haben sich vorwiegend Braunerden mit Terrafusca- und Terrarossa-Relikten, Braunerde-Rendzinen, Rendzinen und Rendzina-Braunerden entwickelt (Abb. 13.7). Die pH-Werte liegen in den Oberböden unter Wald meist über 5 (Abb. 13.7), in der Tiefenstufe 10 - 50 cm (nicht dargestellt) über 6. Lediglich die Böden aus Kalksandstein der unteren Eifel-Stufe sind z.T. im Oberboden bereits entkalkt und weisen pH-Werte unter 4,5 auf. Die Basensättigung erreicht in den Braunerde-Rendzinen und Rendzinen Werte über 90 %, in den Braunerden mit Terrafusca- und Terrarossa-Relikten liegen die Werte niedriger und variieren zwischen 40 und 85 %.

Podsolierte Böden treten auf Blatt Schleiden ausschließlich auf Sandsteinen und Konglomeraten des mittleren Buntsandsteins auf (Abb. 13.7). Die pH-Werte liegen in diesen Böden in beiden Tiefenstufen meist unter 3,8, die Basensättigung bei unter 5 %. Neben den Böden auf Emsquarziten (Unterdevon) weisen die Podsole und Braunerde-Podsole auf Buntsandstein die niedrigsten Kationenaustauschkapazitäts-Werte auf.

Wie aus Abb. 13.6 hervorgeht, lassen die pH-Werte sowie andere bodenchemische Parameter eine sehr enge Beziehung zum Ausgangsgestein bzw. zu den überwiegend aus diesem hervorgegangenen Deckschichten erkennen. Sowohl das Relief als auch die Bestockung haben demgegenüber einen vergleichsweise geringen Einfluß auf die bodenchemischen Verhältnisse. Der Vergleich zwischen den bodenchemischen Kennwerten der Waldböden auf Blatt Schleiden und den anhand von Modellen ermittelten Critical Loads-Werten für den Säureeintrag (s. Abb. 13.3) lassen z.T. eine große Übereinstimmung, aber auch Widersprüche hinsichtlich der Gefährdung der Waldgebiete gegenüber Säurebelastung erkennen. Nach Modellrechnungen im Rahmen des Critical Loads/ Critical Levels-Projektes werden für den Bereich der unterdevonischen Quarzite, quarzitischen Sandsteine, Siltsteine und Tonschiefer Freisetzungsraten basisch wirkender Kationen durch Mineralverwitterung von 0,5 - 0,75 kmol IÄ ha^{-1} a^{-1}, für die mitteldevonischen Kalke, Dolomite und Mergel hingegen 1,5 - 2,5 kmol IÄ ha^{-1} a^{-1} angegeben. Die Critical Loads-Werte liegen für die klastischen Unterdevon-Schichten zwischen 0,5 und 1,99 kmol IÄ ha^{-1} a^{-1}, für die Mitteldevon-Carbonate bei > 2,0 kmol IÄ ha^{-1} a^{-1}. Ausgehend von den Säureeinträgen von im Mittel unter 4,5 kmol IÄ ha^{-1} a^{-1} und den berechneten Critical Loads-Werten werden diese im Bereich der Waldgebiete mit unterdevonischen Ausgangsgesteinen auf Blatt Schleiden um 1 - 3 kmol IÄ ha^{-1} a^{-1}, im Bereich der mitteldevonischen Kalkmulden hingegen nicht überschritten. Die Modellrechnungen und die bodenchemischen Parameter weisen somit eine gute Übereinstimmung hinsichtlich einer Beurteilung der Sensitivität der Waldflächen im Fallbeispiel Schleiden auf. Unter den gegenwärtigen Säureeinträgen und den gegebenen Standortfaktoren ist auf allen Waldflächen, die auf unterdevonischem Ausgangsgestein stocken, mit einer nachhaltigen Verschlechterung und mit einer weiteren Destabilisierung der Nadel-und Laubwaldökosysteme durch Säureeinträge zu rechnen. Weniger oder nicht kritisch ist hingegen die Situation bei den Waldstandorten im Bereich der mitteldevonischen Kalkmulden. Jedoch zeigen auch hier die bodenchemischen Kennwerte, daß die Oberböden einzelner Standorte (mit vermutlich geringeren Carbonatgehalten im Ausgangsmaterial) nahezu vollständig entkalkt und die pH-Werte bereits auf unter 4,8 abgesunken sind. Somit ist auch auf diesen Waldflächen in Zukunft bei gleichbleibenden Säureeinträgen eine Schädigung der Waldökosysteme zu erwarten, sofern nicht geeignete Gegenmaßnahmen ergriffen werden.

Widersprüchliche Ergebnisse zwischen den aktuellen bodenchemischen Parametern und den berechneten Verwitterungsraten sowie den daraus abgeleiteten Critical Loads-Werten ergaben sich für die Waldgebiete, in denen Sandsteine und Konglomerate des Mittleren Buntsandsteins aufgeschlossen sind. Die pH-Werte liegen in diesen Böden in beiden Tiefstufen meist unter 3,8 (Abb. 13.7), die Basensättigung bei unter 5 %. Die Modellrechnungen liefern für diese Bereiche hingegen hohe Verwitterungsraten von 1,2 - 1,5 kmol IÄ ha^{-1} a^{-1} und Critical Loads-Werte von > 2,0 kmol IÄ ha^{-1} a^{-1}. Nach Ulrich (1986, 1991) sowie Bouman (1991) weisen Sandsteine jedoch deutlich niedrigere Verwitterungsraten (0,5 und 0,6 kmol IÄ ha^{-1} a^{-1}) auf. Köble et al. (1993) nehmen an, daß die Abschätzungen der Verwitterungsraten nach de Vries (1991) und die Zuordnung zu bestimmten Bodentypen zu einer Überschätzung des Einflusses der Bodentextur für Mittelgebirgsregionen und somit zu überhöhten Verwitterungsraten (Pufferraten) führt. Eine Validierung der Schätzwerte wird nach Köble et al. (1993) erst dann in größerem Maßstab möglich sein, wenn ausreichend bodenchemische Daten flächendeckend für die BRD erhoben worden sind. Für eine Beurteilung der Sensitivität von Waldökosystemen hinsichtlich Säureeinträge ist daher neben der Ermittlung wichtiger Intensitätsparameter (z.B. pH) auch die Bestimmung von Kapazitätsparametern wie z.B. der Säureneutralisationskapazität von Gesteinen und Böden von Bedeutung.

13.3.2 Fallbeispiel Detmold

Das Fallbeispiel Detmold befindet sich am Ostrand der Münsterländer Bucht auf Blatt Detmold (TK 50 L 4118). Von NW nach SE das Blattgebiet querend begrenzt der südöstliche Ausläufer des Teuteburger Waldes (Osning), namentlich der Lippische Wald, die Münsterländer Bucht nach Osten hin (Abb. 13.10). Nicht weit südlich der Stadt Horn-Bad Meinberg biegt der südostwärts laufende Gebirgszug des Teuteburger Waldes in die Nord-Süd-Richtung des Eggegebirges um. Im westlichen Vorland dieser beiden Bergzüge mit Höhen zwischen 300 und 500 m über NN breitet sich die Senne bis in die Niederung von Lippe und Ems aus. Östlich der Höhenzüge erstrecken sich die westlichsten Ausläufer des Weserberglandes, ein durch Hochflächen, Kuppen, Rücken und Täler morphologisch reich gegliedertes Gebiet mit Höhen zwischen 200 und 350 m.

Wegen seiner gegenüber dem Flachland herausgehobenen Lage fallen an den westlichen Höhenzügen beträchtliche Niederschlagsmengen. Diese betragen im Eggegebirge - einem typischen Steigregengebiet - bis zu 1.200 mm im Jahr auf den Höhen und liegen im Teuteburger Wald bei 800 - 900 mm. Im Regenschatten der Bergzüge gehen die durchschnittlichen Jahresniederschläge bis auf 650 mm zurück. Die Jahresmitteltemperaturen bewegen sich im ganzen Gebiet zwischen 8 und 9° C, nur in den Höhenlagen liegen sie darunter. Insgesamt herrscht in dem Bereich des Fallbeispiels Detmold noch ein typisch subatlantisches Klima vor, doch ist für den südöstlichen Gebietsteil bereits ein subkontinentaler Klimaeinschlag unverkennbar (Anonymus, 1985).

Als potentielle natürliche Vegetation herrschen je nach Ausgangsgestein auf Mergeln, Tonstein sowie auf Kalkmergeln ein artenreicher Hainsimsen-Buchenwald, stellenweise Perlgras-Buchenwald und Flattergras-Buchenwald, auf Sand- und Kalksteinen ein artenarmer Hainsimsen-Buchenwald vor. Auch in den heutigen Beständen der anthropogen beeinflußten Forste ist der Laubholzanteil mit etwa 60 % recht hoch. Dabei hat die Buche mit ca. 42 % den größten Anteil. Die Nadelholzfläche wird überwiegend (31 %) von der Fichte eingenommen.

Der geologische Untergrund im Bereich des Blattes Detmold wird im wesentlichen aus mesozoischen Gesteinen aufgebaut (Abb. 13.11). Die Münsterländer Oberkreidemulde bildet eine breite, schüsselförmige Struktur aus Oberkreidesedimenten, die nach Westen und Nordwesten geöffnet ist. An der NE-Flanke steigen die Kreideschichten zunächst flach nach NE an und richten sich mit Annäherung an den Teuteburger Wald im Bereich der Osning-Überschiebung immer steiler auf. Teilweise sind in diesem Bereich die Oberkreideschichten nach Süden überkippt. Die Anlage der heutigen Muldenstruktur der Münsterländer Bucht fällt mit der Inversion des nördlich gelegenen Niedersächsischen Beckens am Ende der Oberkreide zusammen. Die Heraushebung der Nordwestfälischen Lippischen Schwelle führte hier zu einer steilen Aufrichtung der Oberkreideschichten sowie zur Bildung von Flexuren und gegen Süden gerichtete Überschiebungen. Im Bereich des Ostwestfälischen Berglandes in NE des Blattgebietes Detmold entstand als Folge der tektonischen Bewegung ein kleinräumiges Mosaik aus Bruchschollen mit überwiegend Muschelkalk und Keuper.

Die ältesten auf Blatt Detmold aufgeschlossenen Schichtenfolgen gehören dem Unteren Muschelkalk an. Die Ablagerungen des Muschelkalks setzen sich überwiegend aus Kalksteinen zusammen, die im Unteren und Mittleren Muschelkalk auch mit carbonatischen Tonsteinen, Mergelsteinen sowie mit Gips und Anhydrit wechsellagern. Die Schichtenfolge des Keupers wird im unteren und mittleren Abschnitt überwiegend durch Ton- und Mergelsteine mit vereinzelt Dolomitsteinen und Gipslagen aufgebaut. Auf der östlichen Flanke des Eggehauptkammes und des Teuteburger Waldes sind in einem schmalen Streifen Jura-Schichten aufgeschlossen. Hierbei handelt es sich überwiegend um Ton- und Mergelstein-Folgen, in die sich im oberen Jura (Malm) auch Kalksteine einschalten. Der Eggehauptkamm sowie die Höhenzüge des Teuteburger Waldes werden im wesentlichen durch die verwitterungsresistenten, silicatisch bzw. eisenoxidisch gebundenen Unterkreide-Sandsteine, speziell dem Osningsandstein aufgebaut. Nach Osten hin bildet der Osningsandstein häufig eine markante Abbruchkante. Die Westhänge des Eggegebirges und des Teuteburger Waldes werden durch flach nach Westen hin einfallende Kalk- und Mergelsteine (z.B. Flammenmergel) sowie vereinzelt Sanden und Sandsteinen der Unter- und Oberkreide aufgebaut. Diese werden im Westen des Blattgebietes durch z.T. mehrere Dekameter mächtige pleistozäne Ablagerungen (Senne-Sander) der Saale-Kaltzeit überlagert.

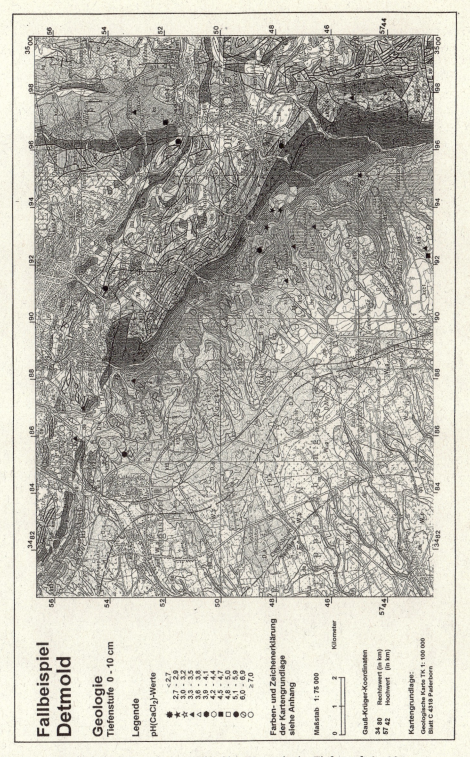

Abb. 13.11: Geologische Karte mit den pH(CaCl$_2$)-Werten in der Tiefenstufe 0 - 10 cm der Waldböden im Fallbeispiel Detmold (Legende s. nächste Seite)
(Quelle: Geologisches Landesamt Nordrhein-Westfalen)   *siehe Farbtafel im Anhang*

Legende

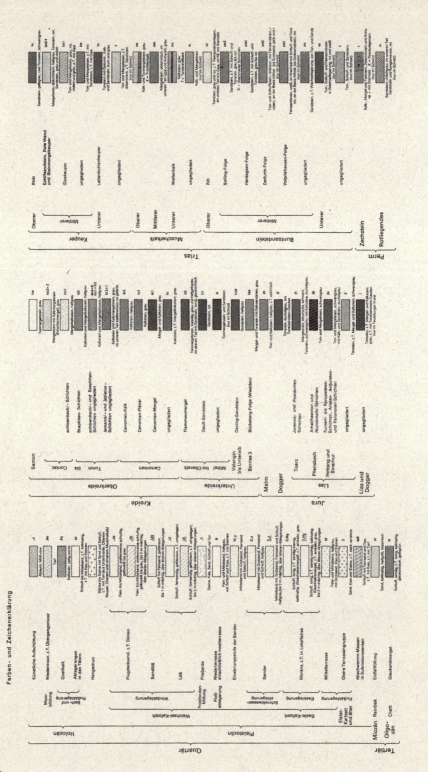

siehe Farbtafel im Anhang

Abb. 13.12: Bodenkarte mit den pH(CaCl$_2$)-Werten in der Tiefenstufe 0 - 10 cm
der Waldböden im Fallbeispiel Detmoldt (Legende s. nächste Seite)
(Quelle: Geologisches Landesamt Nordrhein-Westfalen) *siehe Farbtafel im Anhang*

Legende

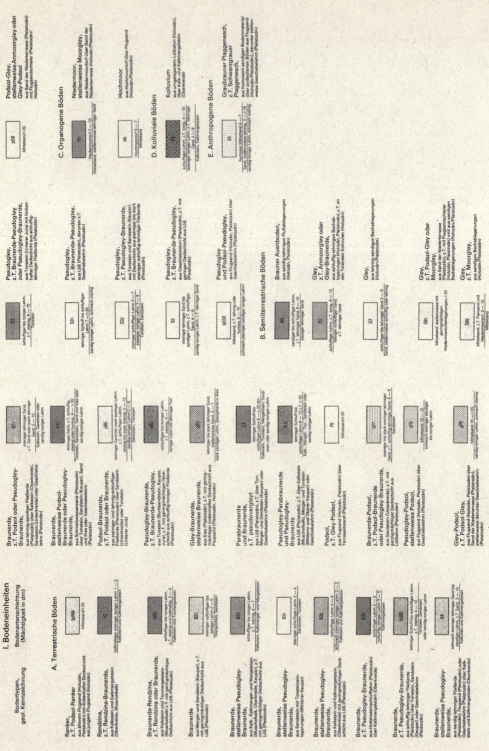

siehe Farbtafel im Anhang

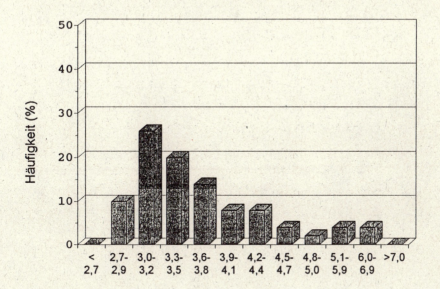

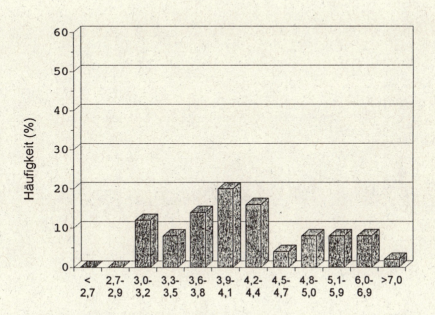

Abb. 13.13: Häufigkeitsverteilung der pH(CaCl$_2$)-Werte in den Tiefenstufen 0 - 10 und 10 - 50 cm von Waldböden im Fallbeispiel Detmold

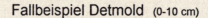

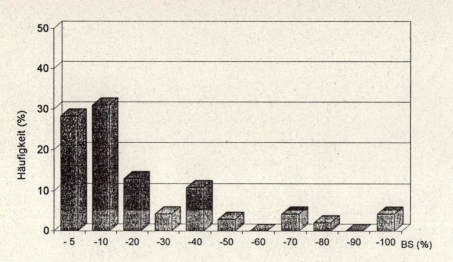

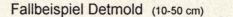
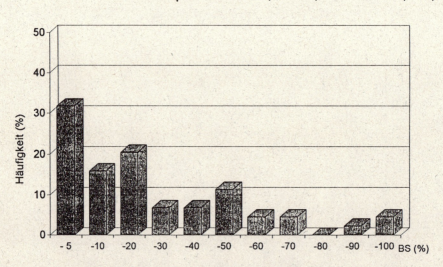

Abb. 13.14: Häufigkeitsverteilung der Basensättigung von Waldböden (Fallbeispiel Detmold) in den Tiefenstufen 0 - 10 cm (A) und 10 - 50 cm (B)

Die quartären Deckschichten der Senne werden im wesentlichen durch sandig-kiesige, z.T. auch tonig-mergelige Sedimente aufgebaut. Gegen Ende des Pleistozäns erfolgte die Aufwehung von Flugdecksanden und Dünen, die sich bis ins Holozän fortsetzt und bis heute andauert.

Die Mannigfaltigkeit des geologischen Ausgangsmaterials bedingt eine Vielfalt der im Fallbeispiel Detmold vorkommenden Böden (Abb. 13.12). Die pH(CaCl$_2$)-Werte variieren in den Oberböden (0 - 10 cm) zwischen 2,7 und 6,8 (Median: 3,4) bzw. in der Tiefenstufe 10 - 50 cm zwischen 3,0 und 7,8 (Median: 4,1) (Abb. 13.13). Die Basensättigung liegt sowohl in den Oberböden als auch in der Tiefenstufe 10 - 50 cm überwiegend unter 10 bzw. 20 %, wobei nahezu ein Drittel der Waldstandorte in beiden Tiefenstufen Basensättigungen unter 5 % aufweisen (Abb. 13.14). Auf den Kalk- und Mergelsteinen des Muschelkalkes sowie auf deren meist kalkhaltigen, steinig-lehmigen Verwitterungsdecken haben sich flach- bis mittelgründige Rendzinen, Braunerde-Rendzinen, Braunerden, stellenweise auch Pseudogley-Braunerden ausgebildet. Die pH(CaCl$_2$)-Werte der Waldböden liegen hier in beiden Tiefenstufen (0 - 10 und 10 - 50 cm) meist oberhalb 4,5 (Abb. 13.12).

Die Oberböden weisen eine mittlere bis hohe Basensättigung mit Werten zwischen 40 und 90 % auf. Auf den Ton- und Mergelsteinen sowie vereinzelt auch auf Sandsteinen des Unteren und Mittleren Keupers und auf den schluffig-lehmigen, z.T. steinigen Keuperfließerden finden sich vielfach Pseudogleye und Pseudogley-Braunerden. Die pH(CaCl$_2$)-Werte in den Oberböden weisen in Abhängigkeit vom Carbonatgehalt große Schwankungen auf und variieren zwischen 3,3 und 4,7. Niedrige pH-Werte treten vor allem in den Böden der sandigen Bereiche des Mittleren und insbesondere des Oberen Keupers auf. Auf den Sandsteinen der Unterkreide (vorwiegend Osning-Sandsteine) sowie auf den steinigen und lehmig-schluffigen Fließerden über Unterkreide-Sandsteinen und jurassischen Tonsteinen haben sich überwiegend Braunerde-Podsole, Podsole und Podsol-Braunerden entwickelt. Die Oberböden sind meist stark bis extrem versauert und weisen pH-Werte um 3,0 bis 3,2, z.T. auch unter 3,0 auf (Abb. 13.12). Auch in der Tiefenstufe 10 - 50 cm liegen die pH(CaCl$_2$)-Werte meist unter 3,5. Auf den westlichen bzw. nordwestlichen Flanken des Teuteburger Waldes sowie des Eggegebirges finden sich neben Braunerden und Pseudogley-Braunerden auch häufig Rendzinen und Rendzina-Braunerden. Die Böden haben sich hier überwiegend aus unterschiedlich mächtigen und verschiedenartig zusammengesetzten Deckschichten entwickelt, die auf Kalk- und Mergelsteinen der Oberkreide lagern. Im Übergang zur Senne nach Westen hin nimmt der Einfluß pleistozäner Sedimente immer stärker zu. In Abhängigkeit von Aufbau und Mächtigkeit der Deckschichten über dem meist carbonatischen Untergrund schwanken die pH-Werte in den Tiefenstufen 0 - 10 und 10 - 50 cm beträchtlich. So treten in diesen Bereichen nicht selten pH-Werte in Oberböden unmittelbar benachbarter Waldstandorte zwischen 3,0 und 3,2, aber auch bis 4,4 auf, obwohl die Standorte aufgrund ihrer Lage zur gleichen geologischen Formation gehören und beide die gleiche Bodeneinheit aufweisen. Die in Tab. 13.2 und 13.3 aufgeführten Bodenkennwerte zweier Braunerden aus unterschiedlich mineralogisch zusammengesetzten Deckschichten über Oberkreidekalken verdeutlichen die stark variierenden bodenchemischen Kennwerte sowohl innerhalb der Bodenprofile als auch zwischen den beiden Standorten.

Im Profil A (Tab. 13.2) besteht die Fließerde im wesentlichen aus dem Verwitterungsrückstand des im Liegenden anstehenden Cenoman-Kalkmergels. Demzufolge treten im Vergleich zu Profil B nur relativ geringe pH-Unterschiede innerhalb des Profils auf. Im Profil B (Tab. 13.3) hingegen sind deutliche Unterschiede zwischen den sandig-schluffigen Deckschichten und dem anstehenden Cenoman-Kalkmergel vorhanden. Während die pH-Werte in den Deckschichten zwischen 2,7 (Ah) und 3,4 im SwBhv-Horizont nur wenig schwanken, steigen sie in den verwitterten Bereichen des anstehenden Kalkmergels auf über 5,0 an und erreichen im IISdCv 7,2. Entsprechend nimmt die Basensättigung von 12 - 17 % in den sandigen Deckschichten auf 86 - 98 % in den Kalkmergeln zu. Kleinräumige Unterschiede im Ausmaß der Bodenversauerung können damit u.a. durch kleinräumige Unterschiede in der Zusammensetzung des Ausgangsmaterials bedingt sein.

Tab. 13.2: Bodenkennwerte (BS: Basensättigung in % von KAK_{eff}) einer Braunerde (A) aus carbonatreichen Solifluktionsdecken über Cenoman-Kalkmergel unter Wald (Fallbeispiel Detmold)

(A)

Horizont	Tiefe (cm)	Bodenart	pH($CaCl_2$)	BS (%)	H + Al (%)
Ah	0 - 5	uL	4,2	53	34
Bhv	5 - 28	uL	4,6	82	11
IIBv	28 - 51	L	5,3	95	3

Tab. 13.3: Bodenkennwerte (BS: Basensättigung in % von KAK_{eff}) einer Braunerde (B) aus sandig-schluffigen Solifluktionsdecken über Cenoman-Kalkmergel unter Wald (Fallbeispiel Detmold)

(B)

Horizont	Tiefe (cm)	Bodenart	pH($CaCl_2$)	BS (%)	H + Al (%)
Ah	0 - 2	uL	2,7	17	74
SwBhv	2 - 25	tL	3,4	12	82
IISd	25 - 63	T	5,1	86	10
IISdCv	63 - 80	lT	7,1	98	1

Auf den Sanderflächen der Senne haben sich in ebener und schwach gewellter Lage großflächig Podsole, vereinzelt im Übergang zum Teuteburger Wald und zum Eggegebirge Braunerden aus sandig-lehmigen Fließerden oder Geschiebelehm über oberkretarzischen Kalksteinen und Kalkmergelsteinen entwickelt (Abb. 13.12). Die pH($CaCl_2$)-Werte variieren in den Oberböden zwischen 3,0 und 3,5, in der Tiefenstufe 10 - 50 cm zwischen 3,4 und 4,2.

Der südliche Teuteburger Wald sowie das Eggegebirge gehören zu den Waldschadensgebieten in exponierter Immissionslage (Gehrmann et al., 1990). Die Depositionsmessungen im Forschungsstandort Eggegebirge/Velmerstot zeigen wegen der Lage des Meßstandortes im Westen des Ruhrgebietes sowohl in den Freiland- als auch in den Bestandesniederschlägen hohe Schadstoffkonzentrationen. Die SO_2-Immissionen für die Jahres 1986 bis 1992, gemessen am Standort Eggegebirge/Velmerstot, liegen meist zwischen 15 und 40 µg/m³ mit Spitzenwerten über 130 µg/m³. Die NO_2-Immissionskonzentrationen variierten im gleichen Zeitraum zwischen 10 und 40 µg/m³. Die im Rahmen des Critical Loads/Critical Levels-Projektes ermittelten SO_2-Immissionen betragen für den Bereich der Fallstudie Detmold für 1988 30 - 39,9 µg/m³, für 1990 10 - 19 µg/m³. Während für das Jahr 1988 der Critical Levels-Wert für SO_2 von 20 µg/m³ überschritten wurde, liegen die Werte 1990 im Jahresmittel darunter (Abb. 13.1). Für NO_2-Immissionen wird der Critical Levels-Wert von 30 µg/m³ sowohl 1988 als auch 1990 überschritten. Nach Köble et al. (1993) beträgt die Bestandesdeposition von Säuren im Mittel (Mittel der Jahre 1979 - 1989) über 6 kmol IÄ ha^{-1} a^{-1}. Die nach der "Modified Balance Methode" berechneten Critical Loads für den Säureeintrag liegen im Bereich des Fallbeispiels Detmold überwiegend bei > 2 kmol IÄ ha^{-1} a^{-1} (Abb. 13.3). Lediglich die Gebiete, in denen Unterkreidesandsteine (Osning-Sandstein) bzw. die sandig-kiesigen Ablagerungen der Senne das Ausgangssubstrat der Böden unter Wald bilden, liegen die Critical Loads-Werte unter 0,2 kmol IÄ ha^{-1} a^{-1} bzw. zwischen 0,2 und 1 kmol IÄ ha^{-1} a^{-1} (Abb. 13.3). Aus der Karte für die Überschreitung der Critical Loads der Säureeinträge für Waldböden (Abb. 13.4) geht hervor, daß hohe Überschreitungen mit > 3,0 kmol IÄ ha^{-1} a^{-1} für die oben angeführten Gebiete mit niedrigen Critical Loads-Werten ermittelt wurden. Für die übrigen Bereiche wurden hingegen nur geringe Überschreitungen der kritischen Säurefrachten berechnet; in einigen Gebieten lagen die Säureeinträge sogar unter den Critical Loads-Grenzwerten. Bei letzteren Gebieten handelt es sich vermutlich um die Bereiche, in denen sich vorwiegend Rendzinen und Rendzina-Braunerden aus carbonatreichem Ausgangsmaterial entwickelt haben.

Vergleicht man die ermittelten bodenchemischen Parameter mit den berechneten Critical Loads-Werten für die Waldflächen im Fallbeispiel Detmold, so liegen die Critical Loads-Werte in Anbetracht der zumeist starken Versauerung der Waldböden bis in eine Tiefe von 50 cm zu hoch. Dies liegt vermutlich daran, daß bei der Berechnung der Critical Loads die z.T. sehr heterogen aufgebauten und sich von den Ausgangsgesteinen im Liegenden häufig stark unterscheidenden Deckschichten nur unzureichend berücksichtigt wurden. Hier dürften vor allem die Angaben einer für die Deckschichten in diesem Bereich repräsentativen Verwitterungsrate große Schwierigkeiten bereiten und zu ungenauen Angaben bzw. Berechnungen führen. Eine Verifizierung der berechneten Critical Loads-Werte kann für die Gebiete, in denen das Ausgangssubstrat sehr kleinräumig wechselt bzw. unterschiedlich mächtige Deckschichten über verschiedenen Ausgangssubstraten liegen, nur anhand von bodenchemischen Daten erfolgen.

Zusammenfassend ist festzuhalten, daß auch im Fallbeispiel Detmold die gegenwärtigen Säureeinträge häufig die Critical Loads-Werte überschreiten. Damit ist für die Zukunft vor allem auf den bereits tiefgründig entkalkten sowie auf den carbonatfreien, meist sandig-lehmigen Waldböden eine nachhaltige Standortsverschlechterung und die weitere Destabilisierung der Nadel- und Laubholzökosysteme vorgezeichnet.

13.3.3 Fallbeispiel Bonn

Das Untersuchungsgebiet für die Fallstudie Bonn befindet sich westlich und südlich von Bonn und umfaßt eine ca. 60 km^2 große Fläche auf den topographischen Karten TK 50 L 5306 Euskirchen und L 5308 Bonn (Abb. 13.15). Das gesamte Gebiet gehört zum Naturpark Kottenforst-Ville. Es handelt sich dabei um zwei Teilflächen, die sich aber in der Vegetation sowie in den geologischen und bodenkundlichen Standortsverhältnissen sehr ähnlich sind (Abb. 13.17 und 13.18). Die Waldfläche der Ville gliedert sich im Bereich der Fallstudie in den südlich gelegenen Kottenforst und die sich im Nordwesten anschließende Waldville (Cremer und Kaspers, 1977). Die Ville stellt eine wellige Hochfläche mit Höhen zwischen 160 und 190 m ü. NN dar, die den südlichen Teil der Niederrheinischen Bucht auf einer Länge von ca. 25 km in NW-SE Richtung durchzieht.

Die Ville gehört klimatisch zum gemäßigt warmen Bereich. Die Lage im Regenschatten der Eifel bewirkt eine kontinentale Tönung innerhalb des sonst subatlantischen Klimabereichs (Dohmen und Dorf, 1984). Es herrschen Westwetterlagen vor (Westwinde 65 %). Die Niederschläge sind relativ gleichmäßig über das Jahr verteilt (Maximum im Juli und August) und liegen im langjährigen Mittel (1950 - 1980) bei 650 mm. 49 % der Jahresniederschläge fallen in der forstlichen Vegetationszeit von Mai bis September. Die Jahresdurchschnittstemperatur beträgt 10° C. Milde Winter (Januar 1,9° C Durchnittstemperatur) und mäßig warme Sommer (Juli 17,3° C Durchschnittstemperatur) bedeuten eine wärmeklimatische Begünstigung für die Villestandorte.

Nach Tüxen (1956, zit. in Butzke, 1979) stellen Stieleichen-Hainbuchenwälder als potentielle natürliche Vegetation im Raum Kottenforst-Ville einen Verbreitungsschwerpunkt in Nordrhein-Westfalen dar. Großflächig findet man die Pfeifengras-Ausbildung des feuchten Traubeneichen-Buchenwaldes vor (Dohmen und Dorff, 1984). Als Besonderheit kommt im Kottenforst flächig die Winterlinde vor. Die heutigen Bestände der anthropogen beeinflußten Forste setzen sich aus den Hauptwirtschaftsbaumarten Rotbuche (Fagus silvatica), Hainbuche (Carpinus betulus), Traubeneiche (Quercus petrea), Stieleiche (Quercus robur), Roteiche (Quercus rubra), Fichte (Picea abies) und Kiefer (Pinus silvestris) zusammen. Der Laubholzanteil mit 55 % ist im Staatsforst Kottenforst im Vergleich zu anderen Waldgebieten recht hoch. Hierbei hat die Eiche den größten Anteil mit 30 %, Buche und Linde sind mit 22 % vertreten und 3 % entfallen auf andere Laubhölzer. Die Nadelholzflächen werden überwiegend durch Fichte, Tanne und Douglasie (30 %) eingenommen, 22 % entfallen auf Kiefer und Lärche.

Innerhalb der Niederrheinischen Bucht als geologisch-tektonische Einheit stellt die Ville eine durch tertiäre Bruchschollentektonik entstandene, horstartige, synthetische, nach WSW einfallende Bruchstaffel dar. Im Westen grenzt die Ville am Swist- und Erftsprung an die Erftscholle. Im Osten bildet der Kottenforstsprung die Begrenzung zum Siegburger Graben, dem südlichen Ausläufer der Kölner Scholle (Abb. 13.16). Das heutige tektonische Bild der Ville als südlicher Ausläufer der Niederrheinischen Bucht wird durch die relative Hebung der Rheinischen Masse bestimmt, die seit dem Oligozän in ungleichmäßiger Intensität vor sich geht (Meyer, 1986).

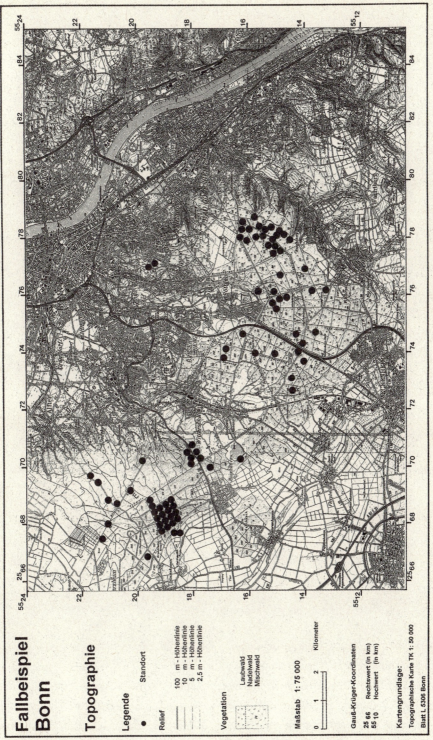

Abb. 13.15: Topographische Karte mit der Lage der Bodenprofile für das Fallbeispiel Bonn
(Ausschnitt aus der Topographischen Karte 1 : 50.000, vervielfältigt mit Genehmigung
des Landesvermessungsamtes Nordrhein-Westfalen vom 22.06.1994; Nr. 265/94)

siehe Farbtafel im Anhang

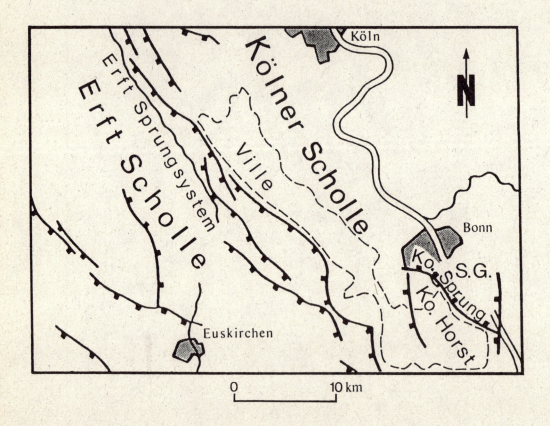

Abb. 13.16: Tektonische Übersicht der südlichen Niederrheinischen Bucht (modif. nach Hoyer, 1978); Ko: Kottenforst; S.G.: Siegburger Graben

▬▬▬ : Verwerfung   ⌐ ─ ┐ : Kottenforst-Ville

Der devonische Untergrund wird im Bereich der Ville durch sandige Schiefer und Sandsteine der Siegener Schichten gebildet, die von mio- und pliozänen Tonen und Sanden diskordant überlagert werden (Abb. 13.17). Den tertiären Sedimenten liegen 5 - 9 m mächtige Kiese und Sande der pleistozänen Hauptterasse auf, die im Kottenforst auf großer Fläche den tieferen Unterboden bzw. den Untergrund der Waldböden bildet (Butzke, 1978). Die Sedimente setzen sich aus einer Wechselfolge kiesig-sandiger, schluffiger sowie toniger Schichten zusammen, von denen letztere meist nur eine geringe horizontale Ausdehnung besitzen.

Die interglaziale Verwitterung kombiniert mit Hydromorphierung führte zu einer intensiven Rot-, lagenweise auch Braun- bis Schwarzfärbung durch Fe- bzw. Mn-Ausfällungen und zu einer Verdichtung insbesondere im oberen Profilbereich der Terrassensedimente (Butzke, 1978; Wiechmann und Brunner, 1986). Während der Kaltzeit wurden in weiten Gebieten äolische Sedimente - Flugsand und Löß - aus Schotterflächen ausgeblasen und bevorzugt auf Terrassen- und Beckenflächen sowie an den Leeseiten der Mittelgebirgserhebungen abgelagert. In Abhängigkeit von der Reliefposition wurden die angewehten Sedimente häufig wieder solifluidal umgelagert und erodiert, so daß ältere Lösse (Prä-Weichsel) nur noch vereinzelt auf der Hauptterrasse erhalten sind. Während der Weichsel-Kaltzeit erfolgten die Lößaufwehungen vermutlich in drei Stadialen (Fränzle, 1969; Mückenhausen, 1982), von denen nur die jüngsten Ablagerungen an wenigen Stellen in situ verblieben sind. Im Kottenforst finden sich Jungweichsel-Lösse nur vereinzelt in Senken oder als geringmächtige Auflage über zumeist solifluidal umgelagerten und mit Sanden und Kiesen vermischten älteren Weichsellössen. Die Lösse der ersten Stadiale sind stärker verwittert und dichter als der jüngste Weichsellöß, dessen Verwitterung zu Lößlehm sich nur im Postglazial vollzog (Mückenhausen, 1973).

Im Bereich des Kottenforst-Ville Gebietes wird die Hauptterrasse somit großflächig von einer 0,3 - 3 m mächtigen Lößlehmschicht bedeckt, auf der sich je nach Mächtigkeit und Reliefposition Braunerden, Parabraunerden und vor allem Pseudogleye, vereinzelt Stagnogleye, in Tälern auch Gleye entwickelt haben (Abb. 13.18). In Hanglagen finden sich kleinflächig infolge von Erosion auch Pararendzinen aus Löß unter Wald. Einheitliche klimatische Verhältnisse, geringe Reliefunterschiede, gleiches geologisches Ausgangsmaterial sowie die zumeist in geringer Tiefe (< 1,20 m) anstehende und als Staukörper wirkende Hauptterrasse führten im Bereich Kottenforst-Ville zu einer großflächigen (80 - 90 %) Bildung von Pseudoglyen (Abb. 13.18). In einzelnen Gebieten mit Lößlehmmächtigkeiten > 1,50 m haben sich auf geringfügig geneigtem Relief Parabraunerden entwickelt. Die 216 erfaßten Datenpunkte im Bereich der Fallstudie Bonn verteilen sich auf die einzelnen Bodentypen wie folgt:

       176 auf Pseudogleye,
         4 auf Pseudogley-Parabraunerden,
         4 auf Parabraunerden,
        20 auf Braunerden,
         1 auf Pararendzinen.

Die Häufigkeitsverteilung der pH($CaCl_2$)-Werte in der Tiefenstufe 0 - 10 cm zeigt, daß über 70 % der pH-Werte unter 3,8, davon 8 % unter 3,2 liegen (Abb. 13.19). Die höchsten pH-Werte weisen mit 5,8 im Oberboden die Pararendzinen auf. Die flächenhaft starke bis extreme Versauerung ist jedoch nicht auf die Oberböden beschränkt sondern reicht, wie die Häufigkeitsverteilung der pH($CaCl_2$)-Werte in beiden Tiefenstufen zeigt (Abb. 13.19), bis 50 cm - an verschiedenen Standorten auch bis über 1 m Tiefe (s. Kap. 6.2.1). So liegen in der Tiefenstufe 10 - 50 cm noch 61 % der ermittelten pH($CaCl_2$)-Werte unter 3,9.

Abb. 13.17: Geologische Karte mit den pH(CaCl$_2$)-Werten in der Tiefenstufe 0 - 10 cm der Waldböden im Fallbeispiel Bonn (Legende s. nächste Seite)
(Quelle: Geologisches Landesamt Nordrhein-Westfalen) *siehe Farbtafel im Anhang*

Legende

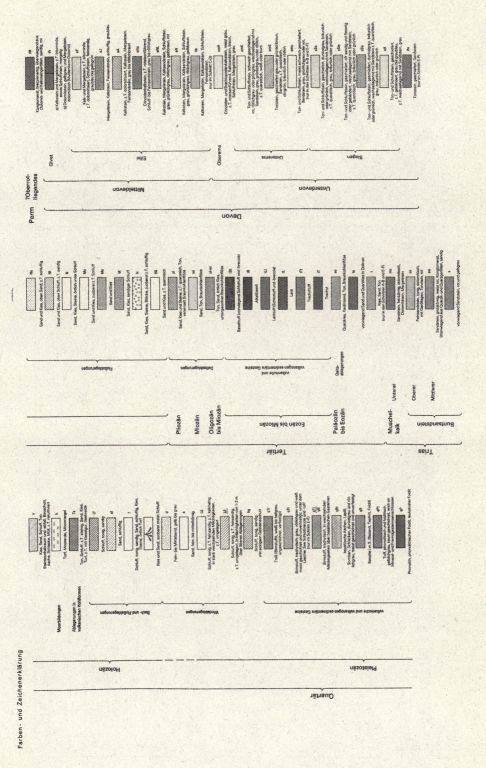

siehe Farbtafel im Anhang

Abb. 13.18: Bodenkarte mit den pH(CaCl$_2$)-Werten in der Tiefenstufe 0 - 10 cm
der Waldböden im Fallbeispiel Bonn (Legende s. nächste Seite)
(Quelle: Geologisches Landesamt Nordrhein-Westfalen) *siehe Farbtafel im Anhang*

Legende

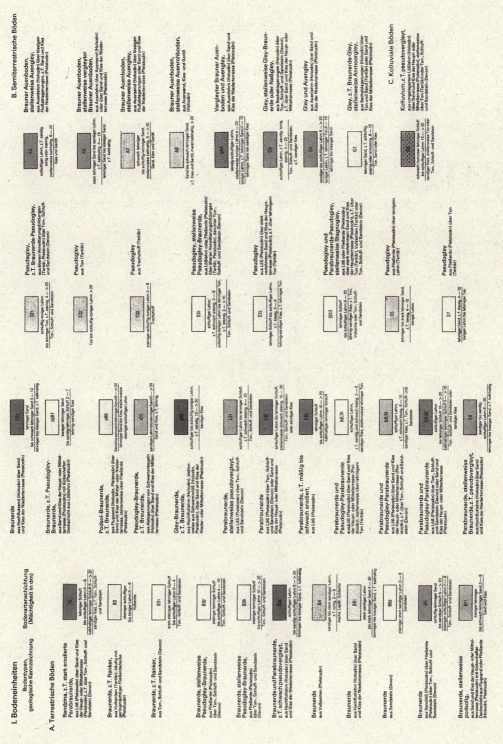

siehe Farbtafel im Anhang

Untersuchungen zum Einfluß der Bestockung auf die Bodenreaktion belegen eine stärkere Versauerung in humosen Oberböden unter Fichte als unter Laubwaldbeständen (Weyer, 1987). In den Oberböden wurden bei gleichen Ausgangssubstraten und gleichen Bodentypen unter Eichenkulturen mittlere pH($CaCl_2$)-Werte von 3,9, unter Fichte von 3,1 festgestellt (Weyer, 1987). Die Basensättigung schwankt in den Oberböden zwischen 8 und 73 %, mit einem Medianwert von 21 % (Abb. 13.20). Unter Fichte liegen die Basensättigungen mit Werten zwischen 8 und 18 % deutlich niedriger als unter Laubholzbeständen (14 - 73 %). In der Tiefenstufe 10 - 50 cm ist nur ein geringfügiger Anstieg gegenüber den Oberböden festzustellen (Abb. 13.20). Der Medianwert liegt hier bei 23 %, die Schwankungsbreite reicht von 10 - 77 %.

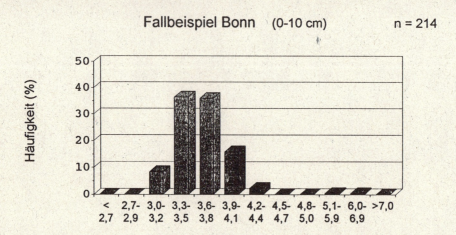

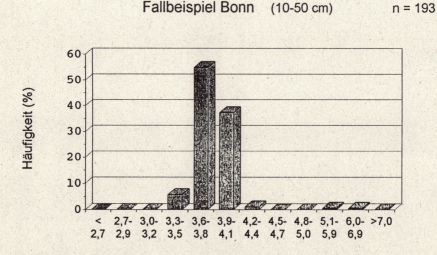

Abb. 13.19: Häufigkeitsverteilung der pH($CaCl_2$)-Werte in den Tiefenstufen 0 - 10 und 10 - 50 cm von Waldböden im Fallbeispiel Bonn

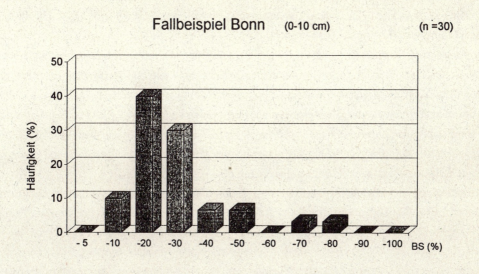

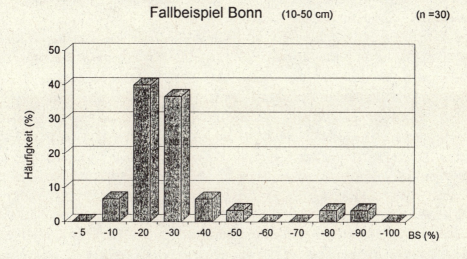

Abb. 13.20: Häufigkeitsverteilung der Basensättigung von Waldböden (Fallbeispiel Bonn) in den Tiefenstufen 0 - 10 cm (A) und 10 - 50 cm (B)

Es fällt auf, daß die Oberböden häufig höhere Basensättigungen als die darunter liegenden Horizonte aufweisen, obwohl die pH-Werte in den Oberböden niedriger sind. Nätscher (1987) führt die Erhöhung der Basensättigung in Oberböden und Auflagehorizonten auf die hohe Säurestärke mancher Carboxylgruppen der organischen Austauscher zurück. Diese vermögen auch noch bei hoher H^+-Ionenaktivität neben Protonen vor allem Ca-Ionen zu binden. Im

Zusammenhang mit der ständigen Nachlieferung von Alkali- und Erdalkali-Kationen bei der Streuzersetzung wird dadurch eine höhere Basensättigung, insbesondere ein höherer Ca-Anteil, in den Oberböden trotz niedriger pH-Werte erreicht.

Daneben ist auch anzunehmen, daß in Böden aus Lößlehm mit einem substratbedingten hohen Nachlieferungsvermögen an basisch wirkenden Kationen die hohe Basensättigung bei stark bis extrem sauren Bedingungen auf die starke Silicatverwitterung und -zerstörung und der damit verbundenen Freisetzung von Gitterkationen zurückzuführen ist (s. Kap. 7.2). Hier liegt vor allem der Unterschied zu den stark sandigen Böden in den Fallbeispielen Schleiden und Detmold, die aufgrund ihres sehr geringen Nachlieferungsvermögens an basisch wirkenden Kationen sehr viel niedrigere Basensättigungswerte bei vergleichbaren pH-Werten aufweisen.

Der Kottenforst-Ville-Bereich gehört zu den Waldschadensgebieten in immissionsgeschützter Lage. Die SO_2-Konzentrationen (Jahresmittelwerte von 1989 - 1992) an der Station Bonn-Auerberg liegen zwischen 22 und 30 µg/m³, mit Spitzenwerten über 100 µg/m³. Bei SO_2 ist, wie in vielen Regionen Deutschlands, ein langjähriger Trend bezüglich eines starken Rückgangs der Konzentrationen der Jahresmittelwerte zu beobachten. An der Station Bonn-Auerberg ist die SO_2-Konzentration auf 12 % des Ausgangswertes von 1964 zurückgegangen. Die NO- bzw. NO_2-Konzentrationen liegen im Jahresmittel (1989 - 1992) zwischen 40 und 50 µg/m³, wobei NO-Spitzenwerte bis zu 200 µg/m³ gemessen wurden.

Die im Rahmen des Critical Loads/Critical Levels-Projektes für den Köln-Bonner-Raum ermittelten (interpolierten) Jahresmittelwerte der SO_2- und NO_2-Konzentrationen liegen bei 20 - 29,9 (1988, 1990) bzw. 30 - 39,9 µg/m³ (1988, 1990). Insgesamt ergaben sich für den Bereich Kottenforst-Ville Bestandesdepositionen von Säuren unter Wald zwischen 3 und 4,5 kmol IÄ ha^{-1} a^{-1}. Die Critical Loads-Grenzwerte wurden u.a. aufgrund der hohen Verwitterungsraten (Pufferraten) von 1,25 -1,5 kmol IÄ ha^{-1} a^{-1} für dieses Gebiet mit über 2,0 kmol IÄ ha^{-1} a^{-1} angegeben (Abb. 13.3). Demzufolge werden die Critical Loads-Werte für Säureeinträge im Bereich Kottenforst-Ville entsprechend der Kartendarstellung nur geringfügig, stellenweise bis zu 1,99 kmol IÄ ha^{-1} a^{-1} überschritten (Abb. 13.4).

Die Modellrechnungen stehen im Einklang mit den ermittelten Geländedaten. So weisen die Basensättigungswerte der Waldböden im Bereich Kottenforst-Ville trotz stark bis extremer Bodenacidität darauf hin, daß sich die Waldböden vorwiegend im Bereich einer geringen bis mittleren Elastizität bezüglich Säuretoxizität befinden. Die starke bis extreme Bodenacidität sowie die Tiefenversauerung bis stellenweise über 1 m lassen erkennen, daß die derzeitigen Säurebelastungen die Pufferraten, d.h. insbesondere die Raten der schnellen Pufferreaktionen, bei weitem überschreiten. Auch zeigen die mineralogischen und chemischen Untersuchungen (s. Kap. 7.1 und 7.2), daß die Silicatverwitterung und -zerstörung mit den beschriebenen negativen ökologischen Konsequenzen (s. Kap. 12) in den Oberbodenhorizonten bereits ein beträchtliches Ausmaß erreicht hat. Es muß daher davon ausgegangen werden, daß bei den gegenwärtigen Säureeinträgen auch in diesem Gebiet langfristig mit einer beschleunigten irreversiblen Bodendegradierung und einer weiteren Destabilisierung der Waldökosysteme zu rechnen ist.

13.3.4 Fallbeispiel Fichtelgebirge

Das Fallbeispiel Fichtelgebirge befindet sich im Nordosten Bayerns und erstreckt sich über eine Fläche von ca. 4.200 km². Es umfaßt das Fichtelgebirge im engeren Sinne und die südlichen Ausläufer des Frankenwaldes (Abb. 13.21). Im Fichtelgebirge liegt einer der Schwerpunktforschungsräume der Waldökosystemforschung in Deutschland, wo insbesondere an den drei Standorten Oberwarmensteinach, Wülfersreuth und Selb Messungen zur Erfassung der Stoffdeposition und Nährstoffdynamik erfolgten und z.T. noch erfolgen. Die Ergebnisse wurden in mehreren Arbeiten publiziert (Zech, 1986, 1989; Hantschel, 1987; Horn, 1987; Kaupenjohann, 1989; Ulrich, 1989; Lenz, 1991 u.a.).

Das Fichtelgebirge sowie der Frankenwald stellen eine Klimagrenze dar. Die westexponierten Abdachungen einschließlich der Gipfellagen (Schneeberg, Ochsenkopf und Waldstein) weisen noch ausgeprägte atlantische Klimazüge mit durchschnittlichen Jahresniederschlägen um 1.000 - 1.200 mm und mittlere Jahrestemperaturen von 4,5 - 6° C auf. Demgegenüber sind die Ostabdachungen und die Selb-Wunsiedler Bucht mit Niederschlägen von ca. 600 mm und kurzer Vegetationsperiode bereits deutlich kontinentaler geprägt. Vorherrschende Windrichtung ist West-Nordwest mit mehr als 50 % des gesamten jährlichen Windflusses. Ostwinde nehmen nur einen Anteil von etwa 25 % ein, führen aber im Gegensatz zu Westwinden sehr hohe Schadgaskonzentrationen.

Die ursprüngliche Zusammensetzung der Vegetation in dieser Region bestand aus einer Vielzahl submontaner und montaner sowie kontinental getönter Nadel- und Laub-Nadelwälder. Seibert (1968) weist für den Höhenbereich von 400 - 700 m über NN als natürliche potentielle Vegetation einen Eichen-Tannenwald aus, in den höheren Lagen einen Fichten-Tannen-Buchen-Mischwald, der in den Gipfellagen einem Fichtenwald weicht. Im Fichtelgebirge entstanden durch Siedlungstätigkeiten und vor allem spätmittelalterlichen Bergbau große Kahlflächen, die bis in die Hochflächen hinauf mit gebietsfremden Fichtenarten aufgeforstet wurden. Diese sind den extremen Standorten nicht angepaßt und daher anfällig für Schneebruch und Mangelversorgung (Zierl, 1972). Der Waldanteil ist auch heute noch in den Nordbayerischen Mittelgebirgszügen beträchtlich und beträgt im Fichtelgebirge ca. 80 %.

Das Fichtelgebirge gehört als westlicher Teil der Böhmischen Masse, der größten zutage tretenden variskischen Grundgebirgseinheit Mitteleuropas, der Saxothuringischen Zone an (Kossmat, 1927). Das Fichtelgebirgs-Antiklinorium wird von verschiedengradig metamorphen altpaläozoischen, z.T. auch jungpräkambrischen Gesteinsverbänden aufgebaut (Walter, 1992). Die ältesten präkambrischen Schichtenfolgen (Arzberg-Gruppe) enthalten im unteren Abschnitt Phyllite bis Glimmerschiefer, Quarzite und Amphibolite (Abb. 13.22). Im oberen Teil folgen carbonatreichere Komplexe mit z.T. massiven Kalk-Dolomitmarmoren und einzelnen Phylliten und Amphiboliten. Die in ihrer Gesamtheit als kambrisch angesehene Warmsteinach-Gruppe umfaßt im unteren und oberen Teil Quarzite, z.T. Geröllquarzite und quarzitisch gebänderte Glimmerschiefer bzw. Phyllite und im mittleren Abschnitt Phyllite mit Grauwacken und Quarziteinlagerungen.

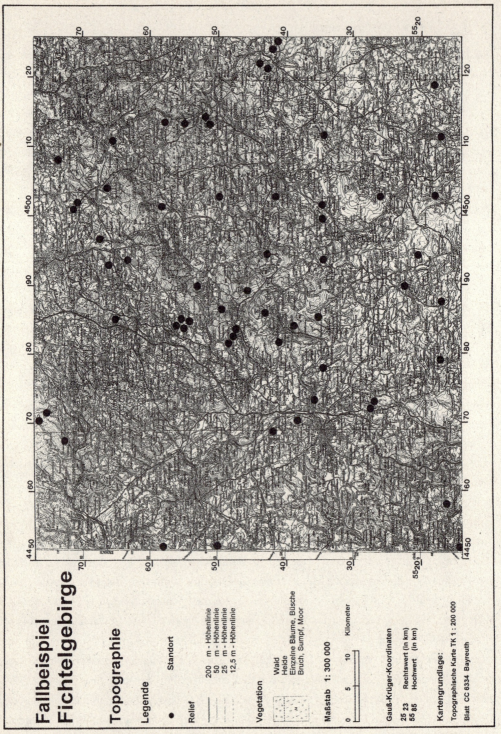

Abb. 13.21: Topographische Karte mit der Lage der Bodenprofile für das Fallbeispiel Fichtelgebirge (Kartengrundlage: Topographische Übersichtskarte 1 : 200.000, Blatt CC 6334; Wiedergabe mit Genehmigung des Bayerischen Landesvermessungsamtes München, Nr. 4502/94)

siehe Farbtafel im Anhang

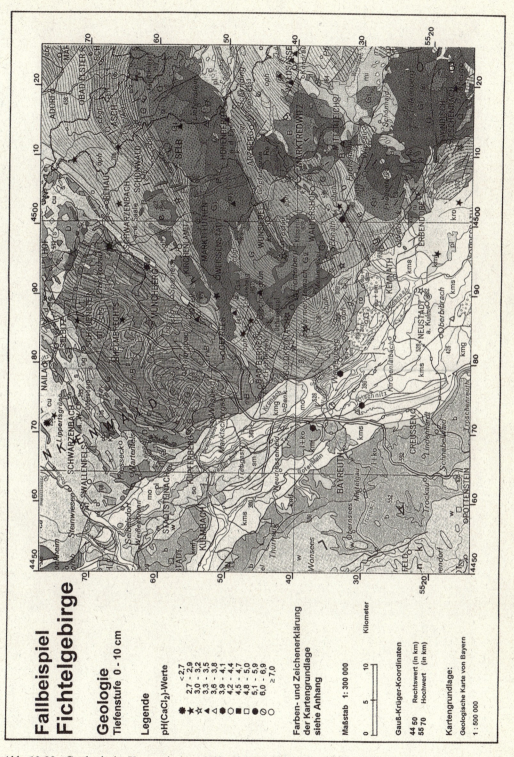

Abb. 13.22: Geologische Karte mit den pH(CaCl$_2$)-Werten in der Tiefenstufe 0 - 10 cm der Waldböden im Fallbeispiel Fichtelgebirge (Legende s. nächste Seite)
(Quelle: Bayerisches Geologisches Landesamt)

siehe Farbtafel im Anhang

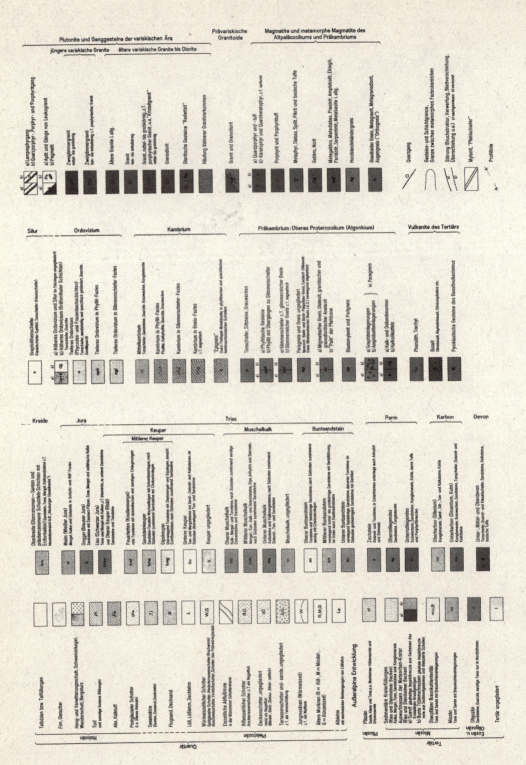

Legende

siehe Farbtafel im Anhang

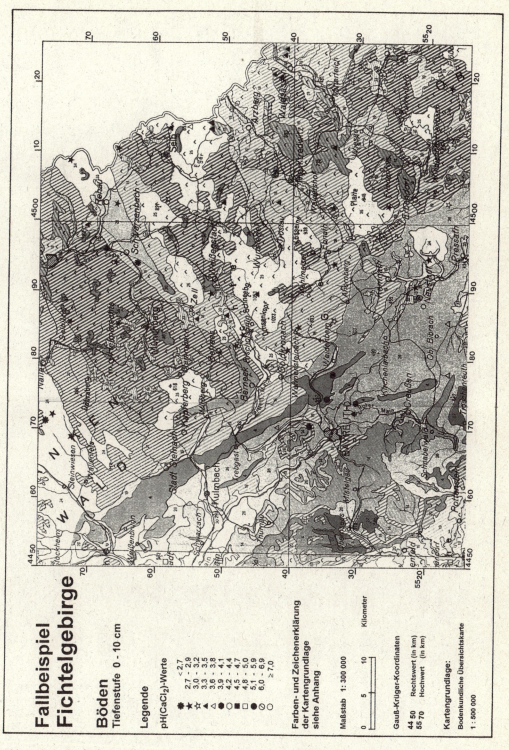

Abb. 13.23: Bodenkarte mit den pH(CaCl$_2$)-Werten in der Tiefenstufe 0 - 10 cm
der Waldstandorte im Fallbeispiel Fichtelgebirge (Legende s. nächste Seite)
(Quelle: Bayerisches Geologisches Landesamt)

siehe Farbtafel im Anhang

Legende

siehe Farbtafel im Anhang

Im Ordovizium und Silur treten überwiegend schwach metamorphe Phyllite bis hin zu Tonschiefern auf. Im südlichen Bereich des Frankenwaldes befinden sich in einer Muldenstruktur nördlich der Münchberger Gneismasse schwach metamorphe paläozoische Schichten. Neben kambrischen Tonschiefer-Sandsteinwechselfolgen mit carbonatischen Einschaltungen sowie ordovizischen bis devonischen Schiefern sind vor allem weitflächig Grauwacken und Tonschiefer aufgeschlossen.

Die Auffaltung dieser Schichtenfolgen und Aufwölbung des Fichtelgebirgsantiklinorium erfolgte im wesentlichen während der sudetischen Phase an der Wende zwischen Unter- und Oberkarbon. Im Anschluß an die Deformation und Metamorphose intrudierten im ganzen Fichtelgebirge ausgedehnte Granitplutone. Dioritische und granodioritische Vorläuferintrusionen leiteten die Abfolgen ein. In Verbindung mit den Fichtelgebirgsgraniten stehen Gänge von Aplitgraniten, Apliten, Pegmatiten und vereinzelt Lamprophyre. Darüber hinaus vorkommende Quarzporphyrgänge sind in ihrer Entstehung an die Bruchtektonik der Unterrotliegend-Zeit gebunden. Die spätvariskische und jüngere Störungstektonik am Westrand des Böhmischen Massivs (Fränkische Linie und andere Systeme) führte zu einer Zerblockung des Grundgebirges nach hauptsächlich NW-SE und NNW-SSE ausgerichteten Bruchsystemen. Wichtigstes tektonisches Element ist die östlich von Bayreuth verlaufende Fränkische Linie, an der die mesozoischen Schichtenfolgen im Westen gegenüber dem Kristallin um bis zu 2.000 m abgesunken sind. Zwischen der nördlichen Frankenalp im Westen und dem östlich der Fränkischen Linie gelegenen Grundgebirge Nordostbayerns liegt ein 15 - 20 km breiter Trias-Streifen, der durch NNW-SSE ausgerichtete Störungszonen in mehr oder weniger schmale Bruchschollen zerteilt ist (Oberfränkisch-Oberpfälzisches Bruchschollengebiet). In seinem nördlichen Oberfränkischen Teil ist dieses Gebiet vorwiegend aus Buntsandstein, Muschelkalk und Keuper aufgebaut. Darüber legt sich im Coburger Gebiet Unterjura und nordwestlich Kulmbach auch Mittel- und Oberjura. Nach SE verliert sich die tektonische Stückelung und das Oberfränkische-Oberpfälzische Bruchschollengebiet endet in der Weidener Bucht (südöstlicher Bereich der Fallstudie). Hier tritt z.B. bei Erbendorf an einigen Stellen das Rotliegende des Naab-Troges zutage. Es wird von Buntsandstein und klastischen Gesteinen der mittleren Trias überlagert. Im Raum Neustadt folgt Keuper, der streckenweise von Sand- und Tonsteinen der terrestrischen jungen Oberkreide bedeckt wird. In der Fortsetzung des Eger-Grabens sind im südöstlichen und östlichen Fichtelgebirge verschiedene tertiäre Senkungsfelder mit Schotter, Sand und Tonen, z.T. auch mit Braunkohleflözen des Miozäns gefüllt. Miozänes Alter haben auch die Basalte zwischen Markredwitz und Mittelteich als Ausläufer des Nordböhmischen Basaltvulkanismus. Im Tertiär kam es ferner unter subtropisch feuchtem Klima zu einer tiefgründigen Verwitterung des Grundgebirges unter Bildung von kaolinitischen Verwitterungsdecken. Im Quartär wurde das Fichtelgebirgsrelief schließlich durch solifluidalen Bodenabtrag und Zertalung geprägt, so daß heute nur noch einzelne Kaolinitlagerstätten von der einst mächtigen Verwitterungsdecke zeugen (Ergenzinger, 1967; Köster, 1978; Stettner, 1981).

Die Böden des Fichtelgebirges entstanden im wesentlichen aus metamorphen (Phylite, Gneise, Quarzite u.a.) und magmatischen Gesteinen (Granite u.a.). Daraus entwickelten sich in tieferen Lagen häufig nährstoffarme, z.T. podsolierte Braunerden, in den Hochlagen Podsole (Abb. 13.23).

Wie in den Fallbeispielen Schleiden und Detmold läuft auch im Fichtelgebirge die Bodenentwicklung i.d.R. überwiegend in umgelagerten Substraten ab, deren Genese mit periglazialen Prozessen verbunden war. Die lockeren Deckschichten sind zumeist intensiv durchwurzelt, während die kompakten unteren Lagen bzw. je nach Mächtigkeit der Deckschichten das Ausgangsgestein oft als Durchwurzelungshindernis und Wasserstauer wirken.

Die Verteilung der pH($CaCl_2$)-Werte in den Tiefenstufen 0 - 10 und 10 - 50 cm lassen ein deutlich bimodales Muster erkennen (Abb. 13.24). Diese Zweiteilung entspricht weitgehend auch der geologischen Gliederung dieses Gebietes. Im Bereich des Grundgebirges mit überwiegend Podsolen, Podsol-Braunerden, Braunerden und Braunerde-Rankern aus magmatischen und metamorphen Ausgangsgesteinen bzw. aus deren skelettreichen Schuttdecken treten in beiden Tiefenstufen überwiegend pH-Werte unter 3,6 auf (Abb. 13.23).

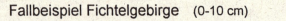

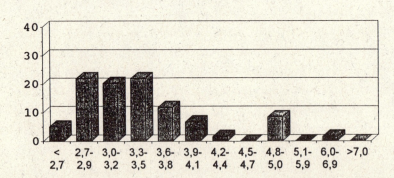
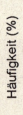
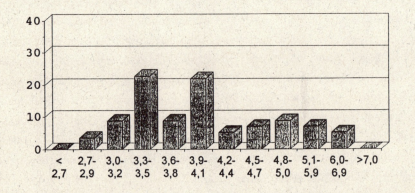

Abb. 13.24: Häufigkeitsverteilung der pH($CaCl_2$)-Werte in den Tiefenstufen 0 - 10 und 10 - 50 cm von Waldböden im Fallbeispiel Fichtelgebirge

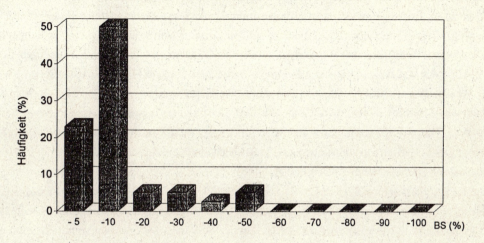

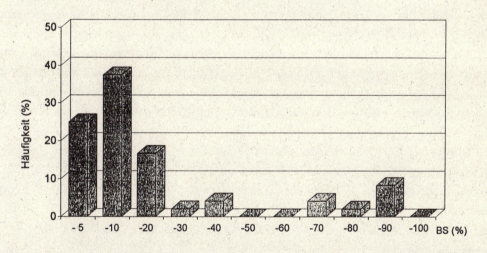

Abb. 13.25: Häufigkeitsverteilung der Basensättigung von Waldböden (Fallbeispiel Fichtelgebirge) in den Tiefenstufen 0 - 10 cm (A) und 10 - 50 cm (B)

Die Oberböden (0 - 10 cm) weisen meist eine geringe Basensättigung mit Werten von < 10 % (Median: 7 %) auf (Abb. 13.25). Auch in der Tiefenstufe 10 - 50 cm übersteigt der Anteil basisch wirkender Kationen an der Summe der austauschbaren Kationen selten 20 % (Median: 8 %). Demgegenüber liegen die pH-Werte in den Oberböden der Parabraunerden, Braunerden und Pseudogleye im Bereich des Oberfränkisch-Oberpfälzischen Bruchschollengebietes mit seinen mesozoischen Schichtenfolgen überwiegend zwischen pH 3,9 und 4,1 (Abb. 13.23). In der Tiefenstufe 10 - 50 cm variieren die pH-Werte zwischen 4,2 und 4,7. Lediglich in den meist basenarmen Podsolen und Podsol-Braunerden aus Keuper- und Oberkreidesandsteinen treten in den Oberböden pH($CaCl_2$)-Werte zwischen 3,3 und 3,5 auf. In basenreichen Braunerden und Pseudogleyen aus carbonatischen Ton- und Mergelsteinen des Muschelkalks und Juras werden hingegen pH-Werte über 4,8 und Basensättigungen zwischen 40 und 90 % erreicht (Tiefenstufe 0 - 10 cm).

Die Schadstoffbelastung der Luft in Nordostbayern ist durch zeitweise sehr hohe SO_2-Konzentrationen gekennzeichnet. Spitzenwerte mit über 700 µg/m³ treten bei austauscharmen Ostwetterlagen auf. Diese vom Bayerischen Landesamt für Umweltschutz im Meßzeitraum 1984 - 1986 gemessenen SO_2-Konzentrationen liegen z.T. erheblich über den von der IUFRO (1979) definierten maximal tolerierbaren SO_2-Belastungen von Fichten in Hochlagen (25 µg/m³ als maximaler Durchschnittswert während der Vegetationsperiode, 250 µg/m³ als maximaler Halbstundenwert). Obwohl Westwinde wesentlich niedrigere Schadstoffkonzentrationen aufweisen, sind dennoch 2/3 der gesamten sauren Depositionen auf Emissionen der westlichen Industriezentren zurückzuführen (Trautner, 1988). Seit 1988 haben die SO_2-Immissionen jedoch deutlich abgenommen (UBA, 1992). So treten SO_2-Belastungen im Bereich des Fichtelgebirges und Frankenwaldes im Jahresmittel (1990) zwischen 25 und 50 µg/m³ auf (UBA, 1992). Die im Rahmen des Critical Loads/Critical Levels-Projektes ermittelten Jahresmittelwerte der SO_2-Immissionen liegen in diesem Gebiet zwischen 20 und 30 µg/m³ (nicht dargestellt). Sie überschreiten somit die kritischen SO_2-Werte um über 20 µg/m³ (vgl. Abb. 13.1).

Die NO_x-Konzentrationen der Luft liegen im Vergleich zu den SO_2-Immissionen niedriger. Sie unterschreiten den für empfindliche Pflanzen als schädlich angesehenen Grenzwert von 0,25 µg/m³ für Langzeit- bzw. 0,6 µg/m³ für Kurzzeitbelastungen (Anonymus, 1983). Bei der Beurteilung der direkten Wirkung von NO_x muß allerdings berücksichtigt werden, daß das i.d.R. höher konzentrierte NO_2 ein wesentlich stärkeres phytotoxisches Potential aufweist als NO (Taylor et al., 1975). Für das Jahr 1990 wurden NO_2-Jahresmittelwerte für die Region Fichtelgebirge/ Frankenwald von 50 - 75 µg/m³ angegeben (UBA, 1992). Dem Critical Level-Wert für NO_2-Immissionen folgend werden die Grenzwerte auch für NO_2 um über 20 µg/m³ in diesen Gebieten überschritten (Köble et al., 1993).

Insgesamt ergeben die Modellrechnungen (EMEP-Modellierung) für die Fallstudie Fichtelgebirge Gesamtsäuredepositionen (Mittel der Jahre 1979 - 1989) von über 4,5, häufig auch über 6,0 kmol IÄ ha^{-1} a^{-1} (Abb. 13.2). Aus den Verwitterungsraten der Ausgangssubstrate, die nach Köble et al. (1993) zwischen 0 und 0,75 kmol IÄ ha^{-1} a^{-1} variieren, sowie weiteren Standortparametern ergeben sich für die Granite Ortho- und Paragneise sowie für die Sandsteine des Keupers und der Oberkreide meist niedrige Critical Loads-Werte für den Säureeintrag von unter 0,5 kmol IÄ ha^{-1} a^{-1}. Die übrigen Gebiete weisen Critical Loads-Werte bis 2 kmol IÄ ha^{-1} a^{-1} auf (Abb. 13.3).

Aus Abb. 13.4 geht hervor, daß nahezu der gesamte Bereich des Fallbeispiels Fichtelgebirge Überschreitungen der Critical Loads-Werte für Säureeinträge von über 3 kmol IÄ ha^{-1} a^{-1} aufweist. Ein Vergleich mit den bodenchemischen Parametern zeigt, daß die Überschreitungen der kritischen

Säureeinträge im wesentlichen auch mit den Gebieten übereinstimmen, in denen niedrige pH(CaCl$_2$)-Werte sowie geringe Basensättigung in den Tiefenstufen 0 - 10 cm und 10 - 50 cm auftreten. In den Bereichen, in denen überwiegend Böden auf carbonatischen Ausgangsgesteinen auftreten, werden die Critical Loads-Werte deutlich weniger überschritten. Im Widerspruch dazu stehen die Ergebnisse von Lenz (1991), der nur für ca. 3 % der Waldflächen im Fallbeispiel Fichtelgebirge ein mittleres Belastungsrisiko als Funktion der Säuredeposition und Verwitterungsrate ermittelte. Nach Lenz (1991) sind davon im wesentlichen die höheren Fichtelgebirgslagen betroffen.

Insgesamt zeigen jedoch sowohl die bodenchemischen Parameter als auch die Modellrechnungen, daß in der Zukunft für weite Bereiche der Fallregion Fichtelgebirge bei gleichbleibenden Säureeinträgen nachhaltig mit einer weiteren Schädigung der Waldökosysteme zu rechnen ist. Dies gilt in besonderem Maße für die pufferschwachen Gebiete im Bereich des kristallinen Grundgebirges.

13.4 Zusammenfassende Betrachtung

Der Vergleich der aktuellen pH-Werte mit den Überschreitungen der Critical Loads für Säureeinträge verdeutlicht, daß in weiten Bereichen der Bundesrepublik Deutschland eine hohe Gefährdung der Waldökosysteme durch Einträge von Säuren und Säurebildnern zu verzeichnen ist. In der Regel übersteigt der Säureeintrag das standörtlich tolerierbare Maß um mehrere Größenordnungen. Nur eine weitere Reduktion der Emission säurebildender Stoffe kann helfen, um im Verbund mit forstlichen Maßnahmen, der derzeitigen Entwicklung entgegen zu wirken. Wie der Vergleich von Fichten- und Buchenbeständen zeigt, kann auf den meisten Standorten ohne Emissionsminderungsmaßnahmen auch ein Bestockungswechsel von Nadel- zu Laubholz die Belastungsrate nicht ausreichend verringern.

Von Natur aus begrenzt ist auch die Fähigkeit von Waldökosystemen, Stickstoffeinträge ohne bestandesgefährdende Veränderungen bzw. Folgewirkungen für die Gewässerqualität aufzunehmen. Entscheidendes Kriterium für die Widerstandsfähigkeit in diesem Sinne ist die Festlegung der Stickstoffeinträge in lebender Biomasse bzw. im Boden. Aus Tab. 13.4 geht hervor, daß in forstlich bewirtschafteten Waldökosystemen durchaus ein gewisses Potential bestünde, eine Stickstoffzufuhr aufzunehmen und während der Umtriebszeit zu binden. Als besonders günstig erweisen sich in dieser Hinsicht produktive Bestände mit einem hohen laufenden Zuwachs, die sich durch dichte Belaubung und große Kronen auszeichnen sollten. Durch gezielte Baumartenwahl und Bestandesbehandlung ließe sich die Akkumulation von Stickstoff im aufwachsenden Bestand sowie in der Bodenvegetation unter günstigen Standortbedingungen um das Drei- bis Fünffache steigern. Gering fällt demgegenüber die Fähigkeit des Bodens aus, Stickstoffeinträge festzulegen, ohne sie an das Sickerwasser weiterzugeben. Immerhin zeigt die Akkumulationsrate von 1 bis 3 kg N/ha und Jahr, was unter günstigen Umständen durch Aufbau humusreicher Waldböden und eine bodenschützende Bestandespflege, die zur Vermeidung einer Überschußnitrifikation beiträgt, zu erreichen wäre.

Tab. 13.4: Ableitung kritischer Werte für die Stickstoffdeposition aus dem Zuwachsverhalten und dem Bodenzustand von Waldökosystemen (Nilsson und Grennfelt, 1988; zitiert nach Gehrmann, 1990)

Wald-/Boden-Zustand	Akkumulationsrate im aufwachsenden Bestand	Boden	Austrag mit dem Sickerwasser	Kritischer Wert der Deposition
	------------------------- kg N / (ha x a) ------------------------			
geringer Zuwachs/ Netto-N-Festlegung	1 - 6	1 - 3	1 - 2	3 - 11
geringer Zuwachs/ Netto-N-Freisetzung	1 - 6	-	-	0
hoher Zuwachs/ Netto-N-Festlegung	5 - 15	1 - 3	1 - 2	7 - 20
hoher Zuwachs/ Netto-N-Freisetzung	5 - 15	-	-	*0

Da nun das Hauptpotential zur Stickstoffakkumulation in der aufwachsenden Biomasse liegt, bestimmt schließlich auch die jeweilige Vegetationsform maßgeblich den kritischen Depositionswert. Bei einem Vergleich der Critical Loads für Stickstoff im Hinblick auf unterschiedliche terrestrische Ökosysteme und die aktuellen Depositionsraten in Nordrhein-Westfalen stellte Gehrmann (1990) fest, daß naturnahe Ökosysteme in alle Regionen Nordrhein-Westfalens einer hohen Belastung ausgesetzt sind. Unterschiedliche Folgewirkungen sind damit wahrscheinlich geworden. Besonders gefährdet scheint der Bestand an Hochmooren und Zwergstrauchheiden zu sein, da schon die gegenwärtige Freilanddeposition deutlich über den genannten kritischen Werten liegt. Eine zwangsläufige Folge der ständigen Überschreitungen der Critical Loads-Werte für Säureeinträge sind ferner die allmählichen Veränderungen von Waldgesellschaften. Bisher bestimmende Arten der Kraut- und Strauchschicht nehmen ab und werden vermehrt durch nitrophile Arten im Nadel- und Laubwald ersetzt. Dem Einfluß der Stickstoffdeposition sowie erhöhter Nitrifikation im Boden ist u.a. auch zuzuschreiben, daß waldbauliche Maßnahmen, die auf eine natürliche Verjüngung der Bestände abzielen, hier und da mißlingen. Besonders empfindlich dürften Nadelholzökosysteme auf Standorten mit Nährstoffungleichgewichten reagieren, wenn überhöhte Stickstoffeinträge mit einer Calcium- und Magnesium-Mangelversorgung des Bodens einhergehen.

Vor dem Hintergrund der Waldschadenssituation mit einer verminderten Vitalität der Bäume und einer fortgeschrittenen Versauerung der Böden, bleibt die Möglichkeit, den Stickstoffhaushalt zu regulieren, beschränkt, zumal ein Stickstoffexport durch Vollbaumernte aus grundsätzlichen Erwägungen ausscheidet. Am wenigsten betroffen von den Auswirkungen des Stickstoffeintrages sind wiederum Buchenwaldökosysteme.

Zusammenfassend ist festzuhalten, daß Säure-, Schwefel- und Stickstoffdepositionen gegenwärtig einen destabilisierenden Einfluß auf die überwiegende Anzahl der Waldgebiete in der Bundesrepublik Deutschland haben. Die heute zu beobachtenden "neuartigen Waldschäden" betreffen dabei nicht nur Schäden an den Waldbäumen, sondern stellen ganzheitliche Schädigungen von Waldökosystemen dar, die auch die Bodenflora und -fauna sowie die höheren Pflanzen und Tiere betreffen. Ebenso haben die gesamten Stoffkreisläufe zwischen Böden und Organismen sowie Böden und Grund-/Oberflächengewässern gravierende Veränderungen erfahren. Die Erfolgsaussichten konservativer Naturschutzmaßnahmen sind deshalb auch in Frage gestellt. Angebracht sind jedoch Kompensationskalkung und eventuell Düngung von Waldbeständen, um die negativen Folgen der sauren Depositionen zu begrenzen. Eine Verringerung der Säuredepositionen kann im wesentlichen nur durch aktive Vorsorge beim Verursacher wirksam und umweltverträglich erreicht werden.

14 Zusammenfassung

Auf der Basis umfangreicher Literatur-Studien wurden die Problematik zur Auswirkung der Bodenversauerung auf Stoffbestand und Stoffkreisläufe in Waldböden eingehend diskutiert und bewertet sowie Vorschläge für weiteren Forschungsbedarf formuliert. Im einzelnen wurden alle wichtigen Versauerungspfade in Waldökosystemen dargestellt und die dabei ablaufenden Prozesse beschrieben. Im Mittelpunkt stand die Frage nach dem Ausmaß der irreversiblen Degradierung von Waldböden als Folge der intensiven Silicatverwitterung und -zerstörung unter stark bis extrem sauren Bedingungen. Im Zusammenhang mit der Beschreibung der Pufferreaktionen wurde auch auf die Ursache-Wirkungsbeziehung zwischen anthropogener Luftverunreinigung, fortschreitender Tiefenversauerung und Grundwasserversauerung in Abhängigkeit vom jeweiligen Bodensubstrat und Ausgangsgestein eingegangen. Desweiteren wurden anhand von Fallbeispielen ausgewählter Waldgebiete, in denen eine hohe Informationsdichte bezüglich bodenchemischer und -mineralogischer Kennwerte vorliegt, die im Rahmen des Critical Loads/Critical Levels-Projektes erstellten Karten verifiziert.

Die im Rahmen dieses Projektes auf der Grundlage von Angaben zu pH-Werten in den Tiefenstufen 0 - 10 cm und 10 - 50 cm von über 3.000 Waldbodenprofilen erstellten pH-Karten zeigen, daß in den Oberböden (0 - 10 cm) 78 % der pH-Werte unter 4,2 und davon 28 % unter 3,3 liegen. Auch im tieferen Mineralboden (10 - 50 cm) beträgt der Anteil an pH-Werten unter 4,2 noch über 50 %. Im Vergleich zum Gesamtkollektiv läßt die Verteilung der pH-Werte in den einzelnen Bundesländern ein mehr oder weniger deutliches Nord-Süd-Gefälle erkennen. Insgesamt besteht eine deutliche Beziehung zwischen dem Versauerungsstatus der Waldböden und der Art des Ausgangsgesteins sowie den verschiedenen bodentypologischen Einheiten. Ferner sind, wie die bodenchemischen Eigenschaften der Waldböden in den verschiedenen Fallbeispielen zeigen, auch Beziehungen zum Klima, Relief und zur Vegetation zu erkennen.

Als Folge der starken bis extremen Bodenacidität treten bei der überwiegenden Zahl der untersuchten Waldstandorte Protonen und Al-Ionen als dominierende Kationen an den Austauschern auf. In den Tiefenstufen 0 - 10 cm und 10 - 50 cm weisen über 60 % der Waldböden eine H-Al-Sättigung von ≥ 70 % auf. Im Gegensatz dazu zeigt die Häufigkeitsverteilung der Basensättigung in den Tiefenstufen 0 - 10 cm und 10 - 50 cm bei der Auswertung der im Rahmen dieses Projektes erhobenen Daten, daß nahezu 50 % der Waldböden in der BRD eine Basensättigung von ≤ 10 % aufweisen. Bei Basensättigungswerten < 15% ist eine starke Gefährdung durch Al-Toxizität und eine Schädigung des Feinwurzelsystems gegeben. Legt man den Anteil an Calcium und Magnesium an der Summe der austauschbaren Kationen als Elastizitätsparameter zur Abschätzung des Pufferungsvermögens gegenüber Säureeinträgen zugrunde, so besitzen insgesamt 83 % der Oberböden in der Tiefenstufe 0 - 10 cm eine geringe (31 %) bis sehr geringe (52 %) Elastizität hinsichtlich der Pufferung von Säureeinträgen. In der Tiefenstufe 10 - 50 cm weisen 54 % der Waldböden eine geringe (22 %) bis sehr geringe (32 %) Basensättigung auf.

Die heute festzustellende Versauerung der Waldböden hat weitflächig ein so großes Ausmaß erreicht, daß bereits gravierende Veränderungen der Stoffkreisläufe und starke Schädigungen der Waldböden stattgefunden haben.

Die durch natürliche Prozesse und anthropogene Einflüsse bedingte starke bis extreme Versauerung der Waldböden führt, wie die Ergebnisse chemischer Analysen sowie röntgenographischer und elektronenmikroskopischer Untersuchungen zeigen, zu gravierenden Veränderungen des Mineralbestandes und des Stoffhaushaltes der Böden. Profilbilanzen von Waldböden zeigen, daß in den stark bis extrem versauerten Bodenhorizonten eine beträchtliche Verarmung an Alkali- und Erdalkalimetallen (Na, K, Ca und Mg) festzustellen ist. Mit der starken Verlagerung und Auswaschung dieser Nährstoffe sowie von Mangan, Eisen und Aluminium geht eine relative Anreicherung von Silicium in den Oberböden von Waldstandorten einher. Röntgenographische und chemische Analysen zeigen, daß die Mineralverwitterung in den stark bis extrem versauerten Oberböden bereits sehr weit fortgeschritten ist und zu einer irreversiblen Degradierung der Waldböden führt. Die stärksten Auflösungserscheinungen treten bei Feldspäten auf, deren Korrosionsintensität und Auflösungsstrukturen eine enge Abhängigkeit zum pH-Wert des jeweiligen Horizontes aufweisen. Die bei der Silicatverwitterung und -zerstörung entstandenen Abbauprodukte liegen zumeist als amorphe kieselsäurereiche Verkittungen oder Aufwachsungen auf Silicat- und Quarzoberflächen vor. Mit der Zerstörung der Silicate, insbesondere der Tonfraktion, und einem teilweise vorhandenen sekundären Quarzwachstum findet ein Prozeß der Versandung in den stark bis extrem sauren Oberbodenhorizonten der Waldböden statt.

Mit der zunehmenden Freisetzung von Aluminium infolge der starken Silicatverwitterung und -zerstörung steigt bei pH-Werten unter 4,5 bis 4,0 die Al-Sättigung an den Austauschern stark an und erreicht in den sehr stark bis extrem versauerten Horizonten über 90 % der effektiven Kationenaustauschkapazität. Neben Al-Ionen und Protonen treten in den sehr stark bis extrem versauerten humosen Oberböden auch zunehmend Mangan- und Eisen-Ionen am Kationenbelag auf. Insbesondere in extrem sauren Oberböden, in denen die Fe- und Mn-Mobilität zusätzlich durch Reduktionsvorgänge und Komplexbildung erhöht wird, können die Fe- bzw. Mn-Anteile bis zu 10 % an der Summe der austauschbaren Kationen betragen.

Mit dem Anstieg des austauschbaren und damit potentiell pflanzenverfügbaren Aluminiums im Boden nimmt im pH-Bereich unter 4 auch die Al-Konzentration in der Bodenlösung stark zu. Die Folge sind bei gleichzeitigem Nährstoffmangel toxische Wirkungen auf die Wurzeln, insbesondere auf die Feinwurzeln der Waldbäume und deren Mycorrhiza-System. Ein hohes phytotoxisches Potential besitzen nahezu ausschließlich die monomeren Al-Ionen, die Veränderungen der Wurzelspitzen und eine Hemmung des Wurzelwachstums bewirken können. Die Abnahme der Wurzelmasse hat weitreichende Konsequenzen für die Stabilität von Waldbeständen (erhöhte Anfälligkeit gegenüber Windwurf sowie Trockenheit und Frost) und den Bodenwasserhaushalt.

Neben einer direkten Schädigung durch phytotoxisches Aluminium hängt die Wurzelschädigung auch vom Mg/Al- bzw. Ca/Al-Verhältnis in der Bodenlösung sowie an den Austauschern ab. Nach den Ergebnissen von Gefäßversuchen ist bei einem molaren Ca/Al-Verhältnis von < 1 eine Gefährdung durch Al-Toxizität und eine Schädigung des Feinwurzelsystems gegeben. Ferner treten Nadelschäden bei Fichten durch Mg-Mangel auf, wenn das Mg/Al-Verhältnis der austauschbaren Bodenfraktionen unter 0,05 absinkt. Mg/Al-Quotienten von unter 0,05 treten in nahezu allen sehr stark bis extrem versauerten Horizonten von Waldböden auf.

Daneben wirkt Aluminium auch toxisch auf die Bodenflora und -fauna, was eine Abnahme der biologischen Aktivität zur Folge hat. Von den Mikroorganismen sind Bakterien, die die höchsten Abbauleistungen bei der Streuzersetzung aufweisen, bei pH-Werten unter 4,0 - 3,5 kaum noch aktiv, und pilzliche Organismen treten milieubeherrschend auf. Die Hemmung der Mikroorganismentätigkeit führt zur Bildung von organischen Auflagehorizonten und ungünstigen Humusformen. Dadurch werden wiederum bodeninterne Protonenquellen in Gang gesetzt, die die Bodenversauerung noch verstärken können.

Al-Toxizität bei pH-Werten unter 4,0 - 3,5 hat ferner dazu geführt, daß Bodenwühler, insbesondere Lumbriciden, die wesentlich an der Lockerung und Belüftung der Böden beteiligt sind, heute in vielen Waldböden weitgehend fehlen. Dies kann zu einer zunehmenden Bodenverdichtung und damit zu einer erhöhten Staunässebildung führen.

Wie aus verschiedenen Untersuchungen hervorgeht, können Mn- und Fe-Ionen in der Bodenlösung versauerter Waldstandorte Konzentrationen erreichen, die der Al-Konzentration vergleichbar sind. Dies gilt insbesondere für sehr stark bis extrem versauerte humose Oberböden (z. B. Standort Kottenforst bei Bonn), wo die Mn- und Fe-Gehalte in der Bodenlösung bis zu 13 bzw. 8 mg/l erreichen. Labor- und Freilandversuche belegen, daß sowohl Mn^{2+} als auch Fe^{2+} in sauren Nährlösungen stärker toxisch wirken können als äquivalente Mengen an Aluminium. In manchen Waldgebieten werden heute Mn-Konzentrationen von mehreren Tausend mg/kg in Fichtennadeln gemessen

Neben Mangan, Eisen und Aluminium werden auch Schwermetalle mit abnehmenden pH-Werten zunehmend mobilisiert und somit pflanzenverfügbar. Bereits bei pH-Werten unterhalb 6,0 - 5,5 beginnt - neben der Mn^{2+}-Freisetzung - eine Mobilisierung von Cadmium und Zink, während Kupfer bei pH-Werten < 5,0 - 4,5 und Blei unter 4,0 verstärkt freigesetzt werden. Als Folge der zunehmenden Schwermetallverfügbarkeit wurden von verschiedenen Autoren erhöhte Gehalte an Mangan, Zink, Cadmium und Blei in der Kraut- und Grasvegetation extrem versauerter Waldstandorte Schleswig-Holsteins ermittelt. Ebenso wurden erhöhte Cd- und Hg-Gehalte in Waldpilzen festgestellt. Es ist anzunehmen, daß die erhöhte Mobilität potentiell toxischer Schwermetalle in versauerten Waldböden und deren erhöhter Transfer in die Vegetation eine der wesentlichen Ursachen für die immer wieder festgestellten Schwermetallanreicherungen in Niere und Leber von Wildtieren ist.

Die verstärkte Verlagerung und Auswaschung von Mn, Fe und Al sowie von verschiedenen anderen Schwermetallen im Boden führt dazu, daß Grundwasser und Oberflächengewässer im Einzugsbereich von Waldgebieten steigenden Belastungen mit diesen Metallen ausgesetzt sind. Großflächige Versauerungserscheinungen von Oberflächengewässern werden in Skandinavien bereits seit den 70er Jahren beobachtet. In der Bundesrepublik Deutschland konnten Veränderungen im Chemismus von Oberflächengewässern (z.B. pH-Absenkung, Anstieg der Al-, Fe-, Mn-, Zn-, Cd-, SO_4-Konzentration) während der letzten zehn Jahre festgestellt werden, die in einem engen Zusammenhang mit sauren Depositionen sowie der weitflächig auftretenden starken Bodenversauerung von Waldgebieten stehen.

Die beschriebenen Bodenschäden, wie sie heutzutage in sehr stark bis extrem versauerten Waldböden auftreten, sind ganz wesentlich eine Folge des stark erhöhten Eintrages atmosphärischer Luftverunreinigungen während der letzten 40 Jahre. Der Vergleich der aktuellen pH-Werte mit den für Critical Loads ermittelten Grenzwerten verdeutlicht, daß in weiten Bereichen der Bundesrepublik Deutschland eine hohe Gefährdung der Waldökosysteme durch Einträge von Säuren und Säurebildnern zu verzeichnen ist. Dies trifft vor allem für die Waldgebiete zu, die bedingt durch ein nährstoffarmes Ausgangssubstrat mit geringer Säurepufferkapazität und -rate sowie jahrhundertelange Waldnutzung durch den Menschen (Holz- und Streuabfuhr, Ersatz von Laubmischwäldern durch Nadelholz-Reinbestände) bereits eine geringe Elastizität gegenüber Säureeinträgen aufweisen.

Die Darstellung der Überschreitung von Critical Loads zeigt, daß die kritischen Grenzwerte für den Eintrag säurebildender Schadstoffe weit unter dem aktuellen Eintrag liegen und somit großflächig mit einer hohen Gefährdung der Waldökosysteme zu rechnen ist. So weisen die Gebiete mit hohen Überschreitungen der Aciditätsgrenzwerte (> 3 kmol IÄ ha^{-1} a^{-1}) überwiegend pH-Werte in den Oberböden von unter 3,6 auf. Betroffen hiervon sind vor allem die Waldgebiete der Norddeutschen Tiefebene, der Nordharz, nahezu alle Waldgebiete in Nordrhein-Westfalen, das Fichtelgebirge, der Thüringer und Bayerische Wald, die Molasse Vorebene und der Nordschwarzwald. Die Waldböden dieser Gebiete sind durch sehr niedrige Basensättigung (< 5 %) sowie durch hohe H+Al-Anteile von bis zu 95 % an der Summe der austauschbaren Kationen gekennzeichnet. Zwar führen die weiteren Säureeinträge nur noch zu geringfügigen Veränderungen der bodenchemischen Kennwerte (z.B. pH-Wert, Basensättigung u.a.), da bereits ein außerordentlich schlechter Zustand erreicht ist, jedoch ist in diesen Böden mit einer weiter zunehmenden Zerstörung von Tonmineralen und anderen Silicaten und dadurch mit einer fortschreitenden irreversiblen Degradierung zu rechnen. Ferner nimmt die Fähigkeit der Oberböden sowie der sich unmittelbar in die Tiefe anschließenden Horizonte weiter ab, zusätzliche Protonen durch rasch wirksame Pufferreaktionen zu neutralisieren. Die Folge ist eine Verlagerung der Versauerungsfront in immer größere Bodentiefen, bis schließlich auch eine zunehmende Versauerung des Grund- und Oberflächenwassers eintritt. Waldflächen, in denen eine fortgeschrittene Tiefenversauerung festgestellt wurde und die hohe Überschreitungen der Critical Loads für den Säureeintrag aufweisen, finden sich vor allem in Schleswig-Holstein, gebietsweise auch in Niedersachsen und Nordrhein-Westfalen, im Fichtelgebirge, Bayerischen Wald, Odenwald und lokal auch im Schwarzwald. Dies deuten auch die pH($CaCl_2$)-Werte in der Tiefenstufe 10 - 50 cm an, die in diesen Gebieten meist unter 3,9 liegen.

Besonders gravierende Veränderungen der Bodeneigenschaften durch Säurebelastungen werden sich in Zukunft vor allem in den Gebieten einstellen, für die zum einen sehr hohe Überschreitungen der Critical Loads ermittelt wurden, und die zum anderen in den Tiefenstufen 0 -

10 cm und 10 - 50 cm mit pH-Werten zwischen 3,9 und 4,4 noch nicht so stark versauert sind. Es sind dies vor allem die Waldflächen im südlichen Harz, Thüringer Wald, Erzgebirge, südlicher Bayerischer Wald, südlicher Schwarzwald sowie im Odenwald. Die hohen Einträge von Säuren und Säurebildnern werden in diesen Böden zu einer weiteren starken Abnahme der Basensättigung von durchschnittlich 10 - 30 % auf unter 10 % und zu einer Zunahme der sauer wirkenden Kationen, insbesondere von Aluminium, auf Anteile von über 70 % an der Summe der austauschbaren Kationen führen. Einhergehend mit der fortschreitenden Silicatverwitterung und -zerstörung werden Al-Ionen in zunehmendem Maße aus den Silicatgittern freigesetzt, was zu einem Anstieg der Al-Konzentration im Sickerwasser führt. Das sich ständig verändernde Ca/Al- bzw. Mg/Al-Verhältnis zugunsten einer Al-Dominanz hat eine stetige Abnahme der Stabilität der Waldökosysteme gegenüber Säuretoxizität und eine zunehmende Schädigung des Feinwurzelsystems durch Al-Toxizität bei gleichzeitigem Nährstoffmangel zur Folge. Es ist daher anzunehmen, daß in den Gebieten, in denen die Waldböden sich im Übergangsbereich vom Ca + Mg-dominierten Milieu (d.h., einem Bereich, in dem die Pufferung von Protonen im wesentlichen unter Freisetzung von Alkali- und Erdalkalikationen erfolgt) zum Al-dominierten Milieu (d.h., die Pufferreaktionen führen überwiegend zur Freisetzung von Al-Ionen) befinden, in Zukunft wahrscheinlich die höchsten Zunahmen der Waldschäden (Hessen, Thüringen, Sachsen-Anhalt, Baden-Württemberg) auftreten werden.

Die Gebiete, in denen die Critical Loads-Werte für den Säureeintrag nicht überschritten werden, weisen auch häufig hohe pH-Werte in beiden Tiefenstufen auf. Hierbei handelt es sich um Waldböden aus carbonatreichem Ausgangsmaterial.

Zusammenfassend ist festzustellen, daß die heute zu beobachtenden "neuartigen Waldschäden" nicht nur die Schäden an den Waldbäumen betreffen, sondern ganzheitliche Schädigungen von Waldökosystemen darstellen, die neben der beschleunigten Silicatzerstörung und Nährstoffverarmung der Böden auch die Bodenflora und -fauna sowie die höheren Pflanzen und Tiere betreffen. Ebenso haben die gesamten Stoffkreisläufe zwischen Böden und Organismen sowie Böden und Grund-/Oberflächengewässern gravierende Veränderungen erfahren. Nur eine weitere Reduktion der Emission säurebildender Stoffe kann helfen, im Verbund mit Waldkalkung und eventuell Düngung sowie weiteren forstbaulichen Maßnahmen der derzeitigen Entwicklung entgegenzuwirken.

14   Literaturverzeichnis

Anonymus (1982a): Acidification today and tomorrow. Swedish Ministry of Agriculture, Environment 82 Committee.

Anonymus (1982b): European Mesaphorura species of the sylvatica group (Collembola, Onychiuridae, Tullgergiinae).- Acta Ent. bohemoslov. 79, 14-30..

Anonymus (1990): Die regionale Ausdehnung der immisionsbedingten Grundwasserversauerung im südlichen Taunus und in Nord- und Osthessen. In: Hessisches Landesamt für Bodenforschung (Hrsg.): Mögliche Auswirkungen saurer Depositionen auf das Grundwasser in Kluftgrundwasserleitern des Buntsandstein Nord- und Osthessens.

Anonymus (1993) : Standortskenndaten auf Blatt Detmold TK 4118. - Geologisches Landesamt Krefeld, unveröff.

Anonymus (1993): Die Gliederung von Zersetzergesellschaften für die standortökologische Ansprache. - Mitteilgn. Dtsch. Bodendkundl. Gesellsch. 69, 95-98.

Abrahamsen, G. (1984): Effects of acid deposition on forest soil and vegetation. Phil. Trans. R. Soc. Lond. B 305, 369-382.

Abrahamsen, G. (1972): Ecological Stady of Lumbricidae (Oligochaeta) in Norwegian coniferous forest soils.- Pedobiol. 12, 267-281.

Abrahamsen, G, Hovland, J.und Hagvar, S. (1980): Effects of artificial acid rain and liming on organisms and the decomposition of organic matter. In: Hutchinson, T.C., Havas, M. (1980): 341-362.

Agerer, R. (1991): Streuzersetzende Großpilze im Höglwald-Projekt: Reaktionen im vierten Jahr der Behandlung. In: Kreutzer, K., Göttlein, A. (1991): Ökosystemforschung Höglwald. Forstwiss. Forschungen, 39, 99-102.

Alaily, A. (1983): Rekonstruktion des Ausgangszustandes und Bilanzierung von Böden einer Moränenlandschaft. Z. Pflanzenernähr. Bodenk. 146, 72-88

Aldinger, E. (1987): Elementgehalte im Boden und in Nadeln verschieden stark geschädigter Fichten-Tannen-Bestände auf Praxiskalkungsflächen im Buntsandstein-Schwarzwald. Freiburger Bodenkl. Abh. 19, 266 S.

Alenäs, I.und Skärby, L. (1988): Throughfall of plant nutrients in relation to crown-thinning in a Swedish coniferous forest. Water, Air, and Soil pollut., 38, 223-237.

Alexander, M. (1980a): Effects of acidity on microorganisms and microbial processes in soil. In: Hutchinson, T.C., Havas, M. (1980): 363-374.

Alexander, M. (1980b): Effects of acid precipitation on biochemical activities in soil. In: Drablos, D., Tollan, A. (1980): 47-52.

Allnoch, G., Gieseler, G. und Hanke, H. (1984) : Überregionales Kataster der Schadstoffbelastung des Bodens. - Forschungsvorhaben 10901001 des Bundesministerium des Inneren, unveröff.

Altman, A. (1982): Retardation of radish leaf senescence by polyamines. Physiol. Plant. 54,

Ammer, S. (1992): Auswirkungen experimenteller saurer Beregnung und Kalkung auf die Lumbricidenfauna und deren Leistungen (Höglwald-Experiment). - Schriftenreihe der forstwiss. Fakultät der Univ. München und der Bayer. forstlichen Versuchs- und Forschungsanstalt.

Andreae, H. und Mayer, R. (1989): Einfluß der Bodenversauerung auf die Mobilität von Schwermetallen im Einzugsbereich der Söse-Talsperre im Harz, DVWK-Mitteilungen 17, 285-292.

Apfelbaum, A., Burgoon, A., Anderson, J.D., Lieberman, M., Ben Arie, R. und Mattoo, A. (1981): Polyamines inhibit biosynthesis of ethylene in higher plant tissues and fruit protoplasts. Plant Physiol. 68, 453-456.

Apsimon, H.M., Kruse, M. und Bell, J.N.B. (1987): Ammonia emissions and their role in acid deposition. Atmos. Environ. 21, 1939-1946.

Ares, J. (1986) : Eigenschaften der Al - Komplexe in sauren Waldbodenlösungen. - Göttinger Bodenkundl. Ber. 88

Arndt, U., Seuffert, G .und Nobel, W. (1982): Die Beteiligung von Ozon an der Komplexkrankheit der Tanne (Abies alba Mill.) - eine prüfenswerte Hypothese. Staub-Reinhalt. Luft 42, 243-247.

Asche, N. (1988): Deposition-Interzeption und Pflanzenauswaschung im Kronenraum eines Eichen-Hainbuchen-Bestandes. Z. Pflanzenernähr. Bodenk. 151, 103-107.

Ashenden, T.W .und Mansfield, T.A. (1977): Influence of wind speed on the sensitivity of rye grase to SO_2. J. exp. Bot. 28, 729-735.

Asumadu, K., Gilkes, R.J., Armitage, T.M. und Churchward, H.M. (1988) : The effects of chemical weathering on the morphology and strength of quartz grains - an example from S.W. Australia. - J. Soil Sci. 39, 375 - 383

Athari, S. (1983): Zuwachsvergleich von Fichten mit unterschiedlich starken Schadsymptomen. Allg. Forst. u. J. Ztg. 38, 653-655.

Atkinson, R. (1990): Gas-phase chemistry of organic compounds. A review. Atm. Env. 24, 1 - 41

Austin, G.S. (1974) : Multiple overgrowth on detrital quartz sand grains in the Shakopee formation (Lower Ordovician) of Minnesota. - J. Sed. Petrol. 44, 358 - 362

Baath, E., Berg, B., Lohm, U., Lundgren, B., Lundkvist, H., Rosswall, T., Söderström, B. und, Wiren, A. (1978): Effects of experimental acidification and liming on soil organisms and decomposition in a Scots pine forest. Swedish Coniferous Forest Project.

Baath, E., Berg, B., Lohm, U., Lundgren, B., Lundkvist, H., Rosswall, T., Söderström, B. und, Wiren, A. (1980): Soil organisms and litter decomposition in a Scots pine forest - effects of experimental acidification. In: Hutchinson, T.C., Havas, M. (1980): 375-380

Babel, U. (1972): Moderprofile in Wäldern - Morphologie und Umsetzungsprozesse. schriftenreihe d. Univ. Hohenheim 60

Bache, B.W. (1984) : Soil - water interactions. Phil. Trans. R. Soc. Lond. B 305, 393-407

Bachhuber, R., Lang, R., Lenz, R. und Haber, W. (1991): Dokumentation und Übergabe der daten zur Hypothesensimulation zum Waldsterben an die Ökosystemforschungszentren Göttingen und Bayreuth. Ber. Forschungszentrum Waldökosysteme, Rh. B, Bd. 21, 146 S.

Bachmann, S. (1992): Umsetzung des Bodeninformationssystems - Begleitstudie zur bundesweiten Bodenzustandserhebung im Walde (BZE) Band 2: Profilbeschreibung und Analysenergebnisse. Bundesanst. f. Geowiss. u. Rohstoffe Hannover, Forschungsbericht 10706002

Baker, J. und Schofield, C. (1982): Aluminium toxicity to fish in acidic waters. Water, Air & Soil Pollution 18, 289-309

Balazs, A. (1989): Räumliche und zeitliche Variation der Niederschlagsinhaltstoffe im Freiland und in Waldbeständen. Forsch. Ber. Hess. Forstl. Ver. Anst. Hann. Münden 8, 53-64

Balazs, A. (1991): Niederschlagsdeposition in Waldgebieten des Landes Hessen. - Ergebnisse von Messungen an den Meßstationen der "Waldökosystemstudie Hessen". Forschungsber. Hess. Forstl. Versuchsanstalt. Hann. Münden 11, 1-156

Balazs, A., Brechtel, H.M. und Elrod, J. (1989): Beurteilung der Pufferkapazität bewaldeter Einzugsgebiete in Nordhessen aufgrund der Bachwasserqualität. DVWK-Mitteilungen 17, 227-238

Balder, H. und Dujesiefken, D. (1989): Neuartige Schadsymptome der Eiche in Norddeutschland. In: Forschungsbeirat Waldschäden/Luftverunreinigungen der Bundesregierung und der Länder (ed). (1989): Internationaler Kongreß Waldschadensforschung: Wissensstand und Perspektiven, 2.-6. Okt. 1989, Friedrichshafen, Bundesrepublik Deutschland, Poster Kurzfassungen Band I, 14

Barnes, R.A. (1979): The long range transport of air pollution: A review of European experience. J. Air Pollut. Cont. Assoc. 29(12), 1219-1235

Bartels, U. und Block, J. (1985): Ermittlung der Gesamtsäuredeposition in nordrheinwestfälischen Fichten - und Buchenbeständen. Z. Pflanzenernähr. Bodenk. 148, 689-698

Bauch, J. und Schröder, W. (1982): Zellulärer Nachweis einiger Elemente in den Feinwurzeln gesunder und erkrankter Tannen (abies alba Mill.) und Fichten (picea abies (L.) Karst.) forstwiss. Cbl. 101(5), 285-294

Bauch, J. (1983): Biological alterations in the stem and root of fir and spruce due to pollution influence. In: Ulrich, B., Pankrath, J. (eds.) (1983): Effects of accumulation of air pollutants in forest ecosystems. Reidel Publishing Company, Dordrecht, 377-386

Bauer,J. und Fischer-Scherl, T. (1987): Biologische Untersuchungen zu Gewässerversauerung an nordbayerischen Fließgewässern. Fischer u. Teichwirt 7, 216-222

Bauer, J., Lehmann, R., Hamm, A., Auerswald, K., Böhm, A., Fischer-Scherl, T., Hoffmann, R.W., Kügel, B., Merk, G., Miller, H. und Hoffmann, H.J. (1988): Gewässerversauerung im nord- und nordostbayerischen Grundgebirge. Bericht der Bayerischen Landesanstalt für Wasserforschung, München

Bauer, P. (1993): Beziehungen zwischen den Gehalten an Silicium und anderen Elementen von Fichtennadeln und dem bodenchemischen Zustand saurer Waldböden des Kottenforst - Ville-Gebietes (Bonn). Diplomarbeit d. Inst. f. Bodenkunde, Univ. Bonn. 104 S.

Beck, L. (1989): Lebensraum Buchenwald - 1. Bodenfauna und Streuabbau - Eine Übersicht. - Verh. Ges. Ökol. 17, 47-54

Beck, L., Dumpert, K., Franke, U., Mittmann; H., Römbke, J. und Schönborn, W. (1988): Vergleichende ökologische Untersuchungen in einem Buchenwald nach Einwirkung von Chemikalien.- Jül. Spez. 438, 548-701

Becker, K.H., Bechara, J., Brockmann, K.J. und Thomas, W. (1991): Untersuchungen zur Chemie der atmosphärischen Peroxide (Teil A). In: Forschungsberichte zum Forschungsprogramm des Landes Nordrhein-Westfalen "Luftverunreinigungen und Waldschäden", Nr. 18, Tagungsbericht zum 2. Statuskolloquium 12.-14. November 1990 im Innenministerium des Landes Nordrhein-Westfalen, Düsseldorf, Ber. 2

Becker, K.W. (1984) : Düngung, N - Umsatz und Pflanzenwachstum in ihrer Wirkung auf die langfristige Protonenbilanz von Böden. Z. Pflanzenernähr. Bodenk. 147, 476-484

Beckwith, R.S. und Reeve, R. (1964): Studies on soluble silica in soils. II. The release of monosilicic acid from soils. Aust. J. Soil Res. 2, 33-45

Beese, F. (1986): Parameter des Stickstoffumsatzes in Ökosystemen mit Böden unterschiedlicher Acidität. Göttinger Bodenkundl. Ber. 90, 344 S.

Benecke, P. (1987): Schadstoffeintrag in den Boden durch Niederschlagswasser. Wasser und Boden 39, 502-507

Benecke, P. (1989): Folgerungen aus den Tagungsergebnissen. DVWK-Mitteilungen 17

Bengtsson, G., Gunnarsson, T. Rundgren, S. (1986): Effects of metal pollution on the earthworm Dendrobaena rubida (Sav.) in acidified soils. Water, Air and Soil Pollut. 28, 361-383

Bennett, J.H. und Hill, A.C. (1973): Inhibition of apparent photosynthesis by air pollutants. J. Environm. Quality 2, 526-530

Berg, M. (1989): The influence of the physical-chemical climate on the interactions between soil fauna and nutrient mobilization. - Int. Kongreß Waldschadensforschung: Wissensstand u. Perspektiven 1, 130-131, Friedrichshafen

Bergmann, W. (1988): Ernährungsstörungen bei Kulturpflanzen - Entstehung, visuelle und analytische Diagnose. 762 S.

Berner, R. (1978) : Rate control of mineral dissolution under earth surface conditions. - Amer. J. Sci. 278, 1235-1252

Berner, R. und Holdgren, G.R. (1979) : Mechanism of feldspar weathering. II. Observations of feldspars fromm soils. Geochim. Cosmochim. Acta 43, 1173-1186

Bernhardt, H. (Hrsg) (1978): Phosphor - Wege und Verbleib in der Bundesrepublik Deutschland. Verlag Chemie, Weinheim, New York

Binkley, D. (1988): IFS H^+ - budgets. In: Lindberg, S.E. und Johnson, D.W. (Eds.): Humal Report of the Integrated Forest Study. Oak Ridge National Laboratory ORNL/TM-11121, Environmental Sciences Division Publication No. 3339 , 64-72

Blaschke, H. (1981): Veränderungen bei Feinwurzelentwicklung in Weißtannenbeständen. Forstwiss. Cbl. 100, 190-195

Blaschke, H. (1985): Wurzelschäden und Waldsterben. Degradationserscheinungen bei Feinwurzeln und Mykorrhizen. OEFSZ Ber. 4316, 46-58

Bleich, K.E. , Papenfuß, K.H. , van der Ploeg, R.R. , Schlichting, E. u.a. (1987): Exkursionsführer zur Jahrestagung 1987 in Stuttgart, Hohenheim. Mitteilgn. Dtsch. Bodenkundl. Gesellsch. 54 , 246 S.

Block, J. und Bartels, U. (1984): Pilotprojekt "Saure Niederschläge". Deposition von Luftverunreinigungen in Waldökosystemen. LÖLF-Mitteilungen 9, 44-45

Block, J. , Bopp, O. , Gatti, M , Heidingsfeld, N. und Zoth, R. (1991): Waldschäden, Nähr - und Schadstoffgehalte in Nadeln und Waldböden in Rheinland-Pfalz. Mittlgn. FVA Rheinland - Pfalz 17 , 237 S.

Blum, A. und Lasaga, A. (1987): Role of speciation in the low temperature dissolution of minerals. Nature 331, 4, 431-433

Blum, W.E. (1976): Bildung sekundärer Al-(Fe-) Chlorite. Z. Pflanzenernähr. Bodenk. H1, 107-125

Blume, P. (1961): Die Tonverlagerung als profilprägender Prozeß in Böden aus jungpleistozänem Geschiebemergel. Diss. Univ. Kiel, 242 S.

Blume, P. (1981): Alarmierende Versauerung Berliner Forste. Berliner Naturschutzblätter, 75, 713-714

BMELF (Bundesministerium für Ernährung, Landwirtschaft und Forsten) (Hrsg.) (1993): Waldzustandsbericht - Ergebnisse der Waldschadenserhebung 1993

BML (1990): Bundesweite Bodenzustandserhebung im Wald (BZE). Arbeitsanleitung. Bundesminister für Ernährung, Landwirtschaft und Forsten, Referat Neuartige Waldschäden (Hrsg.) , Bonn

Bonis, K., Meszaros, E. und Putsay, M. (1980): On the atmospheric budget of nitrogen compounds over Europe. Idöjaras 84, 57-68

Börtitz, S. (1964): Physiologische und biochemische Beiträge zur Rauchschadensforschung. 1. Mitt.: Untersuchung über die individuell unterschiedliche Wirkung von SO_2 auf Assimilation und einige Inhaltsstoffe der Nadeln von Fichten durch Küvettenbegasung einzelner Zweige im Freilandversuch. Biol. Zbl. 83, 501-513

Börtitz, S. (1968): Physiologische und biochemische Beiträge zur Rauchschadensforschung. 7. Mitt.: Einfluß letaler SO_2-Begasung auf den Stärkehaushalt von Konifernnadeln. Biol. Zbl. 87, 63-70

Bosch, C., Pfannkuch, E., Baum, U., Rehfuess, K.E., Runkel, K.H., Schramel, P. und Senser, M. (1986): Einfluß einer Düngung mit Magnesium und Calcium, von Ozon und saurem Nebel auf Frosthärte, Ernährungszustand und Biomasse-Produktion junger Fichten (Picea abies (L.) Karst.). Forstwiss. Cbl. 105, 218-229

Bosse, J. (1964): Verwitterungsbilanzen von charakteristischen Bodentypen aus Flugsanden der nordwestdeutschen Geest (Mittelweser-Gebiet), Diss. Göttingen

Böttcher, J., Strebel, O. und Duynisveld, H.M. (1985): Vertikale Stoffkonzentrationsprofile im Grundwasser eines Lockergesteins-Aquifers und deren Interpretation (Beispiel Fuhrberger Feld). Z. dt. geol. Ges. 136, 543-552

Böttger, A., Ehalt, P.H. und Gravenhorst, G. (1978): Atmosphärische Kreisläufe von Stickoxiden und Ammoniak. Berichte Kernforschungsanlage Jülich (F.R.G.) No. 1558

Bouman, O.T. (1991): Quantitative Aspekte der Waldernährung in Forststandorten mit Bodenversauerung und anthropogener Immissionsbelastung - dargestellt am Beispiel des Westharzes. Ber. Forschungszentrum Waldökosysteme, Rh. A, Bd. 65 , 171 S.

Brabänder, H.D. (1987): Wirtschaftliche Dimensionen der Waldschäden in der Bundesrepublik Deutschland und Kosten von Sanierungsmaßnahmen. In: Glatzel, G. (Hrsg.): Möglichkeiten und Grenzen der sanierung immissionsgeschädigter Waldökosysteme. FIW, Inst. f. Bodenkultur, Wien, 149-170

Brahmer, G. (1990): Wasser- und Stoffbilanzen bewaldeter Einzugsgebiete im Schwarzwald unter besonderer Berücksichtigung naturräumlicher Ausstattungen und atmogener Einträge. Freiburger Bodenkundl. Abh. 25, 295 S.

Brahmer, G. und Feger, K.-H. (1989): Hydrochemische Bilanzen kleiner bewaldeter Einzugsgebiete des Südschwarzwaldes. DVWK-Mitteilungen 17, 205-212

Brandt, C.J. (1983): Säurehaltige Niederschläge - Entstehung und Wirkungen auf terrestrische Ökosysteme. Verein Deutscher Ingenieure (VDI), Düsseldorf, 277 S.

Brechtel, H.-M. (1985): Waldsterben und Gebietswasserhaushalt. Informationen zur Raumentwicklung 10, 941-950

Brechtel, H.-M. (1988): Gefährdung des Bodens und der Gewässer durch Eintrag von Luftschadstoffen. Forst und Holz 43, 298-302

Brechtel, H.-M. (1989): Stoffeinträge in Waldökosysteme.-Niederschlagsdeposition im Freiland und in Waldbeständen. DVWK-Mitteilungen 17, 27-51

Brechtel, H.-M. und Pavlov, M.B. (1977): Niederschlagsbilanz von Waldbeständen verschiedener Baumarten und Alterklassen in der Rhein-Main-Ebene. Eigenverlag der Hess. Forstl. Versuchsanstalt und des Kuratoriums für Wasser und Kulturbauwesen. 127 S.

Bredemeier, M. (1987): Stoffbilanzen, interne Protonenproduktion und Gesamtsäurebelastung des Bodens in verschiedenen Waldökosystemen Norddeutschlands. - Ber. Forschungszentrum Waldökosysteme Rh. A, Bd. 33, 183 S.

Brennan, E. und Leone, I.A. (1968): The respons of plants to sulfur dioxide or ozone-polluted air supplied at varying flow-rates. Phytopathol. 58, 1661-1664

Bricker, O.W. (1987): Catchment flow paths. Proceedings International Symposium on Acidification and Water Pathways, Bolkesjo/Norway, 4.-8. May 1987, Vol I, 1-23

Brinkley, D. und Richter, D. (1987): Nutrient cycles and H^+-budgets of forest ecosystems. Advances in Ecological Research 16, 1-51

Bronger, A. und Kalk, E. (1976): Zur Feldspatverwitterung und ihrer Bedeutung für die Tonmineralbildung. Z. Pflanzenernähr. Bodenk. 139, 37-55

Bronger, A., Kalk, E. und Schröder, D. (1976): Über Glimmer- und Feldspatverwitterung sowie Entstehung und Umwandlung von Tonmineralen in rezenten und fossilen Lößböden. - Geoderma 16, 21-54

Brown, D.J.A. (1983): Effect of calcium and aluminium on the survival of brown trout (Salmo trutta) at low pH. Bull. Environ. Contam. Toxicol. 30, 582-587

Bruckner, A., Kampichler, E., Wright, Ch., Bauer, J. und Kandeler, R. (1993): Using mesocosmos to investigate mesofaunal-mikrobial interactions in soil: Reimmigration of fauna fo defaunated monoliths. Mitteilgn. Dtsch. Bodenkundl. Gesellsch. 69, 151-154

Brumme, R. (1986): Modelluntersuchungen zum Transport und Stoffumsatz in einer Terra fusca - Rendzina auf Muschelkalk. Ber. Forschungszentrum Waldökosysteme/Waldsterben, Rh. A, Bd. 24, 206 S.

Brümmer, G. (1968): Untersuchung zur Genese der Marschen. Diss. Univ. Kiel, 348 S.

Brümmer, G. (1974): Redoxpotentiale und Redoxprozesse von Mangan- , Eisen- und Schwefelverbindungen in hydromorphen Böden und Sedimenten. Geoderma 12, 202-222

Brümmer, G. (1981): Einfluß des Menschen auf den Stoffhaushalt der Böden. Schriftenreihe Agrarwiss. Fak. Univ. Kiel 62, 192-202

Brümmer, G. (1982): Einfluß der Menschen auf den Stoffhaushalt der Böden. Christiana Albertina 17, 59-70

Brümmer, G. (1987): Langfristige Erhaltung der Bodenfruchtbarkeit - ein Grundpfeiler der Existenzsicherung landwirtschaftlicher Betriebe. Sonderdruck, 40. Hochschultagung d. landw. Fak. Bonn, 17-38

Brümmer, G. (1990): Stoffliche Belastung des Bodens und ihre ökologische Bedeutung. In: Umwelt und Gesundheit. Beitrag Bundesvereinigung für Gesundheitserziehung (Hrsg.), 93-118

Brümmer, G. (1992): Bodenfunktionen, Bodenbelastungen und Strategien zum Bodenschutz. In : Ministerium für Umwelt, Raumordnung und Landwirtschaft des Landes Nordrhein - Westfalen (Hrsg.) : Grungfragen des Bodenschutzes. Umweltrechtstage 1992 vom 5.-6.3.1992, Tagungsband , 12-24

Brümmer, G., Gerth, J. und Herms, U (1986): Heavy metal species, mobility and availibility in soils. Z. Pflanzenernähr. Bodenk. 149, 382-398

Bucher, J.B. (1981): SO_2 induced ethylene evolution of forest tree foliage, and its potential use as a stress-indicator. Europ. J. Forest Pathol. 11, 369-373

Bücking, W. (1988): Stoffeinträge aus der Atmosphäre. - Konsequenzen für den Gewässerschutz. In: Gewässerschutz, Wasser, Abwasser 109, 118-143

Buijsman, E. (1986): Historical trend in the ammonia emission in Europe (1870-1980). Report r-86-9, Institute for Meteorology and Oceanographie, State University Utrecht, The Netherlands

Buijsman, E., Maas, H.F.M. und Asman, W.A.H. (1987): Anthropogenic NH_3 emissions in Europe. Atmos. Environ. 21, 1009-1022.

Bundesforschungsanstalt für Landeskunde und Raumordnung (Hrsg.) (1985): Boden - das dritte Umweltmedium. Band 14, B

Bundesministerium für Ernährung, Landwirtschaft und Forsten (BMELF) (Hrsg.) (1993): Waldzustandsbericht - Ergebnisse der Waldschadenserhebung 1993

Burger, H. (1927): Die Lebensdauer der Fichtennadeln. Schweiz. Z. Forstwesen 78, 372-375

Burton, T.U., Stanford, R.U. und Allan, J.W. (1982): The effects of acidification on stream ecosystems. In: D'Itri, F.M. (ed.): Acid precipitation - Effects on ecological sytems. Ann. Arbor. Science, 209-235

Büttner, G. (1992): Stoffeinträge und ihre Auswirkungen in Fichtenökosystemen im nordwestdeutschen Küstenraum. Ber. Forschungszentrum Waldökosysteme Rh. A , Bd. 84

Büttner, G., Lamersdorf, N., Schulz, R. und Ulrich, B. (1986): Deposition und Verteilung chemischer Elemente in küstennahen Waldstandorten - Fallstudie Wingst, Abschlußbericht. Ber. Forschungszentrum Waldökosysteme/Waldsterben, Rh. B, Bd. 1

Butzke, H. (1981): Versauern unsere Wälder ? - Erste Ergebnisse der Überprüfung 20 Jahre alter pH - Wert - Messungen in Waldböden Nordrhein-Westfalens. Der Forst und Holzwirt 36, 542-548

Butzke, H. (1984): Untersuchungsergebnisse aus Waldböden Nordrhein - Westfalens zur Frage der Bodenversauerung durch Immissionen. Wiss. und Umwelt 2, 80-88

Campell, J.M. (1977): Energy and the atmosphere. Wiley & Sons, London

Cape, N. und Fowler, D. (1984): Changes in epicuticular wax of Pinus sylvestris exposed to polluted air. Silva Fennica 15, 457-458

Carstea, D.D. (1968): Formation of hydroxy-Al and -Fe interlayers in montmorillonite and vermiculite: Influence of particle size and temperature. Clays and Clay Min. 16, 231-238

Caspary, H.J. (1989): Veränderungen der Abflußbilanz von Waldgebieten infolge neuartiger Waldschäden und Bodenversauerung. DVWK-Mitteilungen 17, 335-342

Cassens-Sasse, E. (1987): Witterungsbedingte saisonale Versauerungsschübe im Boden zweier Waldökosysteme. Ber. Forschungszentrum Waldökosysteme/Waldsterben, Rh. A, Bd. 30

Charlson, R.J. und Rhode, H. (1982): Factors controlling the acidity of natural rainwater. Nature 295, 683-685

Chou, L. und Wollast, R. (1984): Study of the weathering of alibite at room temperature and pressure with a fluidized bed reactor. Geochim. Cosmochim. Acta 48, 2205-2217

Clark, J.S. (1964): Aluminium and iron fixation in relation to exchangeable hydrogen in soils. Soil Sci. 98, 302-306

Clayton, J. (1979): Nutrient supply to soil by rock weathering. Proc. Impact of intensive aerostring on forest unfrient cycling. Syracuse, 75-96

Cleary, W.J. und Conolly, J.R. (1972): Embayed quartz grains in soils and their significance. J. Sed. Petrol. 42, 899-904

Cole, D.W. und van Miegrot, H. (1984): Influence of nitrogen fixation on nutrient leaching and hydrogen budgets in forest soils. IUFRO Symposium, Grafenau

Coleman, D.C. (1982): the impacts of acid deposition on soil biota and C cycling. In. Arther, M.F., Wagner, C.K. (1982): 35-53

Coring, E. und Heitkamp, U. (1989): Auswirkungen der Wasserstoffionenkonzentrationen auf die Zusammensetzung von Diatomeenassoziationen ausgewählter Harzbäche. DVWK-Mitteilungen 17, 407-412

Coulter, B.S. (1969): The chemistry of hydrogen and aluminium ions in soils, clay minerals and resins. Soils and Fertiliziers 32, 215-223

Courchnese, F. und Hendershot, W.H. (1990):The role of basic aluminum sulfate minerals in controlling sulfate retention in the mineral horizons of two Spodosols. Soil Sci. 150, 571-578

Courtois, H. (1990): Endophytische Mikropilze in Fichtenfeinwurzeln. Allg. Forst- u. J. Ztg. 161, 189-198

Crook, K.A.W. (1968): Weathering and roundness of quartz sand grains. Sedimentology 11, 171-182

Cullis, C.F. und Hirschler, M.M. (1979): Emissions of sulfur into the atmosphere. Int. Symp. Sulfur Emissions and the Environment, 8-10 May 1979, London

Dämmgen, U., Grünhage, L. und Jäger, H.J. (1985): System zur flächendeckenden Erfassung von luftgetragenen Schadstoffen und ihren Wirkungen auf Pflanzen. Landschaftsökologisches Messen und Auswerten 1.2/3, 95-106

Dashek, W.V. und Erickson, S.S. (1981): Isolation, assay, biosynthesis, metabolism, uptake and translocation, and function of proline in plant cells and tissues. Bot. Rev. 47, 349-385

Däßler, H.-G. (1972): Zur Wirkungsweise der Schadstoffe. Der Eingfluß von SO_2 auf Blattfarbstoffe. Mitt. Forstl. Bundesversuchsanstalt Wien, H. 97, 353-366

Däßler, H.-G. (1991): Einfluß von Luftverunreinigungen auf die Vegetation. Ursachen - Wirkungen - Gegenmaßnahmen. Gustav Fischer Verlag, Jena, 266 S.

David, M. B. Reuss, J. O. und Walthall, M. (1988): Use of a chemical equilibrium model to understand soil chemical processes that influence soil solution and surface water alkalinity. Water, Air, and Soil Pollut. 38, 71-83

Dawson, G.A. (1984): Tropospheric ammonia. In: Aneja, V.P. (Ed.): Environmental impact of natural emissions. Pittsburgh, USA: Air Pollution Control Association, 66-73

De Vries, W. und Breeuwsma, A. (1987): The relation between soil acidification and element cycling. Water, Air, Soil Pollut. 35, 293-310

Delfs, J., Friedrich, W., Kiesekamp, H. und Wagenhoff, A. (1958): Der Einfluß des Waldes und des Kahlschlags auf den Abflußvorgang, auf den Wasserhaushalt und den Bodenabtrag. Aus dem Walde (Mitt. nds. Landesforstverwaltung) 3, 221 S.

Denison, R., Caldwell, B., Bormann, B., Eldred, L., Swanberg, C. und Anderson, S. (1977): The effects of acid rain on nitrogen fixation in western Washington coniferous forests. Water, Air Soil Pollut. 8, 21-34

Dickson, W. (1985): Acid rain in Sweden: Effects on lake systems. Proceedings of the international congress: Lake pollution and recovery (EWPCA), Rome, 15.-18. April 1985

Dohmen, G.P. (1986): Einfluß von Mineralernährung, Ozon und saurem Nebel auf Peroxidase-Aktivitäten in Fichtennadeln, Picea abies (L.) Karst. Forstwiss. Cbl. 105, 252-254

Dovland, H. und Semp, H. (1980): Atmospheric transport of pollutants. In: Drablos, D. und, Tollan, A. (Eds.) (1980): Proceedings of the international conference: Ecological impact of acid precipitation, Sanderfjord, Norway, SNSF-project, 14-22

Drablos, D. und Tollan, A. (1980): Ecological impact of acid precipitation. SNSF-project, 1432 As, Norway, 388 S.

Drablos, D. und Tollan, A. (1980): Proceedings of the international conference : Ecological impact of acid precipitation. Sanderfjord, Norway, SNSF - Projekt

Driscoll, C. und Likens, G.E. (1982): Hydrogen ion budget of an aggrading forested ecosystem. Tellus 34 , 283-292

Driscoll, C., Baker, J., Bosogni, J. und Schofield, D. (1980): Effects of aluminium speciation on fish in dilute acidified waters. Nature 284, 161-164

Drolet, G., Dumbroff, E.B., Legge, R.L. und Thompson, J.E. (1986): Radical scavenging properties of polyamines. Phytochemistry 25, 367-371

Düball, S. und Wild, A. (1988): Investigations on the nitrogen metabolism of spruce needles in relation to the occurence of novel forest decline. J. Plant Physiol. 132, 491-498

Dultz, S. (1993): Verwitterungsbilanzen an sauren Waldböden aus Geschiebesand. Diss. Univ. Hannover, 96 S.

Dumon, J.C. (1978): Characteristique quelques profiles pedologiques de la Grande Lande. Bull. Inst. Geol. Bassin d' Aquitaine 24, 147-178

Dunger, W (1983): Tiere im Boden. 3. Auflage.- Wittenberg.

Dunger, W. und H.J. Fiedler (1989): Methoden der Bodenbiologie.Gustav Fischer Verlag, Jena

Dupraz, C., Lelong, F. und Bonneau, M. (1986): Effets des boisements resineux sur l' evolution de la fertilite du sol: premiers resultats obtennes sur bassins versants experimentaux du Mont Lozere (Lozere, France), Ann. Sci. For. 43, 147-164

Ebben, U. (1989): Die toxische Wirkung von Aluminium auf das Wurzelwachstum der Buche. Allg. Forstz. 44, 781-783

Ebben, U. und Glavac, V. (1991): Analyse des Xylemsaftes und anderer Parameter des bauminternen Mineralstoffhaushaltes. In: Stress in einem Buchenwaldökosystem in der Phase der Stickstoffsättigung (Fallstudie Zierenberg). Forschungsber. Hess. Forstl. Versuchsanstalt. Hann. Münden 14

Ebermayer, E. (1876): Die gesamte Lehre der Waldsstreu. 300 S.

Eggleton, R.A. und Buseck, P.R. (1980): High resolution electron microscopy of feldspar weathering. Clays and Clay Min. 28, 173-179

Eichhorn, J. (1987): Vergleichende Untersuchungen von Fichtenfeinwurzelsystemen bei unterschiedlich geschädigten Altfichten (Picea abies Karst.). Dissertation Forstwissenschaftliche Fakultät Universität Göttingen

Eichhorn, J. (1991): Stoffeintrag und Stoffhaushalt. In: Stress in einem Buchenwaldökosystem in der Phase der Stickstoffsättigung (Fallstudie Zierenberg). Forschungsber. Hess. Forstl. Versuchsanstalt. Hann. Münden 14

Eichhorn, J. (1992): Untersuchungen zum Stoffhaushalt in einem stickstoffgesättigten, nordhessischen Buchenwaldökosystem: Fallstudie Zierenberg. Agrokemia es Talajtan (Agrochemie und Bodenkunde) 41, Budapest, 55-64

Einsele, G., Ehmann, M. und Irouschek, T. (1990): Einfluß atmogener Stoffeinträge auf Oberflächen-, Boden- und Grundwasser im Buntsandstein-Schwarzwald. Projekt Europäisches Forschungszentrum für Maßnahmen zur Luftreinhaltung (PEF), Forschungsbericht KfK-PEF 69, 91 S.

Ellenberg, H., Mayer, R. und Schauermann, J. (1986): Ökosystemforschung - Ergebnisse des Sollingprojekts 1966-1986. Ulmer, Stuttgart

Erisman, J.W., Vermetten, A.W.M., Pinksterboer, E.F., Asman, W.A.H., Waijers-Ypelaan, A. und Slanina, J. (1987): Atmospheric ammonia: Distribution, equilibrium with aerosols and conversation rate to ammonium. In: Asman, W.A.H., Diederen, H.S.M.A. (Eds.): Ammonia and acidification. Symposium of the EURASAP, Bilthoven, The Netherlands, 13-15 April 1987, RIVM/TNO 59-72

Esterbauer, H. (1976): Biochemischer Wirkungsmechanismus von Abgasen. Umschau Wiss. Techn. (BRD) 76, 349-350

Esterbauer, H., Grill, D. und Zotter, M. (1978): Peroxidase in Nadeln von Picea abies (L.) Karst. Biochem. Physiol. Pflanzen 172, 155-159

European Community Council (ECC) (1980): Richtlinien des Rates vom 15. Juli 1980 über die Qualität von Wasser für den menschlichen Gebrauch (80/778/EWG). Amtsblatt der Europäischen Gemeinschaften, L 229/11 v. 30.8.1980, Brüssel, 11-15

Evans, A.Jr. (1991): The interaction of aliphatic acids with basic aluminium sulfates in a forested Ultisol. Soil Sci. 152, 53-60

Evans, A.Jr. und Zelazny, L.W. (1990): Kinetics of aluminium and sulfate release from forest soil by mono- and diprotic aliphatic acids. Soil Sci. 149, 324-330

Evans, J.R., Zelazny, L.W. und Zipper, C.E. (1988): Solution parameters influencing dissolved organic carbon levels in three forest soils. Soil Sci. Soc. Am. J. 52, 1789-1792

Evans, L.S., Hendrey, G.R., Stensland, G.J., Johnson, D.W. und Francis, A.J. (1981): Acidic precipitation: Considerations for an air quality standard. Water, Air, and Soil Pollut. 16, 469-509

Evers, F.H. (1979): Ernährungszustand gesunder und erkrankter Tannenbestände. Forst- und Holzwirt 16, 366-369

Evers, F.H. (1981): Streusalzschäden an Waldbäumen Waldschutzmerkblatt 3, 1-5

Evers, H.-J., Brabänder, H.D., Brechtel, H.-M., Both, M., Hayessen, E., Möhring, B., Moog, M., Nohl, W. und Richter, U. (1986): Zur monetären Bewertung von Umweltschäden - Methodische Untersuchungen am Beispiel der Waldschäden- Berichte des Umweltbundesamtes 4, 569 S.

Ergenzinger, P. (1967): Die eiszeitliche Vergletscherung des Bayerischen Waldes. Eiszeit und Gegenwart 18, 152-168

Fabian, P. (1989): Atmosphäre und Umwelt. Springer-Verlag, Berlin, Heidelberg, New York.

Fabry, H., Leibold, L. und Rüsseler, M. (1990): Emissionen von Ammoniak. Quellen - Verbleib - Wirkungen - Schutzmaßnahmen. Arbeitsmaterialien des Bundesamtes für Ernährung und Forstwirtschaft, Frankfurt/Main, BEF, 1-116

Farmer, V.C. und Wilson, M.J. (1970): Experimental conversion of biotite to hydrobiotite. Nature 226, 841-842

Farmer, V.C., Fraser, A.R., Robertson, L. und Sleemann, J.R. (1984): Proto-imogolite allophane in podsol concretions in Australia: possible relationship to aluminous ferrallitic (lateritic) cementation. Soil Sci. 35, 333-340

Farmer, V.C., Mc Hardy, W.J., Robertson, L., Walker, A. und Wilson, M.J. (1985): Micromorphology and sub-microscopy of allophane and imogolite in a podsol Bs horizon : evidence for translocation and origin. J. Soil Sci. 36, 87-95

Farquar, G.D., Wetselaar, R. und Weir, B. (1983): Gaseous nitrogen losses from Plants. Developments in Plant and Soil Sciences 9, 159-180

Fedderau-Himme, B., Feig, R., Herms, A., Rosenplänter, K., Grothey, V. und Hüttermann, A. (1984): Untersuchungen von physiologischen Parametern von Altfichten der Standorte Abt. 109 (Kammlage) und 79 (Muldenlage) im Hils. - Ein Beitrag zur Quantif. von Hypothesen zur Ursache des Waldsterbens. Ber. Forschungszentrum "Waldökosysteme/Waldsterben", Univ. Göttingen 4, 1-127

Federer, C.A. und Horneck, J.W. (1985): The buffer capacity of forest soils in New England. Water, Air and Soil Pollut. 26, 163-173

Feger, K.-H. (1986): Biogeochemische Untersuchungen an Gewässern im Schwarzwald unter besonderer Berücksichtigung atmogener Stoffeinträge. Freiburger Bodenkundl. Abh. 17, 253 S.

Feger, K.-H. (1988): Historical changes in catchment use. In: Barth, H. (Ed.): Effects of land use in catchments on the acidity and ecology of natural surface waters, Commission of the European Communities, Air Pollution Report 13, 65-74

Feger, K.-H. (1989): Hydrologische und chemische Wechselwirkungsprozesse in tieferen Bodenhorizonten und im Gestein in ihrer Bedeutung für den Gewässerchemismus. - DVWK - Mitteilungen 17, 185-204

Feger, K.-H. (1993): Bedeutung von ökosysteminternen Umsätzen und Nutzungseingriffen für den Stoffhaushalt von Waldlandschaften. Freiburger Bodenkundl. Abh. 31, 237 S.

Feger, K.-H., Brahmer, G. (1987): Biogeochemical and hydrological processes controlling water chemistry in the Black Forest (West Germany). Proceedings International Symposium on Acidification and Water Pathways, Blokesjo/Norway, May 4-8, 1987, Vol. II, 23-32

Feger, K.-H., Raspe, S. (1992): Ernährungszustand von Fichtennadeln und -wurzeln in Abhängigkeit vom Nährstoffangebot im Boden. Forstw. Cbl. 111, 73-86

Feig, R., Herms, A., Merg, G., Grothey, V. und Hüttermann, A. (1984): Untersuchungen an den Jungbeständen im Hils, Abt. 103 (Luv-Lage) und 65 (Lee-Lage). Ber. Forschungszentrum "Waldökosysteme/Waldsterben", Univ. Göttingen 4, 127-169

Ferraz, J.B. (1985): Standortbedingungen, Bioelementversorgung und Wuchsleistung von Fichtenbeständen (Picea abies Karst.) des Südschwarzwaldes. Freiburger Bodenkundl. Abh. 14, 224 S.

Fiedler, H.J. und Hoffmann, W. (1991): Bodenformen über Muschelkalk im Thüringer Becken. Exkursion A, Teil 1, Exkursionsführer Jahrestagung der Deutschen Bodenkundlichen Gesellschaft 1991, Bayreuth. Mitteilgn. Dtsch. Bodenkl. Gesellsch. 64, 49-77

Fiedler, H.J. und Katschner, W. (1989): Zur Relation zwischen basischen Kationen und Anionen in Waldgewässern der Mittelgebirge. Hercynia N.F. Leipzig 26, 94-101

Fink, S. (1983): Histologische und histochemische Untersuchungen an Nadeln erkrankter Tannen und Fichten im Südschwarzwald. Allg. Forstz. 38, 660-663

Fink, S. (1988): Histologische und histochemische Untersuchungen zur Nährstoffdynamik in Waldbäumen im Hinblick auf die "Neuartigen Waldschäden". 4. Statuskolloquium des PEF, Karlruhe, 8.-10. März 1988. KfK-PEF-Ber. 35/1, 209-243.

Fink, S. (1989): Pathological anatomy of conifer needles subjected to gaseous air pollutants or mineral deficiencies. Aquilo Ser. Bot. 27, 1-6.

Fischer, K., Däßler, H.-G., Börtitz, S. und Liebold, E. (1988): Die Rolle von Sauerstoffradikalen und Umweltfaktoren bei den Waldschäden. Ökophysiologische Probleme durch Luftverunreinigungen, Inst. f. Pflanzenernährung, Univ. Graz, Österreich, 57-66

Fischer-Scherl, T. und Hoffmann, R.W. (1988): Gill morphology of native brown trout, Salmo trutta f. fario, experiencing acute and chronic acidification of a brook in Bavaria, FRG. Dis. aquat. Org. 4, 43-51

Fjelberg, A. (1980): Identification keys to Norwegian Collembola. -Norw. Ent. Soc. As., 1-152

Foerst, K. (1989): Die Düngung als Sanierungs- und Investitionsmaßnahme. Forst u. Holz 44, 83-86

Fölster, H. (1985): Proton consumption rates in holocene and present - day weathering of acid forest soils. In: Drever, J.J. (Hrsg.)(1985): The chemistry of weathering, 197-209

Forschungsbeirat Waldschäden/Luftverunreinigungen des Bundes und der Länder (FBW) (1986): 2. Bericht, 229 S.

Forschungsbeirat Waldschäden/Luftverunreinigungen des Bundes und der Länder (FBW) (1989): 3. Bericht

Förster, H. (1988): Bodenkundliche und hydrologische-hydrochemische Untersuchungen in ausgewählten Hochlagengebieten des Inneren Bayerischen Waldes. Diss. Ludwig-Maximilians-Universität München, 265 S.

Förster, H. (1990): Aluminiumkonzentrationen und -bindungsformen von Bachwässern und wässrigen Bodenextrakten in den Hochlagen des Bayerischen Waldes. Z. Pflanzenernähr. Bodenk. 153, 433-438

Fowler, D. (1984): Transfer to terrestical surfaces. Phil. Trans. R. Soc. Lond. B 305, 281-197

Francis, A.J. (1982): Effects of acidic precipitation and acidity on soil microbial processes. Water, Air, Soil Pollut. 18, 375-394

Francis, A.J., Olson, D. und Bernatsky, R. (1980): Effects of acidity on microbial processes in a forest soil. In: Drablos, D. und Tollan, A. (1980), 166-167

Frank, A.B. (1985): Über die auf Wurzelsymbiosis beruhende Ernährung gewisser Bäume durch unterirdische Pilze. Ber. Dtsch. Bot. Ges. 3, 128-145

Frank, U. und Gebhart, H. (1989): Mineralverwitterung, Tonmineralumwandlung und Tonzerstörung als Folge starker Bodenversauerung auf ausgewählten Waldstandorten. Mitteilgn. Dtsch. Bodenkundl. Gesellsch. 59/II , 1163-1168

Franz, F. (1983): Auswirkungen der Walderkrankung auf Struktur und Wuchsleistung von Fichtenbeständen. Forstwiss. Cbl. 102, 186-200

Fränzle, O. (1969): Geomorphologie der Umgebung vonn Bonn. Erläuterungen zum Blatt NW der geomorphologischen Detailkarte 1 : 25.000. Arb. zur Rhein. Landeskde. 29, 58 S.

Fridovich, I. (1976): O_2-radicals, hydrogen peroxide und O_2 toxicity. In: Pryor, W.A. (ed.) (1976): Free Radicals in Biology. Academic Press, London, New York, Vol.I, 239-277

Frink, C.R. und Peech, M. (1963): Hydrolysis and Exchange Reactions of the aluminum ion in Hectorite and Montmorillonite Suspensions. Soil Sci. Am. Proc. 27, 527-530

Fritsch, N. und G. Eisenbeis (1992): Auswirkungen der Waldkalkung auf die Bodenmesofauna - Ergebnisse aus dem Fichtenstandort Hunsrück. Mitteilgn. forstl. Versuchsanstalt Rheinland Pfalz 21, 123-146

Fuchs, E. (1992): Aluminium - Dynamik und Protonenpufferung in ungestörten Proben versauerter Waldböden. Hamburger Bodenkundl. Arbeiten 18 , 219 S.

Führ, F., Ganser, S., Kloster, G., Prinz, B. und Stüttgen, E. (1986): Statusseminar im Auftrage der Interministeriellen Arbeitsgruppe (IMA) "Waldschäden/Luftverunreinigungen". Spezieller Bericht der Kernforschungsanlage Jülich 369

Führer, H.W. (1989): Wasserqualität von vier kleinen Bächen des Forsthydrologischen Forschungsgebietes Krofdorf (Hessen). Ein experimenteller Einzugsgebietsvergleich. DVWK-Mitteilungen 17, 221-226

Funke, W. (1991): Tiergesellschaften in Wäldern - Ihre Eignung als Indikatoren für den Zustand von Ökosystemen. - Forschungsbericht KfK-PEF 84, 1-202

Funke, W. und W. Jans (1989): Kurz- und Langzeiteffekte von Kalk- und Mineraldüngergaben auf die Bodenfauna in Fichtenforsten.- Hanisch, B. (ed.): IMA- Querschnittseminar "Düngung geschädigter Waldbestände" KfK-PEF-Berichte, 62-74

Funke, W., Herlitzius, H., JANS, W., Kraniz,V., Lehle,E., Ratajczak, L., Stumpp, J., Vogel, J. und Wanner, M. (1988): Vergleichende Untersuchungen an Tiergesellschaften von Fichtenforsten, Laubwäldern und einer Streuobstwiese - Bodentiere als Indikatoren.- KfK-PEF 35, 135-149

Galbally, I.E. (1975): Emissions of oxides of nitrogen (NO_x) and ammonia from the earth's surface. Tellus 27(1), 67-70

Galloway, J.N., Likens, G.E., Keene, W.C. und Miller, J.M. (1982): The composition of precipitation in remote areas of the world. Journal of Geophysical Research 87, 8779-8786

Gaspar, T , Penel, C., Thorpe, T. und Greppin, H. (1982): Peroxidase 1970-1980. Universite de Geneve

Gastuche, M.C. (1963): Kinetics of acid dissolution of biotite. I. Interfacial rate processes followed by optical measurement of the white silicarim. Int. Clay Conf. Proc. , Stockholm, 67-76

Gebhardt, H. (1976): Bildung und Eigenschaften amorpher Tonbestandteile in Böden des gemäßigt-humiden Klimabereichs. Z. Pflanzenernähr. Bodenk. 139, 73-89

Gebhardt, H., Linnenbach, M. und Marthaler, R. (1988): Fische und Amphibien als Monitororganismen für die Gewässerversauerung. In: Kohler, A., Rahmann, H. (Hrsg.): Gefährdung und Schutz von Gewässern. Hohenheimer Arbeiten, 229-231

Gebhardt, H., Linnenbach, R. und Marthaler, R. (1989): Auswirkungen von Gewässerversauerungserscheinungen auf Fische und Amphibien. In: Deutsche Gesellschaft für Limnologie (Hrsg.): Erweiterte Zusammenfassung der Jahrestagung 1988 in Goslar 2, 122-130

Geering, H.R., Hodgson, J.F. und Schano, C. (1969): Micronutrient cation complexes in soil solution: IV. The chemical state of manganese in soil solution. Soil Sci. Soc. Am. J. 33, 81-85

Gehrmann, J. (1983): Untersuchungen zum Wachstum von Buchenkeimlingen in Luzulo-Fageten und Möglichkeiten über Förderung und Bodenmelioration. Allg. Forst. u. J. Ztg. 38, 689-692

Gehrmann, J. (1989): Waldschäden und Bodenschutz. LÖLF-Mitteilungen 1, 21-39

Gehrmann, J. (1990): Umweltkontrolle am Waldökosystem. Forschung und Beratung, Rh. C, Heft 48, 282 S.

Gehrmann, J. (1991): Untersuchungen zur Deposition von Luftverunreinigungen, deren Auswirkungen auf Waldökosysteme und Austrag mit dem Sickerwasser. Forschungsberichte zum Forschungsprogramm des Landes Nordrhein-Westfalen "Luftverunreinigungen und Waldschäden", Nr. 18, Tagungsbericht zum 2. Statuskolloquium 12.-14. November 1990 im Innenministerium des Landes Nordrhein-Westfalen, Düsseldorf, Ber. Nr. 7

Gehrmann, J., Büttner, G. und Ulrich, B. (1987): Untersuchungen zum Stand der Bodenversauerung wichtiger Waldstandorte im Land Nordrhein - Westfalen. Ber. Forschungszentrum Waldökosysteme / Waldsterben, Rh. A, Bd. 4

Georgii, H.W. und Schmitt, E. (1985): Methoden und Ergebnisse der Nadelanalyse. Staub-Reinhalt. Luft 45, 260-264

Gerlach, T.M. und Nordlie, B.E. (1975): Carbon-oxygen-hydrogen-sulfur gaseous systems, I-III. Am. J. Sci. 175, 353-410

Ghabru, S.K., Mermut, A.R. und Arnaud, R.T.St. (1987): The nature of weathered biotite in sandsized fractions of Gray Luvisols (Boralfs) in Sasketchewan, Canada. Geoderma 40, 65-82

Gietl, G. (1982): Entwicklung der Stoffbefrachtung des Niederschlags. In: Haar, U. und Hofmann, D. (Hrsg): Wasser aus dem Wald- Wasser für den Wald. Beitr. z. Hydrologie, Sh, Kirchzarten

Gisin, H. (1959-1967): Summarische Nachträge zur Collembolenfauna Europas. Museé d'Histoire Naturelle, Genève

Gisin, H. (1960): Collembolenfauna Euroras. Musée d'Histoire Naturelle, Genève.

Glavac, V., Jochheim, H., Koenies, H., Rheinstedter, R. und Schäfer, H. (1985): Bodenchemische Zustände der stammablaufwasserbeeinflußten Altbuchenfußbereiche in den von Immissionen unbelasteten und belasteten Gebieten. Das Problem der Nullflächen. Berichte des Forschungsschwerpunktes Waldökosysteme/Waldsterben, Univ. Göttingen, Exkursionsführer 1985, 100-110

Godde, D., Homburg, H., Methfessel, S. und Rosenkranz, J. (1988): Die Röntgenanalyse hilft bei der Aufklärung individueller Baumschäden. LÖLF-Mitteilung 4, 23-37

Godt, J. (1986): Untersuchungen von Prozessen im Kronenraum von Waldökosystemen und deren Berücksichtigung bei der Erfassung von Schadstoffeinträgen - unter besonderer Berücksichtigung der Schwermetalle. Ber. Forschungszentrums Waldökosysteme/ Waldsterben, Rh. A, Bd. 19, 265 S.

Goldich, S.S. (1938): A study of rock weathering. J. Geol. 46, 17-58

Görtz, W., Anna, H. und Waldstädt, S. (1985): Metalleintrag in Fließgewässer induziert durch anthropogene Säurebilder. Manuskript zum FGU-Seminar: Gewässer- und Bodenversauerung dirch Luftschadstoffe, 9.-10. Mai 1985, Berlin, Texte 36/86, Umweltbundesamt

Göttlein, A. (1992): pH - Änderungen der Böden im Bereich des Forstamtes Rothenbuch seit 1982. Forstw. Cbl. 111, 169-178

Göttsche, D. (1972): Verteilung von Feinwurzeln und Mykorhizen im Bodenprofil eines Buchen- und Fichtenbestandes im Solling. Mitt. Bundesforschungsanstalt für Forst- und Holzwirtschaft 88, 102 S.

Graefe, U. (1982): Auswirkungen der sauren Niederschläge auf die Bodenfauna von Waldbeständen und deren Therapie.-IFAB-Berichte 1

Graefe, U. (1989): Der Einfluß von sauren Niederschlägen und Bestandeskalkungen auf die Enchytraeidenfauna in Waldböden. Verh. Ges. Ökol. 17, Göttingen

Graefe, U (1991): Bodenzoologische Untersuchungen im Rahmen des Waldbodenzustandserfassung in Nordrhein-Westfalen, Hamburg. (unveröffentlicht)

Graefe, U (1993): Die Gliederung von Zersetzergesellschaften für die standortökologische Ansprache. Mitteilgn. Dtsch. Bodenkundl. Gesellsch. 69, 95-98

Graff, O. und Makeschin, F. (1979): Der Einfluß der Fauna auf die Stoffverlagerung sowie die Homogenität und Durchlässigkeit von Böden. Z. Pflanzenernähr. Bodenk. 142, 479-491

Gras, B. (1985): Formen des Ladungsausgleiches bei der kontrollierten Oxidation des Eisens in Vermiculit. Diss. Univ. Hannover, 96 S.

Grenzius, R. (1984): Starke Versauerung der Waldböden Berlins. Forstw. Cbl. 103, 131-139

Grill, D. und Esterbauer, H. (1973): Cystein und Glutathion in gesunden und geschädigten Fichtennadeln. Europ. J. Forest Pathol. 3, 65-71

Grill, D. und Esterbauer, H., Welt, R. (1979): Einfluß von SO_2 auf das Ascorbinsäuresystem der Fichtennadeln. Phytopathol. Z. 96, 361-368

Grimvall, A., Cole, C.A., Allard, B. und Sanden, P. (1986): Quality trends of public water supplies in Sweden. Water Quality Bulletin 11, 6-11

Grinsven, van J.T.M. und Riemsdijk, van W.H: (1986): Kinetics and mechanisms of mineral dissolution in a soil at pH - values below 4. Water, Air and Soil Pollut. 31, 981-990

Groth, P. (1989): Eintrag von Metallen in Gewässer aus sauren Böden in bewaldeten Einzugsgebieten.- Gefährdung der Trinkwasserversorgung? DVWK-Mitteilungen 17, 503-520

Guccione, M.J. (1985): Quantitative estimates of clay mineral alteration in a soil chronosequence in Missouri, USA. Catena Supplement 6, 136-150

Guderian, R., Küppers, K. und Six, R. (1985): Wirkungen von Ozon, Schwefeldioxid und Stickstoffdioxid auf Fichte und Pappel bei unterschiedlicher Versorgung mit Magnesium und Calcium sowie auf die Blattflechte Hypogymnia physodis. VDI-Ber. 560, 657-701

Guderian, R. (1990): Untersuchungen an Forstpflanzen aus Begasungsexperimenten an geschädigten Waldbeständen zum Leaching von Mineralstoffen und organischen Verbindungen. Abschlußbericht des Forschungsvorhabens. Forschungsberichte zum Forschungsprogramm des Landes Nordrhein-Westfalen "Luftverunreinigungen und Waldschäden" Nr. 9. MURL, Düsseldorf (Hrsg.)

Guicherit, R. (1982): The global nitrogen cycle. US-Dutch Intl. Symp. on Air Pollution by Nitrogen Oxides, 24-28. May, 1982, Maastricht, The Netherlands

Gulder, H.-J. und Köbel, M. (1993): Waldbödeninventur in Bayern. Forstliche Forschungsberichte München, Nr. 132, 243 S.

Haarhoff, T. und Knorr, A. (1989): Auswirkungen des Sauren Regens und des Waldsterbens auf das Grundwasser - Fallstudien im Freistaat Bayern. DVWK-Mitteilungen 17, 269-278

Haber, W., Lenz, R. Schall, P., Bachhuber, R. Grossmann, W.D., Tobias, K. und Kerner, H.F. (1991): Prüfung von Hypothesen zum Waldsterben mit Einatz dynamischer Feedback-Modelle und flächenbezogener Bilanzierungsrechnung für vier Schwerpunktforschungsräume der Bundesrepublik Deutschland. Ber. Forschungszentr. Waldökosysteme, Rh. B, Bd. 20, 185 S.

Hadwiger-Fangmeier, A., Fangmeier, A. und Jäger, H.J. (1992): Ammoniak in der bodennahen Atmosphäre - Emission, Immission und Auswirkungen auf terrestrische Ökosysteme. Forschungsberichte zum Forschungsprogramm des Landes Nordrhein-Westfalen "Luftverunreinigungen und Waldschäden", Nr. 28, 206 S.

Hahn, H. und Schwartzenberg, K.V. (1987): Cytokininbestimmungen in Nadeln der Fichte (Picea abies). In: Minister f. Umwelt, Raumordnung und Landwirtschaft des Landes Nordrhein-Westfalen (Hrsg.): Statuskolloquium "Luftverunreinigungen und Waldschäden" 29./30. Oktober 1986, Düsseldorf

Hahn, H. (1991): Hormonbestimmungen in Fichten: Verfeinerung der Diagnose von Umweltschäden bei Waldbäumen und die Untersuchung der Wirkung verschiedener Schwermetall-Ionen auf die Hormonbalance. Forschungsberichte zum Forschungsprogramm des Landes Nordrhein-Westfalen "Luftverunreinigungen und Waldschäden", Nr. 18, Tagungsbericht zum 2. Statuskolloquium 12.-14. November 1990 im Innenministerium des Landes Nordrhein-Westfalen, Düsseldorf, Ber. Nr. 19

Hamm (1985): pH-Wertveränderungen an ungepufferten Seen und Fließgewässern durch saure Deposition sowie ökologische Aspekte der Gewässerversauerung in Bayern. Manuskript zum FGU-Seminar: Gewässer- und Bodenversauerung durch Luftschadstoffe, 09./10. Mai 1985, Berlin. Texte 36/38, Umweltbundesamt

Hamm, A., Lehmann, R., Schmitt, P. und Bauer, J. (1989): Chemische und biologische Auswirkungen der Gewässerversauerung. - Besprochen am Beispiel des nord- und nordostbayerischen Grundgebirges. DVWK-Mitteilungen 17, 427-434

Hantl, M. (1991): Charakterisierung des Säure - Basen - Status und Erfassung substratspezifischer Vorräte von Waldstandorten unterschiedlicher geologischer Ausgangssituation. Ber. Forschungszentrum Waldökosysteme, Rh. A, Bd. 75, 175 S.

Hantschel, R. (1987): Wasser- und Elementbilanz von geschädigten, gedüngten Fichtenökosystemen im Fichtelgebirge unter Berücksichtigung von physikalischer und chemischer Bodenheterogenität. Bayreuther Bodenkl. Ber. 3, 219 S.

Hantschel, R., Kaupenjohann, M., Horn, R. und Zech, W. (1986): Kationenkonzentrationen in der Gleichgewichts- und Perkolationsbodenlösung (GBL und PBL) - ein Methodenvergleich. Z. Pflanzenernähr. Bodenk. 149, 136-139

Harrison, R.M. und Allen, A.G. (1990): Measurements of atmospheric HNO_3, HCl and associated species on a small network in eastern England. Atmos. Environ. 24, 369-376

Harrison, R.M. und Pio, C.A. (1983): An investigation of the atmospheric HNO_3-NH_3-NH_4NO_3 equilibrium relationship in a cool, humid climate. Tellus 35b, 155-159

Hartmann, G., Nienhaus, F. und Butin, H. (1988): Farbatlas Waldschäden - Diagnose von Baumkrankheiten. 256 S.

Hartmann, G., Blanck, R. und Lewark, S. (1989): Eichensterben in Norddeutschland - Verbreitung, Schadbilder, mögliche Ursachen. Forst u. Holz 44, 475-487

Hauhs, M. (1984): Stoffbilanzen von Ökosystemen als Mittel zur Beschreibung von Versauerungstendenzen - methodische Überlegungen. Umweltbundesamt Materialien 1/84, 161-168

Hauhs, M. (1985a): Wasser - und Stoffhaushalt im Einzugsgebiet der Langen Bramke (Harz). Ber. Forschungszentrum Waldökosysteme/Waldsterben, Rh A, Bd. 17, 206 S.

Hauhs, M. (1985b): Die Beziehungen zwischer saurer Deposition, Bodenversauerung, Waldsterben und Gewässerversauerung im Einzugsgebiet der Langen Bramke (Harz). In: Nationalverwaltung Bayerischer Wald (Hrsg.): Symposium Wald u. Wasser, Grafenau, 2.-5. Sept. 1985, 531-568

Hauhs, M. (1985c): Der Einfluß des Waldsterbens auf den Zustand von Oberflächengewässern. Z. dt. geol. Ges. 136, 585-597

Häußling, M. (1990): pH-Werte in der Rhizosphäre, Wurzelwachstum und Mineralstoffaufnahme von unterschiedlich geschädigten Fichten auf verschiedenen Standorten in Baden-Württemberg, sowie Wasser und Nährstoffaufnahme entlang von Fichtenwurzeln. Ber. Forschungszentrum Waldökosysteme/Waldsterben, Rh. A, Bd. 73, 266 S.

Healy, B. (1980): Distribution of terrestrial Enchytraeidae in Ireland.- Pedobiol. 20, 159-175

Heinrichs, H. und Mayer, R. (1977): Distribution and cycling of major and trace elements in two central European forest ecosystems. Environm. Qual. 9, 111-118

Heinsdorf, D.und Krauß, H.H. (1991): Massentierhaltung und Waldschäden auf dem Gebiet der ehemaligen DDR. Forst u. Holz 13, 356-361

Heitkamp, U. und Leßmann, D. (1990): Fallstudie Harz: Auswirkungen der Gewässerversauerung auf Bergbach- und Seebiozönosen. Berichte des Forschungszentrums Waldökosysteme, Rh. B, Bd.19, 294 S.

Heitkamp, U., Coring, E., Leßmann, D., Rommelmann, J., Rüddenklau, R. und Wulfhorst, J. (1989): Ökologische Untersuchungen zur Gewässerversauerung im Harz. DVWK-Mitteilungen 17, 393-406

Helal, H.M. und Sauerbeck, D. (1984): Influence of plant roots on C and P metabolism in soil. Plant and Soil 76, 175-182

Helling, C.S., Chesters, G. und Corey, R.B. (1964): Contribution of Organic Matter and Clay to Soil Cation - Exchange Capacity as Affected by the pH of the Saturating Solution. Soil Sci. Soc. Proc., 517-520

Henriksen, A. (1979): A simple approach for identifying and measuring acidification of freshwater. Nature 278, 542-545

Henriksen, A. (1980): Acidification of freshwaters - a large scale titration. In: Drablos, D. und Tollan, A. (eds.): Proceedings of the international conference: Ecological impact of acid precipitation, Sanderfjord, Norway, SNSF-project, 68-74

Herms, U. und Brümmer, G. (1980): Einfluß der Bodebreaktion auf Löslichkeit und tolerierbare Gesamtgehalte an Nickel, Kupfer, Zink, Cadmium und Blei in Böden und kompostierten Siedlungsabfällen. Landw. Forsch. 33, 408-423

Herms, U. und Brümmer, G. (1988): Einflußgrößen der Schwermetallöslichkeit und -bindung in Böden. Z. Pflanzenernähr. Bodenk. 147, 400-424

Herrmann, R., Baumgartner, J. und Janocha, F. (1989): Aluminiumspezies in oberflächennahen Grundwassern des Deck - und Grundgebirges in Oberfranken. gwf Wasser - Abwasser, Bd. 130, Nr. 6, 285-292

Herrmann, R., Peters, K.C. und Baumgartner, J. (1992): Comparing the Behavior of Aluminium Species within the Hydrological Cycle in Westland, New Zealand and the Fichtelgebirge, Germany. Catena 19, 241-258

Hildebrand, E.E. (1986): Zustand und Entwicklung der Austauschereigenschaften von Mineralböden aus Standorten mit erkrankten Waldbeständen. Forstw. Cbl. 105, 60-67

Hildebrand, E.E. (1988): Ionenbilanzen organischer Auflagen nach Neutralsalzdüngung und Kalkung. Forst u. Holz 43, 51-56

Hildebrand, E.E. (1989): Bodenversauerung: Ausmaß, Entwicklung während der letzten Jahrzehnte, Ursachen. In: Ulrich, B. (Hrsg.): Internationaler Kongreß Waldschadensforschung : Wissensstand und Perspektiven, 2.-6. Oktober 1989, Vorträge Band I, 141-164

Hildebrand, E.E. (1990): Bedeutung von Waldbodenstruktur für die Kalium-Ernährung von Fichtenbeständen. 6. Statuskolloquium des PEF, Karlsruhe, 6.-8. März 1990

Hildebrand, E.E. (1991): Die chemische Untersuchung ungestört gelagerter Waldbodenproben - Methoden und Informationsgewinn. Forstliche Versuchs- und Forschungsanstalt Baden-Württemberg, Abteilung Bodenkunde und Waldernährung , Kernforschungszentrum Karlsruhe 201 S.

Hildemann, L.M., Russell, A.G., und Cass, G.R. (1984): Ammonia and nitric-acid concentrations in equilibrium with atmospheric aerosols: Experiment vs. theory. Atmos. Environ. 18, 1737-1750

HLFN (Der Hessische Minister für Landwirtschaft, Forsten und Naturschutz) (Hrsg.) (1984): Umweltschutz in Hessen - Waldsterben. Bernecker, Melsungen, 76 S.

Hofmann, G. und Heinsdorf, D. (1990): Zur landschaftsökologischen Wirkung von Stickstoff-Emissionen aus Tierproduktionsanlagen, insbesondere auf Waldbestände. Tierzucht 44, S. 500-504

Hofmann, G., Heinsdorf, D. und Krauß, H.H. (1990): Zunehmende Stickstoffeinträge in Kiefern-Beständen als Schadfaktor. Forstw. Berlin 40, 40-44

Höhl, U., Ikemeyer, D. und Barz, W. (1991): Nachweis, Charakterisierung, Lokalisation und Aktivitätsverlauf von Oxidasen und Oxygenasen in Koniferen unter dem Einfluß von Luftschadstoffen. Forschungsberichte zum Forschungsprogramm des Landes Nordrhein-Westfalen "Luftverunreinigungen und Waldschäden", Nr. 18, Tagungsbericht zum 2. Statuskolloquium 12.-14. November 1990 im Innenministerium des Landes Nordrhein-Westfalen, Düsseldorf, Ber. Nr. 23

Holdgren, G.R. und Speyer, P.M. (1986): Stoichiometry of alkali feldspar dissolution at room temperature and various pH values. In: Coleman, S.M. und Dethier, D.P. (Ed.): Rates of chemical weathering of rocks and minerals, 61-82

Hölzer, G. (1992): Auswirkungen einer Suspensionsdüngung auf den chemischen Zustand von Boden, Wurzeln und Nadeln sowie auf die Feinwurzelvitalität eines Fichtenbestandes in der Nordeifel. Diplomarbeit d. Inst. f. Bodenkunde, Univ. Bonn. 105 S.

Homann, K.H. (1983): Flammenchemie: Schadstoffbildung und ihre Vermeidung. Nachr. Chem. Tech. Lab. 31(4), 258-262

Hopkin, S.P. (1989): Ecophysiology of metals in terrestrial invertebrates. -Elsevier Appl. Science. London-New York

Horn, R. (1987): The role of structure for nutrient sorptivity of soils. Z. Pflanzenernähr. Bodenk. 1950, 13-16

Horn, R. (1989): Die Bedeutung der Bodenstruktur für den Nährstofftransport. KfK-PEF-Ber. 55, 181-184

Horn, R., Zech, W., Hantschel, R., Kaupenjohann, M. und Schneider, B.U. (1987): Zusammenhänge zwischen Bodeneigenschaften und Waldschäden. Allg. Forstz. 42, 300-302

Hornburg, V. (1991): Untersuchungen zur Mobilität und Verfügbarkeit von Cadmium, Zink, Mangan, Blei und Kupfer in Böden. Bonner Bodenkundl. Abh. 2, 288 S.

Hornburg, V. und Brümmer, G. (1989): Untersuchungen zur Mobilität und Verfügbarkeit von Schwermetallen in Böden. Mitteilgn. Dtsch. Bodenkl. Gesellsch. 59/II, 727-732

Horntvedt, R., Dollard, G.J. und Joranger, E. (1980): Atmosphere - vegetation interactions. In: Drablos, D., Tollan, A. (Eds.) (1980): Proceedings of the international conference: Ecological impact of acid precipitation, Sanderfjord, Norway, SNSF-project, 192-194

Hsu, P.H. und Bates, T.F. (1964): Formation of x- ray amorphous and cristalline aluminium hydroxides. Min. Mag. 33, 749-768

Huang, P.M. (1988): Ionic factors affecting aluminium transformations and the impact on soil and environmental sciences. Advances in Soil Science 8, 1-78

Huang, P.M. und Lee, S.Y. (1969): Effect of drainage on weathering transformations of mineral colloids of some Canadian prairie soils. In: Heller, L. (1969): Proc. Int. Clay Conf. 1969, Tokyo. Israel Prog, Transl., Jerusalem, 541-551

Huang, P.M. und Winter, K. (1987): Auswirkungen von Säure und Kalk auf die Mesofauna von Waldböden im Labor und im Freiland.- KFA Status-seminar zum BMFT-Förderschwerpunkt Ursachenforschung zu Waldschäden, 330-331, Jülich

Huang, P.M., Crosson, L.S. und Rennie, D.A. (1968): Chemical dynamics of potassium release from potassium minerals common in soils. Trans. Int. Conpr. Soil Sci. 9 th 1968, Adelaide, Australia, 705-712

Hue, N.V., Craddock, G.R. und Adams, F. (1986): Effects of organic acids on aluminium toxicity in subsoils. Soil Sci. Soc. Am. J. 53, 893-897

Hüttermann, A. und Ulrich, B. (1984): Solid phase-solution-root interactions in soils subjected to acid deposition. Phil. Trans. R. Soc. Land. B 305, 353-368

Hüttl, R.F. (1985): "Neuartige" Waldschäden und Nährelementversorgung von Fichtenbeständen (Picea abies Karst.) in Südwestdeutschland. Freiburger Bodenkundl. Abh. 16, 195 S.

Hüttl, R.F. (1993): Die Nährelementversorgung geschädigter Wälder in Europa und Nordamerika. Freiburger Bodenkundl. Abh. 28, 440 S.

Hüttl, R.F. und Zöttl, H.W. (1985): Ernährungszustand von Tannenbeständen in Süddeutschland - ein historischer Vergleich. Allg. Forstz. 40, 1011-1013

Hüttl, R.F. und Fink, S. (1989): Pollution, nutrition and plant function. Cambridge University press

Hüttl, R.F. , Orlovius, K. und Schenck, B. (1990): Messung elektrischer Widerstände im Kambialbereich gedüngter und ungedüngter Fichten. Forstwiss. Cbl. 110

Ingestad, T. (1989): Quantitative mineral nutrition of forest trees. Lecture by the 1989 Marcus Wallenberg Price Winner, Falon, September 14, 1989

Innes, J.L. (1987): The interpretation of international forest health data. In: Perry, R., Harrison, R.M., Bell, J.N.B., Lester, J.N. 1987: Acid rain: scientific and technical advances, S. 633-640

Isermann, K. (1983): Bewertung natürlicher und anthropogener Stoffeinträge über die Atmosphäre als Standortfaktoren im Hinblick auf die Versauerung land- und forstwirtschaftlich genutzter Böden. VDI-Berichte Nr. 500, 307-335

IUFRO (1979): Fachgruppe Luftverunreinigungen: Resolution über maximale Immissionswerte zum Schutz der Wälder. IUFRO News 25

Jacks, G. Olofsson, E. und Werme, G. (1986): An acid surge in a well-buffered stream. Ambio 15, 282-289

Jacks, G., Knutsson, G., Maxe, L. und Flykner, A. (1984): Effect of acid rain on soil and groundwater in Sweden. In: Yaron, B., Dagan, G., Goldshmid, J. (eds.): Pollutants in porous media, Springer Verlag, Berlin, Heidelberg, New York, Tokyo, 94-114

Jaeschke, W., Georgii, H.W., Claude, H. und Malewski, H. (1978): Contributions of H_2S to the atmospheric sulfur cycle. Pageoph. 116, 465-475

Jaeschke, W., Claude, H. und Hermann, J. (1980): Sources and sinks of atmospheric H_2S. J. Geophys. Res. 85, 5639-5644

Jäger, H.-J. (1977): Auswirkungen phytotoxischer Immissionen auf enzymatische Aktivitäten und Reaktionen. Angew. Bot. 51, 1-7

Jäger, H.-J., Weigel, H.-J. und Gruenhage, L. (1986): Physiologische und biochemische Aspekte der Wirkung von Immissionen auf Waldbäume. European Journal of Forest Pathology 16, 98-109

Janßen-Schmidt, T., Röth, E.P., Varhelyi, G. und Gravenhorst, G. (1981): Anthropogene Anteile am atmosphärischen Schwefel- und Stickstoffkreislauf und mögliche globale Auswirkungen auf chemische Umsetzungen in der Atmosphäre. Ber. Kernforschungsanlage, Jülich, Nr. 1722, 79 S.

Jensen - Huss, K. und Kuhnt, G. (1988): Untersuchungen zum Stoffbestand schleswig - holsteinischer Waldböden. Ministerium für Ernährung, Landwirtschaft, Forsten und Fischerei Schleswig-Holstein (Hrsg.), 30 S. + Anhang

Johannessen, M. (1980): Aluminium, a buffer in acidic waters? In: Drablos, D. & Tollan, A. (eds.): Proceedings of the international conference: Ecological impact of acid precipitation, Sanderfjord, Norway, SNSF-project, 222-223

Johannessen, M., Skarveit, A. und Wright, R.F. (1980): Streamwater chemistry before, during and after snowmelt. In: Drablos, D., Tollan, A. (eds.): Proceedings of the international conference: Ecological impact of acid precipitation, Sanderfjord, Norway, SNSF-project, 224-225

Johnson, D.W., Richter, D.D., Lovett, G.M. und Lindberg, S.E. (1985): Effects of acid deposition on cation nutrient cycling in two deciduous forests. Can. J. For. Res. 15, 772-782

Jorns, A.C. (1988): Aluminiumtoxizität bei Sämlingen der Fichte (Picea abies (L.) Karst.) in Nährlösungskultur. Ber. Forschungszentrum Waldökosysteme/Waldsterben, Rh. A, Bd. 42, 1-86

Jorns, A.C. und Hecht-Buchholz, C. (1985): Aluminiuminduzierter Magnesium- und Calciummangel im Laborversuch bei Fichtensämlingen. Allg. Forstz. 46, 1248-1252

Kalmbach, S. (1986): Luftverunreinigungen und Boden. Forstwiss. Cbl. 105, 26-39

Kandler, O. (1985): Immissions-versus-Epidemie-Hypothese? In: Kortzfleisch, G., 1985: Waldschäden: Theorie und Praxis auf der Suche nach Antworten, 20-59

Kaplan, D.M., Luchtel, D.L. und McJilton, C.E. (1974): Chronic exposure to SO_2: Possible effects at the cellular level. Einvironm. Letters 7, 303-310

Kappen, H. (1929): Die Bodenazidität. Springer Verlag, Berlin

Karathanasis, A.D. (1988): Compositional and solubility relationships between aluminium - hydroxyinterlayered soil-smectites and vermiculites. Soil Sci. Soc. Am. J. 52, 1500-1508

Katschner, W. und Fiedler, H.J. (1987): Zum Aluminiumgehalt in Bachwässern aus Fichtenökosystemen der unteren Berglagen. Beitr. Forstwirtschaft 21, 6-9

Kaupenjohann, M. (1989): Chemischer Bodenzustand und Nährelementversorgung immissionsbelasteter Fichtenbestände in NO-Bayern. Bayreuther Bodenkundl. Ber. 11, 202 S.

Kaupenjohann, M. und Hantschel, R. (1987): Die kurzfristige pH-Pufferung von gestörten und ungestörten Waldbodenproben. Z. Pflanzenernähr. Bodenk. 150, 156-160

Kaupenjohann, M., Hantschel, R., Horn, R. und Zech, W. (1987): Ergebnisse von Düngungsversuchen mit Magnesium an vermutlich immssionsgeschädigten Fichten (Picea abies (L.) Karst.) im Fichtelgebirge. Forstwiss. Cbl 106, 78-84

Kaupenjohann, M., Schneider B.U., Hantschel, R., Zech, W. und Horn, R. (1988): Sulphuric acid rain treatment of Picea abies (L.) Karst. Effects on nutrient solution, throughfall chemistry, and tree nutrition. Z. Pflanzenernähr. Bodenk. 151, 123-126

Keitel, A. und Arndt, U. (1983): Ozoninduzierte Turgeszenzverluste bei Tabak (Nicotiana tabacum var. Bel. W 3) - ein Hinweis auf schnelle Permeabilitätsveränderungen der Zellmembranen. Angew. Bot. 57, 193-198

Keller, T. (1976): Der Einfluß von Schwefeldioxid als Luftverunreinigung auf die Assimilation der Fichte. Beiheft zu den Zeitschriften des Schweiz. Forstvereins Nr. 57, 48-53

Keller, T. (1977a): Begriff und Bedeutung der "latenten Immissionsschädigung". Allg. Forst- u. J.-Ztg. 148, 115-120

Keller, T. (1977b): Der Einfluß von Fluorimmissionen auf die Nettoassimilation von Waldbaumarten. Mitt. Eidgen. Anstalt f. d. Forstl. Versuchswes. Birmensdorf (Schweiz) 53, 161-198

Keller, T. (1978): Der Einfluß niedriger SO_2-Konzentrationen auf die CO_2-Aufnahme von Fichte und Tanne. Phytosynthetica 12, 316-322

Keller, T. (1981): Folgen einer winterlichen SO_2-Belastung für die Fichte. Gartenbauwiss. 46, 170-178

Keller, T. (1984): The influence of SO_2 und CO_2 uptake and peroxidase activity. Europ. J. Pathol. 14, 354-359

Keller, T. (1985): SO_2-Immissionen: Resultate von Wirkungsanalysen. In: Krotzfleisch, G.v. (Hrsg.): Waldschäden. Theorie und Praxis auf der Suche nach Antworten. Verlag R. Oldenbourg, München, Wien, 123-142

Keller, T.und Schwager, H. (1971): Der Nachweis unsichtbarer ("physiologischer") Fluor-Immissionsschädigungen an Waldbäumen durch eine einfache kolorimetrische Bestimmung der Peroxidase-Aktivität. Europ. J. Forest Pathol. 1, 6-18

Keller, T. und Schwager, H. (1977): Air pollution and ascorbic acid. Europ. J. Forest Pathol. 7, 338-350

Keller, W.D. (1978): Kaolinization of feldspar as displayed in scanning electron micrographs. Geology 6, 184-188

Khanna, P.K., Prenzel, J., Meiwes, K.J., Ulrich, B. und Matzner, E. (1987): Dynamics of sulfate retention by acid forest soils in an acidic deposition environment. Soil Sci. Soc. Am. J. 51, 446-452

Klockow, D., Denzinger, H. und Rönicke, G. (1978): Zum Zusammenhang zwischen pH-Wert und Elektrolytzusammensetzung von Niederschlägen. In: VDI (1978): Sauerstoffhaltige Schwefelverbindungen. Kolloquium vom 30.5-1.6. 1978, Augsburg, VDI-Ber. 314, 21-26

Klumpp, G. und Guderian, R. (1989): Wirkungen verschiedener Kombinationen von O_3, SO_2 und NO_2 auf Photosynthese und Atmung. Wirkungen bei Fichten unterschiedlicher Mg-Ca-Versorgung. Staub 49, 255-260

Klumpp, G., Guderian, R. und Küppers, K. (1989): Peroxidase- und Superoxiddismutase-Aktivität sowie Prolingehalte von Fichtennadeln nach Belastung mit O_3, SO_2, NO_2. Europ. J. Forest Pathol. 19, 84-97

Knabe, W. (1986): Silizium als chemischer Nachweis des Doppelangriffs der Luftverunreinigung auf den Wald? Statuskolloquium zum Forschungsprogramm des Landes Nordrhein-Westfalen, Luftverunreinigungen und Waldschäden, 67-77

Köble, R., Nagel, D., Smiatek, G., Werner, B. und Werner, L. (1993): Kartierung der Critical Loads & Levels in der Bundesrepublik Deutschland. - Abschlußbericht des Forschungsvorhaben FE 10802080 " Erfassung immissionsempfindlicher Biotope in der Bundesrepublik Deutschland und in anderen ECE - Ländern" im Auftrag des Umweltbundesamtes, 183 S.

Koenies, H. (1985): Über die Eigenart der Mikrostandorte im Fußbereich der Altbuchen unter besonderer Berücksichtigung der Schwermetallgehalte in der organischen Auflage und im Oberboden. Ber. Forschungszentrum Waldökosysteme/Waldsterben, Rh. A, Bd. 9, 288 S.

König, N., Baccini, P. und Ulrich, B. (1986): Der Einfluß der natürlichen organischen Substanzen auf die Metallverteilung zwischen Boden und Bodenlösung in einem sauren Waldboden. Z. Pflanzenernähr. Bodenk. 149, 68-82

Kördel, W., Schmid, S. und Klöppel, H. (1989): Freisetzung von Aluminium durch Eintrag von sauren Niederschlägen. Int. Kongr. Waldschadensforschung: Wissensstand und Perspektiven, Friedrichshafen, Bd 1, 189-190

Köster, H.M. (1978): Entstehung und Alter der ostbayerischen Kaolinitlagerstätten. Schriftenrh. geol. Wiss. 11, 109-114

Köstler, J.N., Brückner, E. und Bibelriether, H. (1968): Die Wurzeln der Waldbäume. Verlag Paul Parey Hamburg, Berlin

Köth-Jahr, I. und Köllner, B. (1993): Ziele - Ergebnisse - Schlußfolgerungen. Eine Bilanz neunjähriger Waldschadensforschung im Land Nordrhein-Westfalen. Abschlußdokumentation zum Forschungsschwerpunkt "Luftverunreinigungen und Waldschäden" des Landes Nordrhein-Westfalen. MURL, Düsseldorf (Hrsg.)

Kottke, I., Oberwinkler, F. und Maifeld, D. (1992): Untersuchungen der Mykorrhizen und der sie begleitenden Mikropilze in stark und weniger stark geschädigten Fichtenbeständen Nordrhein-Westfalens. Abschlußbericht über das Projekt V B 5-8819.3.6. In: Forschungsberichte zum Forschungsvorhaben des Landes Nordrhein-Westfalen "Luftverunreinigungen und Waldschäden Nr. 25, 45 S.

Kozak, L.M. und Huang, P.M. (1971): Adsorption of hydroxy-Al by certain phyllosilicates and its relation to K/Ca cation exchange selectivity. Clays and Clay Min. 19, 95-102

Kraemer, H.W., Valenta, P. und Nürnberg, H.W. (1985): Eintrag von Säure und ökotoxischen Schwermetallen mit der Naßdeposition in hessischen Nadelwäldern. In: Nationalparkverwaltung Bayerischer Wald (Hrsg.): Symposium Wald und Wasser, Grafenau, 2.-5. Sept. 1985, 175-189.

Kraemer, J.R. (1976): Geochemical and lithological factors in acid precipitation. U.S. Dept. Agr. For. Serv., Gen. Techn. Rep. 23, 611-618.

Krause, C. (1992): Einfluß der Versauerung auf die Verfügbarkeit verschiedener Elemente in Böden und deren Transfer in Pflanzen. Dipl.-Arbeit Uni Bonn, 82 S.

Krause, G.H.M. und Prinz, B. (1989): Experimentelle Untersuchungen der Landesanstalt für Immissionsschutz zur Aufklärung möglicher Ursachen der neuartigen Waldschäden. LIS-Berichte 80, 221 S.

Krause, G.H.M., Jung, K.D. und Prinz, B. (1983): Neuere Untersuchungen zur Aufklärung immissionsbedingter Waldschäden VDI-Ber. 500, 257-266.

Kreutzer, K. (1984): Mindern Düngungsmaßnahmen die Waldschäden? Allg. Forstz. 39, 771-773

Kreutzer, K. (1985): Modellierung des Einflusses von Bestockungseigenschaften auf die Versickerung. Wald und Wasser : Prozesse im Wasser- und Stoffkreislauf von Waldgebieten. Grafenau, Tagungsbericht Band 1, 193-210

Kreutzer, K. (1991): Zusammenfassung der Ergebnisse aus der Höglwaldforschung 1984-1989/90. In: Kreutzer, K., Göttlein, A. (1991): Ökosystemforschung Höglwald. Forstwiss. Forschungen 39, 252-260.

Kreutzer, K. und Bittersohl, J. (1986): Stoffauswaschung aus Fichtenkronen durch saure Beregnung. Forstwiss. Cbl. 105, 357-363.

Kreutzer, K, Göttlein, A., Pröbstle, P. und Zuleger, M. (1991): Höglwaldforschung 1982-1989. Zielsetzung, Versuchskonzept, Basisdaten. In: Kreutzer, K., Göttlein, A. (1991): Ökosystemforschung Höglwald. Forstwiss. Forschungen 39, 11-21.

Krieter, M. (1984): Ökosystemare Untersuchungen zur Versauerung der Hydrosphäre im südlichen Taunus und Hunsrück. In: Umweltbundesamt (Hrsg.), Gewässerversauerung in der BRD, Materialien 1/84, 260-277.

Krieter, M. (1987): Zur Situation der Gewässerversauerung im Hunsrück und Taunus. In: Umweltbundesamt (Hrsg.): Texte 22/87, 62-65

Krieter, M. (1988): Gefährdung der Trinkwasserversorgung in der Bundesrepublik Deutschland durch saure Niederschläge. DVGW-Schriftenreihe Nr. 57, Wirtschafts- und Verlagsgesellschaft Gas und Wasser mbH Bonn, 75 S.

Krobok, T. (1993): Charakterisierung der Belastungssituation in Waldökosystemen des Kernmünsterlandes. - LÖLF-Mitteilungen 1/93, 19-29

Krug, E.C. und Frink, C.R. (1983): Effects of Acid Rain on Soil and Water. Bull. 811. The Connecticut Agric. Exp. Stat., New Haven

Kubiena, W.L. (1955): Animal activity in soils as a decisive factor in establishment of humus forms.- Kevan, D.K.McE (ed.) Soil Zoology, 73-82. London

Kundler, P. (1961): Lessives (Parabraunerden, Fahlerden) aus Geschiebemergel der Würm - Eiszeit im norddeutschen Tiefland. Z. Pflanzenernähr. Düng. Bodenkd. 95, 97-110

Kunert, K.J. (1987): Lipidperoxidation als phytotoxische Folge atmosphärischer Schadwirkung. KfK-PEF 34, Karlsruhe

Kußmaul, H., Al-Azawi, A., Cordt, T. (1987): Auswertung langjähriger Wasseruntersuchungen im Hinblick auf die Grundwasserversauerung. Umweltforschungsplan des Bundesministers für Umwelt, Naturschutz und Reaktorsicherheit, Forschungsbericht-Nr. 102 02 606

Laisk, A., Kull, O. und Moldau, H. (1989): Ozone concentration in leaf intercellular air spaces is close to zero. Plant Physiol. 90, 1163-1167

Langebartels, C., Führer, G., Häckel, B., Heller, W., Kloos, M., Payer, H.D., Schmitt, R. und Lasaga, A.C. (1981): Rate Laws of chemical reactions. In: Lasaga, A.C. and Kirkpatrick, R.J. (eds.): Rewiews in mineralogy. Mineralogical Society of America, Washington, DC

Lasaga, A.C. (1983): Kinetics of silicate dissolution. Proc. 4 th Int. Conf. Water Rock, Interaction, 269-274

Lee, K. E. (1985): Earthworms. - Academic Press, 256-262, Sydney

Lehmann, R., Hamm, A. (1988): Pufferungsschwache Räume in der Bundesrepublik Deutschland. Die Geowissenschaften 8, 242-245

Lehmann, R., Schmitt, P. Bauer, J. (1985): Gewässerversauerung in der Bundesrepublik Deutschland. Ihre Verbreitung und Auswirkung. In: Bundesforschungsanstalt für Landeskunde und Raumordnung: Informationen zur Raumentwicklung, 10, 893-922

Lehmann, R., Hamm, A., Schmitt, P. und Wieting, J. (1989): Kartierung der zur Gewässerversauerung neigenden Gebiete in der Bundesrepublik Deutschland. DVWK-Mitteilungen 17, 313-324

Lenhart, B. und Steinberg, C. (1984): Limnochemische und limnobiologische Auswirkungen der Versauerung von kalkarmen Oberflächengewässern. Eine Literaturstudie. Informationsberichte Bayr. Landesamt f. Wasserwirtschaft 4/84, 210 S.

Lenhart, B., Wieting, J. und Steinberg, C. (1985): Kalkung: Mittel gegen Versauerung? Fischer und Teichwirt 36, 5-11

Lenz, R. (1991): Charakteristika und Belastungen von Waldökosystemen NO-Bayerns -eine landschaftsökologische Bewertung auf stoffhaushaltlicher Grundlage. Ber. Forschungszentrum Waldökosysteme, Rh. A, Bd. 80, 200 S.

Leonardi, S. und Flückinger, W. (1988): Der Einfluß einer durch saure Beneblung induzierten Kationenauswaschung auf die Rhizosphäre und die Pufferkapazität von Buchenkeimlingen in Nährlösungskultur. Forstwiss. Cbl. 107, 160-172

Lermann, A. (1979): Geochemical processes: Water and Sediments Environments. Wiley-Intersience, 481 S.

Lewin, J.C. (1961) : The dissolution of silica from diatom walls. - Geochim. Cosmochim. Acta 21, 182 - 198

Lidstrom, L. (1968) : Surface and bond - forming properties of quartz and silicate minerals and their application in mineral processing techniques. - Acta Polytech. - Scand. Chem. Metall. Ser. 75, 1 - 50

Liebscher, (1985): Wasserhaushalt im Oberharz. In: Nationalverwaltung Bayerischer Wald (Hrsg.): Symposium Wald u. Wasser, Grafenau, 2.-5. Sept. 1985, 505-516

Lindberg, S.E., Lovett, G.M., Richter, D.D. und Johnson, D.W. (1986): Atmospheric deposition and canopy interaction of major ions in a forest. Science 231, 141-145

Lindner, M. (1988): Mangan-Verteilungsmuster in Fichte und Douglasie. Dipl.-Arbeit Univ. Freiburg, 61 S.

Lindsay, W.L. (1976): Chemical equilibria in soils. Wiley Interscience, N.Y.

Linkens, G.E., Bormann, F.H., Johnson, N.M. und Fischer, D.W. (1970): Effects of forest cutting and herbicide treatment on nutrient budgets in the Hubbard Brook watershed-ecosystem. Ecol. Monogr. 40, 23-47

Linkersdörfer, S. und Benecke, P. (1987): Auswirkungen der Deposition von Luftverunreinigungen auf die Grundwasserqualität. Eine Literaturstudie. UBA-Materialien, Göttingen, 170 S.

Linnenbach, M. (1989): Auswirkungen der Gewässerversauerung auf Amphibienpopulationen südwestdeutscher Mittelgebirgslagen. DVWK-Mitteilungen 17, 443-450

Linnenbach, M., Marthaler, R. und Gebhart, H. (1987): Effects of acid water on gills and epidermis in brown trout (Salmo trutta L.) and in tadpoles of the common frog (Rana temporaria L.). Annals Soc. R. Zool. Belg. 117/1, 365-374

Liu, J.C. (1988): Ernährungskundliche Auswertung von diagnostischen Düngungsversuchen in Fichtenbeständen (Picea abies Karst.) Südwestdeutschlands. Freiburger Bodenkundl. Abh. 21, 191 S.

Liu, J.C. und Trüby, P. (1989): Bodenanalytische Diagnose von K- und Mg-Mangel in Fichtenbeständen (Picea abies Karst.). Z. Pflanzenernähr. Bodenk. 152, 307-311.

Lohm, U. (1980): Effects of experimental acidificationon soil organism populations and decomposition. In: Drablos, D., Tollan, A. (1980): 178-179

Lückewille, A., Späh, H. und Thesing, U. (1984): Aluminiumhydroxidausflockungen in Quellbächen der Senne (Teutoburger Wald) als Folge saurer Niederschläge. In: UBA (Hrsg.), Materialien 1/84, 106-120

Märkel, K. und Bösner, R. (1969): Die Bedeutung der Bodentoerwelt für den Erfolg der Bestnadeskalkungen.-Forst und Jagd 10, 179-181

Magdorff, F.R. , Bartlett, R.J. und Ross, D.S. (1987): Acidification and pH buffering of forest soils. Soil Sci. Soc. Am. J. 51, 1384-1386

Maier, R. (1978): Aktivität und multiple Formen der Peroxydase in unverbleiten und verbleiten Pflanzen von Zea mays und Medicago sativa. Phyton 19, 83-96

Makeschin, F. (1990): Die Regenwurmfauna forstlich und landwirtschaftlich genutzter Böden und deren Beeinflussung durch Düngung.- Kali-Briefe 20, 49-63

Makeschin, F. (1991): Bodenzoologischer Forschungsbedarf im Zusammenhang mit den Zielvorstellungen sowie der Meß- und Voraussagbarkeit von Elementen und Prozessen der Bodenfruchtbarkeit. Z. f. Agrarpol. u. Landw., Ber. ü. Landw.: Bodennutzung u. Bodenfruchtbarkeit 1, 100-109

Makeschin, F. (1993): Regenwurmfauna und Bodenchemismus saurer Waldböden. Mitteilng. Dtsch. Bodenkundl. Gesellsch. 69, 123-126

Malessa, V. und Ulrich, B. (1989): Beitrag zum Einfluß der Bodenversauerung auf den Zustand der Grund- und Oberflächengewässer. DVWK-Mitteilungen 17, 213-220

Martell, A.E. und Smith, R.M. (1981) : Critical stability constants. - Vol. 5 , Suppl. to Vol. 1 - 4 (1974 - 1977), Plenum Press, New York

Marthaler, R. (1989): Toxizität und Akkumulation von metallen in sauren Gewässern, untersucht an der Bachforelle (Salmo trutta fario L.). DVWK-Mitteilungen 17, 435-442

Martin, W. , Ruppert, H. und Fried, G. (1991): Veränderung von Elementgehalten, pH - Wert und potentieller Kationenaustauschkapazität in ausgewählten Böden Bayerns. Untersuchungen an 203 Profilen über den Zeitraum von 1964 bis 1986. GLA Fachberichte 6, 1-35

Mason, J. und Seip, H.M. (1985): The current state of knowledge on acidification of surface waters and guidelines for further research. Ambio 14, 45-51

Masuch, D., Kettrup, P., Mallant, P. und Salanina, J. (1985): VDI-Berichte 560, 761-776

Materna, J. (1989): Site amelioration for the reforestation of degraded land. IUFRO-Symposium "Management of Nutrition in Forests Under Stress", Freiburg, 18.-21

Mathy, P. (1988): Scientific basis of forest decline symptomatology, 31-48.

Matschullat, J., Heinrichs, H., Schneider, J., Roostai, A.H. und Siewers, U. (1989): Schwermetallbelastung und Gewässerversauerung im Westharz. DVWK-Mitteilungen 17, 293-300.

Matthess, G. (1984): The role of natural organics on water interaction with soil and rock. In: Eriksson, E. (ed.): Hydrochemical balances of freshwater systems. Proceedings of the Uppsala Symposium September 1984, IAHS Publication 150, 11-21

Matthias, U. (1983): Der Einfluß der Versauerung auf die Zusammensetzung von Bergbachbiozönosen.. Arch. Hydrobiol./Suppl. 65, 07-483

Matzner, E. (1984) : Deposition und Umsatz chemischer Elemente im Kronenraum von Waldökosystemen. - Ber. Forschungszentrum Waldökosysteme / Waldsterben, Rh. A, Bd. 2, 61 - 87

Matzner, E. (1987): Der Stoffumsatz zweier Waldökosysteme im Solling. Habil. Schrift, Univ. Göttingen.

Matzner, E. (1988) : Der Stoffumsatz zweier Waldökosysteme im Solling.- Ber. Forschungszentrum Waldökosysteme / Waldsterben, Rh. A, Bd. 40, 217 S.

Matzner, E. (1989): Stoffliche Veränderungen in schadstoffbelasteten Böden. DVWK-Mitteilungen 17, 107-120

Matzner, E. und Thoma, E. (1983): Die Auswirkung eines saisonalen Versauerungsschubes im Sommer/Herbst 1982 auf den chemischen Bodenzustand verschiedener Waldökosysteme. Allg. Forstz. 26/27, 677-682

Matzner, E. und Ulrich, B. (1981): Bilanzierung jährlicher Elementflüsse in Waldökosystemen im Solling. - Z. Pflanzenernähr. Bodenk. 144, 660-681

Matzner, E. und Ulrich, B. (1981): Bilanzierung jährlicher Elementflüsse in Waldökosystemen im Solling. Z. Pflanzenernähr. Bodenk. 144, 660-681

Matzner, E. und Ulrich, B. (1984): Raten der Deposition, der internen Produktion und des Umsatzes von Protonen in zwei Waldökosystemen. Z. Pflanzenernähr. Bodenk. 147, 290-308

Matzner, E. und Ulrich, B. (1985): Zum Stand der Ursachendiskussion beim Waldsterben. Berichte des Forschungszentrums Waldökosysteme/Waldsterben, Univ. Göttingen, 11, 8-24.

Matzner, E. und Bürstinghaus, C. (1990) : Zur Bestimmung austauschbarer Kationen in sauren Waldböden. - Z. Pflanzenernähr. Bodenk. 153, 415 - 420

Matzner, E., Ulrich, B., Murach, D. und Rost-Siebert, K. (1985): Zur Beteiligung des Bodens am Waldsterben. Forst- und Holzwirt 11, 303-309

Matzner, E., Blanck, K., Hartmann, G. und Stock, R. (1988): Needle chlorosis pattern in relation to soil chemical properties in two Norway spruce (picea abies Karst.) forests of the German Harz mountains. In: Bucher, J.B., Bucher-Wallin, E. (1989): Air pollution and forest decline. 14th international meeting for specialists in air pollution effects on forest ecosystems, IUFRO Project Group P2.05, Interlaken, Schweiz, 2.-8. Oktober 1988, 195-199

Matzner, E., Khanna, P.K., Meiwes, K.J., Lindheim, M., Prenzel, J. und Ulrich, B. (1982): Elementflüsse in Waldökosystemen im Solling. Göttinger Bodenkundl. Ber. 71, 1-267

Matzner, E., Khanna, P.K., Meiwes, K.J., Cassens-Sasse, E., Bredemeier, M. und Ulrich, B. (1984): Ergebnisse der Flüssemessungen in Waldökosystemen. Ber. Forschungszentrum Waldökosysteme/Waldsterben, Univ. Göttingen, 29-49

Mayer, R. (1981) : Natürliche und anthropogene Komponenten des Schwermetallhaushalts von Waldökosystemen. Göttinger Bodenkundl. Ber. 70, 292 S.

Mayer, R. (1983): Interaction of forest canopies with atmospheric: Aluminium and heavy metals. In: Ulrich, B. und Pankrath, J. (eds.): Effects of accumulation of air pollutants in forest ecosystems. Reidel Publ. Co., Dordrecht, 47-55

Mayer, R. (1985): Mobilisierung von Aluminium und Schwermetallen im Bodenbereich durch Säurebildner. Manuskript zum FGU-Seminar: Gewässer- und Bodenversauerung durch Luftschadstoffe. UBA-Texte 36/86

Mayer, R. (1985): Schwermetallanreicherungen im Wurzelraum von Waldbeständen. Tagungsberichte Nationalpark Bayerischer Wald 5/1, 353- 66

Mazzarino, M.J. (1981): Holozäne Silikatverwitterung in Mitteldeutschen Waldböden aus Löß. Diss. Univ. Göttingen, 188 S.

Mazzarino, M.J. und Fölster, H. (1984): Freisetzung und Verteilung von Al- und Si - Oxiden in Mitteldeutschen Lößböden unter Wald. Catena II, 27-28

McKay, H.M. (1988): Non pollutant abiotic factors effecting needle loss. In: Cape, J.N., Measurements and Findings. OECD, Paris

McKeague, J.A. und Wang, C. (1980): Micromorphology and energy dispersive analysis of ortstein horizons of podzolic soils from New Brunswick and Nova Scotia, Canada. Can. J. Soil Sci. 9-21

Mehmel, M. (1938): Ab - und Umbau am Biotit. Chem. d. Erde II, 307-332

Mehne, B.M. (1989): Physiologische Untersuchungen an Fichten mit unterschiedlicher Magnesiumversorgung. Allg. Forstz. 44, 12-48

Meijering, M.P.D. (1989): Flohkrebse (Gammarus) als Indikatoren für Sauerstoffschwund und Versauerung in Fließgewässern. DVWK-Mitteilungen 17, 369-382

Meiwes, K.-J. (1985a): Bioelementbilanz eines Buchenwaldökosystem auf Kalkstein. Mitteilgn. Dtsch. Bodenkundl. Gesellsch. 43, 981-985

Meiwes, K.-J. (1985b): Arbeitsbericht über den Stoffeintrag von Nicht-Spurenelementen in den Göttinger-Wald. DFG-Projekt BE 713/8-1, Inst. f. Bodenk. und Waldernährung, Univ. Göttingen

Meiwes, K.-J., König, N., Khanna, P.K., Prenzel, J. und Ulrich (1984): Chemische Untersuchungsverfahren für Mineralböden, Auflagehumus und Wurzeln zur Charakterisierung und Bewertung der Versauerung in Waldböden. Ber. Forschungszentrum Waldökosysteme/Waldsterben 7, 1-67

Meiwes, K.J. und Beese, F. (1988): Ergebnisse der Untersuchung des Stoffhaushaltes eines Buchenwaldökosystems auf Kalkstein. Ber. Forschungszentrum Waldökosysteme / Waldsterben, Rh. B, Bd. 9

Mellin, A. (1988): Untersuchungen zur Autökologie und Funktion von Enchytraeiden, Tubificiden und Aeolosomatiden (Annelida, Oligochaeta) im Ökosystem Kalkbuchenwald. - Diss. Univ. Göttingen

Mengel, K., Lutz, H.-J. und Breininger, M.T. (1987): Auswaschung von Nährstoffen durch sauren Nebel aus jungen intakten Fichten (Picea abies). Z. Pflanzenernähr. Bodenk. 150, 61-68

Merian, E. (Hrsg.) (1984): Metalle in der Umwelt, Verlag Chemie, Weinheim, 722 S.

Meyer, , B. und Kalk, E. (1964): Verwitterungs-Mikromorphologie der Mineral-Spezies in mitteleuropäischen Holozän-Böden aus pleistozänen und holozänen Lockersedimenten. In: Jongerius, M. (eds.): Soil Micromorphology, Elsevier, Amsterdam, 100-130

Miller, H.G. (1984): Deposition-plant-soil interactions. Phil. Trans. R. Soc. Lond. B 305, 339-352

Möller, D. und Schieferdecker, H. (1985): A relationship between agricultural NH_3-emissions and the atmospheric SO_2 content over industrial areas. Atmos. Environ. 19, 695-700

Möller, D. und Schieferdecker, H. (1990): Ammoniakbilanz für das Gebiet der DDR. In: KTBL/VDI (ed.): Ammoniak in der Umwelt. Kreisläufe, Wirkungen, Minderungen. Gemeinsames Symposium, 10.-12. Oktober 1990, FAL, Braunschweig-Völkenrode, Münster-Hiltrup: Landwirtschaftsverlag. 5.1-5.11

Mulder, J., van Grinsven, J.J.M. und van Breemen, N. (1987): Impacts of acid atmospheric deposition on woodland soils in the Netherlands. III. Aluminium Chemistry. Soil Sci. Soc. Am. J. 51, 1640-1646

Muniz, I.P. und Leivestad, H. (1980): Toxic effects of aluminium in the brown trout, Salmo trutta L. In: Drablos, D:, Tollan, A. (eds.): Ecological impact of acid precipitation. Proc. Int. Conf. Ecol., Sanderfjord, Norway, 320-321

Murach, D. (1983): Die Reaktion der Fichtenfeinwurzeln auf zunehmende Bodenversauerung. Allg. Forstz. 38, 683-686

Murach, D. (1984): Die Reaktion der Feinwurzeln von Fichten (Picea abies Karst.) auf zunehmende Bodenversauerung. Göttinger Bodenkundl. Ber. 77, 126 S.

MURL (1993): Abschlußdokumentation zum Forschungsschwerpunkt "Luftverunreinigung und Waldschäden" des Landes Nordrhein-Westfalen. Ministerium für Umwelt, Raumordnung und Landwirtschaft des Landes Nordrhein-Westfalen (Hrsg.),172 S.

Nätscher, L. (1987): Art, Menge und Wirkungsweise von Puffersubstanzen in Auflagehorizonten forstlich genutzter Böden des Fichtelgebirges. Diss. TU München-Weihenstephan, 143 S.

Naik, B.I. und Srivastava, S.K. (1978): Effect of polyamines on tissue permeability. Phytochemistry 17, 1885-1887

Neubert, A., Kley, D., Wildt, J., Segschneider, H.J. und Förstel, H. (1993): Uptake of NO, NO_2 and O_3 by sunflower (Helianthus annulus L.) and tabacco plants (Nicotiana tabacum L.): Dependence on stomatal conductivity. Atmospheric Environement 27, 2137-2145

Niederbudde, E.A. und Fischer, W.R. (1980): Clay mineral transformations in soils as influenced by potassium release from biotite. Soil Sci. 130, 225-231

Niederbudde, E.A. und Kußmaul, H. (1978): Tonmineraleigenschaften und -umwandlungen in Parabraunerde-Profilpaare unter Acker und Wald in Süddeutschland. Geoderma 20, 239-255

Nihlgard, B. (1985): The ammonia hypothesis - an additional explanation of the forest dieback in Europe. Ambio 14, 2-8

Nilsson, S.J. (1983): Effects on soil chemistry as a consequence of proton input. In: Ulrich, B. and Pankrath, J. (eds.): Effects of accumulation of air pollutants in forest ecosystems. D. Reidel Publ. Comp.

Nilsson, S.J. (1985): Why is Lake Gardsjön acid ? - An evaluation of processes contributing to soil and water acidification. Ecological Bull. 37, 311-318

Nilsson, S.J. und Grennfelt, P. (1988): Critical Loads for Sulphur and Nitrogen. Milijorapport 1988: 15. Stockholm (Gotab.), 418 S.

Nilsson, S.J. , Miller, H.G. und Miller, J.D. (1982): Forest growth as a possible cause of soil and water acidification: an examination of concepts. Oikos 39, 40-49

Norrish, K. (1973): Factors in the weathering of mica to vermiculite. Proc. Intern. Clay Conf., Madrid, 417-432

Obländer, W., Wörth, R., König, E., Braunger, H. und Schröter, H. (1984): Ergebnis und Interpretation von zweijährigen Schwefeldioxid-Immissions-Messungen an Tannenbeobachtungsflächen im Schwarzwald und in angrenzenden Waldgebieten. Allg. Forst.- und Jagdz. 154, 175-180

OECD (1977): The OECD Programme on Long Range Transport of Air Pollutants: Measurements and Findings. OECD, Paris

Oleskyn, J. (1984): Effects of SO_2, HF and NO_2 on net photosynthetic and dark respiration rates of Scots pine needles of various ages. Photosynthetica (Praha) 18, 259-262

Olson, C.G. (1988): Clay-mineral contribution to the weathering mechanisms in two contrasting watersheds. J. Soil Sci. 39, 457-467

Overrein, L.N., Seip, H.M. und Tollan, A. (1980): Acid precipitation - effects on forest and fish. Final report of the SNSF-project 1972-1980. Norwegian Institute for Water Research, Oslo. 175 S.

Paces, T. (1985): Sources of acidification in Central Europe estimated from elemental budgets in small basins. Nature 315, 31-36

Pahlke, U. (1992): Langzeit-Entwicklung chemischer Bodeneigenschaften in säurebelasteten Waldstandorten Nordrhein-Westfalens Ergebnisse einer dreifachen Bodeninventur. Forschungsberichte zum Forschungsprogramm des Landes Nordrhein-Westfalen "Luftverunreinigungen und Waldschäden" Nr. 20, 143 S.

Papen, H., von Berg, R., Hellmann, B. und Rennenberg, H. (1991): Einfluß von saurer Beregnung und Kalkung auf chemolithotrophe und heterotrophe Nitrifikation in Böden des Höglwaldes. In: Kreutzer, K., Göttlein, A. (1991): Ökosystemforschung Höglwald. Forstwiss. Forschungen 39, 111-116.

Parker, D.R., Kinraide, T.B. und Zelazny, L.W. (1988): Aluminium speciation and phytotoxicity in dilute Hydroxy-Aluminium solutions. Soil Sci. Soc. Am. J. 52, 438-444

Parker, D.R., Zelazny, L.W. und Kinraide, T.W. (1989): Chemical Speziation and Phytotoxicity in Dilute Hydroxy- Aluminium. In: Lewis, T.E. (eds.): Enviromental Chemistry and Toxicity of Aluminium. Lewis Publ. Inc. , Chelsea, Michigan, 117-145

Peiser, G.D. und Yang, S.F. (1979): Ethylene and ethane production from sulfur dioxide injured plants. Plant Physiol. 63, 142-145.

Penkett, S.A., Jones, B.M.R., Brice, K.A. und Eggletlon, E.E.J. (1979): The importance of atmospheric ozone and hydrogen peroxide in oxidizing sulfur dioxide in cloud and rainwater. Atmos. Environ 13, 123-137.

Peters, M. (1990): Nutzungseinfluß auf die Stoffdynamik schleswig - holsteinischer Böden - Wasser- , Luft- , Nähr- und Schadstoffdynamik. Schriftenreihe Inst. f. Pflanzenernähr. Bodenk. 8, 293 S.

Petersen, A., Schenk, D. und Matthes, G. (1988): Auswirkung organischer Komplexbildner auf die Kinetik der Feldspatverwitterung. Mitteilgn. Dtsch. Bodenkl. Gesellsch. 56, 237-242

Pfeffer, H.-U. und Ellermann, K. (1992): Berichte über die Luftqualität in Nordrhein-Westfalen. LIMES Jahresbericht 1991. Rh. B - Schwebstaub und Inhaltsstoffe, Kohlenwasserstoffe. LIS, Nordrhein-Westfalen

Pfirrmann, T.M., Kloos, M. und Prayer, H.-D. (1988): Effects of acid mist and ozone on the nutrition status of clonal Norway spruce after forteen months of treatment in environmental chambers. 14th international meeting for specialists in air pollution effects on forest ecosystems, IUFRO Project Groups P 2.05, Interlaken, 02.-08. October 1988, 503-506

Prenzel, J. (1985): Verlauf und Ursachen der Bodenversauerung. Z. dt. geol. Ges. 136, 293-302

Prenzel, J. und Schulte-Bisping, H. (1991): Ionenbindung in deutschen Waldböden - Eine Auswertung von 2500 Bodenuntersuchungen aus 25 Jahren. Ber. Forschungszentrum Waldökosysteme, Rh. B, Bd. 29, 47 S.

Priehäuser, G. (1958): Die Fichten-Variationen und -Kombinationen des Bayerischen Waldes nach phenotypischen Merkmalen mit Bestimmungsschlüssel. Forstwiss. Cbl. 77, 151-171

Prietzel, J. und Feger, K.-H. (1991): Al-Spezies im Sickerwasser saurer Waldböden - Einfluß von Wasserbewegung und Löslichkeitsgleichgewichten. Z. Pflanzenernähr. Bodenk. 154, 271-281

Prietzel, J., Baur, S. und Feger, K.-H. (1989): Al-Fraktionen im Bodensickerwasser von Schwarzwaldböden. Berechnung von Löslichkeitsgleichgewichten. Mitteilgn. Dtsch. Bodenkundl. Gesellsch. 59/I, 453-458.

Prinz, B und Köth, I. (1990): Zusammenfassung der Ergebnisse aus dem 2. Statuskolloquium "Luftverunreinigungen und Waldschäden".

Prinz, B., Krause, G.H.M. und Stratmann, H. (1982): Waldschäden in der Bundesrepublik Deutschland. LIS-Berichte 28 der Landesanstalt für Immissionsschutz des Landes NRW, 154 S.

Prinz, B., Krause, G.H.M. und Jung, K.D. (1985): Untersuchungen der LIS Essen zur Problematik der Waldschäden. In: Krotzfleisch, G.v. (Hrsg.): Waldschäden. Theorie und Praxis auf der Suche nach Antworten, Verlag R. Oldenbourg, München, Wien, 143-194

Probst, A., Viville, B. Fritz, B. und Dambrine, E. (1992): Hydrochemical budgets of a small forested catchment exposed to acid deposition: the Strengbach catchment case study (Voges massif, France). Water, Air Soil Pollut. 62, 337-347

Puhe, J. und Ulrich, B. (1985): Chemischer Zustand von Quellen im Kaufunger Wald. Arch. Hydrobiol. 102, 331-342

Puhe, J. Persson, H., und Börjesson, I. (1986): Wurzelwachstum und Wurzelschäden in skandinavischen Nadelwäldern. Allg. Forstz. 20, 488-492

Quadflieg, A. (1989): Zum Nachweis einer immissionsbedingten Versauerung im Grundwasser des ost- und nordhessischen Buntsandsteingebietes. DVWK-Mitteilungen 17, 239-248

Raben, G.H. (1986): Bodenchemische Untersuchungen in ausgewählten Probekreisen des Hils. In: Ulrich, B. (ed.) (1986): Raten der Deposition, Akkumulation und des Austrags toxischer Luftverunreinigungen als Maß der Belastung und der Belastbarkeit von Waldökosystemen. Forschungszentrum Waldökosysteme/Waldsterben, Rh B, Bd. 2, 193-206

Raben, G.H. (1988): Untersuchungen zur raumzeitlichen Entwicklung boden- und wurzelchemischer Stressparameter und deren Einfluß auf die Feinwurzelentwicklung in bodensauren Waldgesellschaften des Hils. Ber. Forschungszentrum Waldökosystem Univ. Göttingen A 38, 253 S.

Rabinovitch, H.D. und Fridovich, J. (1983): Superoxide radicals, superoxide dismutases and oxygen toxicity in plants. Photochem. Photobiol. 37, 679-690

Rampazzo, N. und Blum, W. (1992): Changes in chemistry and mineralogy of forest soils by acid rain. Water, Air and Soil Pollut. 61, 209-220

Raspe, S und Feger, K.-H. (1990): Element distribution in roots of two contrasting Norway spruce stands in Black forest/Germany. In: Persson, H. (ed.) (1990): Above and belowground interactions in forest trees in acidified soils. Proceedings of a workshop jointly organised by the Commission of the European communities and the Swedish University of Agricultural Sciences in Simlangsdalen, Sweden, 21-23 May 1990, Air Pollution Research Report 32, S. 137-146

Raspe, S. (1992): Biomasse und Mineralstoffgehalte der Wurzeln von Fichtenbeständen (Picea abies Karst.) des Schwarzwaldes und Veränderung nach Düngung. Freiburger Bodenkundl. Abh. 29, 197 S.

Rastin, N. und Ulrich, B. (1984): Depositionsmessungen in Wäldern der Stadt Hamburg. Ber. Forschungszentrum Waldökosysteme/Waldsterben, Univ. Göttingen 10, 1-91

Rastin, N. und Ulrich, B. (1988): Chemische Eigenschaften von Waldböden im nordwestdeutschen Pleistozän und deren Gruppierungen nach Pufferbereichen. Z. Pflanzenernähr. Bodenk. 151, 229-235

Reemstma, J.B. und Ahrens, E. (1972): Untersuchungen zur Interpretation der Analyse älterer Fichtennadeln. Allgem. Forst- u. J.-Ztg. 143, 54-58

Rehfuess, K.E. (1981): Über die Wirkungen der sauren Niederschläge in Waldökosystemen. Forstwiss. Cbl. 100(6), 363-381

Rehfuess, K.E. (1983): Walderkrankungen und Immissionen - eine Zwischenbilanz. Allg. Forst- u. J.- Ztg., 601-610

Rehfuess, K.E. (1987): Perceptions on forest diseases in Central Europe. Forestry 60, 1-11

Rehfuess, K.E. (1988): Übersicht über die bodenkundliche Forschung im Zusammenhang mit den neuartigen Waldschäden. KfK-PEF-Ber. 35/1, 1-26.

Rehfuess, K.E. (1989): Zu Bodenkundliche Forschung im Zusammenhang mit den neusrtigen waldschäden, Entgegnung auf eine Stellungnahme von B. Ulrich in AFZ 43/1988, 1171. Allg. Forstz. 44, 390-396

Reichmann, H. und Streitz, H. (1983): Fortschreitende Bodenversauerung und Waldschäden im industrienahen Stadtwald Wiesbaden. Forst u. Holzwirt 13, 322-330

Reiter, H., Alcubilla, M. und Rehfuess, K.E. (1983): Standortskundliche Studien zum Tannensterben: Ausbildung und Mineralstoffgehalte der Wurzeln von Weißtannen (Abies alba MILL) in Abhängigkeit von Gesundheitszustand und Boden. Allg. Forst- u. J.-Ztg. 154, 82-92

Renger, M. (1965): Berechnung der Austauschkapazität der organischen und anorganischen Anteile der Böden. Z. Pflanzenernähr. Bodenk. 110, 10-26

Reuss, J.O. und Johnson, D.W. (1985): Effect of soil processes on the acidification of water by acid deposition. J. Envirom. Quality 14, 26-31

Reuss, J.O. und Johnson, D.W. (1986): Acid deposition and the acidification of soils and water. Ecological Studies 59, Springer Verlag

Rich, C.J. (1968): Hydroxyinterlayers in expansible layer silicates. Clays and Clay Min. 16, 15-30

Riebeling, R. und Schaefer, Ch. (1984): Jahres- und Langzeitentwicklung der pH - Werte von Waldböden in hessischen Fichtenbeständen. Forst und Holz 7, 177-182

Ritter, T., Weber, G., Kottke, I. und Oberwinkler, F. (1989): Zur Mykorrhizaentwicklung von Fichten und Tannen in geschädigten Beständen. Biologie in unserer Zeit 19, 9-15

Roberts, T.M., Clarke, T.A., Ineson, P. und Gray, T.R. (1980): Effects of sulfur deposition on litter decomposition and nutrient leaching in coniferous soils. In: Hutchinson, T.C., Havas, M. (1980): 381-393

Robinson, E. und Robbins, R.C. (1971): Sources, abundances, and fate of gaseous pollutants: Supplement report, Standfort Research Inst., Project PR-6755

Rodenkirchen, H. (1991): Entwicklung der Waldbodenvegetation auf den Versuchsflächen des Höglwald-Experiments im Beobachtungszeitraum 1983-1989. In: Kreutzer, K., Göttlein, A. (1991): Ökosystemforschung Höglwald. Forstwiss. Forschungen, 39, 74-85

Rodenkirchen, H. und Forster, E.-M. (1991): Untersuchungen zur potentiellen Stickstoffnettomineralisation und Nitrifikation in der organischen Auflage eines Fichtenbestandes nach Kalkung und künstlicher saurer Beregnung. In: Kreutzer, K., Göttlein, A. (1991): Ökosystemforschung Höglwald. Forstwiss. Forschungen, 39, 103-110

Röder, R., Schretzenmayr, G. und Sixt, K. (1984): Saure, oberflächennahes Grundwasser und Oberflächenwasser als Rohstoff für die Trinkwasserversorgung in Bayern. In: UBA (Hrsg.): Materialien 1/84, 315-326

Roeschmann, G. (1986): Legende und Erläuterung zur Bodenkarte der Bundesrepublik Deutschland 1 : 1.000.000 - BR Deutschland 1 : 1.000.000 Bodenkarte/Soil Map, 76 S., Bundesanstalt für Geowissenschaften u. Rohstoffe (Hrsg.), Hannover 1986

Röhle, H. (1986): Waldschaden und Zuwachsreaktion - dargestellt am Beispiel geschädigter Fichtenbestände im Nationalpark Bayerischer Wald. Forstwiss. Cbl. 105, 115-122

Röhrig, E. (1966): Die Wurzelentwicklung der Waldbäume in Abhängigkeit von den ökologischen Verhältnissen II. Teil. Forstarchiv 37, 237-249

Römbke, J. (1988): Die Enchytraeen eines Moderbuchenwaldes - ihre Rolle beim Streuabbau und ihre Reaktion auf Umweltbelastungen.- Diss Univ. Frankfurt

Roloff, A. und Hubeney, C. (1991): Vegetationskundliche Fragestellungen auf der Fläche Zierenberg. In: Stress in einem Buchenwaldökosystem in der Phase der Stickstoffsättigung (Fallstudie Zierenberg). Forschungsber. Hess. Forstl. Versuchsanstalt Hann. Münden 14

Rorison, J.H. (1971): The use of nutrients in the control of floristic coposition of grassland. In: (Duffy, E. und Watt, A.S. (Hrsg.): The scientific managment of anmil and plant communities for conversation, Blackwell, Oxfort, 65-77

Rosenkranz, J., Ebel, B. und Stratmann, U. (1990): Histologisch-zytologisch nachweisbare Veränderungen an Nadeln geschädigter und ungeschädigter Fichten an den regionalen Forschungsstandorten des Landes NRW. In: MURL (1990): Forschungsberichte zum Forschungsprogramm des Landes Nordrhein-Westfalen "Luftverunreinigungen und Waldschäden" 18, Tagungsbericht 2. Statuskolloquium 12.-14. Nov. 1990, Düsseldorf

Rost-Siebert, K. (1983): Aluminium-Toxizität und -Toleranz an Kleinpflanzen von Fichte (Picea abies Karst.) und Buche (Fagus sylvatica L.). Allg. Forstz. 39, 686-689

Rost-Siebert, K. (1985): Untersuchungen zur H- und Al-Ionen-Toxizität an Keimpflanzen von Fichten (Picea abies, Karst.) und Buche (Fagus sylvatica L.) in Lösungskultur. Ber. Forschungszentrum Waldökosystem/Waldsterben, Rh. A, Bd. 12, 219 S.

Rost-Siebert, K. (1988): Ergebnisse vegetationskundlicher und bodenchemischer Vergleichsuntersuchungen zur Feststellung immissionsbedingter Veränderungen während der letzten Jahrzehnte. Ber. Forschungszentrum Waldökosysteme/Waldsterben, Rh. B, Bd. 8, 158 S.

Roth, U. (Hrsg.) (1992): Luft. Zur Situation von Lufthaushalt, Luftverschmutzung und Waldschäden in der Schweiz. Ergenisse aus dem Nationalen Forschungsprogramm (NFP) 14. Verlag der Fachvereine, Zürich

Rothe, G.M., Weil, H., Geider, M., Pfennig, P., Wilhelmy, V. und Maurer, W.D. (1988): Nutrient element and carbohydrat status of Norway spruce at Mt. Kleiner Feldberg in Taunus exposed to air pollution and soil acidification. Eur. J. For. Path. 18, 98-111

Ruetze, M., Schmitt, U., Liese, W. und Küppers, K. (1988): Histologische Untersuchungen an Fichtennadeln (Picea abies (L.) Karst.) nach Begasung mit SO_2, O_3 und NO_2. Allgem. Forst- u. J.-Ztg., 195-203

Rückert, E. (1992): Naßbleichung und Tonzerstörung durch Ferrolysis in Stauwasserböden Baden-Württembergs. Hohenheimer Bodenkundl. Hefte 3, 178 S.

Ruppert, H. (1991): Zur Problematik der Abschätzung anthropogener Stoffgehalte in Böden am Beispiel von Schwermetallen. GLA Fachberichte 6, 37-61

Rusek, J. (1971): Zur Taxonomie der Tullbergia (Mesaphorura) krausbaueri (Börner) und ihrer Verwandten (Collembola).- Acta Ent. bohemoslov. 68, 188-206

Russel, A.G., McRae, G.J. und Cass, G.R. (1983): Mathematic modeling of the formation and transport of ammonium nitrate aerosol. Atmos. Environ. 17, 949-964

Sakr, R. und Meyer, B. (1970): Mineral-Verwitterung und -Umwandlung in typischen Lockerbraunerden in einigen Mittelgebirgen Hessens. Göttinger Bodenkl. Ber. 14, 1-47

Sandermann, H., Schmitt, R., Heller, W., Rosemann, D. und Langebartels, C. (1989): Ozone-induced early biochemical reactions in conifers. In: Longhurst, J.W.S. (ed.) (1989): Acid deposition. Sources, effects and controls. London, 243-254

Sandermann, H. (1989): Dose-dependent biochemical relations of Norway spruce to ozone fumigation. In: Bucher, J.B., Bucher-Wallin, I. (eds.) (1989): Air pollution and forest decline, Birmensdorf, 466-469

Satchell, J.E. (1955): Some aspects of earthworm ecology.- McKevan, D.K. (ed.): Soil Zoollogy, 180-201 London

Schachtschnabel, P. (1957): Die Bestimmung des Manganversorgungsgrades von Böden und seine Beziehung zum Auftreten der Dörrfleckenkrankheit bei Hafer. Z. Pflanzenernähr. Bodenk. 78, 147-167

Schachtschnabel, P., Blume, H.-P., Brümmer, G., Hartge,K.-H. und Schwertmann, U. (1992): Scheffer / Schachtschnabel - Lehrbuch der Bodenkunde. Enke Verlag Stuttgart

Schäfer, C. (1994): Chemische Untersuchungen an Oberflächengewässern im Kottenforst bei Bonn. Diplomarbeit des Inst. f. Bodenkunde, Bonn

Schalich, J. (1984): Bodenuntersuchungen auf Blatt Mechernich TK 5405. - Archiv Geologisches Landesamt Krefeld, Profilbeschreibungen, unveröff.

Schaller, G. und Fischer, W.R. (1985): Kurzfristige pH-Pufferung von Böden. Z. Pflanzenernnaehr. Bodenk. 148, 471-480

Schatten, T. und Willenbrink, J (1991): Die Assimilation von Kohlenstoff und der Assimilattransport in Coniferen unter dem Einfluß von Luftschadstoffen. Photosyntheseleistung und Stofftransport in 4jährigen Fichten unter dem Einfluß von Ozonbegasung. Forschungsberichte zum Forschungsprogramm des Landes Nordrhein-Westfalen "Luftverunreinigungen und Waldschäden", Tagungsbericht zum 2. Statuskolloquium 12.-14. November 1990 im Innenministerium des Landes Nordrhein-Westfalen, Düsseldorf, Ber. Nr. 27

Schauermann, J. (1986): Die Tierwelt, ihre Nahrungsbeziehungen und ihre Rolle - Siedlungsdichten und Biomasse. - In : Ellenberg, H. , R. Mayer, und J. Schauermann (eds.): Ökosystemforschung. Ergebnisse des Sollingprojektes 1966-1986, 225-265. - Ulmer Verlag, Stuttgart

Schauermann, J. (1987): Tiergesellschaften der Wälder im Solling unter dem Einfluß von Luftschadstoffen und künstlichem Säure- und Düngereintrag.- Verh. Ges. Ökol. 16, 53 - 62

Scheffer, F. Fölster, H. und Meyer, B. (1961): Dreischicht-Tonminerale mit Aluminium-Zwischenschichtbelegung in mitteldeutschen sauren braunen Waldböden. Z. Pflanzenernähr. Düng. Bodenk. 92, 201-207

Scheffer, F., Meyer, B. und Gebhardt, H. (1966): Pedochemische und kryoklastische Verlehmung (Tonbildung) in Böden aus kalkreichen Lockersedimenten (Beispiel Löß). Z. Pflanzenernähr. Düng. Bodenk. 114, 77-89

Schimming, C.G. (1991): Wasser-, Luft-, Nähr- und Schadstoffdynamik charakteristischer Böden Schleswig - Holsteins. - Nährstoff-, Säure- und Schwermetalldynamik. Schriftenreihe Inst. f. Pflanzenernähr. Bodenk. Univ. Kiel Nr. 13, 163 S.

Schjoerring, J.K., Kyllingsbaek, A. und Mortensen, J.V. (1991): Ammonia emission from barley plants in relation to nitrogen metabolism. Physiol. Plant. 82

Schlichting, E. und Blume, P. (1966): Bodenkundliches Praktikum. Verlag Paul Parey, Hamburg, Berlin, 209 S.

Schlinkert, A. (1992): Jahreszeitliche Dynamik der Inhaltsstoffe von Bodenlösungen aus A - Horizonten unterschiedlicher Böden in Abhängigkeit von Bewirtschaftungsweise und Standorteigenschaften. Bonner Bodenkundl. Abh. 7, 271 S.

Schlüter, W. und Brümmer, G. (1994): Gehalte und Verlagerung gelöster Stoffe in der ungesättigten Zone und im oberflächennahen Grundwasserbereich der Siegaue. In: Sonderforschungsbereich 350 - Wechselwirkung kontinentaler Stoffsysteme und ihre Modellierung - Arbeits- und Ergebnisbericht 1991-1994, Univ. Bonn, 211-240

Schmidt, M. (1987): Atmosphärischer Eintrag und interner Umsatz von Schwermetallen in Waldökosystemen. Ber. Forschungszentrum Waldökosysteme/Waldsterben, Rh. A, Bd. 43, Göttingen, 174 S.

Schmiedel, T. und Däßler, H.-G. (1989): Seneszenzuntersuchungen immissionsgeschädigter Fichtennadeln mit Hilfe der Enzymanalytik. Beitr. f. d. Forstwirtschaft 25, 155-158

Schmitt, U., Liese, W. und Ruetze, M. (1986): Ultrastrukturelle Veränderungen in grünen Nadeln geschädigter Fichten. Angew. Bot. 60, 441-450

Schmitt, V (1991): Entwicklung der Waldschadensforschung in Nordrhein-Westfalen. Forschungsberichte zum Forschungsprogramm des Landes Nordrhein-Westfalen "Luftverunreinigungen und Waldschäden", Tagungsbericht zum 2. Statuskolloquium 12.-14. November 1990 im Innenministerium des Landes Nordrhein-Westfalen, Düsseldorf, Ber. Nr. 1

Schmitt, V. und Wild, A. (1991): Biochemische und feinstrukturelle Untersuchungen an Blattorganen von Buchen und Fichten aus dem Begasungsversuch Kettwig und den Open-Top-Kammern. Forschungsberichte zum Forschungsprogramm des Landes Nordrhein-Westfalen "Luftverunreinigungen und Waldschäden", Tagungsbericht zum 2. Statuskolloquium 12.-14. November 1990 im Innenministerium des Landes Nordrhein-Westfalen, Düsseldorf, Ber. Nr. 26

Schnoor, J.L., Sigg, L., Stumm, W. und Zobrist, J. (1983): Saure Niederschläge und ihr Einfluß auf die Schweizer Seen. Mitteilungen der EAWAG 15, 6-13

Schröder, D. und Dümmler, H. (1963): Tonminerale in Böden Schleswig-Holsteins. Z. Pflanzenernähr. Düng. Bodenk. 101, 129-140

Schoen, R. (1985): Zum Nachweis depositionsbedingter Versauerung in kalkarmen Fließgewässern der BRD mittels einfacher chemischer Modelle. In: Nationalparkverwaltung Bayerischer Wald (Hrsg.): Symposium Wald und Wasser, Grafenau, 2.-5. Sept. 1985, S. 631-643

Schoen, R. (1989): Deposition versauernder Luftschadstoffe in der Bundesrepublik Deutschland. Eine Literaturstudie. DVWK-Mitteilungen 17, 93-103

Schoen, R. und Kohler, A. (1984): Gewässerversauerung in kleinen Fließgewässern des Nordschwarzwaldes während der Schneeschmelze 1982. In: Wieting, J. et al. (eds.): Gewässerversauerung in der Bundesrepublik Deutschland. UBA-Materialien 1/84, 58-69

Schoen, R., Wright, R.F. und Krieter, M. (1983): Regional survey of freshwater acidification in West Germany (FRG). In: Acid rain research, NIVA report 5, 15 S.

Schoen, R., Wright, R.F., Krieter, M. (1984): Gewässerversauerung in der Bundesrepublik Deutschland. Erster regionaler Überblick. Naturwissenschaften 71, 95-97

Schone, D. (1987): Eine Mangan-induzierte Eisenchlorose bei Douglasie. Allg. Forstz. 43, 1154-1157

Schott, J. und Berner, R.A. (1984): Dissolution mechanism of pyroxenes and olivines during weathering. In: Drever, J.I. (Hrsg.): The chemistry of weathering. Nato ASI-Series 149, 35-55

Schröter, H., Aldinger, E. (1985): Beurteilung des Gesundheitszustandes von Fichte und Tanne nach der Benadelungsdichte. Allg. Forstz. 40, 438-442

Schubert, R. (1977): Ausgewählte pflanzliche Bioindikatoren zur Erfassung ökologischer Veränderungen im terrestrischen Ökosystem durch anthropogene Beeinflussung unter besonderer Berücksichtigung industrieller Ballungsgebiete. Hercynia (Leipzig) NF 14, 399-412

Schulte-Bisping, H. (1989): Räumliche und saisonale Variabilität des chemischen Bodenzustandes in Buchen- und Kiefern-Waldökosystemen mit Schädigungsgradienten. Ber. Forschungszentrum Waldökosysteme, Rh. A, Bd. 48, 175 S.

Schulte, A. (1985): Veränderungen bodenchemischer Parameter im Stammablaufbereich von Buchenwaldökosystemen auf Kalk und Basalt. Diplomarbeit, Forstl. Fachbereich der Universität Göttingen

Schulz, H. (1986): Biochemische und faktorenanalytische Untersuchungen zur Interpretation von SO_2-Indikationen an Nadeln. Biochem. Physiol. Pflanzen 181, 241-256

Schulz, H. (1989): Biochemische Indikation in Koniferennadeln - Ein Verfahren zur Früherkennung von Immissionswirkungen Biochem. Physiol. Pflanzen 184, 419-432

Schulz, R. (1985): Unterschiede der Schwermetalleinträge in Buchen und Fichtenwäldern exponierter und geschützter Lagen. Ber. Forschungszentrum Waldökosysteme/Waldsterben, Exkursionsführer 1985, 94-97

Schulz, R. (1987): Vergleichende Betrachtung des Schwermetallhaushalts verschiedener Waldökosysteme Norddeutschlands. Ber. Forschungszentrum Waldökosysteme/ Waldsterben, Rh. A, Bd. 32 , 217 S.

Schulze, E.D., Oren, R. und Lange, O.L. (1989): Processes leading to Forest Decline: A synthesis. In: Schulze E.D., Lange O., Oren, R. (eds.): Forest Decline and Air Pollution. Springer-Verlag Berlin, S. 457-468

Schulze, E.D. (1989): Air pollution and forest decline in a spruce (Picea abies) forest. Science 244, 776-783

Schütt, P., Blaschke, H., Hoque, E., Koch, W., Lang, K.J. und Schuck, H.J. (1983): Erste Ergebnisse einer botanischen Inventur des "Fichtensterbens". Forstwiss. Cbl. 102, 158-166

Schütt, P. (1984): Der Wald stirbt an Streß. Bertelsmann-Verlag München.

Schuurkes, J.A.A.R., Maenen, M.M.J. und Roelofs, J.G.M. (1988): Chemical characteristics of precipitation in NH_3-affected areas. Atmos. Environ. 22, 1689-1698

Schwertmann, U. (1976): Die Verwitterung mafischer Chlorite. Z. Pflanzenernähr. Bodenk. 150, 174-178

Schwertmann, U. und Veith, J. (1966): Aciditätsformen im Elektrolytextrakt saurer Böden. Z. Pflanzenernaehr. Bodenk. 133, 226-236

Schwertmann, U. und Fischer, W.R. (1982): pH-Verteilung und Pufferung von Böden. Z. Pflanzenernähr. Bodenk. 145, 221-223

Schwertmann, U., Süsser, P. und Nätscher, L. (1987): Protonenpuffersubstanzen in Böden, - Z. Pflanzenernähr. Bodenk. 150, 174-178

Segner, H., Marthaler, R. und Linnenbach, M. (1988): Growth, aluminium uptake and mucous cell morphometrics of early life stages of brown trout, Salmo trutta, in low pH-water. Environ. Biol. Fish 21/2, 153-159.

Segschneider, H.-J. (1993): Untersuchungen zur Aufnahme und zum Einbau von anthropogenen Stickoxiden (NO_x) durch Sonnenblumen und Mais mittels ^{15}N-Isotopen-Markierung. - Diss. Univ. Bonn, 172 S.

Sehmel, G.A. (1980): Particle and gas dry deposition: A review. Atm. Env. 14, 983-1011

Seibert, P. (1968): Übersichtskarte der natürlichen Vegetationsgeschichte von Bayern, 1 . 500.000 mit Erläuterungen. Schriftenrh. f. Vegetationskde. 3

Seip, H.M. und Tollan, A. (1978): Acid precipitation and other possible sources for acidification of rivers and lakes. The science of the total Environment 10, 253-270

Semb, A. (1978): Sulfur emissions in Europe. Atmos. Environ. 12, 455-460

Senser M., Höpker, K.A., Peuker, A. und Glashagen, B. (1987): Wirkungen extremer Ozonkonzentrationen auf Koniferen. AFZ 27/28/29, 709-714

Sharpe, W.E., De Walle, D.R., Leibfried, R.T., Dinicola, R.S., Kimmel, W.G. und Sherwin, L.S. (1984): Causes of acidification of four streams on Laurel Hill in southwestern Pennsylvania. J. Environ. Qual. 13, 619-631

Shevyakova, N.J. (1983): Metabolism and the physiological role of proline in plants under conditions of water and salt stress. Sov. Plant. Physiol. 30, 597-608

Shrivastava, M. (1976): Quantifizierung der Beziehung zwischen Standortsfaktoren und Oberhöhe am Beispiel der Fichte in Hessen. Göttinger Bodenkundl. Ber. 43, 148 S.

Sidhu, S.S. (1983): Foliar buffering capacity in boreal species: Sources of variability and potential use of B.C. for indexing species sensitivity to acid pollutants. Acid rain and forest resources conference, Quebec, Canada

Skeffington, R.A. und Roberts, T.M. (1985): The effects of ozone and acid mist on Scotspine saplings. Oecologia 65, 201-206

Söderlund, R. (1977): NO_x pollutants and ammonia emissions - a mass balance for the atmosphere over NW Europe. Ambio 6 (2/3), 118-122

Söderlund, R. und Svensson, B.H. (1976): The global nitrogen cycle. In: Nitrogen, Phosphorus und Sulfur Global Cycles. Swedish Natural Science Research Council, Stockholm, SCOPE Report 7, Ecological Bulletin No. 22

Sohet, K., Herbauts, j. und Gruber, W. (1988): Changes caused by Norway spruce in an ochreous earth, assessed by the isoqurtz method. J. Soil Sci. 39, 549-561

Sollins, P., Grier, C.C., Mc Corison, F.M., Cromack, K., Fogel, R. und Frederiksen, R.L. (1980): The internal element cycling of an oldgrowth Douglas - fir ecosystem in western Oregon. Ecological Monographs 50, 261 - 285

Spaleny, J. (1977): Sulphate transformation to hydrogen sulphide in spruce needles. Plant and Soil 48, 557-563

Sposito, G. (1989): The Chemistry of Soils. - Oxfort University Press, N.Y., Oxfort

Spranger, T. (1992): Erfassung und ökosystemare Bewertung der atmosphärischen Deposition und weiterer oberirdischer Stoffflüsse im Bereich der Bornhöveder Seenkette. EcoSys. Beiträge zur Ökosystemforschung, Suppl. Bd. 4, Verein zur Förderung der Ökosystemforschung zu Kiel e.V. (Verlag), Kiel

Stahr, K. (1979): Die Bedeutung periglazialer Deckschichten für die Bodenbildung und Standortseigenschaften im Südschwarzwald. Freiburger Bodenkundl. Abh. 9., 273 S.

Stahr, K. und Gudmundson, T. (1981): Tonmineralbildung und -umwandlung im Gneisgebiet des Südschwarzwaldes. Mitteilgn. Dtsch. Bodenkl. Gesellsch. 32, 811-816

Stahr, K. und Nakai, M. (1984): Der Nachweis von Imugolit in sauren Braunerden und Podsolen des Südschwarzwaldes und seine Bedeutung für die Bodenentwicklung. Mitteilgn. Dtsch. Bodenkl. Gesellsch. 39, 53-58

Standen, M. und Latter, F. (1977): Distribution of population of Cognettia Sphagnetorum (Enchytraeidae) in relation to microhabitats in blancet bog. J. Anim. Ecol. 46, 14-23

Steinberg, C. und Lenhart, B. (1985): Wenn Gewässer sauer werde: Ursachen, Verlauf und Ausmaß. BLV Umweltwissen, 127 S., München

Stelson, A.W. und Seinfeld, H.J. (1982a): Relative humidity and temperature dependance of the ammonium nitrate dissociation constant. Atmos. Environ. 16, 983-992

Stelson, A.W. und Seinfeld, H.J. (1982b): Relative humidity and pH-dependance of the vapor pressure of ammonium nitrate-nitric acid solutions at 25 C. Atmos. Environ. 16, 993-1000

Stevens, P.A. (1987): Throughfall chemistry beneath Sitka-spruce of four ages in Beddgelert forest, North Wales, U.K. Plant and Soil 101, 291-294

Strack, D. und Hohlfeld, H. (1991): Der Stoffwechsel von phenolischen Sekundärstoffen und Aminosäuren in Fichtennadeln unter dem Einfluß von Luftschadstoffen. Untersuchungen an Fichten bei Lammersdorf (Nordeifel), aus Begasungsversuchen (LIS, Essen) und aus Open-Top-Kammern im Eggegebirge (LIS, Essen). Forschungsberichte zum Forschungsprogramm des Landes Nordrhein-Westfalen "Luftverunreinigungen und Waldschäden", Tagungsbericht zum 2. Statuskolloquium 12.-14. November 1990 im Innenministerium des Landes Nordrhein-Westfalen, Düsseldorf, Ber. Nr. 22

Stremme, H.E. (1955): Bodenentstehung und Mineralbildung in Neckarschwemmlehm der Rheinebene. Abh. Hess. L.A. Bodenforsch. 11, 1-79

Stumm, W., Morgan, J.J. und Schnoor, J.L. (1983): Saurer Regen, eine Folge der Störung hydrogeochemischer Kreisläufe. Naturwissenschaften 70, 216-223

Süsser, P. (1987): Art, Menge und Wirkungsweise von Puffersubstanzen in Mineralbodenhorizonten forstlich genutzter Böden des Fichtelgebirges. Diss. TU München - Weihenstephan, 135 S.

Sverdrup, H. (1990): The kinetics of base cation release due to chemical weathering. - Lund University Press, Schweden, 246 S.

Sverdrup, H. und Warfvinge, P. (1988): Weathering of primary silicate minerals in the natural soil environment in relation to a chemical weathering model. Water, Air and Soil Pollut. 38, 387-408

Sverdrup, H. und Warfvinge, P. (1990): The role of forest growth and weathering in soil acidification. Water, Air, and Soil Pollut. 43, 124- 131

Sverdrup, H. , de Vries, W. und Henriksen, A. (1990): Draft Manual on Methodologies and Criteria for Mapping Critical Levels/Loads and geographical areas where they are exceeded. Annexes II & III. Nordic Council of Ministers, 294 S.

Swedish Ministry of Agriculture, Environment '82 Committee (1982): Acidification today and tomorrow. 231 S.

Tanaka, K., Sugahara, K. (1980): Role of superoxide dismutase in defense against SO_2 toxicity and on increase in superoxide dismutase activity with SO_2 fumigation. Plant Cell Physiol. 21, 601-611

Tarrah, J. (1989): Verwitterungsbilanzen von Böden auf der Basis modaler Mineralbestände (am Beispiel des Bodenprofils Spanbeck 4). Ber. Forschungszentrum Waldökosysteme, Rh. A, Bd. 52, 229 S.

Tarrah, J., Mazzarino, M.-J., Flehmig, W. und Fölster, H. (1990): Protonenverbrauch durch Silikatverwitterung in norddeutschen Lößböden. Ber. Forschungszentrum Waldökosysteme, Rh. B, Bd. 16, 16-36

Tauchert, J. und G. Eisenbeis (1992): Auswirkungen der Waldkalkung auf die Bodenmakrofauna - Ergebnisse aus einem Fichtenstandort im Hunsrück bei Idar-Oberstein. Mitteilgn. Forstl. Versuchsanstalt Rheinland-Pfalz 21, 147-157

Taylor, F.B., Dion, J.A. und Collins, J.J. (1986): Drinking water quality and acid rain in the eastern United States. Water Quality Bulletin 11, 50-57

Taylor, O.C., Thompson, C.R., Tingey, D.T. und Reinert, R.A. (1975): Oxides of nitrogen. In: Mudd, J.B. und Kozlowski, T.T. (Hrsg.): Responses of plants to air pollution. Academic Press N.Y., 121-139

Tenter, M. und Wild, A. (1991): Investigations on the polyamine content of spruce needles relative to the occurence of novel forest decline. J. Plant Physiol. in press

Thies, H. und Hoehn, E. (1989): Gewässerversauerung und Limnochemie von sechs Karseen des Nordschwarzwaldes. DVWK-Mitteilungen 17, 413-418

Thornton, F.C., Schaedle, M. und Raynal, D.J. (1987): Effects of Aluminium on Red Spruce Seedlings in Solution Culture. Environ. Experiment. Botany 27, 489 - 498

Tietz, S. und Wild, A. (1991): Investigations on the phosphoenolpyruvate carboxylase activity of spruce needles relative of the occurence of novel forest decline. J. Plant Physiol. 137, 327-331

Tingey, D.T., Standley, C. und Field, R.W. (1976): Trees ethylene evolution: A measure of ozone effects on plants. Atmosph. Environm 10, 969-974

Trüby, P. und Aldinger, E. (1989): Eine Methode zur Bestimmung austauschbarer Kationen in Waldböden. Z.Pflanzenernähr. Bodenk. 152, 301-306

Tukey, H.B. (1970): The leaching of substances from plants. Ann. Rev. Plant Physiol. 21, 305-325

Tukey, H.B. und Tukey, H.B. (Jr.) (1969): The leaching of materials from leaves. In: Handbuch der Pflanzenernährung und Düngung, Springer-Verlag

Turner, D.B. (1979): Atmospheric dispersion modelling - a critical review. J. Air Pollut. Cont. Assoc. 29(5), 502-519

Ulrich, B. (1966): Kationenaustausch-Gleichgewichte im Boden. Z. Pflanzenernähr. Bodenk. 113, 141-159

Ulrich, B. (1980): Die Wälder in Mitteleuropa. Meßergebnisse ihrer Umweltbelastung, Theorie ihrer Gefährdung, Prognosen ihrer Entwicklung. Allg. Forstz. 35, 1198-1202

Ulrich, B. (1981a): Theoretische Betrachtung des Ionenkreislaufs in Waldökosystemen. Z. Pflanzenern. Bodenk. 144, 647-659

Ulrich, B. (1981b): Eine ökosystemare Hypothese über die Ursachen des Tannensterbens (Abies alba MILL.). Forstwiss. Cbl. 100, 228-236

Ulrich, B. (1981c): Ökologische Gruppierungen von Böden nach ihrem chemischen Bodenzustand. Z. Pflanzenernähr. Bodenkunde 144, 289-305

Ulrich, B. (1982a): Gefahren für das Waldökosystem durch saure Niederschläge. In: Immissionsbelastungen von Waldökosystemen, Sonderheft der LÖLF-Mitteilungen 1982, 9-25

Ulrich, B. (1982b): Läßt sich Schädigung beweisen? Sonderheft der Landesanstalt für Ökologie, Landschaftsentwicklung und Forstplanung, 8-9

Ulrich, B. (1983a): Stabilität von Waldökosystemen unter dem Einfluß des "sauren Regens". AFZ, 38, 670-676

Ulrich, B. (1983b): Interactions of forest canopies with atmospheric constituents: SO_2, alkali and earth alkali cations and chloride. In: Ulrich, B., Pankrath, J. (eds.) (1983): Effect of accumulation of air pollutants in forest ecosystems. Reidel Publ. Comp., Dordrecht, 33-47

Ulrich, B. (1993c): A concept of forest ecosystems stability and acid deposition as a driving force for destabilisation. In: Ulrich, B., Pankrath, J. (eds.) (1983): Effect of accumulation of air pollutants in forest ecosystems. Reidel Publ. Comp., Dordrecht, 1-29

Ulrich, B. (1985a): Natürliche und anthropogene Komponenten der Bodenversauerung. Mitteilng. Dtsch. Bodenkundl. Gesellsch. 43, 159-187

Ulrich, B. (1985b): Stoffhaushalt von Waldökosystemen. Bioelement-Haushalt. Vorlesungsskript, Inst. f. Bodenkunde u. Walderhährung, Univ. Göttingen, 5. Aufl., WS 85/86

Ulrich, B. (1986): Die Rolle der Bodenversauerung beim Waldsterben : Langfristige Konsequenzen und forstliche Möglichkeiten. - Forstw. Cbl. 105, 421 - 435

Ulrich, B. (1987): Stability, elasticity and resilience of terrestrial ecosystems with respect to matter balance. Ecological Studies 61, 11-49

Ulrich, B. (1988): Ökochemische Kennwerte des Bodens. Z. Pflanzenernähr. Bodenk. 151, 171-176

Ulrich, B. (1989): Waldökosystemforschung, Konzepte und Wege. DVWK-Mitteilungen 17, 7-23

Ulrich, B. (1990): Chemischer Bodenzustand. Manuskript zur Forstlichen Standortaufnahme. - 5. Auflage vom 10.6.1990, unveröff.

Ulrich, B. (1993): 25 Jahre Ökosystem- und Waldschadensforschung im Solling. Forstarchiv 64, 147-152

Ulrich, B. und Büttner, G. (1985): Waldsterben - Konsequenzen für die forstliche und landwirtschaftliche Ertragskraft. Information zur Raumentwicklung 10, 879-891

Ulrich, B. und Malessa, V. (1989): Tiefengradient der Bodenversauerung. Z. Pflanzenernähr. Bodenk. 152, 81-84

Ulrich, B. und Matzner, E. (1983a): Abiotische Folgewirkungen der weiträumigen Ausbreitung von Luftverunreinigungen, Umweltforschungsplan des Bundesministers des Innern, Forschungsbericht 104 02 615, Textband 221 S., Datenband 141 S.

Ulrich, B. und Matzner, E. (1983b): Ökosystemare Wirkungsketten beim Wald- und Baumsterben. Der Forst- und Holzwirt 18, 468-472

Ulrich, B. und Matzner, E. (1986): Anthropogenic and natural acidification in terrestrial ecosystems. Experientia 42, 344-350

Ulrich, B. und Mayer, R. (1973): Systemanalyse des Bioelement - Haushalts von Waldökosystemen, In : Ellenberg, H. (Hrsg.): Ökosystemforschung - Ergebnisse des Sollingprojektes der DFG (IBP). Mitt. Nr. 83, Springer - Verlag, Berlin

Ulrich, B. und Wachter, H.(1971): Bodenkundliche Gesichtspunkte zur Frage der Bodenbearbeitung im Wald. Allg. Forst- u. Jagdztg. 142, 257-265

Ulrich, B., Mayer, R. und Khanna, P.K. (1979): Depositionen von Luftverunreinigungen und ihre Auswirkungen in Waldökosystemen im Solling. Schriften aus der Forstl. Fak. der Univ. Göttingen u.d. Nieds. Forstl. Versuchsanstalt, Sauerländer Verlag, Frankfurt/M., Bd. 58, 291 S.

Ulrich, B. Pirouzpanah, D. und Murach, D. (1984a): Beziehungen zwischen Bodenversauerung und Wurzelentwicklung von Fichten mit unterschiedlich starken Schadsymptomen. Forstarchiv 55, 127-134.

Ulrich, B., Meiwes, K.J., König, N. und Khanna, P.K. (1984b): Untersuchungsverfahren und Kriterien zur Bewertung der Versauerung und ihrer Folgen in Waldböden. Forst und Holzwirt 39, 278-286

Umweltbundesamt (Hrsg.) (1976): Luftqualitätskriterien für Blei. Berichte 3/76, E.Schmidt Verlag, Berlin

Umweltbundesamt (Hrsg.) (1977): Luftqualitätskriterien für Cadmium. Berichte 4/77, E.Schmidt Verlag, Berlin

Umweltbundesamt (Hrsg.) (1984): Gewässerversauerung in der Bundesrepublik Deutschland. Schmidt, Berlin

Umweltbundesamt (Hrsg.) (1987): Gewässerversauerung in der Bundesrepublik Deutschland, Texte 22, Schmidt, Berlin.

Umweltbundesamt (Hrsg.) (1992a): Daten zur Umwelt 1990/91. E.Schmidt Verlag, Berlin

Umweltbundesamt (Hrsg.) (1992b): Luft kennt keine Grenzen. E.Schmidt Verlag, Berlin

Urone, P. (1976): The primary air pollutants - gaseous: Their occurence, sources, and effects. In: Stern, A.C. (ed.) (1976): Air Pollution, Vol.1: Air pollutants, their transformation and transport. Academic Press, New York, 44-77

van Breemen, N. und Wielemaker, W.G. (1974): Buffer intensities and equilibrium pH of minerals in soils : II Theoretical and actual pH of minerals and soils. Soil Sci. Soc. Amer. Proc. 39, 61-66

van Breemen, N., Mulder J. und Driscoll, C.T. (1983): Acidification and alkalinization of soils. Plant and Soil 75, 283-308

van Breemen, N., Burrough, P.A., Velthorst, E.J., van Dobben, H.F., de Wit, T., Ridder, T.B. und Reijnders, H.F. (1982): Soil acidification from atmospheric ammonium sulphate in forest canopy throughfall. Nature 299, 548-550

van Breemen, N., de Visser, P.H.B. und van Grinsven, J.J.M. (1986): Nutrient and proton budgets in four soil - vegetation systems underlain by Pleistocene alluvial deposits. J. Geol. Soc. 143, 659-666

van Miegroet, H. und Cole, D.W. (1984): The impact of nitrification on soil acidification and cation leaching in a Red Alder ecosystem. J. Environ. Qual. 13, 586-590

VCI (1989): Chemie und Umwelt. Luft

VDI-Kommission Reinhaltung der Luft (1983): Säurehaltige Niederschläge - Entstehung und Wirkungen auf terrestrische Ökosysteme. Düsseldorf, 277 S.

Veerhoff, M. (1992): Silicatverwitterung und Veränderung des Tonmineralbestandes in Waldböden als Folge von Versauerungsvorgängen. Bonner Bodenk. Abh. 8, 249 S.

Veerhoff, M. und Brümmer, G.W. (1989): Silicatverwitterung und Tonmineralumwandlung in Waldböden als Folge von Versauerungsprozessen. Mitteilgn. Dtsch. Bodenkundl. Gesellsch. 59/II, 1203-1208

Veerhoff, M. und Brümmer, G.W. (1993): Bildung schlechtkristalliner bis amorpher Verwitterungsprodukte in stark bis extrem versauerten Waldböden. Z. Pflanzenernähr. Bodenk. 156, 11-17

Veith, J. (1969): Reaktion von Ca-Montmorillonit und Ca-Vermiculit mit Kohlensäure und organischen Säuren. Diss. TU Berlin, 127 S.

Veith, J. und Schwertmann, U. (1972): Reaktion von Ca-Montmorillonit und Ca-Vermiculit mit Kohlensäure. Z. Pflanzenernähr. Bodenk. 31, 21-36

Velbel, M. (1987): Weathering and soil - forming processes. - In : Swank, E. u. Crossley, D. (eds.): Forest hydrology and ecology at Coweeta, 93-102

Vermetten, A.W.M., Asman, W.A.H., Buijsman, E., Mulder, W., Slania, J. und Waijers-Ijpelaan, A. (1985): Concentrations of NH_3 and NH^{4+} over the Netherlands. VDI-Ber. 560, 241-251

Vincent-Hernandez, J. Vicent, M.A. Robert, M. und Goodeman, B.A. (1983): Evolution des biotites en fonction des conditions d'oxydo-reduction du milieu. Clay Min. 18, 267-280

Vitousek, P.M. und Mellillo, J.M. (1979): Nitrate Losses from disturbed forests : pattern and mechanisms. Forest Sci. 25, 605-619

Völkel, J. (1994): Periglaziale Deckschichten und Böden im Bayerischen Wald und seinen Randgebieten als geogene Grundlagen Landschaftsökologischer Forschung im Bereich naturnaher Waldstandorte. Habil.- Schrift Univ. Regensburg (im Druck)

Wachter, H. (1985): Zur Lebensdauer von Fichtennadeln in einigen Waldgebieten Nordrhein-Westfalens. Forst. u. Holzwirt 16, 420-425

Wada, K. (1989): Allophane and Imogolite. In: Dixon, J.B. und Weed, S.B. (Hrsg.): Minerals in Soil Environments, SSSA Book Series No. 1, Madison, Wisconsin (USA), 1051-1087

Wada, K. und Greenland, D.J. (1970): Selective dissolution and differential infrared spectroscopy for characterisation of "amorphous" constituents in soil clays. Clay Min. 8, 241-254

Waldmann, C. (1985): Zur Anreicherung von Säuren im Baumkronenbereich. Allgem. Forst- u. Jagdz. 156, 204-210

Wallwork, J.A. (1979): Ecology of soil animals. McGraw-Hill. London

Walter, R. (1992): Geologie von Mitteleuropa. Schweitzerbart'sche Verlagsbuchhandlung, Stuttgart, 561 S.

Warmbt, W. (1981): Langjährige Messungen des bodennahen Ozons in der DDR. VEB Deutscher Verlag für Großstoffindustrie 1981, 62-77

Weber, M. und G. Eisenbeis (1992): Auswirkungen der Waldkalkung auf die Bodenmakrofauna - Ergebnisse aus einem Kiefern-Buchen-Standort im Pfälzer Wald. Mitteilgn. Forstl. Versuchsanstalt Rheinland Pfalz, 21, 175-186

Weber, R. und Makeschin, F. (1991): Einfluß von saurer Beregnung und Kalkung auf die oberflächenaktiven Collembolen im Fichtenaltbestand Höglwald.-In: Kreutzer, K. und Gottlein, A.(eds.): Ökosystemforschung Höglwald - Beiträge zur Auswirkung von saurer Beregnung und Kalkung in einem Fichtenaltbestand.- Forstw. Forschungen 39, 134-143

Weidner, M. (1991): Stickstoff-Assimilation und Proteinsyntheseraten bei Fichten in Relation zu den neuartigen Waldschäden in NRW. Forschungsberichte zum Forschungsprogramm des Landes Nordrhein-Westfalen "Luftverunreinigungen und Waldschäden", Tagungsbericht zum 2. Statuskolloquium 12.-14. November 1990 im Innenministerium des Landes Nordrhein-Westfalen, Düsseldorf, Ber. Nr. 25

Weigmann, G. (1993): Regionale Aspekte der Schwermetallbelastung von Regenwürmern in stadtnahen Wäldern. Mitteilgn. Dtsch. Bodenkundl. Gesellsch. 69, 119-122

Weigmann, G., W. Kratz, M. Heck, J. Jaeger-Volmer, J. Kielhorn und U. Kronshage (1990): Bodenbiologische Dynamik immissionsbelasteter Forste im Ballungsgebiet Berlin. - UBA (ed.): Ballungsraumnahe Waldökosysteme - Abschlußbericht, 136-147

Wenzel, B. (1989): Kalkungs- und Meliorationsexperimente im Solling: Initialeffekte auf den Boden, Sickerwasser und Vegetation. Ber. Forschungszentrum Waldökosysteme, Rh. A, Bd. 51, 274 S.

Welp, G., Herms, U. und Brümmer, G. (1983): Einfluß von Bodenreaktion, Redoxbedingungen und organischer Substanz auf die Phosphatgehalte der Bodenlösung. Z. Pflanzenernähr. Bodenk. 146, 38-52

Weyer, T. (1987): Untersuchung zur Acidität von Waldböden im Kottenforst (Betriebsbezirk Buschhoven). Dipl.-Arbeit Univ. Bonn, 95 S.

Weyer, T. (1993): Kalkungsversuche mit carbonatisch und silicatisch gebundenen Kalk- und Magnesiumdüngern - Initialeffekte auf versauerte Waldböden Nordrhein - Westfalen. Bonner Bodenkundl. Abh. 7, 271 S.

Wickenbrock, L. und C. Heisler (1993): Laborversuche zur Besiedlung von Regenwurmgängen durch Collembolen. - Mitteilgn. Dtsch. Bodenkundl. Gesellsch. 69, 103-106

Wiedey, G.A. (1991): Ökosystemare Untersuchungen in zwei unterschiedlich exponierten Fichtenaltbeständen und in einem Kalkungs- und Düngungsversuch im Hils. Ber. Forschungszentrum Waldökosysteme, Rh. A, Bd. 63, 205 S.

Wiedey, G., Gehrmann, J. (1985): Vergleich eines geschädigten und eines bis 1983 symptomfreien Fichtenaltbestandes im Hils: Deposition, Bodeninventur, Durchwurzelung. Mitteilgn. Dtsch. Bodenkundl. Gesellsch. 42, 112-122

Wild, A., Forschner, W. (1990): Vergleichende physiologische und biochemische Untersuchungen an immissionsgeschädigten Fichten im Zusammenhang mit den neuartigen Waldschäden an einem Standort im Nordschwarzwald. In: 6. Statuskolloquium des PEF vom 6.-8. März 1990 im Kernforschungszentrum Karlsruhe. KfK-PEF 61, Karlsruhe, 297-309

Wilding, L.P. und Drees, L.R. (1974): Contributions of forest opal and associated crystalline phasis to fine silt and clay fractions of soils. Clays and Clay Min. 22, 295-306

Wilson, M.J. und McHardy, W:J. (1980): Experimental etching of a microcline perthite and implications regarding natural weathering. J. Micros. 120, 291-302

Winkler, P. (1982): Zur Trendentwicklung der pH-Werte des Niederschlags in Mitteleuropa. Z. Pflanzenernähr. Bodenk. 145, 576-586

Wislicenus, H. (1898): Resistenz der Fichte gegen saure Rauchgase bei ruhender und bei tätiger Assimilation. Tharandter forstl. Jb. 48, 152-172

Wittmann, O. und Fetzer, K.D. (1982): Aktuelle Bodenversauerung in Bayern. Materialien 20, Bayer. Staatsmin. f. Landesentw. u. Umweltfragen (Hrsg.), 71 S.

Wolters, V (1988): Die Zersetzernahrungskette von Buchenwäldern - Interaktionen zwischen Bodentieren und Mikroflora ?

Wolters, V. und R. Jörgensen (1993): Wirkung von L. terrestris auf den mikrobiellen N-Umsatz in der Sukzessionsreihe Acker - Brache - Wald. Mitteilgn. Dtsch. Bodenkundl. Gesellsch. 69, 147-150

Wolters, V. und S. Scheu (1987): Die Wirkung von sauren Niederschlägen auf die Leistungen von Bodentieren. - KFA-Statusseminar zum BMFT-Förderschwerpunkt Ursachenforschung zu Waldschäden, 413, 336-340

Wolters, V. und Schauermann, J. (1989): Die Wirkung von Meliorationskalkung auf die ökologische Funktion von Lumbriciden.- Ber. Forschungszentrum Waldökosysteme, A 49, 141-151

Wright, R.F. (1983): Predicting acidification of North American Lakes. In: Acid Rain Research Report 4/83, NIVA, Oslo

Zachariae, G. (1964): Welche Bedeutung haben Enchytraeen im Waldboden ? - Soil Mikromorphology.- Proc. sec. int. working meeting on soil micromorphology, 57-68, Amsterdamm.

Zeitvogel,, Feger, K.-H. (1990): Pollenanalytische und nutzungsgeschichtliche Untersuchungen zur Rekonstruktion des historischen Verlaufs der Boden- und Gewässerversauerung im Nordschwarzwald. Allg. Forst- u. Jagdztg. 161, 136-144

Zezschwitz, E. von (1980): Bodenuntersuchungen auf Blatt Schleiden TK 5404. Archiv Geologisches Landesamt Krefeld, Profilbeschreibungen, unveröff.

Zezschwitz, E. von (1982): Akute Bodenversauerung in den Kammlagen des Rothaargebirges. Forst u. Holzwirt 37, 275-276

Zezschwitz, E. von (1985): Immissionsbedingte Änderungen analytischer Kennwerte nordwestdeutscher Mittelgebirgsböden. Geol. Jb. F 20, 41 S.

Zimmermann, P. (1993): Untersuchungen zur Leistungsfähigkeit diverser Enchytraeiden bezüglich der Produktion von Krümelaggregaten und Bioporen auf Lößlehmsubstrat. - Mitteilgn. Dtsch. Bodenkundl. Gesellsch. 69, 179-182

Zöttl, H.W. (1973): Diagnosis of nutritional disturbances in forest stands. FAO-IUFRO Symposium on forest fertilization, Paris, 73-95

Zöttl, H.W. (1983): Zur Frage der toxischen Wirkung von Aluminium auf Pflanzen. Allg. Forstz. 38, 206-208

Zöttl, H.W. (1987): Stoffumsätze in Ökosystemen des Schwarzwaldes. Forstw. Cbl. 106, 105-114

Zöttl, H.W. (1990): Ernährung und Düngung der Fichte. Forstw. Cbl. 109, 130-137

Zöttl, H.W. , Feger, K.-H. und Brahmer, G (1985): Versauerung und Schwermetalleintrag in Seen des Schwarzwaldes. KfK-PEF-Berichte 2, 285-302

Zöttl, H.W. und Hüttl, R.F. (1985): Schadsyptome und Ernährungszustand von Fichtenbeständen im südwestdeutschen Alpenvorland. Allg. Forstz. 40, 197-199

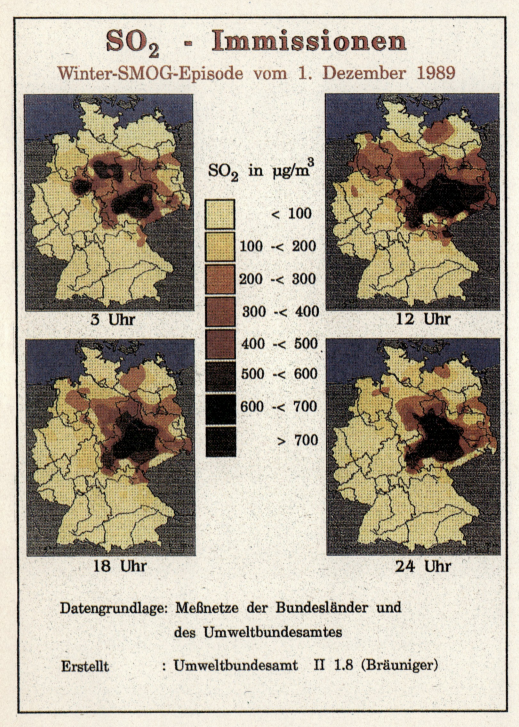

Abb. 2.3: Räumliche Verteilung der mittleren jährlichen SO_2-Konzentrationen in Deutschland (1988 bis 1991) (UBA, 1992b)

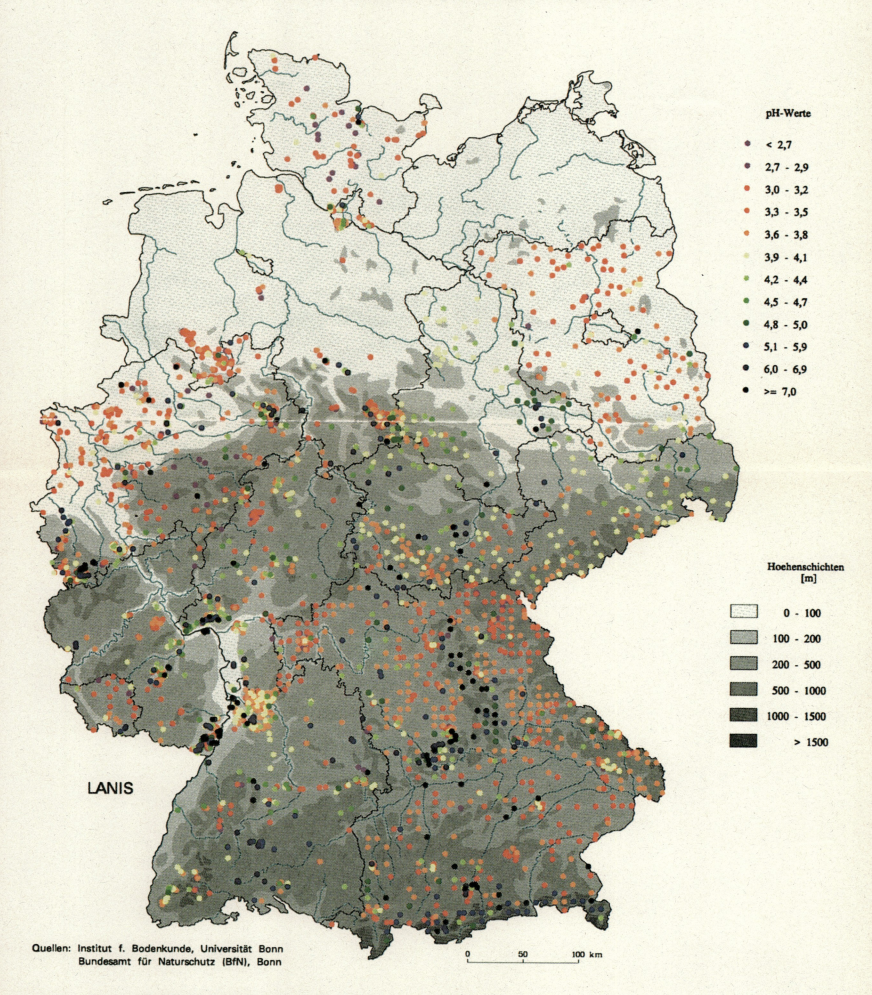

Abb. 6.1: pH-Karte der BRD (Tiefenstufe 0 - 10 cm; N = 3346)

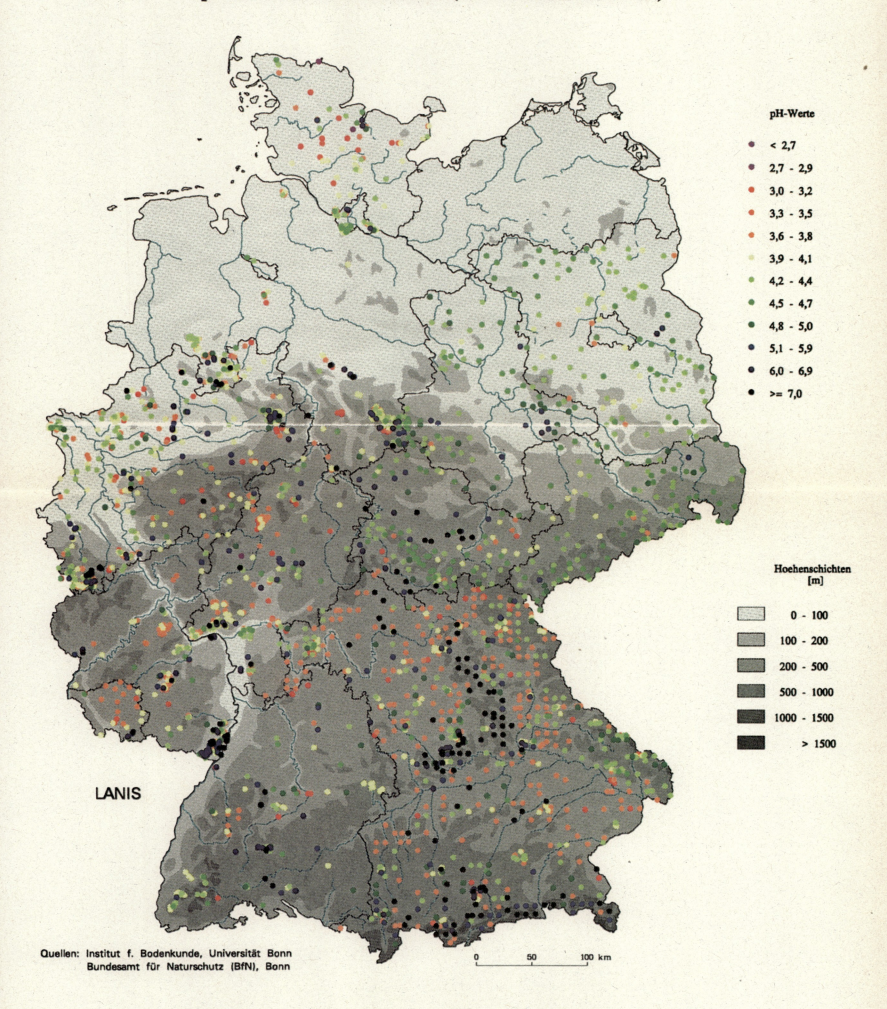

Abb. 6.2: pH-Karte der BRD (Tiefenstufe 10 - 50 cm; N = 3124)

Wadflächenverteilung in der Bundesrepublik Deutschland

Quellen: Umweltbundesamt (UBA), Berlin
Bundesamt für Naturschutz (BfN), Bonn

Abb. 6.3: Waldflächenverteilung in der BRD
(Wiedergabe mit Genehmigung des Umweltbundesamtes)

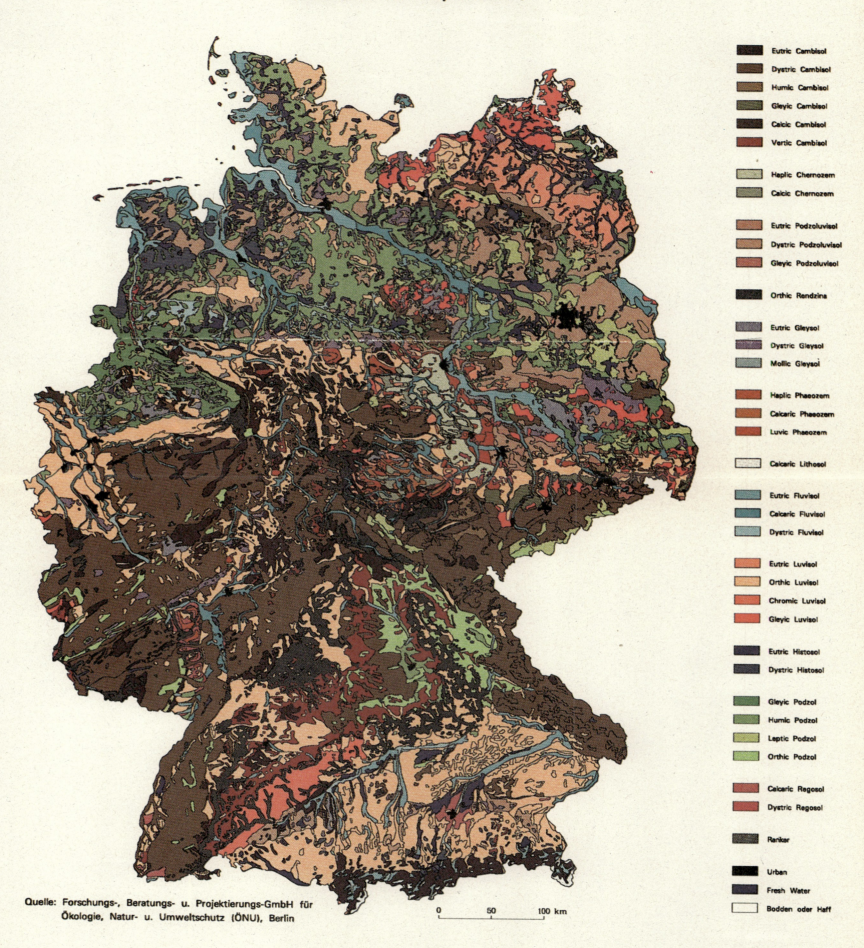

Abb. 6.18: Bodenkarte der BRD
(Wiedergabe mit Genehmigung der ÖNU-GmbH)

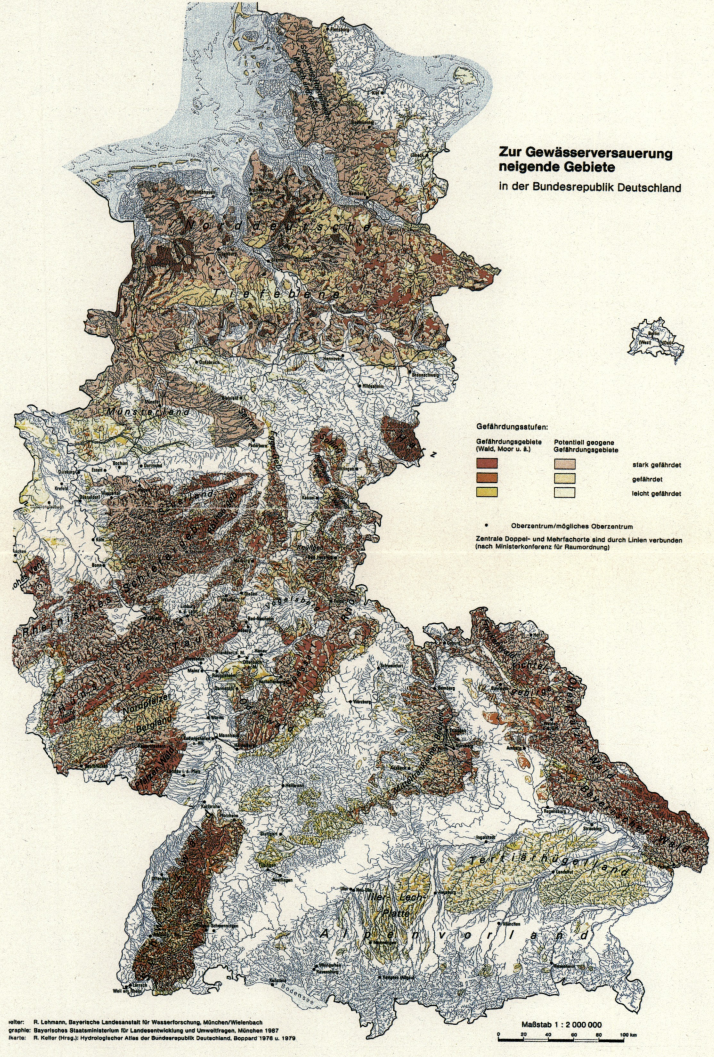

Abb. 9.1: Karte zur Gewässerversauerung neigende Gebiete

(Wiedergabe mit Genehmigung der Bayerischen Landesanstalt für Wasserforschung, München)

Abb. 6.3: Waldflächenverteilung in der BRD
(Wiedergabe mit Genehmigung des Umweltbundesamtes)

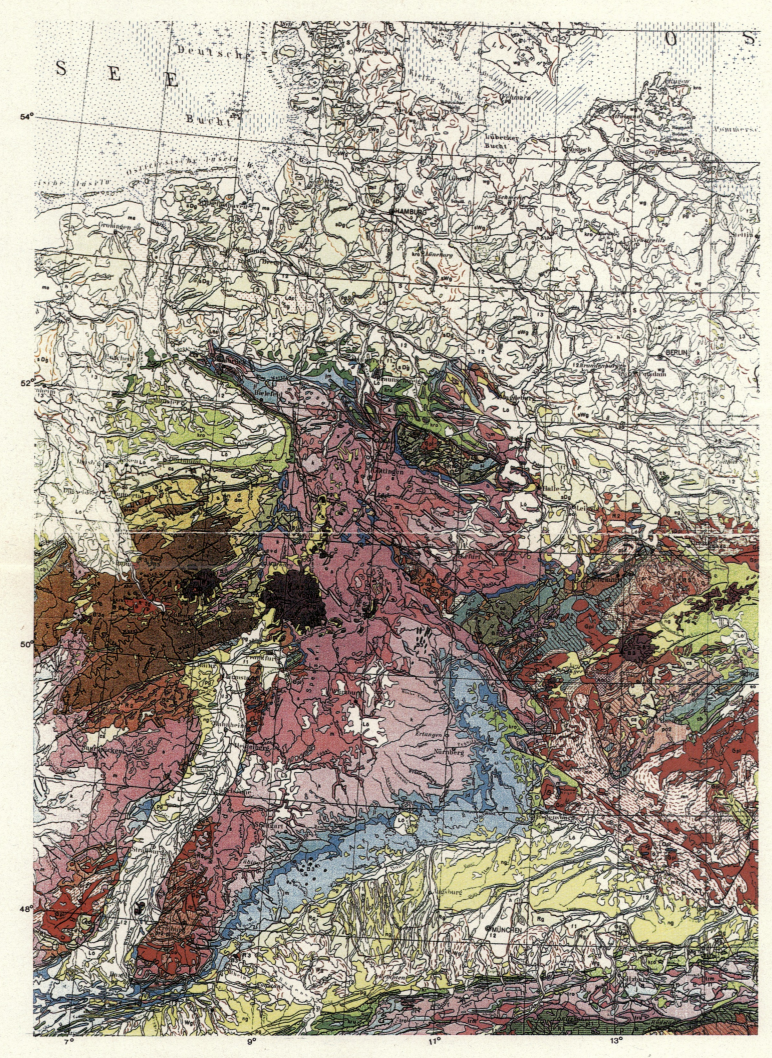

Abb. 6.17: Geologische Karte von Deutschland (Legende s. nächste Seite)
(Wiedergabe eines Ausschnittes der Geologischen Karte von Mitteleuropa 1 : 2.000.000 mit Genehmigung des Niedersächsisches Landesamtes für Bodenforschung)

Legende

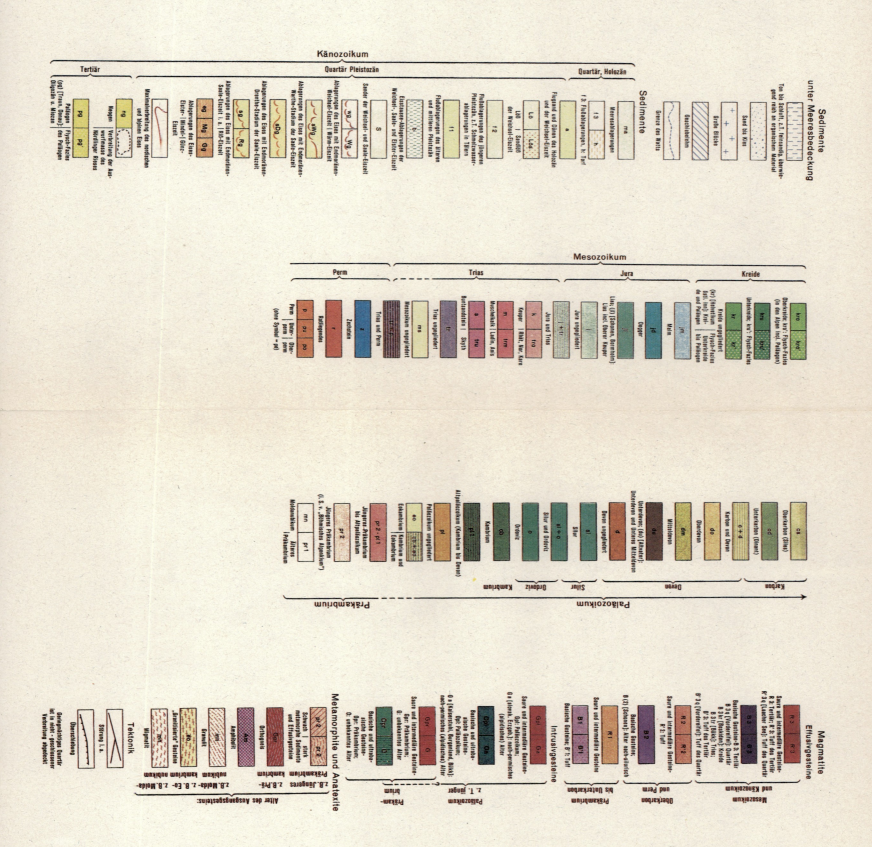

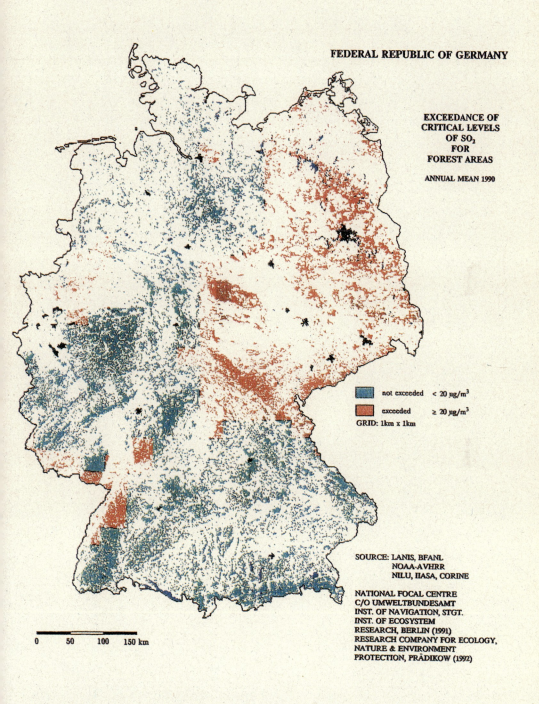

Abb. 13.1: Überschreitung der Critical Levels für SO$_2$ in Wäldern (1990) (Köble et al., 1993)

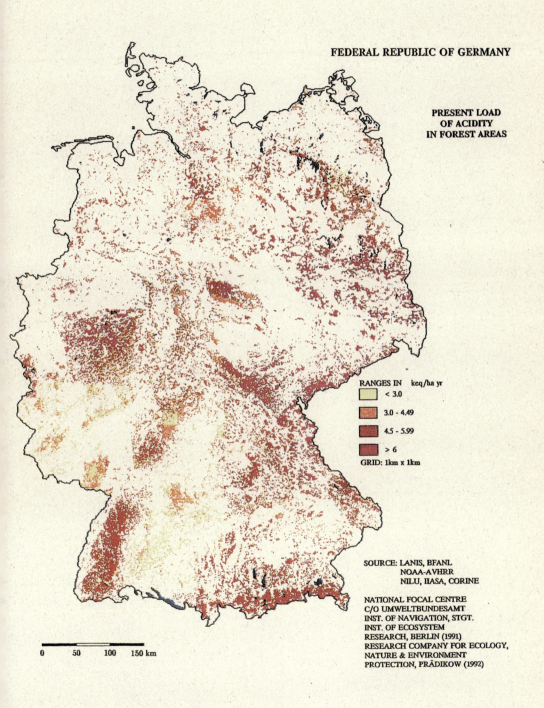

Abb. 13.2: Depositionsraten von Säuren in Waldgebieten (Köble et al., 1993)

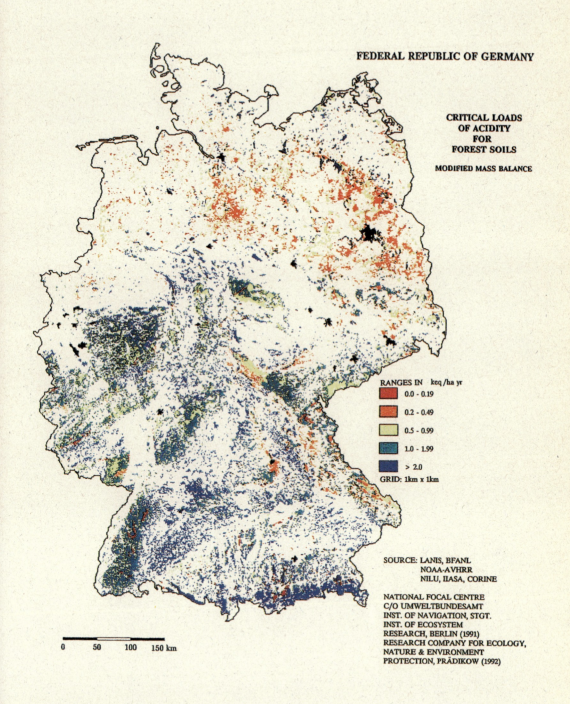

Abb. 13.3: Critical-Loads für den Säureeintrag in Waldböden (Köble et al., 1993)

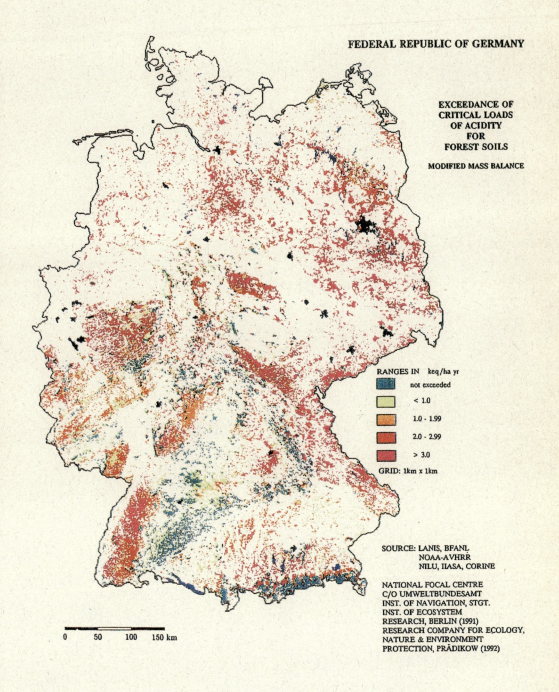

Abb. 13.4: Überschreitung der Critical Loads für den Säureeintrag in Waldböden

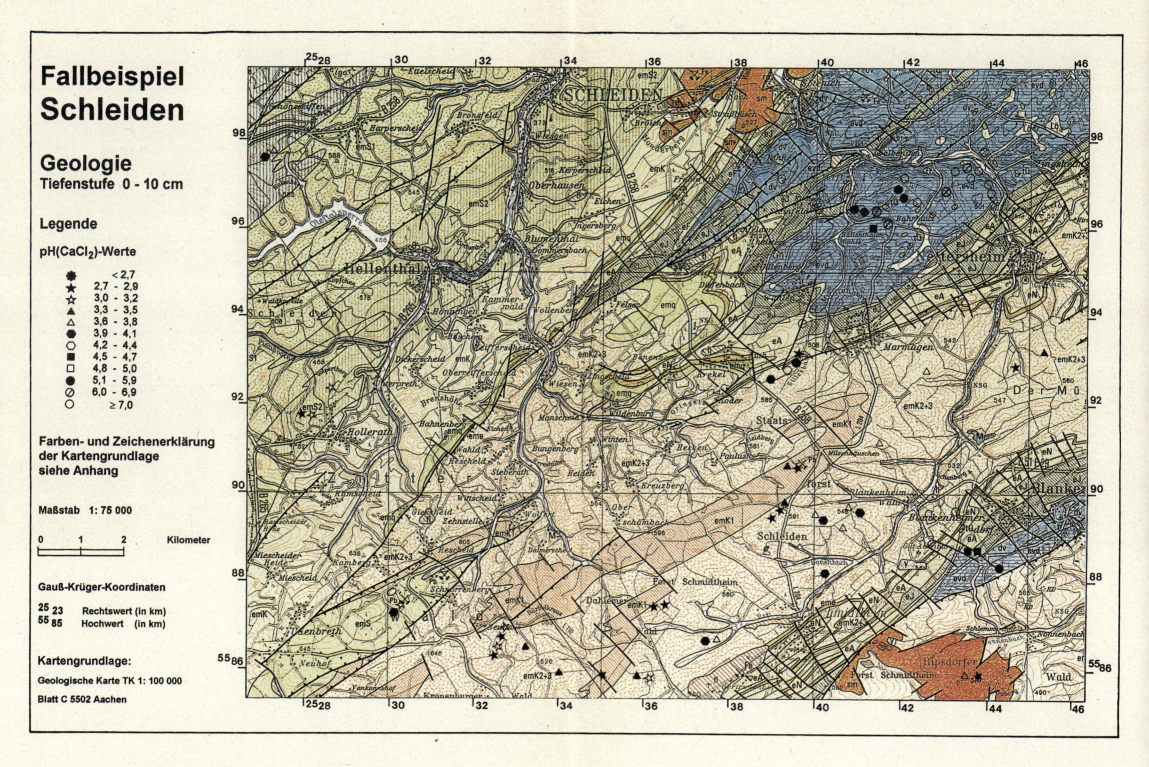

Abb. 13.6: Geologische Karte mit den pH(CaCl$_2$)-Werten in der Tiefenstufe 0 - 10 cm der Waldböden im Fallbeispiel Schleiden (Legende s. nächste Seite)

(Quelle: Geologisches Landesamt Nordrhein-Westfalen)

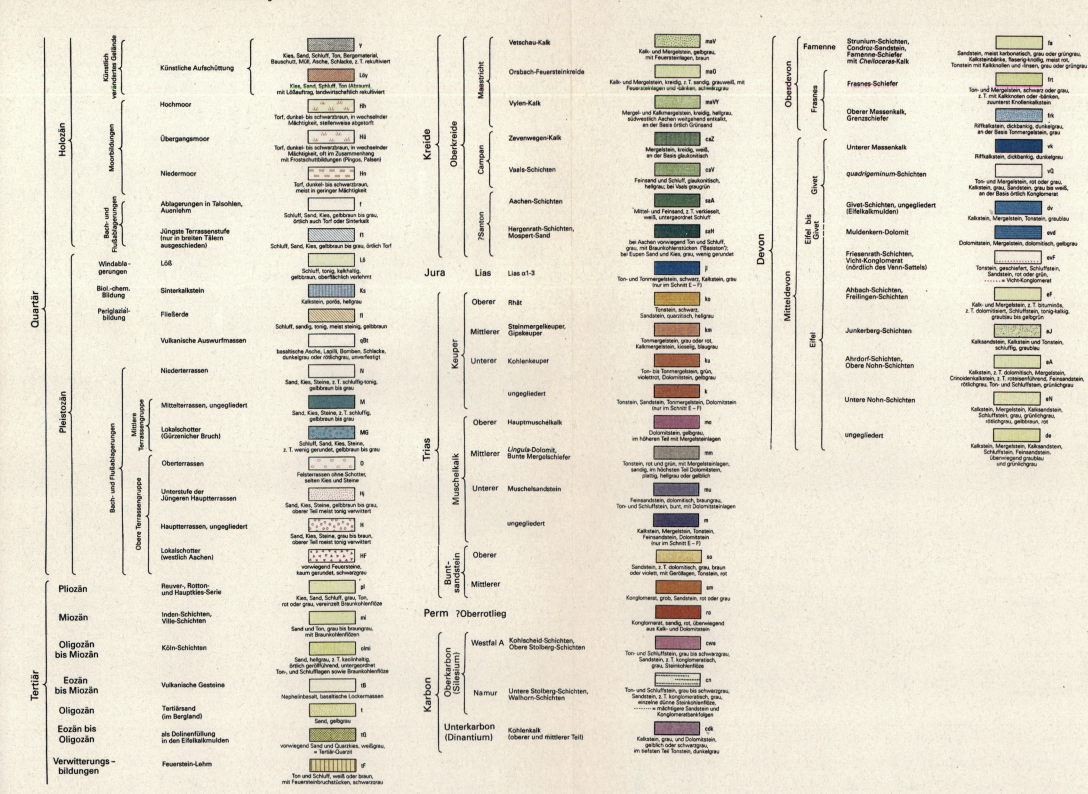

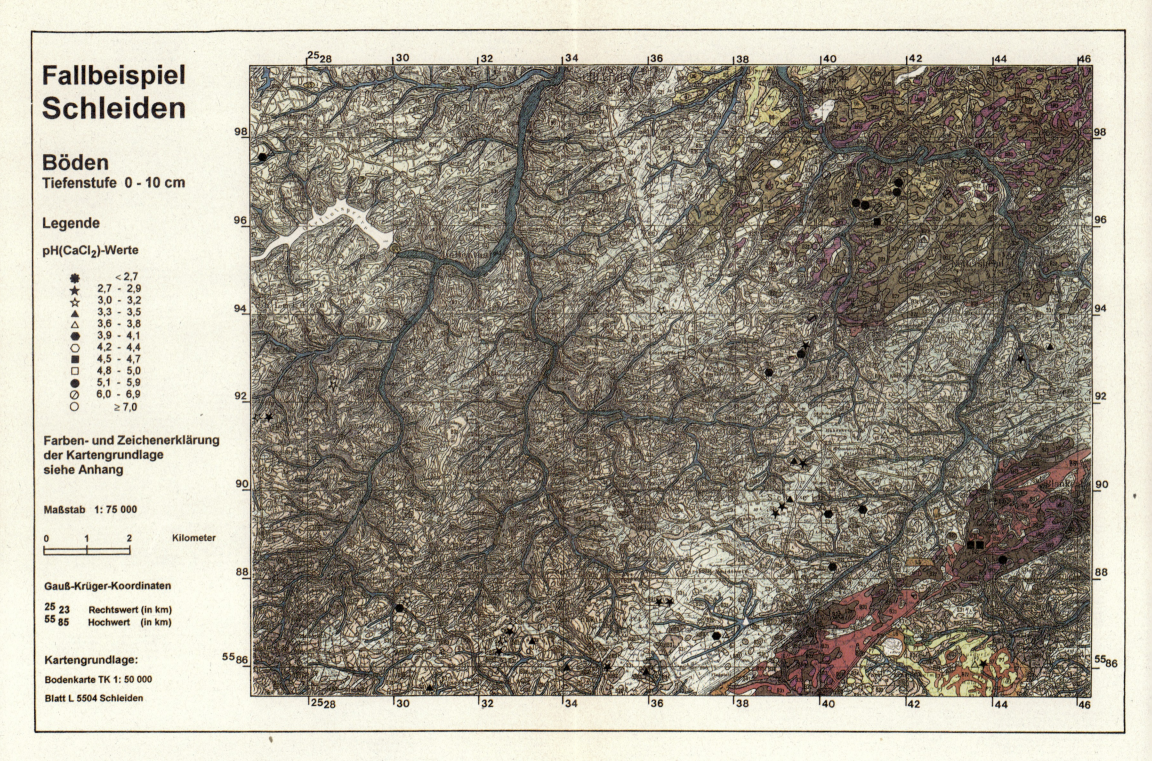

Abb. 13.7: Bodenkarte mit den pH(CaCl$_2$)-Werten in der Tiefenstufe 0 - 10 cm der Waldböden im Fallbeispiel Schleiden (Legende s. nächste Seite)
(Quelle: Geologisches Landesamt Nordrhein-Westfalen)

I. Bodeneinheiten

Bodentypen, geologische Kennzeichnung — Bodenartenschichtung (Mächtigkeit in dm)

A. Terrestrische Böden

Braunerde-Rendzina, erodierte Braunerde und Rendzina
aus Kalk-, Dolomit-, Mergel- oder Kalksandstein (Mitteldevon), z.T. aus lehmigem bis sandigem Solifluktionsschutt, örtlich aus Travertin (Pleistozän)

bR3 — steiniger schluffiger Lehm, z.T. tonig, sandig oder kalkhaltig, 1—3 / Kalk-, Dolomit-, Mergel- oder Kalksandstein, z.T. lehmiger Schutt, örtlich Travertin

Braunerde-Rendzina, Braunerde und Rendzina-Braunerde
aus Dolomitsand (Pleistozän) über Dolomitstein (Mitteldevon)

bR7 — steiniger lehmiger Sand, z.T. schluffig oder stark lehmig, 1—4 / grusig-steiniger Sand, meist kalkhaltig, 10—>16 / Dolomitstein

Braunerde mit Terra-fusca- und Terra-rossa-Relikten, meist erodiert
aus Kalk-, Dolomit- oder Kalksandstein (Mitteldevon), z.T. aus lehmigem steinigem Solifluktionsschutt oder Dolomitsand (Pleistozän)

B21 — steiniger schluffig-toniger Lehm 2—3 / Kalk-, Dolomit- oder Kalksandstein, z.T. lehmiger Schutt oder Dolomitsand

Braunerde mit Terra-fusca- und Terra-rossa-Relikten
aus Kalk-, Dolomit- oder Kalksandstein (Mitteldevon), z.T. aus lehmig-schluffig-toniger Solifluktionsschutt oder Dolomitsand (Pleistozän), meist mit geringmächtiger lückenhafter Deckschicht aus lößlehmhaltigem Hang- oder Hochflächenlehm (Pleistozän, Holozän)

B22 — schluffiger Lehm 0—3 / schluffig-toniger bis toniger Lehm, z.T. steinig, 3—6 / Kalk-, Dolomit- oder Kalksandstein, z.T. lehmiger Schutt oder Dolomitsand

Braunerde
aus umgelagerten Terrae-calcis-Relikten (Pleistozän und älter), örtlich aus Löß (Pleistozän), meist mit geringmächtiger lückenhafter Deckschicht aus lößlehmhaltigem Hang- oder Hochflächenlehm (Pleistozän, Holozän) über Dolomitsand (Pleistozän) bzw. Kies, Ton- oder Terra-rossa-Resten (Tertiär), stellenweise über Kalk- oder Dolomitstein (Mitteldevon)

B23 — schluffiger Lehm 0—4 / schluffig-toniger bis toniger Lehm oder lehmiger Ton, örtlich schluffiger Lehm, 6—>20 / Sand, Kies, Ton- oder Schluffstein, z.T. Kalk- oder Dolomitstein

Braunerde, meist erodiert, z.T. podsolig, stellenweise Ranker oder Rohboden
aus Sand-, Schluff- oder Tonstein (Unterdevon), z.T. aus lehmigem steinigem Solifluktionsschutt (Pleistozän), örtlich aus Kalksand-, Kalk- und Tonstein (Unter- bis Mitteldevon)

B31 — stark steiniger grusiger schluffiger Lehm, stellenweise sandig oder tonig, 1—3 / Sand-, Schluff- oder Tonstein, z.T. lehmiger Schutt, örtlich Kalksand-, Kalk- und Tonstein

Braunerde, stellenweise pseudovergleyt oder podsolig
aus Sand-, Schluff- oder Tonstein (Unterdevon), z.T. aus lehmigem steinigem Solifluktionsschutt (Pleistozän, Holozän) oder Ton-, Kalksand- und Kalkstein (Unter- bis Mitteldevon), meist mit geringmächtiger Deckschicht aus Hang- oder Hochflächenlehm (Pleistozän, Holozän)

B32 — steiniger schluffiger Lehm, z.T. grusig, 3—6 / Sand-, Schluff- oder Tonstein, z.T. lehmiger Schutt, Ton-, Kalksand- und Kalkstein

Braunerde, z.T. pseudovergleyt
aus lößlehmhaltigem Hang- oder Hochflächensedimenten (Pleistozän, Holozän) über Terrae-calcis- und Plastosol-Relikten (Pleistozän und älter) aus wechsellagernden und stark verwitterten Karbonat- und Silikatgesteinen (Unter- bis Mitteldevon)

B33 — schluffig-toniger Lehm 3—7 / schluffiger Lehm, z.T. steinig oder sandig, 4—12 / Kalksand-, Kalk-, Ton-, Mergel-, Kalk- und Schluffstein

Braunerde, meist podsolig, oder Podsol-Braunerde
aus lehmigen bis sandigen Hang- oder Hochflächensedimenten über Buntsandsteinschutt (Pleistozän bis Holozän), stellenweise über entfestigtem Sandstein und Konglomerat (Buntsandstein) oder über Schluff- bis Tonstein (Unterdevon) oder Konglomerat (Perm)

B34 — schluffiger Lehm bis schluffig-lehmiger Sand, z.T. kiesig, 3—7 / kiesiger Sand, z.T. lehmig, stellenweise Konglomerat und Sandstein oder Ton- und Schluffstein, örtlich Breccien

Braunerde, stellenweise Kolluvium, z.T. pseudovergleyt oder vergleyt
aus lößlehmhaltigem Hang-, Hochflächen- oder Rinnenlehm (Pleistozän, Holozän) über steinigem bis lehmigem Solifluktionsbildungen (Pleistozän) über Sand-, Schluff- oder Tonstein (Unterdevon)

B35 — schwach steiniger schluffiger Lehm, z.T. stellenweise tiefreichend humos, 6—15 / Schluff bis stark steiniger schluffiger Lehm, z.T. Sand-, Schluff- oder Tonstein

Braunerde, stellenweise pseudovergleyt oder vergleyt
aus lößlehmhaltigem Hang-, Hochflächen- oder Rinnenlehm (Pleistozän, Holozän) über Terrae-calcis-Relikten, z.T. über Dolomitsand (Pleistozän), Kalk- oder Dolomitstein (Mitteldevon)

B36 — schwach steiniger schluffiger Lehm 8—20 / steiniger toniger Lehm, z.T. schluffiger Lehm oder Kalk- bis Dolomitstein

Braunerde, z.T. Kolluvium, stellenweise pseudovergleyt oder vergleyt
aus lößlehmhaltigem Hang-, Hochflächen- oder Rinnenlehm (Pleistozän, Holozän) über sandigen bis lehmigen Solifluktionsbildungen (Pleistozän, Holozän) über Sand- und Tonstein (Buntsandstein) oder deren Verwitterungsbildungen (Pleistozän und älter)

B37 — schwach steiniger schluffiger Lehm, z.T. tiefreichend humos, 10—>20 / Sand, lehmiger Sand oder sandiger Lehm, meist kiesig-steinig, 4—10 / Sand- und Tonstein

Braunerde und Pseudogley-Braunerde
aus Ton- und Schluffstein, örtlich mit Kalksteinbänken (Unterdevon), oder aus lehmigen Solifluktions- und Verwitterungsbildungen mit bunten bis roten Plastosol-Relikten (Pleistozän und älter), meist mit geringmächtiger Deckschicht aus Hang- oder Hochflächenlehm (Pleistozän, Holozän)

(s)B3 — schluffiger Lehm, z.T. steinig, 2—5 / steiniger toniger Lehm bis toniger Grus 3—6 / Ton- oder Schluffstein

Braunerde, stellenweise pseudovergleyt
aus Ton- und Schluffstein (Pleistozän, Holozän) über sandigen bis lehmigen Solifluktions- und Verwitterungsbildungen (Pleistozän, älter), darunter Sandstein, Ton- und Tonstein oder Konglomerat (Buntsandstein), örtlich Kalksandstein (Muschelkalk)

B5 — stark sandiger Lehm bis stark lehmiger Sand, stellenweise schluffig 3—7 / kiesig-steinig oder schluffig, kiesiger-lehmiger Sand bis sandiger Lehm, z.T. tonig, 3—>10 / Sandstein, z.T. Tonstein oder Konglomerat, örtlich Kalksandstein

Braunerde, z.T. Podsol-Braunerde, stellenweise durch Aufschüttung oder Abgrabung künstlich verändert
aus Konglomerat oder Sandstein (Buntsandstein) über Solifluktionsschutt (Pleistozän) oder entfestigtem Buntsandstein

B71 — kiesiger lehmiger Sand, z.T. schluffig, 3—8 / Konglomerat oder Sandstein, z.T. kiesig-steiniger Sand, stellenweise lehmig

Braunerde, meist podsolig, z.T. Podsol-Braunerde bis Braunerde-Podsol
aus sandigen Hang-, Hochflächen- oder Rinnensedimenten (Pleistozän, Holozän) über steinig-sandigem Solifluktionsschutt (Pleistozän), stellenweise über entfestigtem Sandstein oder Konglomerat (Buntsandstein)

B72 — lehmiger Sand, z.T. kiesig oder schluffig, stellenweise Sand, 8—>20 / kiesiger Sand bis Sand, stellenweise Sandstein oder Konglomerat

Rendzina-Braunerde, Braunerde und Braunerde-Rendzina
aus Kalk-, Dolomit- oder Kalksandstein (Mitteldevon), z.T. aus lehmig bis stark steinigem Solifluktionsschutt (Pleistozän)

rB3 — steiniger schluffiger Lehm, z.T. grusig, stellenweise Sand, 1—4 / Kalk-, Dolomit- oder Kalksandstein, z.T. lehmiger Solifluktionsschutt

Pseudogley-Braunerde und Braunerde
aus lößlehmhaltigem Hang- oder Hochflächenlehm (Pleistozän, Holozän) über lehmigen Solifluktionsbildungen (Pleistozän) oder älteren Verwitterungsrelikten (Pleistozän und älter) aus Ton- oder Sandstein (Buntsandstein)

sB3 — schluffiger Lehm bis stark sandiger Lehm, z.T. schwach kiesig oder tonig, 3—6 / toniger Lehm oder schwach sandiger Lehm 6—>10 / Tonstein oder Sandstein

Parabraunerde und Braunerde
aus Löß über Dolomitsand (Pleistozän), z.T. über Terra-fusca-Relikten (Pleistozän und älter) aus Dolomitstein (Mitteldevon)

L3 — schluffiger Lehm 10—15 / steiniger Sand, z.T. toniger Lehm

Podsol, z.T. Podsol-Braunerde oder podsolige Braunerde
aus sandigen Hang- oder Hochflächensedimenten (Pleistozän, Holozän) über Solifluktionsschutt (Pleistozän) oder Verwitterungsbildungen (Pleistozän und älter) aus Konglomerat und Sandstein (Buntsandstein)

P7 — lehmiger Sand bis Sand, meist kiesig, stellenweise schluffig, 4—10 / sandiger Kies, kiesiger Sand oder Konglomerat und Sandstein

Pseudogley, z.T. Braunerde-Pseudogley
aus lößlehmhaltigem Hang- oder Hochflächenlehm (Pleistozän, Holozän) über lehmigen Solifluktionsbildungen oder Frostschutt mit Plastosol-Relikten oder über bunten bis grauen Plastosol-Resten (Pleistozän und älter) aus paläozoischen Gesteinen (Unterdevon), stellenweise Mitteldevon

S31 — schluffiger Lehm, z.T. steinig, 3—7 / steiniger schluffig-toniger bis toniger Lehm 3—10 / Sand-, Schluff- oder Tonstein, stellenweise mit Einlagerungen von Kalk- oder Mergelstein

Pseudogley, z.T. Braunerde-Pseudogley
aus lößlehmhaltigem Hang- oder Hochflächenlehm (Pleistozän, Holozän) über lehmigen und z.T. sandigen Solifluktionsbildungen (Pleistozän und älter) aus Sand- oder Tonstein (Buntsandstein)

S32 — schluffiger Lehm, z.T. sandig oder tonig, 3—8 / toniger bis sandiger Lehm, z.T. steinig, 4—>10 / Sand- oder Tonstein

B. Semiterrestrische Böden

Brauner Auenboden und Auengley, z.T. Braunerde-Gley
aus lehmigen Bachablagerungen (Holozän) über Terrassenkies (Pleistozän, Holozän) oder Kalktuff (Holozän)

(g)A3 — schluffiger Lehm, meist sandig und kalkhaltig, z.T. kiesig, 7—20 / sandiger Kies oder Kalktuff

Vergleyter Brauner Auenboden und Auengley, stellenweise Auenbraunerde
aus lehmigen Fluß- und Bachablagerungen (Holozän) über Terrassenkies (Pleistozän, Holozän), stellenweise über älterem Auenlehm (Holozän)

gA3 — schluffiger Lehm, z.T. sandig oder kiesig, 5—15 / sandiger Kies, stellenweise toniger bis schluffiger Lehm

Gley, z.T. Gley-Braunerde, Pseudogley-Gley, Naß- oder Anmoorgley
aus lehmigen Bachablagerungen (Holozän) stellenweise anmoorig oder Torfeinlagerungen, über Terrassenkies (Pleistozän) oder Solifluktionsschutt (Pleistozän) oder über Sand- und Schluffstein (Devon)

G31 — schluffiger Lehm, z.T. tonig oder steinig, stellenweise anmoorig oder Torfeinlagerungen, 5—20 / sandiger Kies und Geröll, z.T. lehmig-steiniger Schutt oder Sand- und Schluffstein

C. Organogene Böden

Niedermoor, stellenweise Moorgley,
aus Niedermoortorf (Holozän), darunter Auenlehm (Pleistozän, Holozän)

Hn — Niedermoortorf, z.T. vererdet, 3—18 / schluffiger bis toniger Lehm 5—15 / Kies und Geröll

Übergangsmoor
aus Übergangsmoortorf (Holozän) über Buntsandsteinhangschutt (Pleistozän, Holozän), darunter plastosolartig verwitterter Ton- und Schluffstein (Unterdevon)

Hü — Übergangsmoortorf, z.T. sandig, 4—15 / steinig kiesiger Sand mit schluffigen Einlagerungen 10—>15 / Ton- oder Schluffstein

Anmoor-Stagnogley, z.T. Moor-Stagnogley und Übergänge zum Gley
aus lehmigen Solifluktionsbildungen mit Frostschutt und grauen Plastosol-Anteilen (Pleistozän) über Sand-, Schluff- oder Tonstein (Unterdevon)

hY3 — anmooriger schluffiger Lehm, z.T. Übergangs- oder Hochmoortorf, 2—4 / steiniger schluffiger bis toniger Lehm 5—15 / Sand-, Schluff- oder Tonstein

Legende